4.2.1 茶文化

4.3.1 乐器网页

4.4.1 花卉百科网

4.5.1 恋之语素材模板网

4.6 绿色食品网页

4.7 时尚精品素材

5.1.1 建筑资讯网页

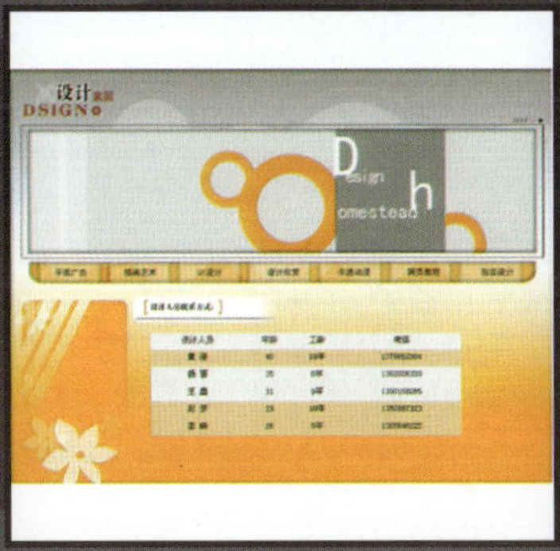

5.2.1 设计家园网

5.4 健康美食网页

5.5 时尚花庭楼盘网页

6.1.1 房产信息网页

6.2.1 家具天地网

Dreamweaver网页制作标准教程（CS4版）

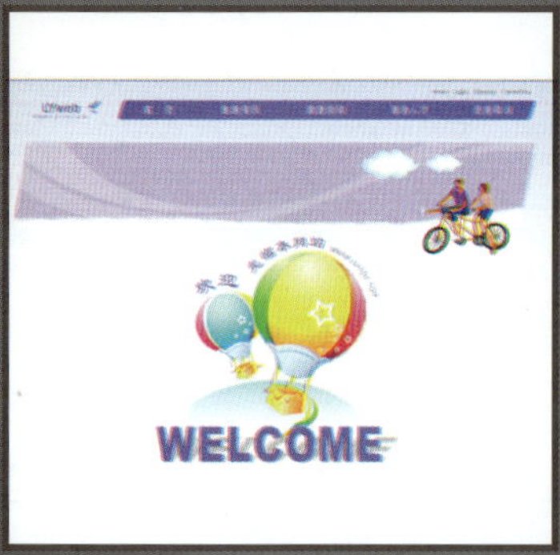

6.2.4 旅游景点中心网

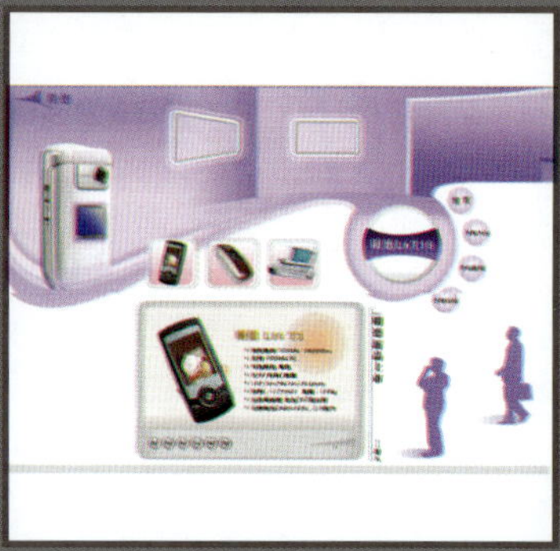

6.3 手机信息网

6.4 超酷数码相机网页

7.1.1 时尚女性网页

7.2.1 精品家居网

7.3 时尚礼品屋网页

7.4 数码科技前线网页

8.5.1 健康水果网页

8.6.1 有氧运动网

8.7 时尚前锋网页

8.8 新车上市资讯

9.2.1 热点话题跟踪

9.3.1 节日礼品购物网

9.4 啤酒世界

9.5 精品汽车网

10.1.1 产品订单

10.2.1 留言板

10.3.1 会员注册表

10.3.4 旅游用户登录网页

10.4 星座查询网

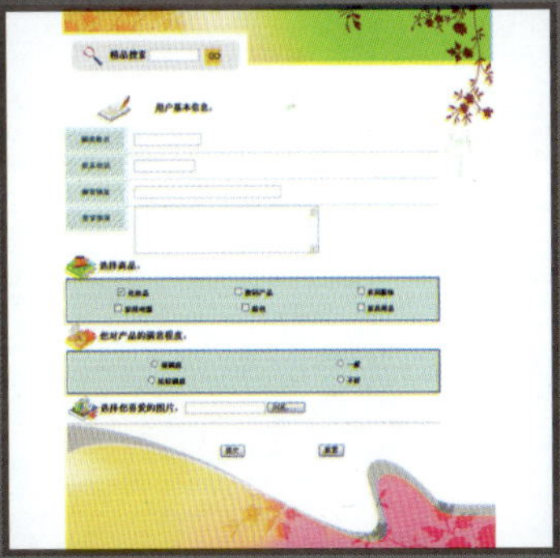

10.5 订购单

11.2.1 快乐儿童玩具网

11.2.6 魅力前沿

11.2.13 游戏网页

11.3 相机宝贝世界

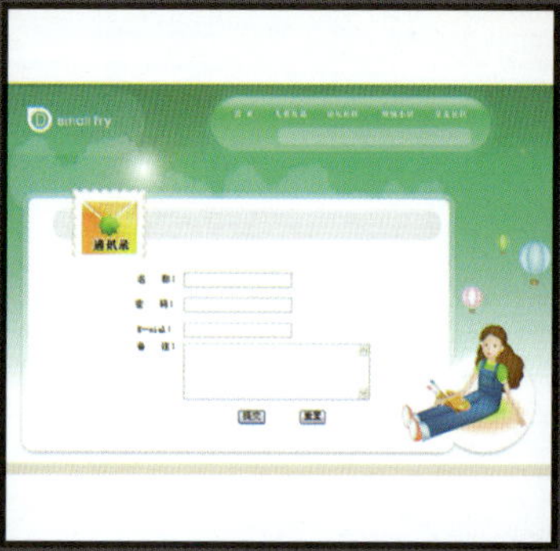
11.4 结界社区

12.1.1 精品购物网页

12.6 在线电影网页

13.1.1 户外运动网页

13.2.1 体育运动网页

13.3 灯具购物网页

13.4 咖啡订购网页

14.1 个人网页效果

14.2 戏曲艺术网页

14.3 数码相机网页

14.4 食品网页

Dreamweaver网页制作标准教程（CS4版）

21世纪高等院校数字艺术类规划教材

Dw

潘强　主编

黄宪通　副主编

人民邮电出版社

北京

图书在版编目（CIP）数据

Dreamweaver网页制作标准教程 ： CS4版 / 潘强主编
. -- 北京 ： 人民邮电出版社, 2011.12（2015.7 重印）
21世纪高等院校数字艺术类规划教材
ISBN 978-7-115-26504-3

Ⅰ. ①D… Ⅱ. ①潘… Ⅲ. ①网页制作工具,
Dreamweaver CS4－高等学校－教材 Ⅳ. ①TP393.092

中国版本图书馆CIP数据核字(2011)第206463号

内 容 提 要

本书全面系统地介绍了 Dreamweaver CS4 的基本操作方法和网页设计制作技巧，包括初识 Dreamweaver CS4、文本与文档、图像和多媒体、超链接、使用表格、使用框架、使用层、CSS 样式、模板和库、使用表单、使用行为、网页代码、ASP 和综合实训案例等内容。

本书内容均以课堂案例为主线，通过各案例的实际操作，学生可以快速上手，熟悉软件功能和艺术设计思路。书中的软件功能解析部分使学生能够深入学习软件功能。课堂练习和课后习题，可以拓展学生的实际应用能力，提高学生的软件使用技巧。

本书适合作为本科院校“数字媒体艺术”专业课程的教材，也可作为 Dreamweaver CS4 自学人员的参考用书。

21 世纪高等院校数字艺术类规划教材

Dreamweaver 网页制作标准教程（CS4 版）

◆ 主　　编　潘　强
副 主 编　黄宪通
责任编辑　李海涛

◆ 人民邮电出版社出版发行　　北京市丰台区成寿寺路 11 号
邮编　100164　　电子邮件　315@ptpress.com.cn
网址　http://www.ptpress.com.cn
大厂聚鑫印刷有限公司印刷

◆ 开本：787×1092　1/16　　彩插：2
印张：19.75　　2011 年 12 月第 1 版
字数：569 千字　　2015 年 7 月河北第 5 次印刷

ISBN 978-7-115-26504-3

定价：48.00 元（附光盘）

读者服务热线：(010)81055256　印装质量热线：(010)81055316
反盗版热线：(010)81055315
广告经营许可证：京崇工商广字第 0021 号

前言

Dreamweaver CS4 是由 Adobe 公司开发的网页设计与制作软件，深受网页制作爱好者和网页设计师的喜爱，已经成为这一领域最流行的软件之一。目前，我国很多本科院校的数字媒体艺术专业，都将 Dreamweaver 作为一门重要的专业课程。为了帮助本科院校的教师能够比较全面、系统地讲授这门课程，使学生能够熟练地使用 Dreamweaver CS4 来进行网页设计，我们几位长期从事 Dreamweaver 教学的教师和专业网页设计公司经验丰富的设计师合作，共同编写了本书。

我们对本书的编写体系做了精心的设计，按照“课堂案例－软件功能解析－课堂练习－课后习题”这一思路进行编排，通过课堂案例演练使学生快速熟悉软件功能和网页设计思路；通过软件功能解析使学生深入学习软件功能和制作特色；通过课堂练习和课后习题，拓展学生的实际应用能力。在内容编写方面，我们力求通俗易懂，细致全面；在文字叙述方面，我们注意言简意赅、重点突出；在案例选取方面，我们强调案例的针对性和实用性。

本书配套光盘中包含了书中所有案例的素材及效果文件。另外，为方便教师教学，本书配备了详尽的课堂练习和课后习题的操作步骤及 PPT 课件、习题答案、教学大纲等丰富的教学资源，任课教师可到人民邮电出版社教学服务与资源网（www.ptpedu.com.cn）免费下载使用。本书的参考学时为 64 学时，其中实训环节为 22 学时，各章的参考学时参见下面的学时分配表。

章　节	课 程 内 容	学 时 分 配	
		讲　授	实　训
第 1 章	初识 Dreamweaver CS4	1	1
第 2 章	文本与文档	2	1
第 3 章	图像和多媒体	2	2
第 4 章	超链接	2	1
第 5 章	使用表格	3	2
第 6 章	使用框架	3	1
第 7 章	使用层	4	2
第 8 章	CSS 样式	3	1
第 9 章	模板和库	4	2
第 10 章	使用表单	4	2
第 11 章	使用行为	4	2
第 12 章	网页代码	2	1
第 13 章	ASP	4	2
第 14 章	综合实训案例	4	2
	课 时 总 计	42	22

本书由潘强任主编，黄宪通任副主编，参与本书编写工作的还有周建国、马丹、王世宏、谢立群、葛润平、张敏娜、张文达、张丽丽、张旭、吕娜、程静、贾楠、房婷婷、黄小龙、周亚宁、崔桂青等。

由于时间仓促，加之水平有限，书中难免存在错误和不妥之处，敬请广大读者批评指正。

编者

2011 年 10 月

Dreamweaver 网页制作标准教程（CS4 版）

目录

第 12 章 网页代码

第 13 章 ASP

第 14 章 综合实训案例

第1章 初识 Dreamweaver CS4

网页是网站最基本的组成部分，网站之间并不是杂乱无章的，它们通过各种链接相互关联，从而描述相关的主题或实现相同的目的。本章讲述 Dreamweaver CS4 的工作界面以及管理站点的方式。

【教学目标】

- Dreamweaver CS4 的工作界面。
- 创建网站框架。
- 管理站点文件和文件夹。
- 管理站点。
- 网页文件头设置。

1.1 Dreamweaver CS4 的工作界面

Dreamweaver CS4 的工作区将多个文档集中到一个窗口中，不仅降低了系统资源的占用，还可以更加方便地操作文档。Dreamweaver CS4 的工作窗口由五部分组成，分别是“插入”控制面板、“文档”工具栏、“文档”窗口、控制面板组和“属性”控制面板。Dreamweaver CS4 的操作环境简洁明快，可大大提高设计效率。

1.1.1 友善的开始页面

启动 Dreamweaver CS4 后首先看到的画面是开始页面，供用户选择新建文件的类型，或打开已有的文档等，如图 1-1 所示。

对于老用户可能不太习惯开始页面，可选择“编辑 > 首选参数”命令，弹出“首选参数”对话框，取消选择“显示欢迎屏幕”复选框，如图 1-2 所示。单击“确定”按钮完成设置。当用户再次启动 Dreamweaver CS4 后，将不再显示开始页面。

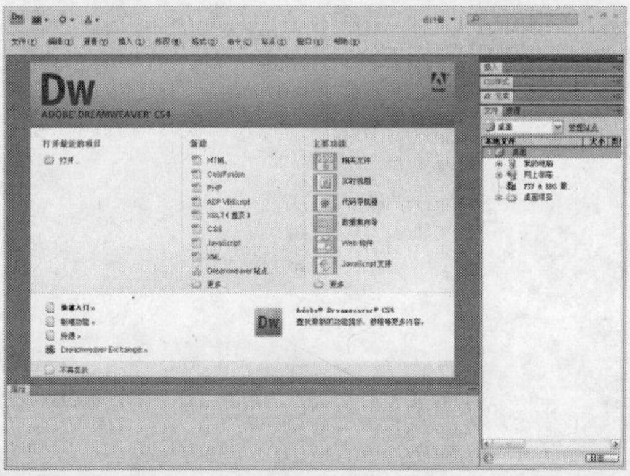

图 1-1

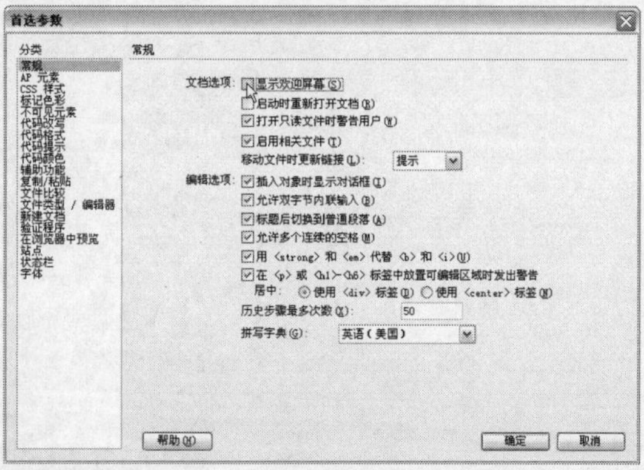

图 1-2

1.1.2 不同风格的界面

Dreamweaver CS4 的操作界面新颖淡雅，布局紧凑，为用户提供了一个轻松、愉悦的开发环境。

若用户想修改操作界面的风格，切换到自己熟悉的开发环境，可选择 “窗口 > 工作区布局”命令，弹出其子菜单，如图 1-3 所示，在子菜单中选择“编码器”或“设计器”命令。选择其中一种界面风格，页面会发生相应的改变。

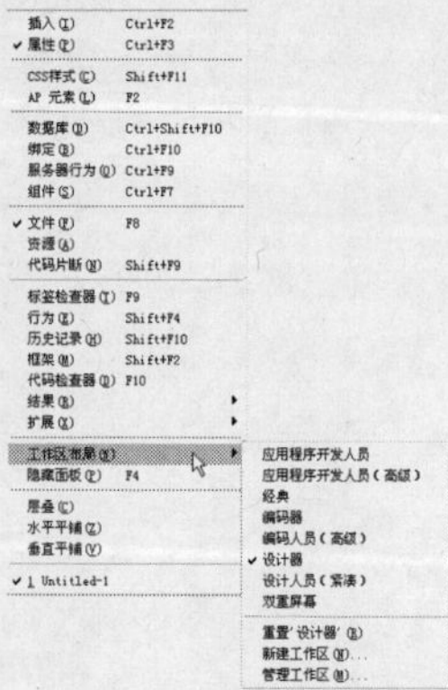

图 1-3

1.1.3　伸缩自如的功能面板

在浮动面板的右上方单击按钮▶▶，可以隐藏或展开面板，如图 1-4 所示。

如果用户觉得工作区不够大，可以将鼠标指针放在文档编辑窗口右侧与面板交界的框线处，当鼠标指针呈双向箭头时拖曳鼠标，调整工作区的大小，如图 1-5 所示。若用户需要更大的工作区，可以将面板隐藏。

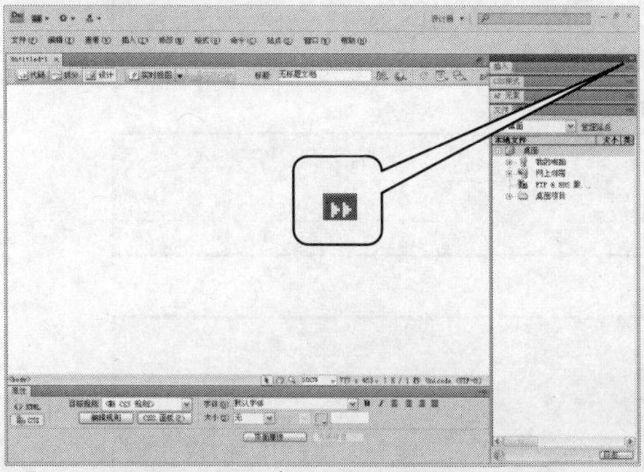

图 1-4

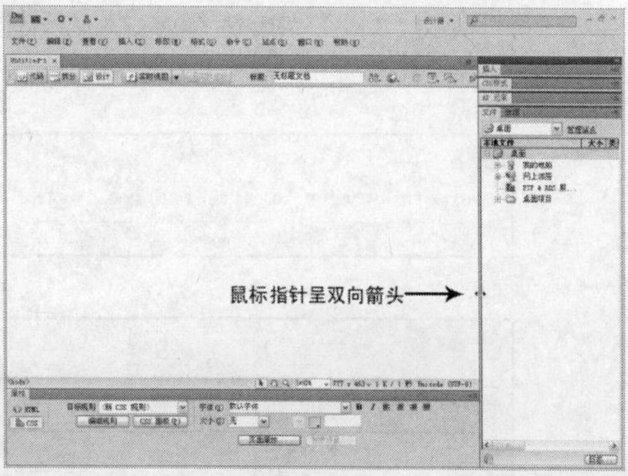

图 1-5

1.1.4　多文档的编辑界面

Dreamweaver CS4 提供了多文档的编辑界面，将多个文档整合在一起，方便用户在各个文档之间切换，如图 1-6 所示。用户可以单击文档编辑窗口上方的选项卡，切换到相应的文档。通过多文档的编辑界面，用户可以同时编辑多个文档。

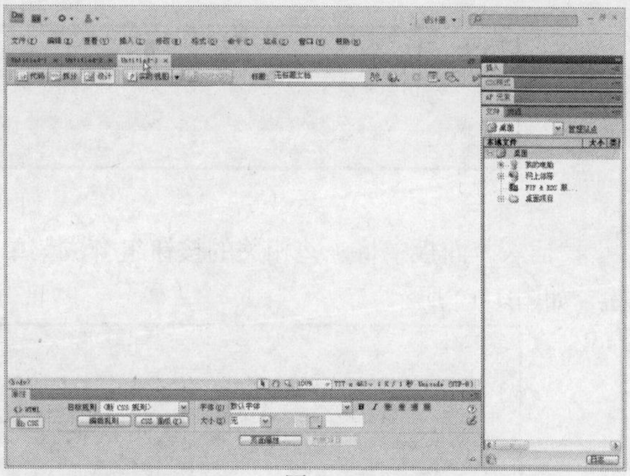

图 1-6

1.1.5　新颖的“插入”面板

Dreamweaver CS4 的“插入”面板在菜单栏的下方，如图 1-7 所示。

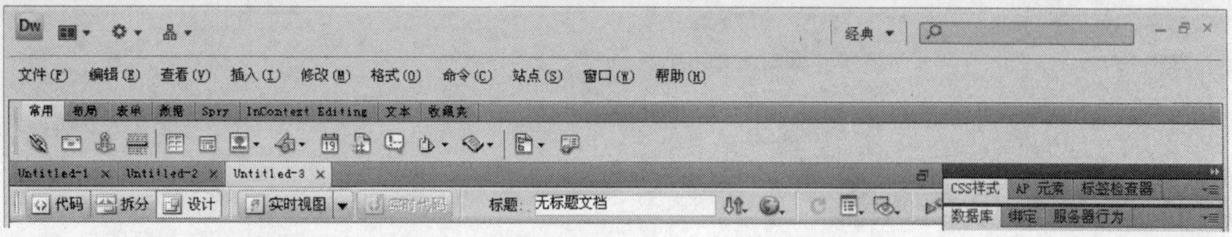

图 1-7

“插入”面板包括“常用”、“布局”、“表单”、“数据”、“Spry”、“InContext Editing”、“文本”、“收藏夹”8 个选项卡，将不同功能的按钮分门别类地放在不同的选项卡中。在 Dreamweaver CS4

中，“插入”面板可按菜单和选项卡两种方式显示。如果需要菜单样式，用户可用鼠标右键单击面板中的选项卡，在弹出的菜单中选择“显示为菜单”命令，如图 1-8 所示，更改后效果如图 1-9 所示。用户如果需要选项卡样式，可单击“常用”按钮上的黑色三角形，在下拉菜单中选择“显示为制表符”命令，如图 1-10 所示，更改后效果如图 1-11 所示。

图 1-8

图 1-9

图 1-10

图 1-11

“插入”面板中将一些相关的按钮组合成菜单，当按钮右侧有黑色箭头时，表示其为展开式按钮，如图 1-12 所示。

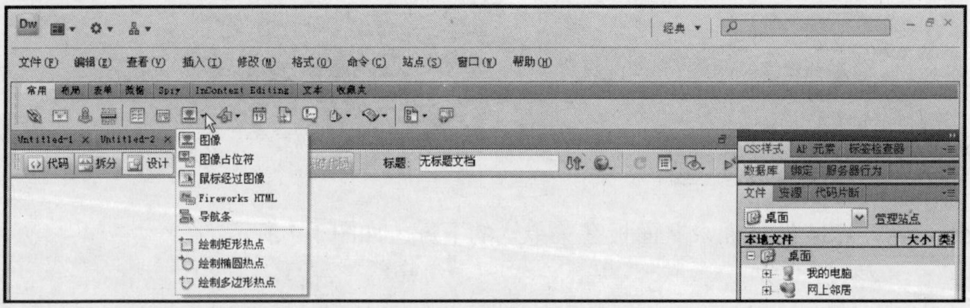

图 1-12

1.1.6 更完整的 CSS 功能

传统的 HTML 所提供的样式及排版功能非常有限，因此，现在复杂的网页版面主要靠 CSS 样式来实现。而 CSS 样式表的功能较多，语法比较复杂，需要一个很好的工具软件有条不紊地整理复杂的 CSS 源代码，并适时地提供辅助说明。Dreamweaver CS4 就提供了这样方便有效的 CSS 功能。

“属性”面板提供了 CSS 功能。用户可以通过“属性”面板中“目标规则”选项的下拉列表对所选的对象应用样式或创建和编辑样式，如图 1-13 所示。若某些文字应用了自定义样式，当用户调整这些文字的属性时，会自动生成新的 CSS 样式。

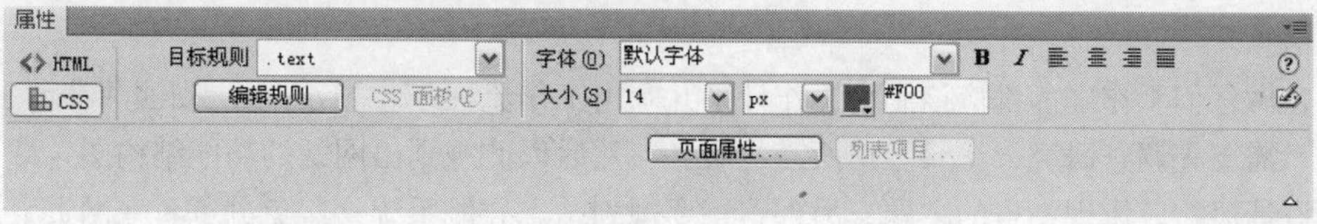

图 1-13

“页面属性”按钮也提供了 CSS 功能。单击“页面属性”按钮，弹出“页面属性”对话框，如图 1-14 所示。用户可以在“分类”列表的“链接”选项中的“下划线样式”选项的下拉列表中设置超链接的样式，这个设置会自动转化成 CSS 样式，如图 1-15 所示。

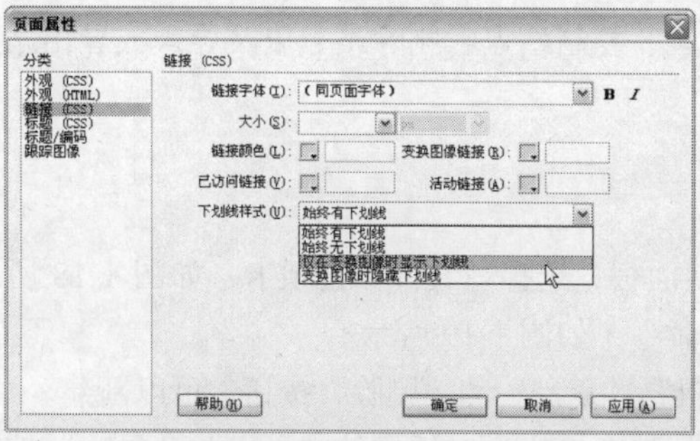

图 1-14

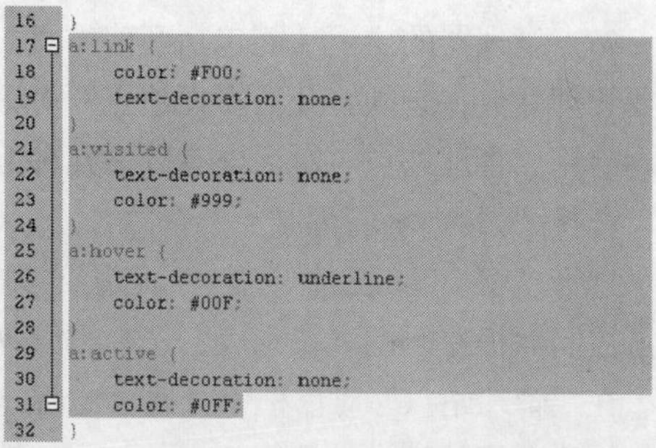

图 1-15

Dreamweaver CS4 除了提供如图 1-16 所示的“CSS 样式”控制面板外，还提供如图 1-17 所示的“CSS 属性”控制面板。“CSS 属性”控制面板使用户轻松查看规则的属性设置，并可快速修改嵌入在当前文档或通过附加的样式表链接的 CSS 样式。可编辑的网格使用户可以更改显示的属性值。对选择所作的更改都将立即应用，这使用户可以在操作的同时预览效果。

图 1-16

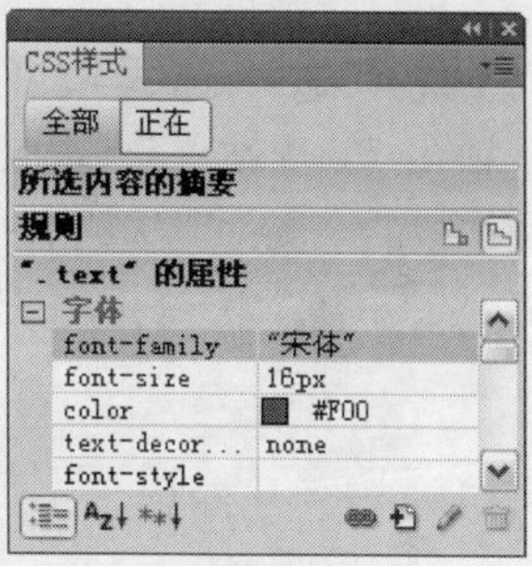

图 1-17

1.2 创建网站框架

所谓站点，可以看作是一系列文档的组合，这些文档通过各种链接建立逻辑关联。用户在建立网站前必须要建立站点，修改某网页内容时，也必须打开站点，然后修改站点内的网页。在 Dreamweaver CS4 中，站点一词是下列任意一项的简称。

Web 站点：从访问者的角度来看，Web 站点是一组位于服务器上的网页，使用 Web 浏览器访问该站点的访问者可以对其进行浏览。

远程站点：从创作者的角度来看，远程站点服务器上组成 Web 站点的文件。

本地站点：与远程站点上的文件对应的本地磁盘上的文件。通常，先在本地磁盘上编辑文件，然后再将它们上传到远程站点服务器上。

Dreamweaver CS4 站点定义：本地站点的一组定义特性，以及有关本地站点和远程站点对应方式的信息。

在做任何工作之前都应该制订工作计划并画出工作流程，建立网站也是如此。在动手建立站点之前，需要先调查研究，记录客户所需的服务，然后以此规划出网站的功能结构图（即设计草图）及其设计风格以体现站点的主题。另外，还要规划站点导航系统，避免浏览者在网页上迷失方向，找不到要浏览的内容。

1.2.1 站点管理器

站点管理器的主要功能包括新建站点、编辑站点、复制站点、删除站点以及导入或导出站点。若要管理站点，必须打开“管理站点”对话框。

启用“管理站点”对话框有以下几种方法。

选择“站点 > 管理站点”命令。

选择“窗口 > 文件”命令，启用“文件”控制面板，选择“文件”选项卡，如图 1-18 所示。单击控制面板左侧的下拉列表，选择“管理站点”命令，如图 1-19 所示。

在“管理站点”对话框中，通过“新建”、“编辑”、“复制”和“删除”按钮，可以新建一个站点、修改选择的站点、复制选择的站点、删除选择的站点。通过对话框的“导出”、“导入”按钮，用户可以将站点导出为 XML 文件，然后再将其导入到 Dreamweaver CS4。这样，用户就可以在不同的计算机和产品版本之间移动站点，或者与其他用户共享，如图 1-20 所示。

在“管理站点”对话框中，选择一个具体的站点，然后单击“完成”按钮，就会在“文件”控制面板的“文件”选项卡中出现站点管理器的缩略图。

图 1-18

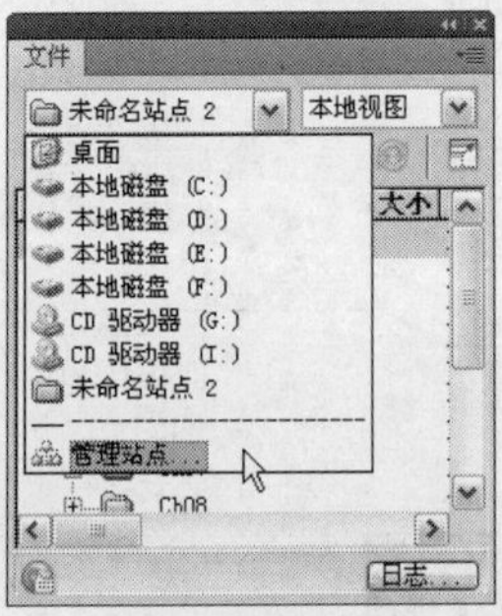

图 1-19

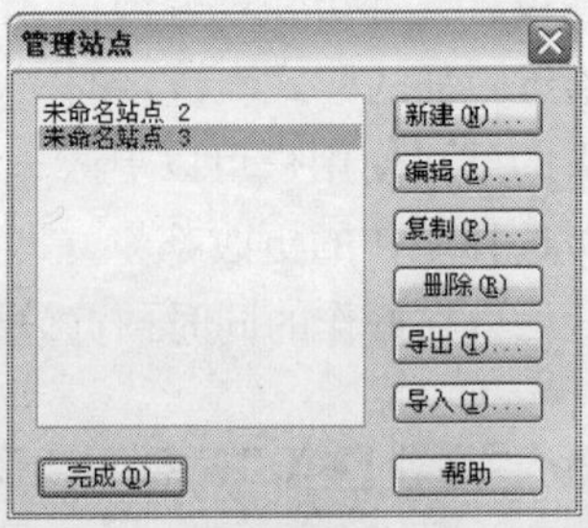

图 1-20

1.2.2 创建文件夹

建立站点前，要先在站点管理器中规划站点文件夹。

新建文件夹的具体操作步骤如下。

（1）在站点管理器的右侧窗口中单击选择站点。

（2）通过以下几种方法新建文件夹。

- 选择“文件 > 新建文件夹”命令。
- 用鼠标右键单击站点，在弹出的菜单中选择“新建文件夹”命令。

（3）输入新文件夹的名称。

一般情况下，若站点不复杂，可直接将网页存放在站点的根目录下，并在站点根目录中，按照资源的种类建立不同的文件夹存放不同的资源。例如，image 文件夹存放站点中的图像文件，media 文件夹存放站点的多媒体文件等。若站点复杂，需要根据实现不同功能的板块，在站点根目录中按板块创建子文件夹存放不同的网页，这样可以方便网站设计者修改网站。

1.2.3　定义新站点

建立好站点文件夹后用户就可定义新站点了。在 Dreamweaver CS4 中，站点通常包含两部分，即本地站点和远程站点。本地站点是本地计算机上的一组文件，远程站点是远程 Web 服务器上的一个位置。用户将本地站点中的文件发布到网络上的远程站点，使公众可以访问它们。在 Dreamweaver CS4 中创建 Web 站点，通常先在本地磁盘上创建本地站点，然后创建远程站点，再将这些网页的副本上传到一个远程 Web 服务器上，使公众可以访问它们。本节只介绍如何创建本地站点。

1．创建本地站点的步骤

（1）选择“站点 > 管理站点”命令，启用“管理站点”对话框，如图 1-21 所示。

（2）在对话框中单击“新建”按钮，在弹出的菜单中选择“站点”命令，弹出“未命名站点 2 的站点定义为”对话框。在对话框中，设计者通过“基本”选项卡建立不同的站点，对于熟练的设计者而言，通常在对话框“高级”选项卡的“本地信息”分类中，根据需要设置站点，如图 1-22 所示。

图 1-21

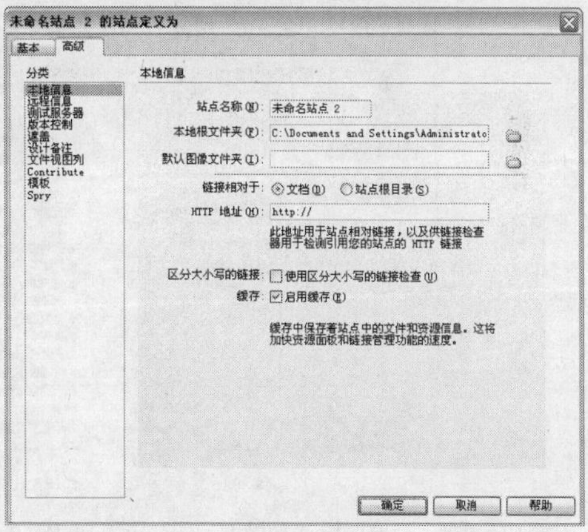

图 1-22

2．本地站点主要选项的作用

“本地信息”选项：表示定义或修改本地站点。

“站点名称”选项：在文本框中输入用户自定的站点名称。

“本地根文件夹”选项：在文本框中输入本地磁盘中存储站点文件、模板和库项目的文件夹的名称，或者单击文件夹图标查找到该文件夹。

“自动刷新本地文件列表”选项：指定每次将文件复制到本地站点时，Dreamweaver CS4 是否自动刷新本地文件列表。若没有勾选此复选框，则将文件复制到本地站点时不会自动刷新本地文件列表，但可通过单击“文档”工具栏中的“刷新设计视图”按钮来手动刷新面板。

“默认图像文件夹”选项：在文本框中输入此站点的默认图像文件夹的路径，或者单击文件夹图标查找到该文件夹。例如，将非站点图像添加到网页中时，图像会自动添加到当前站点的默认图像文件夹中。

“使用区分大小写的链接检查”选项：选择此复选框，则对使用区分大小写的链接进行检查。

“启用缓存”选项：指定是否创建本地缓存以提高链接和站点管理任务的速度。若选择此复选框，则创建本地缓存。

1.2.4 创建和保存网页

创建站点后，用户需要创建网页来组织要展示的内容。合理的网页名称非常重要，一般网页文件的名称应容易理解，能反映网页的内容。

在网站中有一个特殊的网页是首页，每个网站必须有一个首页。访问者每当在 IE 浏览器的地址栏中输入网站地址，如在 IE 浏览器的地址栏中输入“www.sina.com.cn”时会自动打开新浪网的首页。一般情况下，首页的文件名为“index.htm”、“index.html”、“index.asp”、“default.asp”、“default.htm”或“default.html”。

在标准的 Dreamweaver CS4 环境下，建立和保存网页的操作步骤如下。

（1）选择“文件 > 新建”命令，启用“新建文档”对话框，选择“空白页”选项，在“页面类型”选项框中选择“HTML”选项，在“布局”选项框中选择“无”选项，创建空白网页，设置如图 1-23 所示。

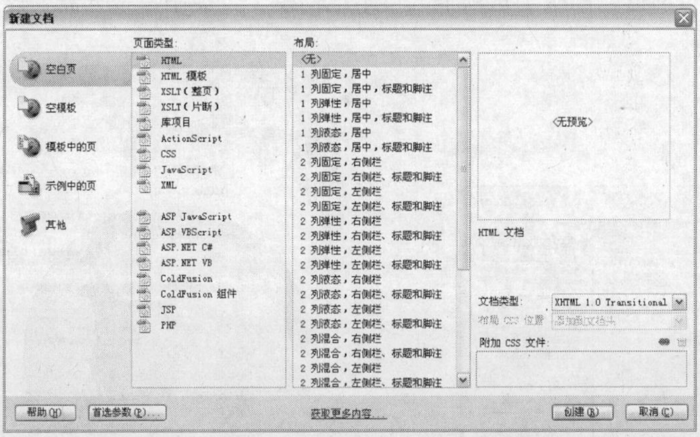

图 1-23

（2）设置完成后，单击“创建”按钮，弹出“文档”窗口，新文档在该窗口中打开。根据需要，在“文档”窗口中选择不同的视图设计网页，如图 1-24 所示。

图 1-24

“文档”窗口中有 3 种视图方式，这 3 种视图方式的作用如下。

“代码”视图：对于有编程经验的网页设计用户而言，可在“代码”视图中查看、修改和编写网页代码，以实现特殊的网页效果，“代码”视图的效果如图 1-25 所示。

“设计”视图：以所见即所得的方式显示所有网页元素，“设计”视图的效果如图 1-26 所示。

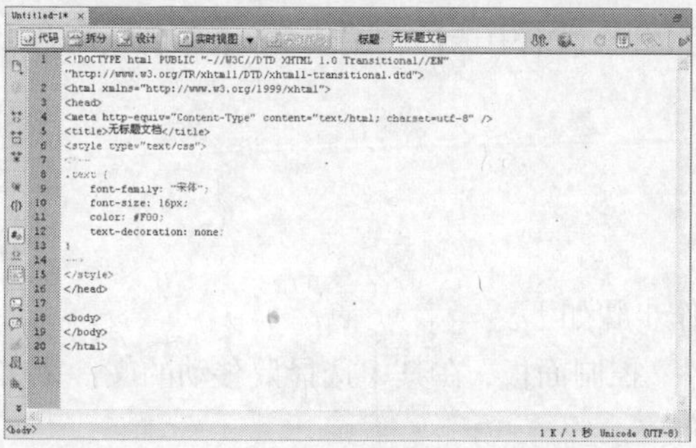

图 1-25

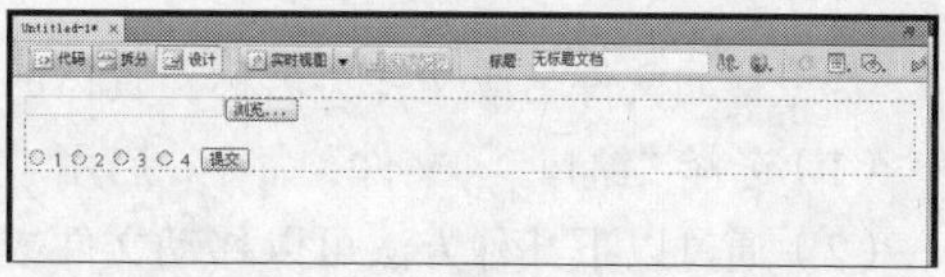

图 1-26

“拆分”视图：将文档窗口分为上下两部分，上部分是代码部分，显示代码；下部分是设计部分，显示网页元素及其在页面中的布局。在此视图中，网页设计用户通过在设计部分单击网页元素的方式，快速地定位到要修改的网页元素代码的位置，进行代码的修改，或在“属性”面板中修改网页元素的属性。“拆分”视图的效果如图 1-27 所示。

（3）网页设计完成后，选择“文件 > 保存”命令，弹出“另存为”对话框，在“文件名”选项的文本框中输入网页的名称，如图 1-28 所示，单击“保存”按钮，将该文档保存在站点文件夹中。

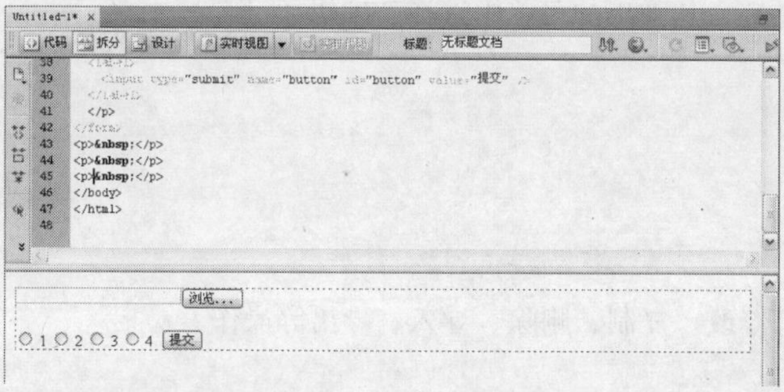

图 1-27

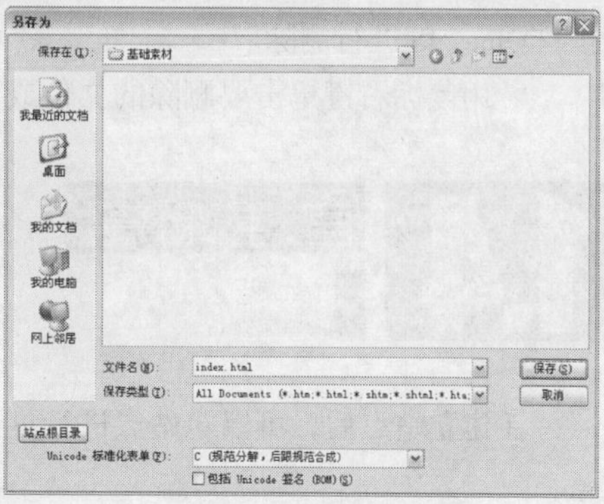

图 1-28

1.3 管理站点文件和文件夹

前面介绍了在站点文件夹列表中创建文件和文件夹的方法。当站点结构发生变化时，还需要对站点文件和文件夹进行移动和重命名等操作。下面介绍如何在“文件”控制面板中的站点文件夹列表中对站点文件和文件夹进行管理。

1.3.1 重命名文件和文件夹

修改文件名或文件夹名称操作的具体步骤如下所示。

（1）选择“窗口 > 文件”命令，启用“文件”控制面板，在其中选择要重命名的文件或文件夹。

（2）有以下几种方法激活文件或文件夹的名称。

- 单击文件名，稍停片刻，再次单击文件名。
- 用鼠标右键单击文件或文件夹图标，在弹出的菜单中选择“编辑 > 重命名”命令。

（3）输入新名称，按<Enter>键。

1.3.2 移动文件和文件夹

若想移动文件名或文件夹名称，具体的操作步骤如下。

（1）选择“窗口 > 文件”命令，启用“文件”控制面板，在其中选择要移动的文件或文件夹。

（2）通过以下几种方法可以移动文件或文件夹。

- 复制该文件或文件夹，然后粘贴在新位置。
- 将该文件或文件夹直接拖曳到新位置。

（3）“文件”控制面板会自动刷新，可以看到该文件或文件夹在新位置上。

1.3.3 删除文件或文件夹

删除文件或文件夹有以下几种方法。

- 选择“窗口 > 文件”命令，启用“文件”控制面板，在其中选择要删除的文件或文件夹，按<Delete>键进行删除。
- 用鼠标右键单击要删除的文件或文件夹，从弹出的菜单中选择“编辑 > 删除”命令。

1.4 管理站点

在建立站点后，可以对站点进行打开、修改、复制、删除、导入、导出等操作。

1.4.1 打开站点

当要修改某个网站的内容时，首先要打开站点。打开站点就是在各站点间进行切换。打开站点的具体操作步骤如下。

（1）启动 Dreamweaver CS4。

（2）选择“窗口 > 文件”命令，启用“文件”控制面板，在其中选择要打开的站点名，打开站点，如图 1-29、图 1-30 所示。

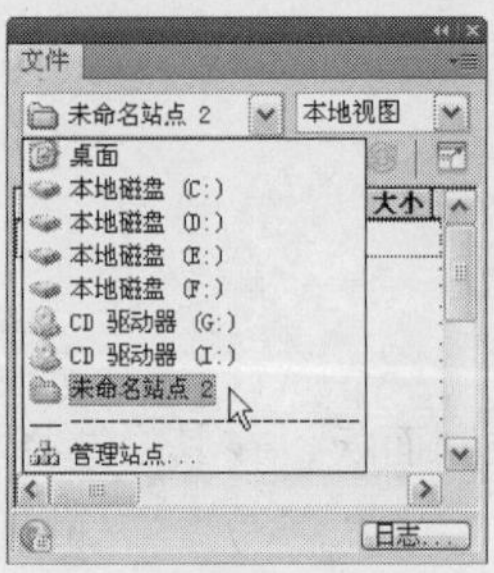

图 1-29

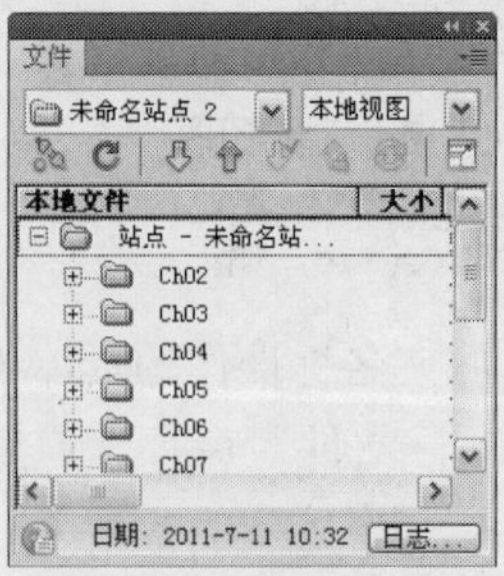

图 1-30

1.4.2　编辑站点

有时用户需要修改站点的一些设置，此时需要编辑站点。例如，修改站点的默认图像文件夹的路径，其具体的操作步骤如下。

（1）选择“站点 > 管理站点”命令，启用“管理站点”对话框。

（2）在对话框中，选择要编辑的站点名，单击“编辑”按钮，弹出“站点定义”对话框，选择“高级”选项卡，此时可根据需要进行修改，如图 1-31 所示，单击“确定”按钮完成设置，回到“管理站点”对话框。

（3）如果不需要修改其他站点，可单击“完成”按钮关闭“管理站点”对话框。

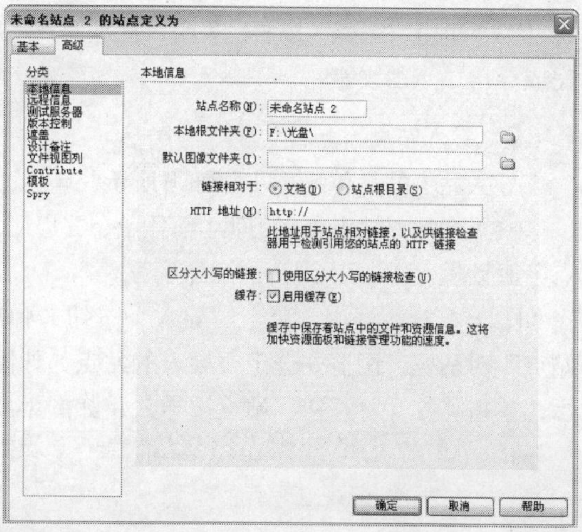

图 1-31

1.4.3　复制站点

复制站点可省去重复建立多个结构相同站点的操作步骤，可以提高用户的工作效率。在“管理站点”对话框中可以复制站点，其具体操作步骤如下。

（1）在“管理站点”对话框左侧的站点列表中选择要复制的站点，单击“复制”按钮进行复制。

（2）用鼠标左键双击新复制出的站点，在弹出的“站点定义为”对话框中更改新站点的名称。

1.4.4　删除站点

删除站点只是删除 Dreamweaver CS4 同本地站点间的关系，而本地站点包含的文件和文件夹仍然保存在磁盘原来的位置上。换句话说，删除站点后，虽然站点文件夹保存在计算机中，但在 Dreamweaver CS4 中已经不存在此站点。例如，在按下列步骤删除站点后，在“管理站点”对话框中，不存在该站点的名称。

在“管理站点”对话框中删除站点的具体操作步骤如下。

（1）在“管理站点”对话框左侧的站点列表中选择要删除的站点。

（2）单击“删除”按钮即可删除选择的站点。

1.4.5　导入和导出站点

如果在计算机之间移动站点，或者与其他用户共同设计站点，可通过 Dreamweaver CS4 的导入和导出站点功能实现。导出站点功能是将站点导出为“.ste”格式文件，然后在其他计算机上将其导入到 Dreamweaver CS4 中。

1．导出站点

（1）选择“站点 > 管理站点”命令，启用“管理站点”对话框。在对话框中，选择要导出的站点，单击“导出”按钮，弹出“导出站点”对话框。

（2）在该对话框中浏览并选择保存该站点的路径，如图 1-32 所示，单击“保存”按钮，保存扩展名为“.ste”的文件。

（3）单击“完成”按钮，关闭“管理站点”对话框，完成导出站点的设置。

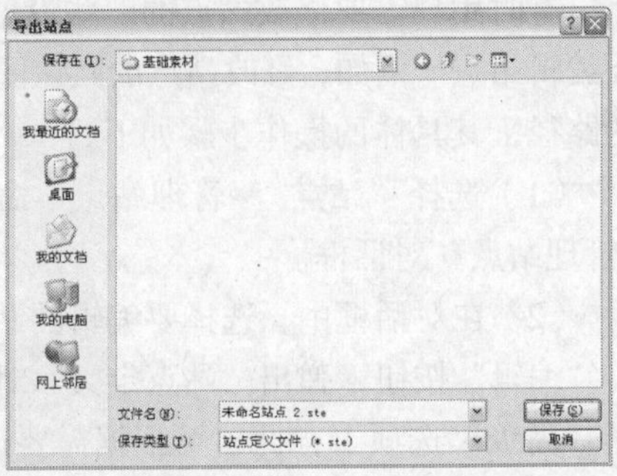

图 1-32

2．导入站点

导入站点的具体操作步骤如下所示。

（1）选择“站点 > 管理站点”命令，启用“管理站点”对话框。

（2）在对话框中，单击“导入”按钮，弹出“导入站点”对话框，浏览并选定要导入的站点，如图 1-33 所示，单击“打开”按钮，站点被导入，如图 1-34 所示。

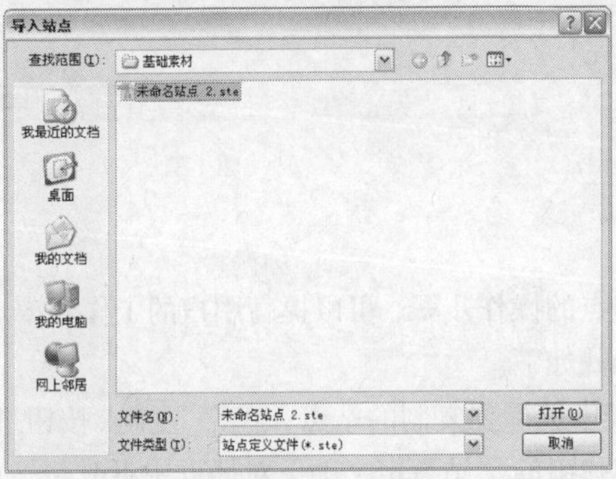

图 1-33

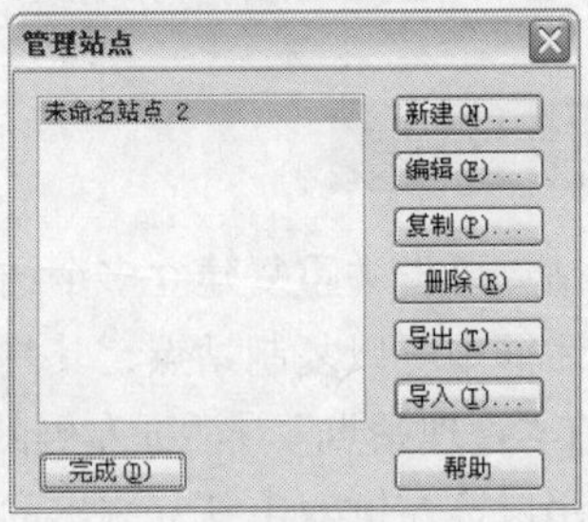

图 1-34

（3）单击“完成”按钮，关闭“管理站点”对话框，完成导入站点的设置。

1.5 网页文件头设置

文件头标签在网页中是看不到的，它包含在网页中的<head>…</head>标签之间，所有包含在该标签之间的内容在网页中都是不可见的，文件头标签主要包括 META、关键字、说明、刷新、基础和链接等。

1.5.1 插入搜索关键字

在万维网上通过搜索引擎查找资料时，搜索引擎自动读取网页中<meta>标签的内容，所以网页中的搜索关键字非常重要，它可以间接地宣传网站，提高访问量。但搜索关键字并不是字数越多越好，因为有些搜索引擎限制索引的关键字或字符的数目，当超过了限制的数目时，它将忽略所有的关键字，所以最好只使用几个精选的关键字。一般情况下，关键字是对网页的主题、内容、风格或作者等内容的概括。

设置网页搜索关键字的具体操作步骤如下。

（1）选中文档窗口中的“代码”视图，将鼠标指针放在<head>标签中，选择“插入记录 > HTML > 文件头标签 > 关键字”命令，启用“关键字”对话框，如图 1-35 所示。

（2）在“关键字”对话框中输入相应的中文或英文关键字，但注意关键字间要用半角的逗号分隔。例如，设定关键字为“浏览”，则“关键字”对话框的设置如图 1-36 所示，单击“确定”按钮，完成设置。

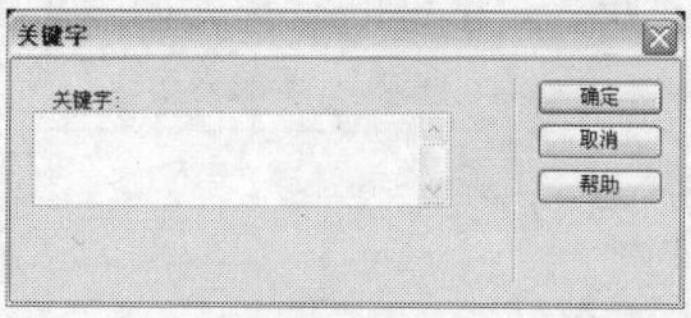

图 1-35

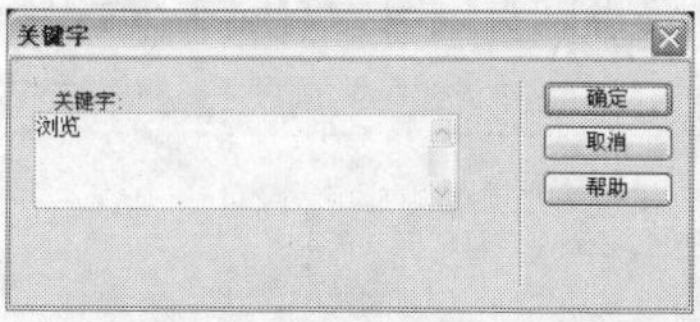

图 1-36

（3）此时，观察“代码”视图，发现<head>标签内多了下述代码。

“<meta name="keywords" content="浏览" />”

同样，还可以通过<meta>标签实现设置搜索关键字，具体操作步骤如下。

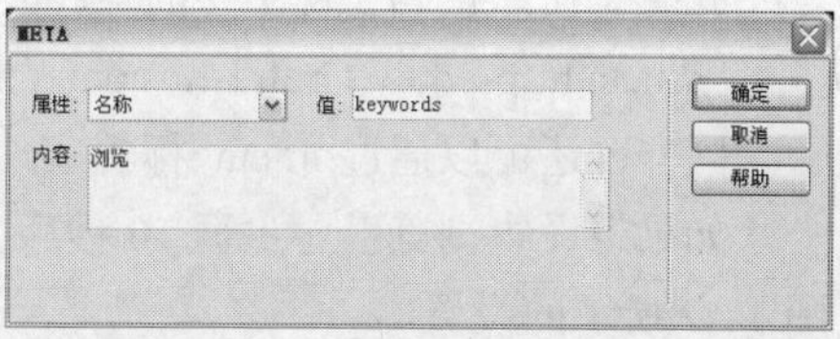

图 1-37

选择“插入记录 > HTML > 文件头标签 > Meta”命令，启用“META”对话框。在“属性”选项的下拉列表中选择“名称”，在“值”选项的文本框中输入“keywords”，在“内容”选项的文本框中输入关键字信息，如图 1-37 所示设置完成，单击“确定”按钮后可在“代码”视图中查看相应的 html 标记。

1.5.2　插入作者和版权信息

要设置网页的作者和版权信息，可选择“插入记录 > HTML > 文件头标签 > Meta”命令，启用“META”对话框。在“值”选项的文本框中输入“／x.Copyright”，在“内容”选项的文本框中输入作者名称和版权信息，如图 1-38 所示，完成后单击“确定”按钮。

图 1-38

此时，在“代码”视图中的<head>标签内可以查看相应的 html 标记。

“<meta name="／x.Copyright" content="作者：汪庆洋 版权归 齐市一中所有" />”

1.5.3　设置刷新时间

要指定载入页面刷新或者转到其他页面的时间，可设置文件头部的刷新时间项，具体操作步骤如下。

（1）选中文档窗口中的“代码”视图，将鼠标指针放在<head>标签中，选择“插入记录 > HTML > 文件头标签 > 刷新”命令，启用“刷新”对话框，如图 1-39 所示。

“刷新”对话框中各选项的作用如下。

“延迟”选项：设置浏览器刷新页面之前需要等待的时间，以秒为单位。若要浏览器在完成载入后立即刷新页面，则在文本框中输入“0”。

“操作”选项组：指定在规定的延迟时间后，浏览器是转到另一个 URL 还是刷新当前页面。若要打开另一个 URL 而不刷新当前页面，应单击“浏览”按钮，选择要载入的页面。

如果想显示在线人员列表或浮动框架中的动态文档,那么可以指定浏览器定时刷新当前打开的网页。因为它可以实时地反映在线或离线用户，以及动态文档实时改变的信息。

（2）在“刷新”对话框中设置刷新时间。

例如，要将网页设定为每隔 1 分钟自动刷新，可“刷新”对话框的设置，如图 1-40 所示。

图 1-39

图 1-40

此时，在“代码”视图中的<head>标签内可以查看相应的 html 标记。

“<meta http-equiv="refresh" content="60" />”

同样，还可以通过<meta>标签实现对刷新时间的设置，具体设置如图 1-41 所示。

如果想设置浏览引导主页 10 秒后，自动打开主页，可在引导主页的“刷新”对话框中进行如图 1-42 所示的设置。

图 1-41

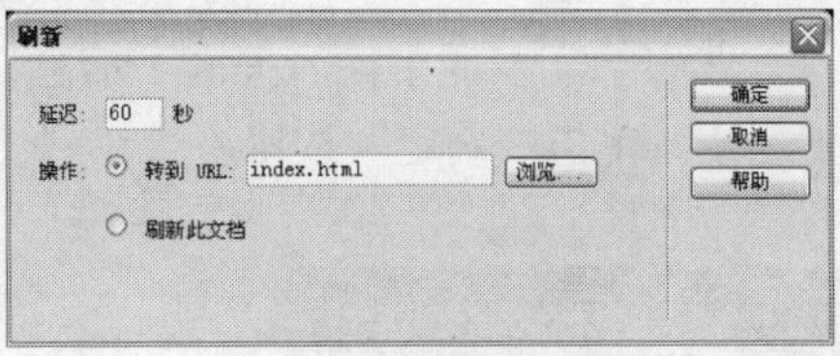

图 1-42

1.5.4 设置描述信息

搜索引擎也可通过读取<meta> 标签的说明内容来查找信息，但说明信息主要是设计者对网页内容的详细说明，而关键字可以让搜索引擎尽快搜索到网页。设置网页说明信息的具体操作步骤如下。

（1）选中文档窗口中的“代码”视图，将鼠标指针放在<head>标签中，选择“插入记录 > HTML > 文件头标签 > 说明”命令，启用“说明”对话框。

（2）在“说明”对话框中设置说明信息。

例如，在网页中设置为网站设计者提供“利用 ASP 脚本，按用户需求进行查询”的说明信息，对话框中的设置如图 1-43 所示。

此时，在“代码”视图中的<head>标签内可以查看相应的 html 标记。

“<meta name="description" content="利用 ASP 脚本，按用户需求进行查询" />”

同样，还可以通过<meta>标签实现，具体设置如图 1-44 所示。

图 1-43

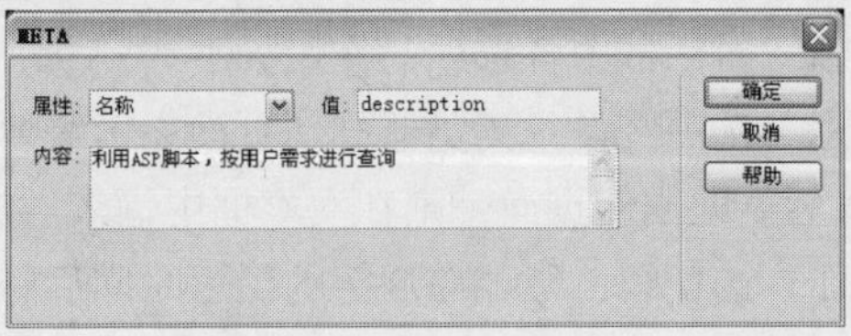

图 1-44

1.5.5 设置页面中所有链接的基准链接

基准链接类似于相对路径，若要设置网页文档中所有链接都以某个链接为基准，可添加一个基准链接，但其他网页的链接与此页的基准链接无关。设置基准链接的具体操作如下。

（1）选中文档窗口中的“代码”视图，将鼠标指针放在<head>标签中，选择“插入记录 > HTML > 文件头标签 > 基础”命令，弹出“基础”对话框。

（2）在“基础”对话框中设置“HREF”和“目标”两个选项。这两个选项的作用如下。

“HREF”选项：设置页面中所有链接的基准链接。

“目标”选项：指定所有链接的文档都应在哪个框架或窗口中打开。

例如，当前页面中的所有链接都是以“http://www.sina.com”为基准链接，而不是本服务器的 URL 地址，则“基础”对话框中的设置如图 1-45 所示。

图 1-45

此时，在“代码”视图中的<head>标签内可以查看相应的 html 标记。

“<base href="http://www.sina.com" target="空白(_B)" />”

一般情况下，在网页的头部插入基准链接不带有普遍性，只是针对个别网页而言。当个别网页需要临时改变服务器域名和 IP 地址时，才在其文件头部插入基准链接。当需要大量、长久地改变链接时，网站设计者最好在站点管理器中完成。

1.5.6 设置当前文件与其他文件的关联性

<head> 部分的<link>标签可以定义当前文档与其他文件之间的关系，它与 <body> 部分中的文档之间的 HTML 链接是不一样的，其具体操作步骤如下。

（1）选中文档窗口中的“代码”视图，将光标放在<head>标签中，选择“插入记录 > HTML > 文件头标签 > 链接”命令，弹出“链接”对话框，如图 1-46 所示。

图 1-46

（2）在“链接”对话框中设置相应的选项。对话框中各选项的作用如下所示。

“HREF”选项：用于定义与当前文件相关联的文件的 URL。它并不表示通常 HTML 意义上的链接文件，链接元素中指定的关系更复杂。

“ID”选项：为链接指定一个唯一的标志符。

“标题”选项：用于描述关系。该属性与链接的样式表有特别的关系。

“Rel”选项：指定当前文档与“HREF”选项中的文档之间的关系。其值包括替代、样式表、开始、下一步、上一步、内容、索引、术语、版权、章、节、小节、附录、帮助和书签。若要指定多个关系，则用空格将各个值隔开。

“Rev”选项：指定当前文档与“HREF”选项中的文档之间的相反关系，与“Rel”选项相对。其值与“Rel”选项的值相同。

第2章 文本与文档

不管网页内容如何丰富，文本自始至终都是网页中最基本的元素。由于文本产生的信息量大，输入、编辑起来方便，并且生成的文件小，容易被浏览器下载，不会占用太多的等待时间，因此掌握好文本的使用，对于制作网页来说是最基本的要求。

【教学目标】

- 文本与文档。
- 项目符号和编号列表。
- 水平线、网格与标尺。

2.1 文本与文档

文本是网页中最基本的元素。它不仅能准确表达网页制作者的思想，还有信息量大、输入修改方便、生成的文件小、易于浏览下载等特点，因此，对于网站设计者而言，掌握文本的使用方法非常重要。但是与图像及其他相比，文本很难激发浏览者的阅读兴趣，所以用户制作网页时，除了要在文本的内容上多下功夫外，排版也非常重要。在文档中灵活运用丰富的字体、多种段落格式以及赏心悦目的文本效果，对于一个专业的网站设计者而言，是必不可少的一项技能。

2.1.1 课堂案例——爱仁摄影网页

案例学习目标：使用修改命令设置页面外观、网页标题等效果，使用编辑命令设置允许多个连续空格、显示不可见元素效果。

案例知识要点：使用“页面属性”命令设置页面外观、网页标题效果，使用“首选参数”命令设置允许多个连续空格、显示不可见元素效果，如图 2-1 所示。

效果所在位置：光盘/Ch02/效果/爱仁摄影网页.html。

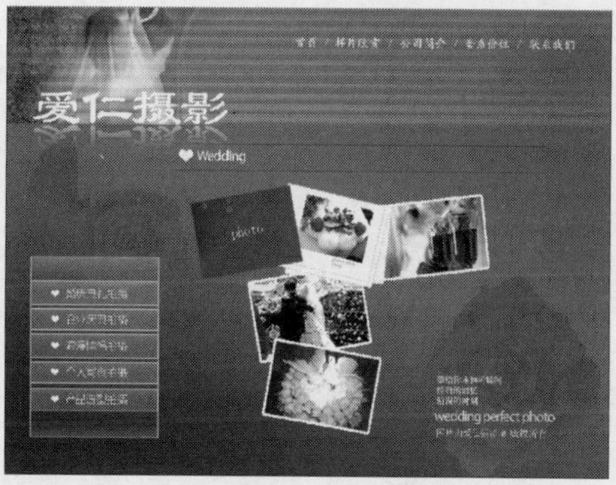

图 2-1

1．设置页面属性

Step 01 选择“文件 > 打开”命令，在弹出的菜单中选择“Ch02 > 素材 > 爱仁摄影网页 > index.html”文件，如图 2-2 所示。

Step 02 选择“修改 > 页面属性”命令，弹出“页面属性”对话框，在对话框左侧“分类”选项列表中选择“外观”选项，将右侧的“大小”选项设为 12，“文本颜色”选项设为白色，“左边距”、“右边距”、“上边距”、“下边距”选项均设为 0，如图 2-3 所示。

图 2-2

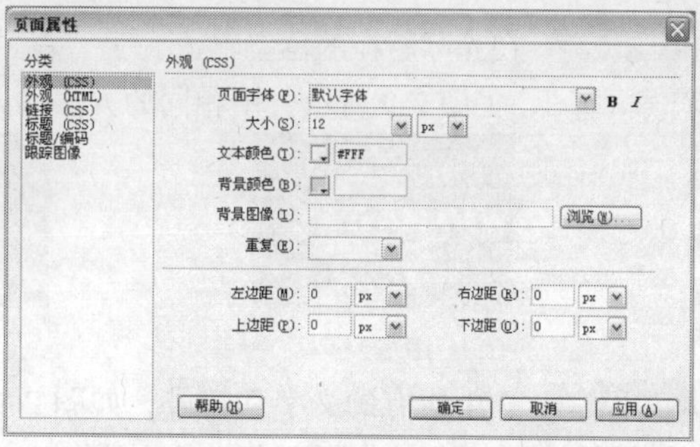

图 2-3

Step 03 在“分类”选项列表中选择“标题/编码”选项，在“标题”选项文本框中输入“爱仁摄影”，如图 2-4 所示，单击“确定”按钮，效果如图 2-5 所示。

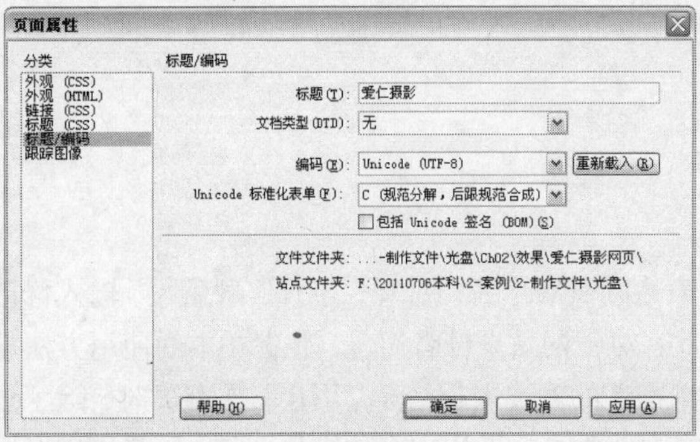

图 2-4

图 2-5

2．输入空格和文字

Step 01 选择“编辑 > 首选参数”命令，在“首选参数”对话框左侧的分类列表中选择“常规”选项，在右侧的“编辑选项”中选择“允许多个连续的空格”复选框，如图 2-6 所示，单击“确定”按钮完成设置。

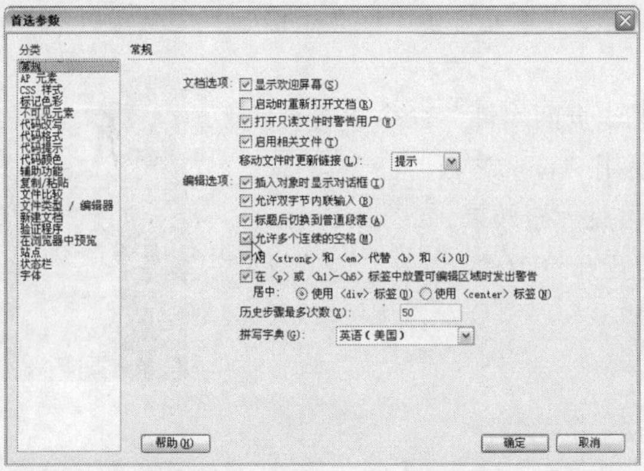

图 2-6

Step 02 将光标置入到表格中，如图 2-7 所示。按 3 次< Space >键，输入空格，如图 2-8 所示。

图 2-7

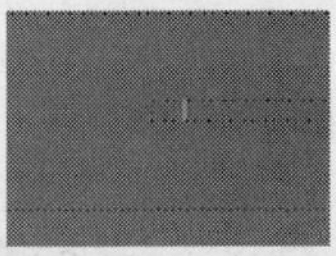

图 2-8

Step 03 在光标所在的位置输入文字“首页”，再次输入 1 次空格键，按<Shift+\>快捷键，输入符号“|”，如图 2-9 所示。用相同的方法输入文字和符号，制作出如图 2-10 所示的效果。

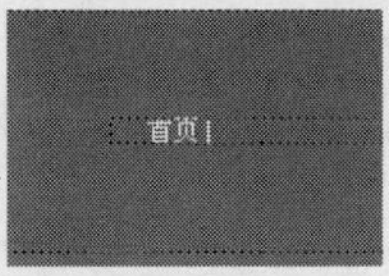

图 2-9

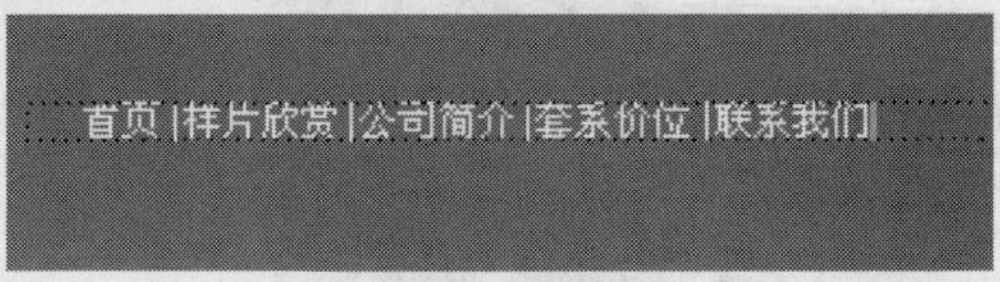

图 2-10

Step 04 选中所有的文字和符号，如图 2-11 所示，按<Shift+F11>快捷键，调出“CSS 样式”对话框，单击面板底部的“新建 CSS 样式”按钮，在弹出的对话框中进行设置，如图 2-12 所示，单击 2 次“确定”按钮，返回到文档编辑窗口中，在“目标规则”选项下拉列表中选择刚刚定义的样式“.t1”，应用样式，在“属性”面板中将“大小”选项设为 14，效果如图 2-13 所示。

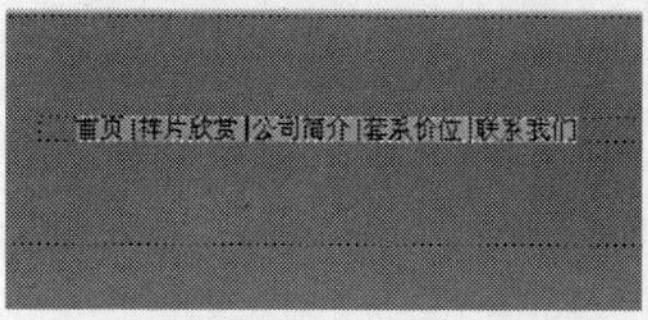

图 2-11

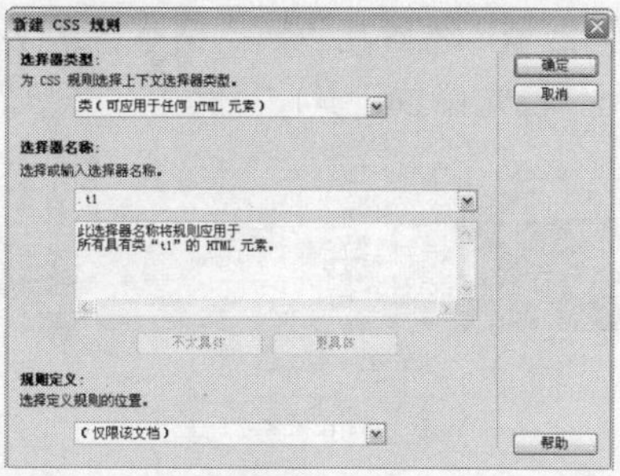

图 2-12

图 2-13

3．设置页面中的不可见元素

Step 01 将光标置入到页面右下方的单元格中，如图 2-14 所示。选择“编辑 > 首选参数”命令，在“首选参数”对话框左侧的“分类”列表中选择“不可见元素”选项，选择“换行符”复选框，如图 2-15 所示，单击“确定”按钮完成设置。

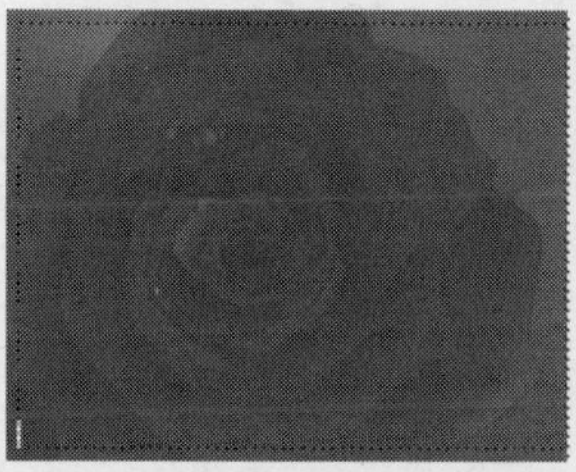

图 2-14

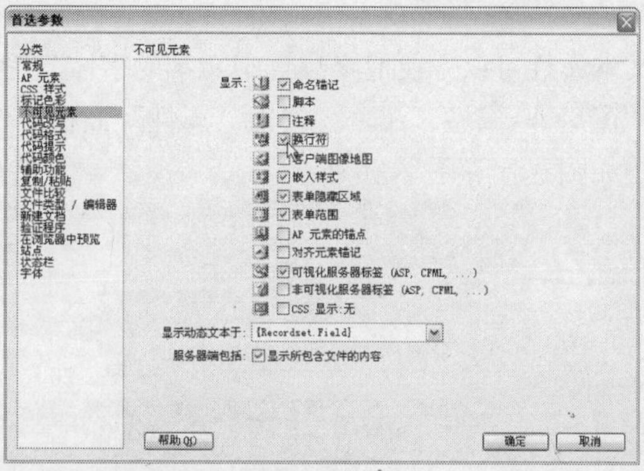

图 2-15

Step 02 在光标所在的位置输入文字“带给你永恒的瞬间”，按<Shift+Enter>快捷键，页面出现换行符，如图 2-16 所示。用相同的方法继续输入文字，效果如图 2-17 所示。

Step 03 保存文档，按<F12>键预览效果，如图 2-18 所示。

图 2-16

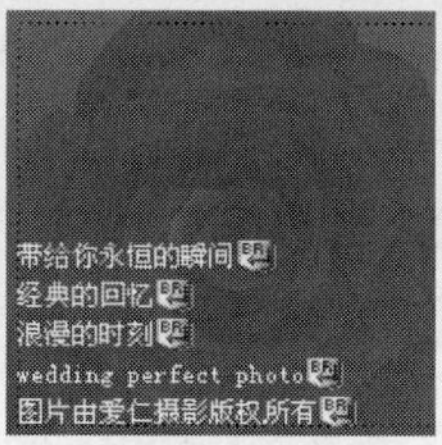

图 2-17

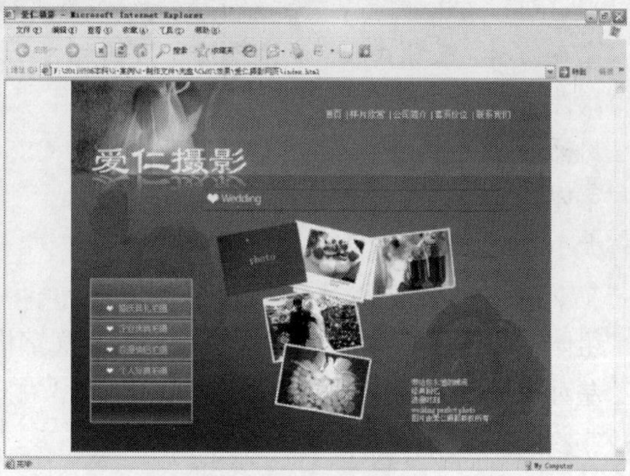

图 2-18

2.1.2 输入文本

应用 Dreamweaver CS4 编辑网页时，在文档窗口中光标为默认显示状态。要添加文本，首先应将光标移动到文档窗口中的编辑区域，然后直接输入文本，就像在其他文本编辑器中一样。打开一个文档，在文档中单击鼠标左键，将光标置于其中，然后在光标后面输入文本，如图 2-19 所示。

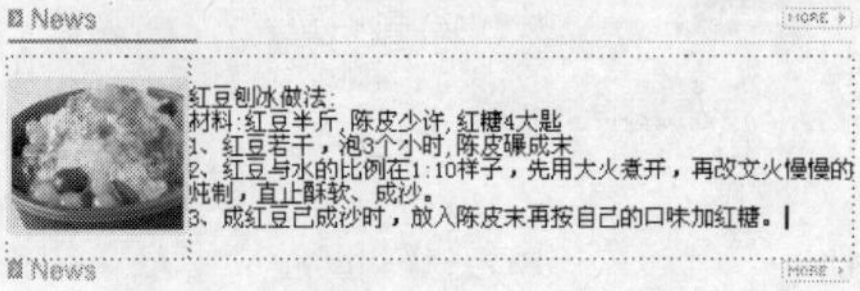

图 2-19

> **提示**：除了直接输入文本外，也可将其他文档中的文本复制后，粘贴到当前的文档中。需要注意的是，粘贴文本到 Dreamweaver CS4 的文档窗口时，该文本不会保持原有的格式，但是会保留原来文本中的段落格式。

2.1.3 设置文本属性

利用文本属性可以方便地修改选中文本的字体、字号、样式、对齐方式等，以获得预期的效果。

选择“窗口 > 属性”命令，弹出“属性”面板，在 HTML 和 CSS 属性面板中都可以设置文本的属性，如图 2-20、图 2-21 所示。

图 2-20

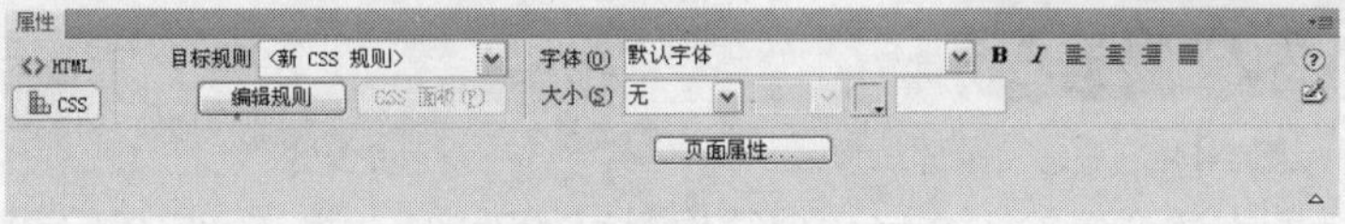

图 2-21

“格式”选项：设置所选文本的段落样式。例如，使段落应用“标题 1”的段落样式。

“项目列表”按钮、“编号列表”按钮：设置段落的项目符号或编号。

“文本凸出”按钮、“文本缩进”按钮：设置段落文本向右凸出或向左缩进一定距离。

“属性”面板中各选项的含义如下。

“目标规则”选项：设置已定义的或引用的 CSS 样式为文本的样式。

“字体”选项：设置文本的字体组合。

“大小”选项：设置文本的字级。

“文本颜色”按钮：设置文本的颜色。

“粗体”按钮 **B**、“斜体”按钮 *I*：设置文字格式。

“左对齐”按钮、“居中对齐”按钮、“右对齐”按钮、“两端对齐”按钮：设置段落在网页中的对齐方式。

2.1.4 输入连续的空格

在默认状态下，Dreamweaver CS4 只允许网站设计者输入一个空格，要输入连续多个空格则需要进行设置或通过特定操作才能实现。

1．设置“首选参数”对话框

选择“编辑 > 首选参数”命令，弹出“首选参数”对话框。在“首选参数”对话框左侧的“分类”列表中选择“常规”选项，在右侧的“编辑选项”选项组中选择“允许多个连续的空格”复选框，如图 2-22 所示，单击“确定”按钮完成设置。此时，用户可连续按<Space>键在文档编辑区内输入多个空格。

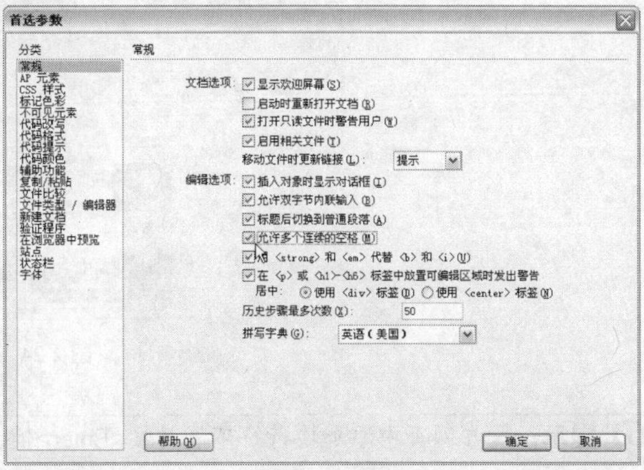

图 2-22

2．直接插入多个连续空格

在 Dreamweaver CS4 中插入多个连续空格，有以下几种方法。

- 选择“插入”面板中的“文本”选项卡，单击“字符”展开式按钮，选择“不换行空格”命令。
- 选择“插入 > HTML > 特殊字符 > 不换行空格”命令，或按<Ctrl+Shift+Space>快捷键。
- 将输入法转换到中文的全角状态下。

2.1.5 设置是否显示不可见元素

在网页的设计视图中，有一些元素仅用来标志该元素的位置，而在浏览器中是不可见的。例如，脚本图标是用来标志文档正文中的 Javascript 或 Vbscript 代码的位置，换行符图标是用来标志每个换行符
 的位置等。在设计网页时，为了快速找到这些不可见元素的位置，常常改变这些元素在设计视图中的可见性。

显示或隐藏某些不可见元素的具体操作步骤如下。

（1）选择“编辑 > 首选参数”命令，弹出“首选参数”对话框。

（2）在“首选参数”对话框左侧的“分类”列表中选择“不可见元素”选项，根据需要选择或取消选择右侧的多个复选框，以实现不可见元素的显示或隐藏，如图 2-23 所示，单击“确定”按钮完成设置。

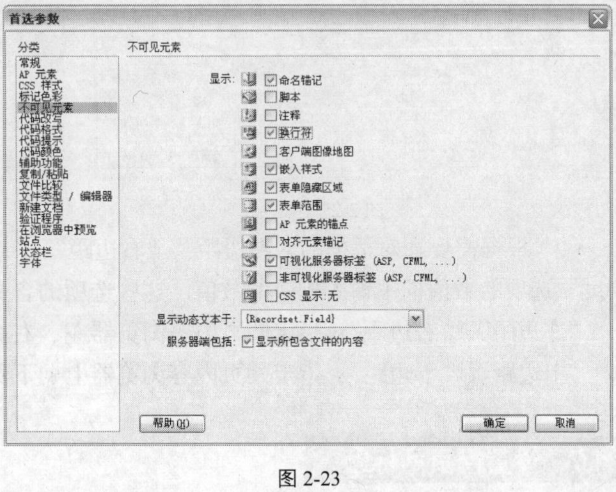

图 2-23

最常用的不可见元素是换行符、脚本、命名锚记、层锚记和表单隐藏区域，一般将它们设为可见状态。

但细心的网页设计者会发现，虽然在“首选参数”对话框中设置某些不可见元素为显示的状态，但在网页的设计视图中却看不见这些不可见元素。为了解决这个问题，还必须选择“查看 > 可视化助理 > 不可见元素”命令，选择“不可见元素”选项后，效果如图 2-24 所示。

图 2-24

提示：要在网页中添加换行符不能只按<Enter>键，而要按<Shift+Enter>快捷键。

2.1.6 设置页边距

按照文章的书写规则，正文与纸的四周需要留有一定的距离，这个距离叫页边距。网页设计也如此，在默认状态下文档的上、下、左、右边距不为零。

修改页边距的具体操作步骤如下。

（1）选择“修改 > 页面属性”命令，弹出“页面属性”对话框，如图 2-25 所示。

提示：在“页面属性”对话框中选择“外观（HTML）”选项，“页面属性”对话框提供的界面将发生改变，如图 2-26 所示。

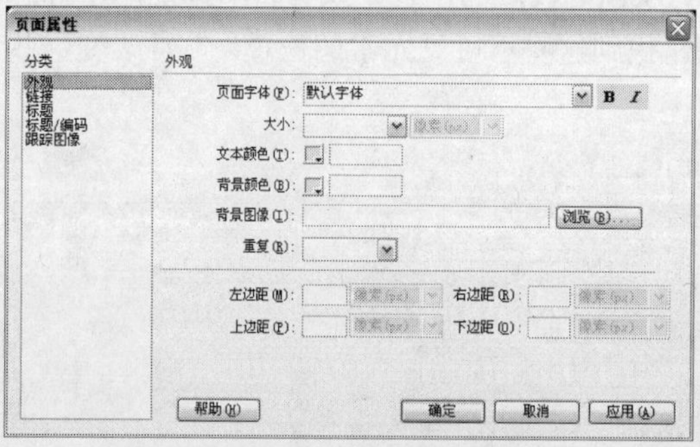

图 2-25

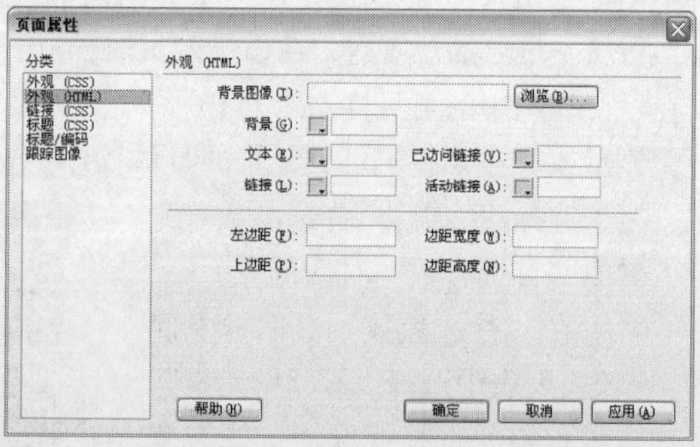

图 2-26

（2）根据需要在对话框的“左边距”、“右边距”、“上边距”、“下边距”、“边距宽度”和“边距高度”选项的数值框中输入相应的数值。这些选项的含义如下。

“左边距”、“右边距”：指定网页内容浏览器左、右页边的大小。

“上边距”、“下边距”：指定网页内容浏览器上、下页边的大小。

2.1.7 设置网页的标题

HTML 页面的标题可以帮助站点浏览者理解所查看网页的内容，并在浏览者的历史记录和书签列表中标志页面。文档的文件名是通过保存文件命令保存的网页文件名称，而页面标题是浏览者在浏览网页时浏览器标题栏中显示的信息。

更改页面标题的具体操作步骤如下。

（1）选择“修改 > 页面属性”命令，启用“页面属性”对话框。

（2）在对话框的“分类”选项框中选择“标题/编码”选项，在对话框右侧“标题”选项的文本框中输入页面标题，如图 2-27 所示，单击“确定”按钮，完成设置。

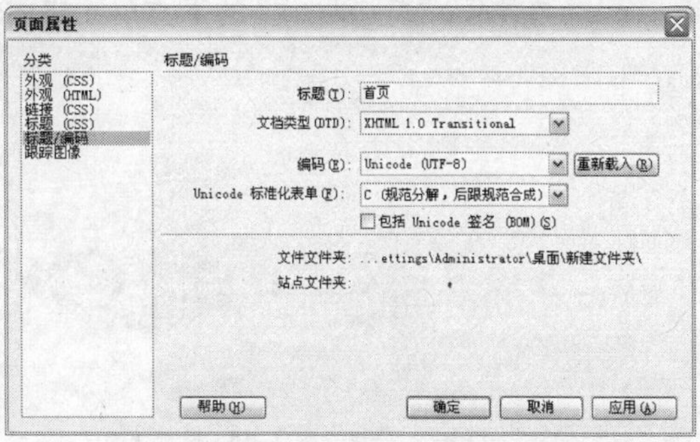

图 2-27

2.1.8 设置网页的默认格式

用户在制作新网页时，页面都有一些默认的属性，如网页的标题、网页边界、文字编码、文字颜色、超链接的颜色等。若需要修改网页的页面属性，可选择“修改 > 页面属性”命令，弹出“页面属性”对话框，如图 2-28 所示。对话框中各选项的作用如下。

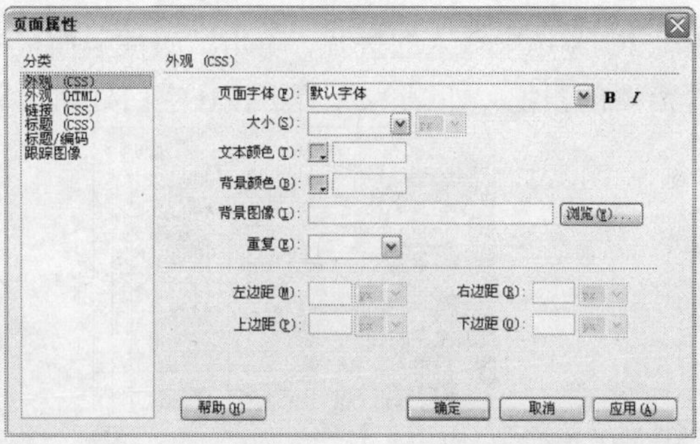

图 2-28

“外观”选项组：设置网页背景色，背景图像，网页文字的字体、字号、颜色和网页边界。

“链接”选项组：设置链接文字的格式。

“标题”选项组：为标题 1 至标题 6 指定标题标签的字体大小和颜色。

“标题/编码”选项组：设置网页的标题和网页的文字编码。一般情况下，将网页的文字编码设定为简体中文 GB2312 编码。

“跟踪图像”选项组：一般在复制网页时，若想使原网页的图像作为复制网页的参考图像，可使用跟踪图像的方式实现。跟踪图像仅作为复制网页的设计参考图像，在浏览器中并不显示出来。

2.1.9 课堂案例——美味西点网页

案例学习目标：使用属性面板改变网页中的元素，使网页变得更加美观。

案例知识要点：使用属性面板改变文本大小、颜色、字体、样式和对齐方式，如图 2-29 所示。

效果所在位置：光盘/Ch02/效果/美味西点网页/index.html

图 2-29

1.改变文字颜色

Step 01 选择“文件 > 打开”命令，在弹出的对话框中选择光盘中的“Ch02 > 素材 > 美味西点网页 > index.html”文件，单击“打开”按钮打开文件，如图 2-30 所示。

Step 02 在文字“美味西点”的下方单元格中输入英文字母，如图 2-31 所示。

图 2-30

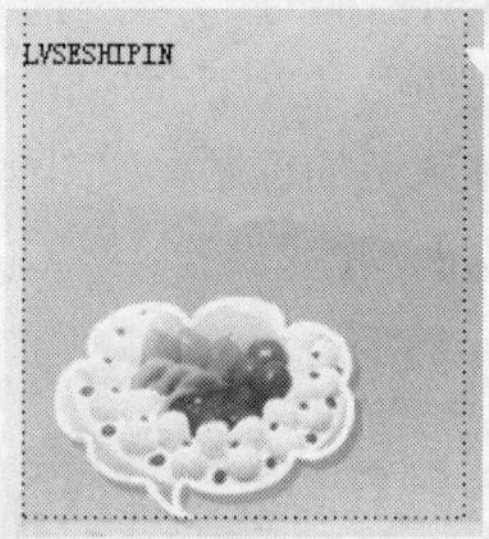

图 2-31

Step 03 选中输入的拼音，单击“属性”面板中的“文本颜色”按钮，在弹出的颜色面板中选择需要的颜色，如图 2-32 所示。在空白处单击鼠标，取消对字母的选取，效果如图 2-33 所示。

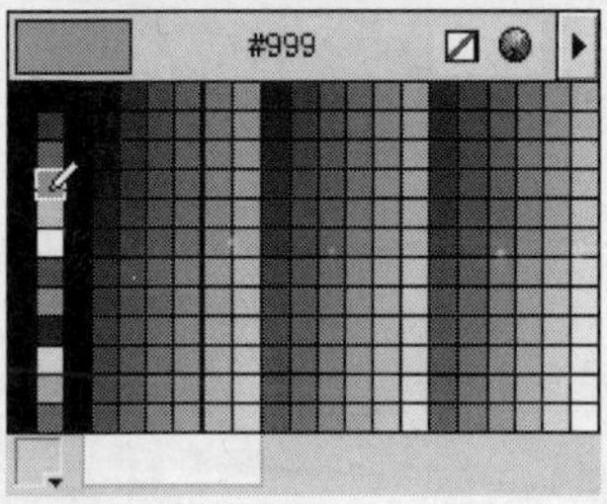

图 2-32

图 2-33

2.设置文字字体

Step 01 将光标移到拼音的后面，按<Shift+Enter>快捷键，光标移到另一个段落。输入文字“绿色食品”，效果如图 2-34 所示。

Step 02 按<Shift+F11>快捷键，弹出“CSS 样式”面板，单击面板底部的“新建 CSS 规则”按钮，在弹出的对话框中进行设置，如图 2-35 所示，单击两次“确定”按钮，返回到文档编辑窗口。

图 2-34

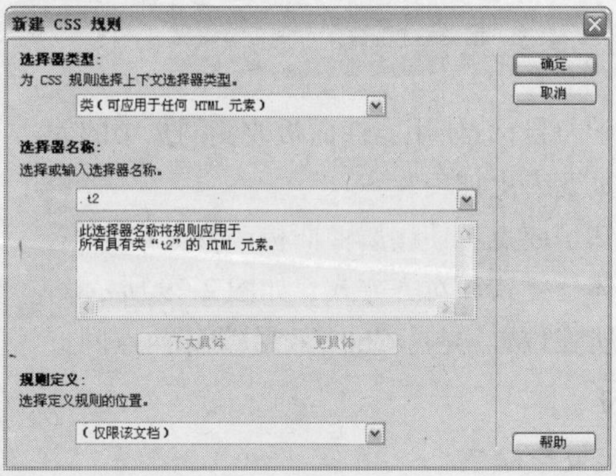

图 2-35

Step 03 选中文字“绿色食品”，在“属性”面板“目标规则”选项下拉列表中选择刚刚定义的样式“.t2”，单击“文本颜色”按钮，在弹出的颜色面板中选择黑色颜色，单击“字体”选项右侧的下拉按钮，在弹出的列表中选择“编辑字体列表”选项，如图 2-36 所示。

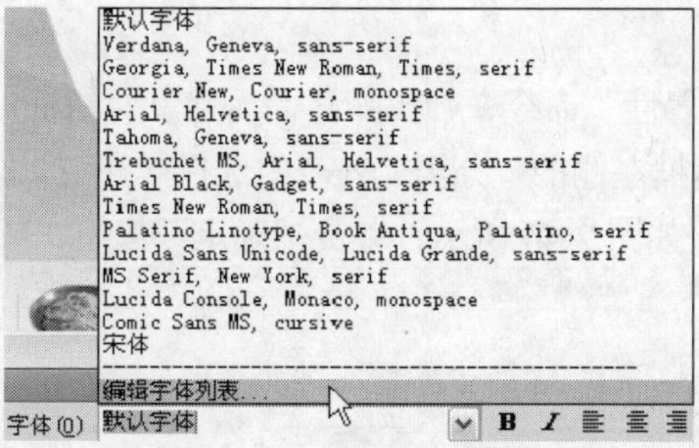

图 2-36

Step 04 弹出“编辑字体列表”对话框，在“可用字体”列表框中选择需要的字体，如图 2-37 所示。单击“注册”按钮 ≪，在“选择的字体”文本框中添加所选字体。单击 + 按钮，将所选的字体添加到字体列表中，如图 2-38 所示，单击“确定”按钮。

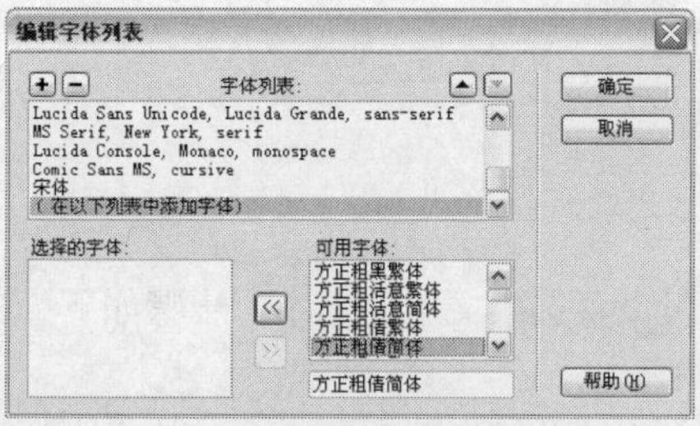

图 2-37

图 2-38

Step 05 在“属性”面板中，单击“字体”选项右侧的下拉按钮 ∨，在弹出的列表中选择添加的字体，并将“大小”选项设为 24，文字效果如图 2-39 所示。将光标移到“绿色食品”文字的后面，按<Enter>键，如图 2-40 所示。用上面的操作方法，再次输入文字，并设置大小和颜色，效果如图 2-41 所示。

Step 06 选中所有输入的文字，单击“属性”面板中的“居中对齐”按钮，使文字居中显示，效果如图 2-42 所示。

Step 07 保存文档，按<F12>键预览效果，如图 2-43 所示。

图 2-39

图 2-40

图 2-41

图 2-42

图 2-43

2.1.10　改变文本的大小

Dreamweaver CS4 提供两种改变文本大小的方法，一种是设置文本的默认大小，另一种是设置选中文本的大小。

1．设置文本的默认大小

（1）选择“修改 > 页面属性”命令，弹出“页面属性”对话框。

（2）在“页面属性”对话框左侧的“分类”列表中选择“外观”选项，在右侧的“大小”选项中根据需要选择文本的大小，如图 2-44 所示，单击“确定”按钮完成设置。

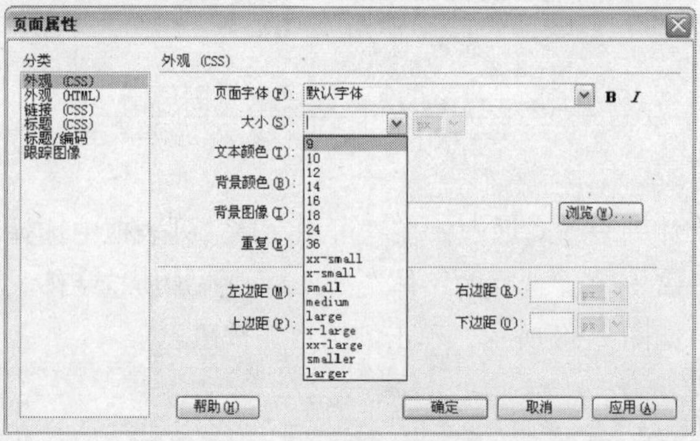

图 2-44

2．设置选中文本的大小

在 Dreamweaver CS4 中，可以通过“属性”面板设置选中文本的大小，步骤如下。

（1）在文档窗口中选中文本。

（2）在“属性”面板中，单击“大小”选项的下拉列表选择相应的值，如图 2-45 所示。

图 2-45

2.1.11 改变文本的颜色

丰富的视觉色彩可以吸引用户的注意，网页中的文本不仅可以是黑色的，还可以呈现为其他色彩，最多时可达到 16 777 216 种颜色。颜色的种类与用户显示器的分辨率和颜色值有关，所以，通常在 216 种网页色彩中选择文字的颜色。

在 Dreamweaver CS4 中提供了两种改变文本颜色的方法。

1．设置文本的默认颜色

（1）选择“修改 > 页面属性”命令，弹出“页面属性”对话框。

（2）在左侧的“分类”列表中选择“外观（CSS）”选项，在右侧的“文本颜色”选项中选择具体的文本颜色，如图 2-46 所示，单击“确定”按钮完成设置。

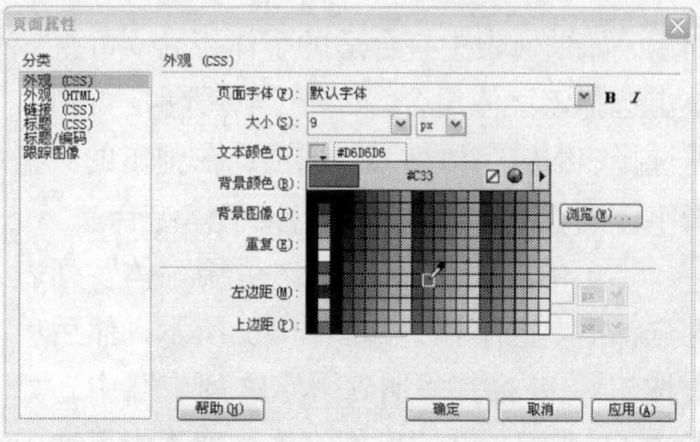

图 2-46

> **提示：**在“文本颜色”选项中选择文本颜色时，可以在颜色按钮右边的文本框中，直接输入文本颜色的十六进制数值。

2．设置选中文本的颜色

为了对不同的文字设定不相同的颜色，Dreamweaver CS4 提供了两种改变选中文本颜色的方法。

通过“文本颜色”按钮设置选中文本的颜色，步骤如下。

（1）在文档窗口中选中文本。

（2）单击“属性”面板中的“文本颜色”按钮 选择相应的颜色，如图 2-47 所示。

通过“颜色”命令设置选中文本的颜色，步骤如下。

（1）在文档窗口中选中文本。

（2）选择“格式 > 颜色”命令，弹出“颜色”对话框，如图 2-48 所示。选择相应的颜色，单击“确定”按钮完成设置。

图 2-47

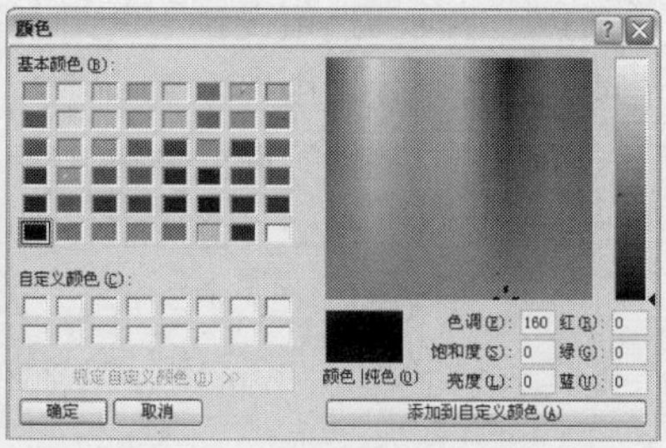

图 2-48

2.1.12　改变文本的字体

Dreamweaver CS4 提供了两种改变文本字体的方法，一种是设置文本的默认字体，一种是设置选中文本的字体。

1．设置文本的默认字体

（1）选择“修改 > 页面属性”命令，弹出“页面属性”对话框。

（2）在左侧的“分类”列表中选择“外观”选项，在右侧选择“页面字体”选项，弹出其下拉列表，如果列表中有合适的字体组合，可直接单击选择该字体组合，如图 2-49 所示。否则，需选择“编辑字体列表”选项，在弹出的“编辑字体列表”对话框中自定义字体组合。

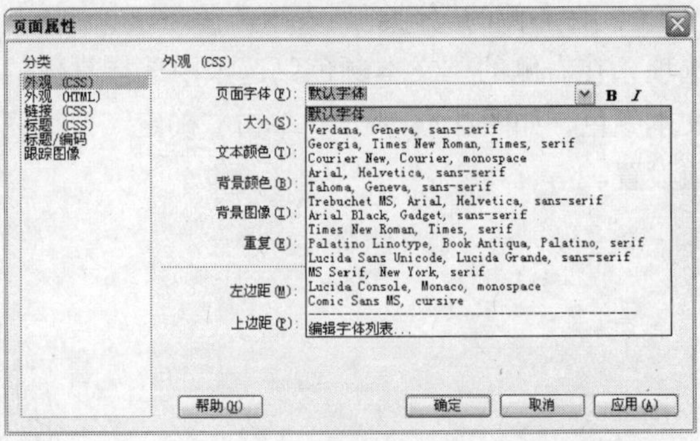

图 2-49

（3）单击按钮，在“可用字体”列表中选择需要的字体，如图 2-50 所示，然后单击按钮，将其添加到“字体列表”中，如图 2-51 所示。在“可用字体”列表中再选中另一种字体，再次单击按钮，在“字体列表”中建立字体组合，单击“确定”按钮完成设置。

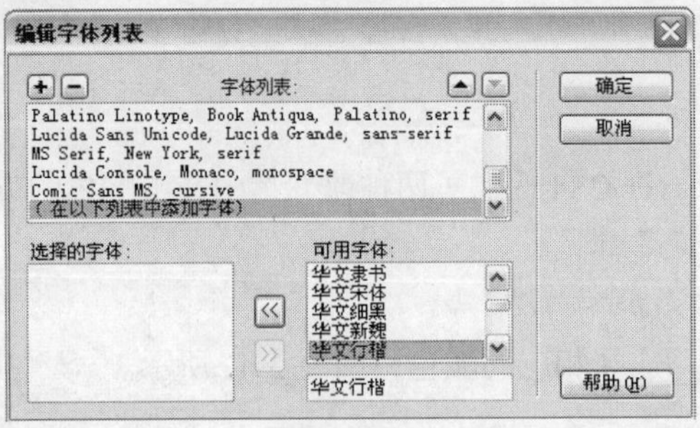

图 2-50

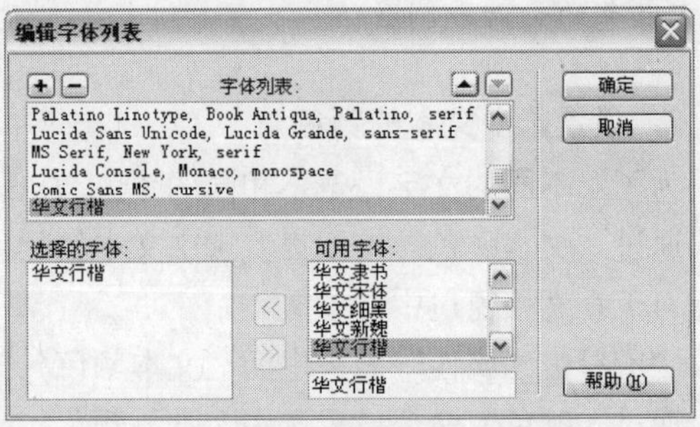

图 2-51

（4）重新在“页面属性”对话框中“页面字体”选项的下拉列表中选择刚建立的字体组合作为文本的默认字体。

2．设置选中文本的字体

为了将不同的文字设定为不同的字体，Dreamweaver CS4 提供了两种改变选中文本字体的方法。

通过“字体”选项设置选中文本的字体，步骤如下。

（1）在文档窗口中选中文本。

（2）选择“属性”面板，在“字体”选项的下拉列表中选择相应的字体，如图 2-52 所示。

通过“字体”命令设置选中文本的字体，步骤如下。

（1）在文档窗口中选中文本。

（2）选择“文本 > 字体”命令，在弹出的子菜单中选择相应的字体，如图 2-53 所示。

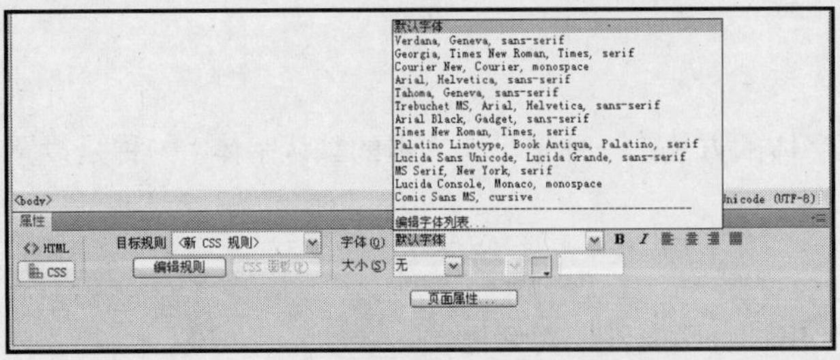

图 2-52

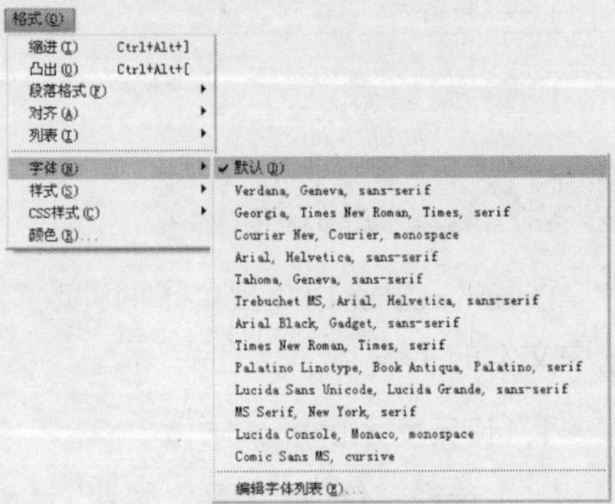

图 2-53

2.1.13　改变文本的对齐方式

文本的对齐方式是指文字相对于文档窗口或浏览器窗口在水平位置的对齐方式。对齐方式按钮有以下 4 种，如图 2-54 所示。

“左对齐”按钮：使文本在浏览器窗口中左对齐。

“居中对齐”按钮：使文本在浏览器窗口中居中对齐。

“右对齐”按钮：使文本在浏览器窗口中右对齐。

“两端对齐”按钮：使文本在浏览器窗口中两端对齐。

通过对齐按钮改变文本的对齐方式，步骤如下。

（1）将插入点放在文本中，或者选择段落。

（2）在“属性”面板中单击相应的对齐按钮。

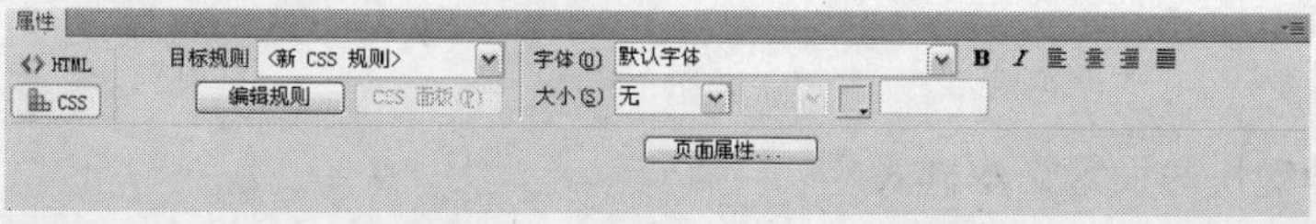

图 2-54

对段落文本的对齐操作，实际上是对<p>标记的 align 属性设置。align 属性值有 3 种选择，其中 left 表示左对齐，center 表示居中对齐，而 right 表示右对齐。例如，下面的 3 条语句分别设置了段落的左对齐、居中对齐和右对齐方式，效果如图 2-55 所示。

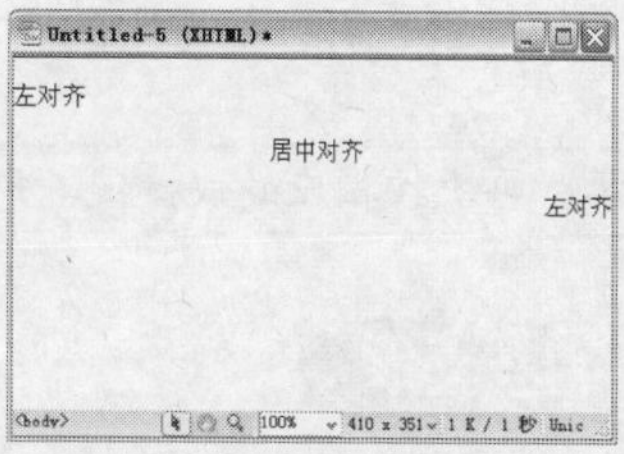

图 2-55

<p align="left">左对齐</p>

<p align="center">居中对齐</p>

<p align="right">左对齐</p>

通过对齐命令改变文本的对齐方式，步骤如下。

（1）将插入点放在文本中，或者选择段落。

（2）选择“格式 > 对齐”命令，弹出其子菜单，如图 2-56 所示，选择相应的对齐方式。

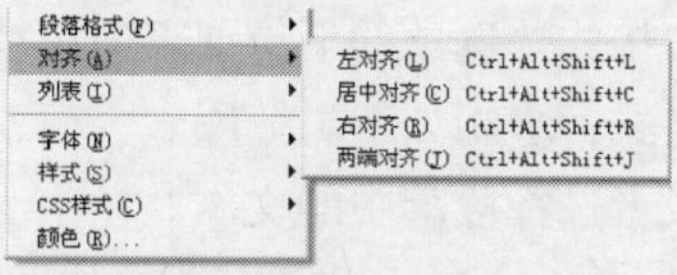

图 2-56

2.1.14　设置文本样式

文本样式是指字符的外观显示方式，如加粗文本、倾斜文本、文本加下划线等。

1. 通过“样式”命令设置文本样式

（1）在文档窗口中选中文本。

（2）选择“格式 > 样式”命令，在弹出的子菜单中选择相应的样式，如图 2-57 所示。

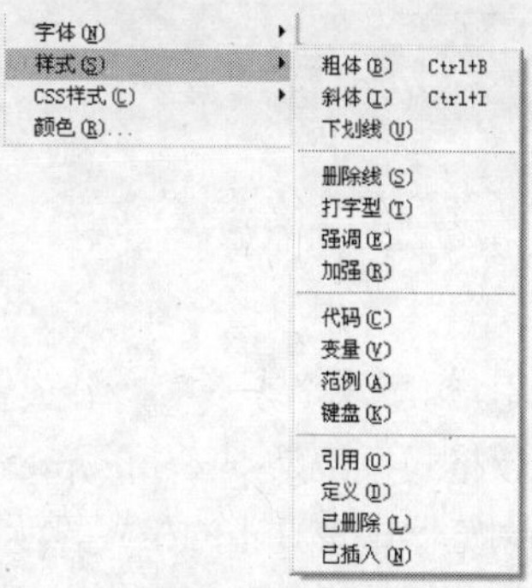

图 2-57

（3）选择需要的选项后，即可为选中的文本设置相应的字符格式，被选中的菜单命令左侧会带有选中标记 ✓粗体(B) Ctrl+B 。

提示：如果希望取消设置的字符格式，可以再次打开子菜单，取消对该菜单命令的选择。

2．通过“属性”面板快速设置文本样式

单击“属性”面板中的“粗体”按钮 **B** 和“斜体”按钮 *I* 可快速设置文本的样式，如图 2-58 所示。如果要取消粗体或斜体样式，再次单击相应的按钮。

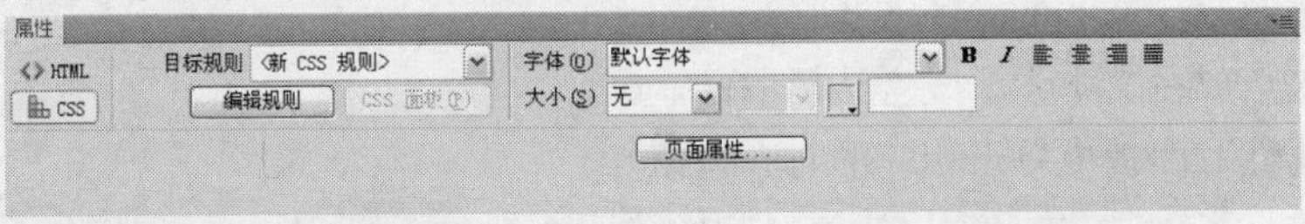

图 2-58

3．使用快捷键快速设置文本样式

另外一种快速设置文本样式的方法是使用快捷键。按<Ctrl+B>快捷键，可以将选中的文本加粗。按<Ctrl+I>快捷键，可以将选中的文本倾斜。

提示：再次按相应的快捷键，则可取消文本样式。

2.1.15　段落文本

段落是指描述一个主题并且格式统一的一段文字。在文档窗口中，输入一段文字后按<Enter>键，这段文字就显示在<P>…</P>标签中。

1．应用段落格式

通过格式选项应用段落格式，步骤如下。

（1）将插入点放在段落中，或者选择段落中的文本。

（2）选择“属性”面板，在“格式”选项的下拉列表中选择相应的格式，如图 2-59 所示。

通过段落格式命令应用段落格式，步骤如下。

（1）将插入点放在段落中，或者选择段落中的文本。

（2）选择“格式 > 段落格式”命令，弹出其子菜单，如图 2-60 所示，选择相应的段落格式。

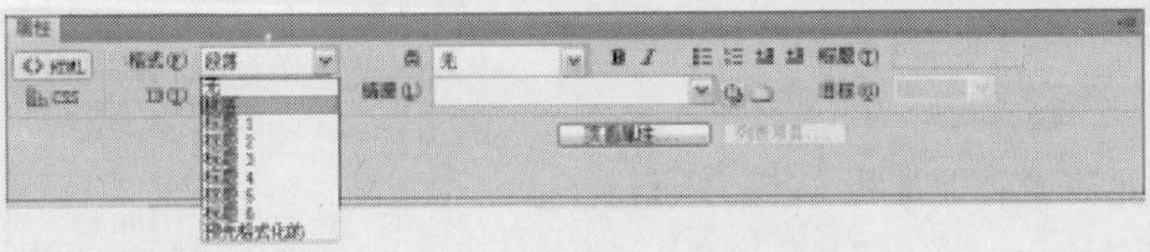

图 2-59

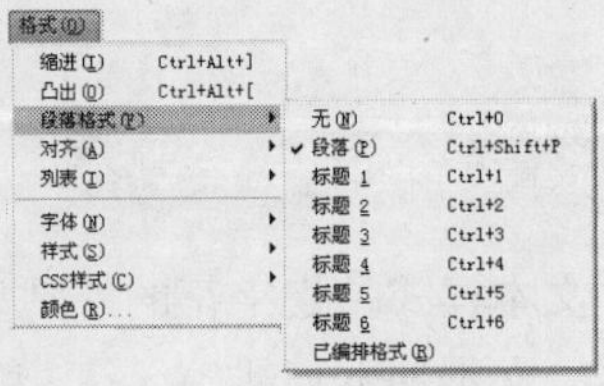

图 2-60

2．指定预格式

预格式标记是<pre>和</pre>。预格式化是指用户预先对<pre>和</pre>的文字进行格式化，以便在浏览器中按真正的格式显示其中的文本。例如，用户在段落中插入多个空格，但浏览器却按一个空格处理。为这段文字指定预格式后，就会按用户的输入显示多个空格。

通过“格式”选项指定预格式，步骤如下。

（1）将插入点放在段落中，或者选择段落中的文本。

（2）选择“属性”面板，在“格式”选项的下拉列表中选择“预先格式化的”选项，如图 2-61 所示。

通过“段落格式”命令指定预格式，步骤如下。

（1）将插入点放在段落中，或者选择段落中的文本。

（2）选择“格式 > 段落格式”命令，弹出子菜单，如图 2-62 所示，选择“已编排格式”命令。

图 2-61

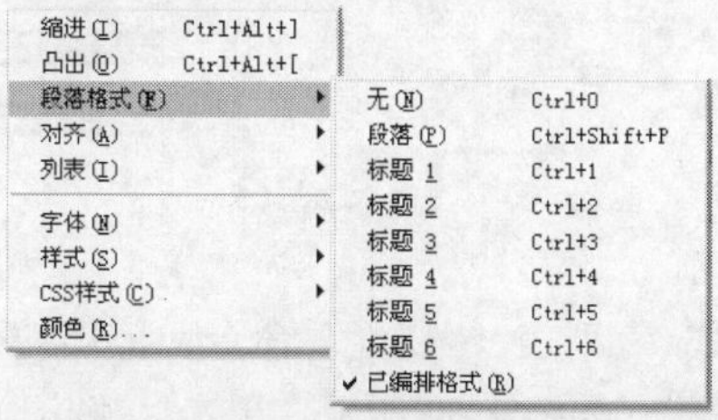

图 2-62

通过已编排格式按钮指定预格式，单击“插入”面板“文本”选项卡中的“已编排格式”按钮 PRE，指定预格式。

提示：若想去除文字的格式，可按上述方法，将“格式”选项设为“无”。

2.2 项目符号和编号列表

项目符号和编号可以表示不同段落的文本之间的关系，因此，在文本上设置编号或项目符号并进行适当的缩进，可以直观地表示文本间的逻辑关系。

2.2.1 课堂案例——鲜花速递网页

案例学习目标：使用文本命令改变列表的样式，使用插入命令插入版权符号。

案例知识要点：使用项目列表按钮创建列表，使用属性命令改变列表的样式，使用文本缩进和文本凸出按钮创建下级列表，使用换行符按钮插入换行符，使用其他字符命令插入版权符号效果，使用属性面板改变版权符号的大小，如图 2-63 所示。

效果所在位置：光盘/Ch02/效果/鲜花速递网页/index.html。

图 2-63

1. 整理列表

Step 01 选择“文件 > 打开”命令，在弹出的菜单中选择“Ch02 > 素材 > 鲜花速递网页 > index.html”文件，单击“打开”按钮，效果如图 2-64 所示。

Step 02 选中如图 2-65 所示的文字，在“属性”面板中单击“HTML”按钮 [HTML]，切换至相应的面板，单击面板中的“项目列表”按钮 [☰]，列表前生成“・”符号，效果如图 2-66 所示。

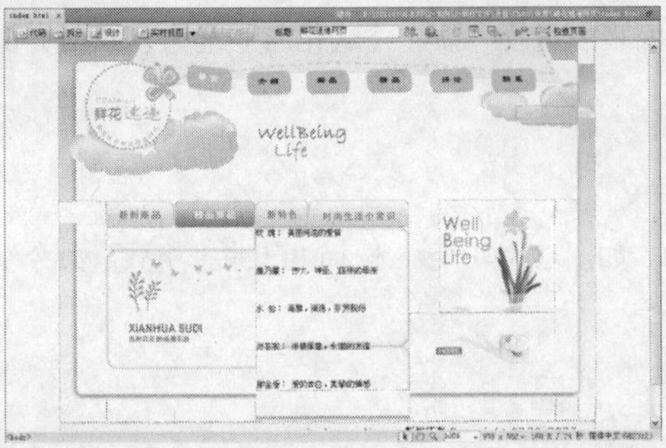

图 2-64

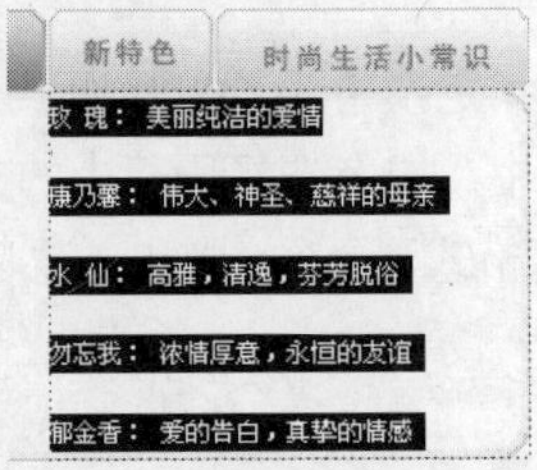

图 2-65

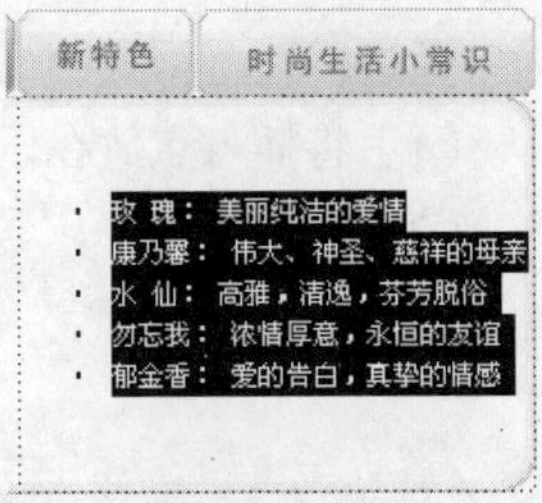

图 2-66

Step 03 选择“格式 > 列表 > 属性”命令，弹出“列表属性”对话框，在“样式”选项的下拉列表中选择“正方形”，如图 2-67 所示，单击“确定”按钮，效果如图 2-68 所示。

图 2-67

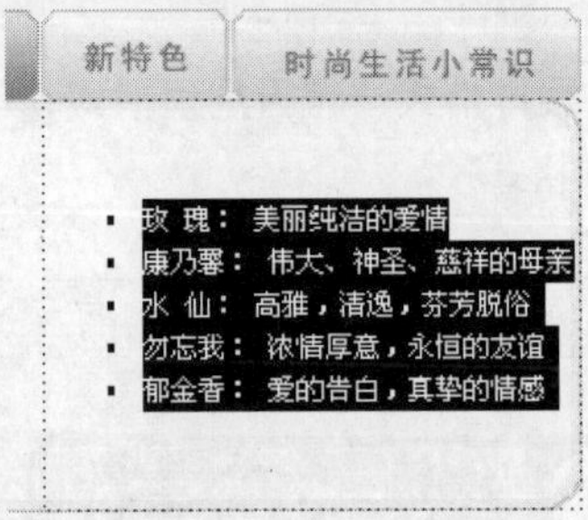

图 2-68

Step 04 再次选择“格式 > 列表 > 属性”命令，弹出“列表属性”对话框，在“列表类型”选项的下拉列表中选择“编号列表”，在“样式”选项的下拉列表中选择“数字（1，2，3…）”，如图 2-69 所示，单击“确定”按钮，效果如图 2-70 所示。

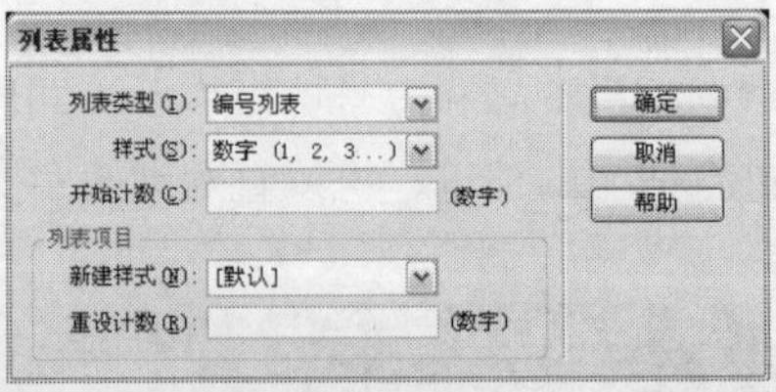

图 2-69

Step 05 再次选择“格式 > 列表 > 属性”命令，弹出“列表属性”对话框，在“样式”选项的下拉列表中选择“大写字母（A，B，C…）”，在“开始记数”对话框中输入“2”，如图 2-71 所示。单击“确定”按钮，列表变为所选的大写字母，并从第 2 个字母开始，效果如图 2-72 所示。按两次<Ctrl+Z>快捷键，撤销上次操作。

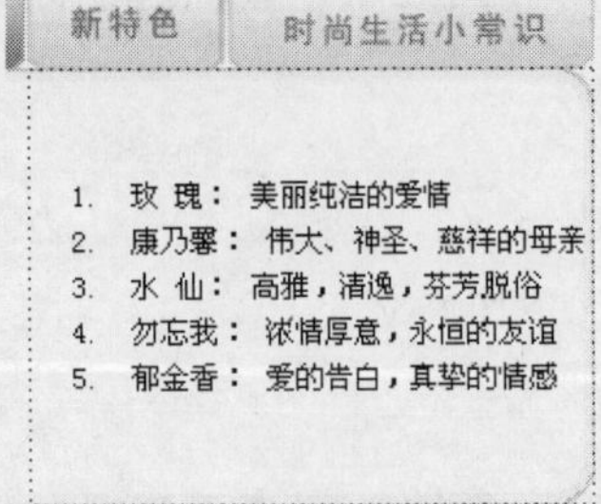

图 2-70

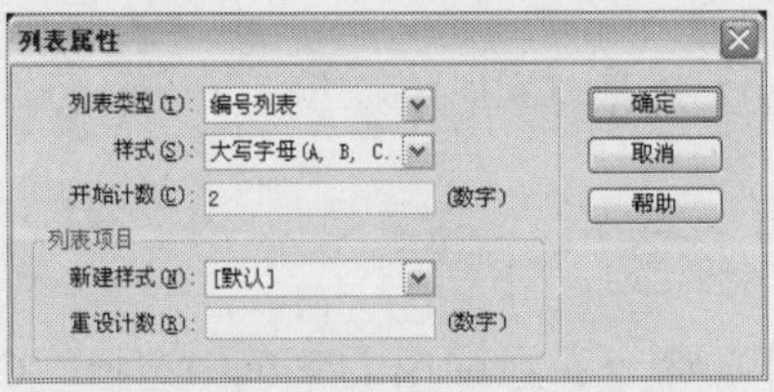

图 2-71

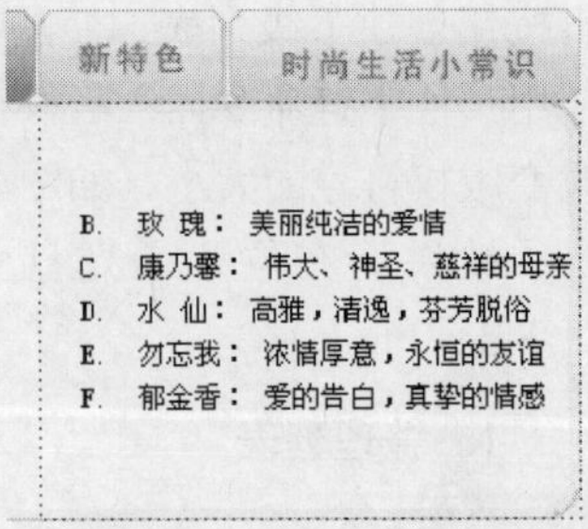

图 2-72

2．创建或取消列表中的下级列表并插入日期

Step 01 选中如图 2-73 所示的文字，单击“属性”面板中的“文本缩进”按钮，变成下级列表，效果如图 2-74 所示。

Step 02 选中变为下级列表的文字，单击“属性”面板中的“文本凸出”按钮，变成上级列表，效果如图 2-75 所示。将光标置入到页面右上方的单元格中，如图 2-76 所示。

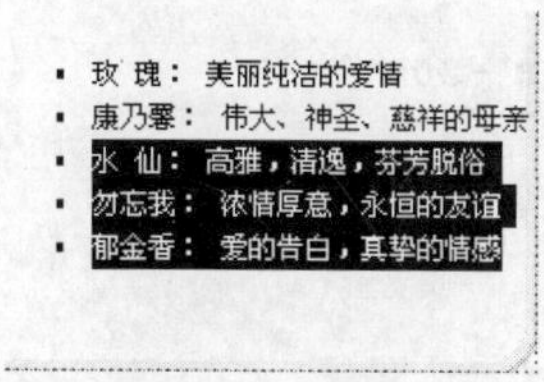

图 2-73

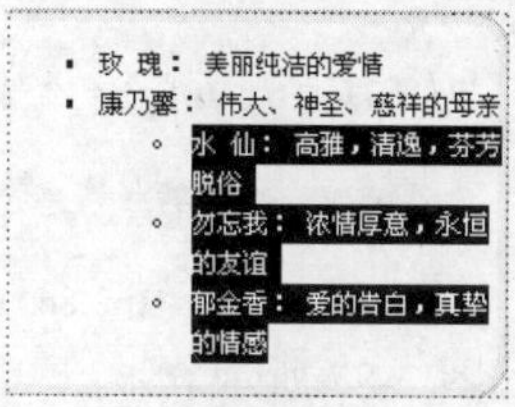

图 2-74

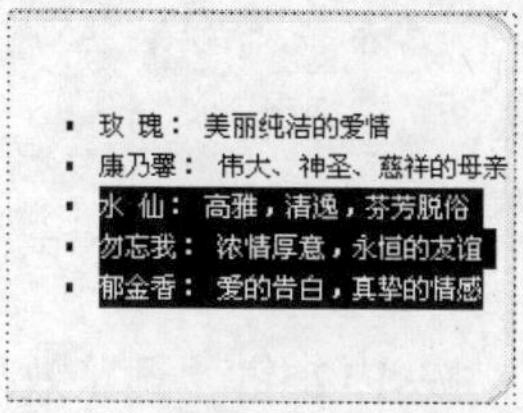

图 2-75

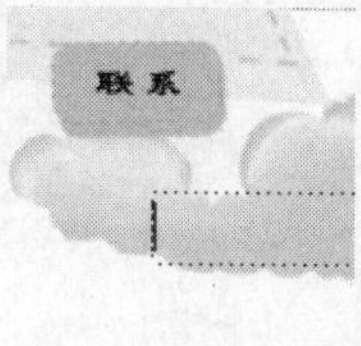

图 2-76

Step 03 在“属性”面板“水平”选项的下拉列表中选择“居中对齐”，“垂直”选项的下拉列表中选择“居中”，如图 2-77 所示。选择“插入 > 日期”命令，弹出“插入日期”对话框，在弹出的对话框中进行设置，如图 2-78 所示，单击“确定”按钮，效果如图 2-79 所示。

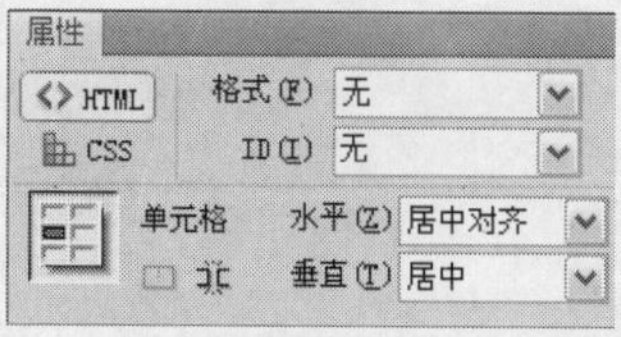

图 2-77

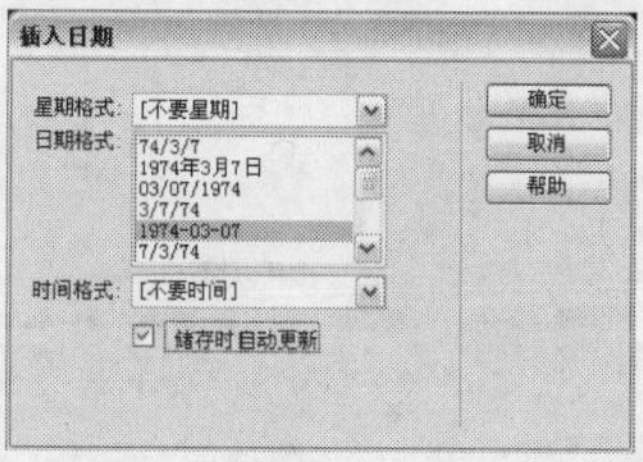

图 2-78

图 2-79

3．插入换行符并使用特殊符号表示版权

Step 01 将光标置入到列表右侧的单元格中，如图 2-80 所示。输入文字“生命”，如图 2-81 所示。选择“插入”面板“文本”选项卡，单击“字符”展开式工具按钮，选择“换行符”按钮，光标换到另一个段落，如图 2-82 所示。

图 2-80

图 2-81

图 2-82

Step 02 使用相同的方法输入其他文字，如图 2-83 所示。将光标置入到页面右下方字母“Copyright”的右侧，按一次<Ctrl+Shift+Space>快捷键，如图 2-84 所示。

图 2-83

图 2-84

Step 03 选择“插入 > HTML > 特殊字符 > 其他字符”命令，弹出“插入其他字符”面板，单击“版权”按钮©，如图 2-85 所示，单击“确定”按钮，效果如图 2-86 所示。

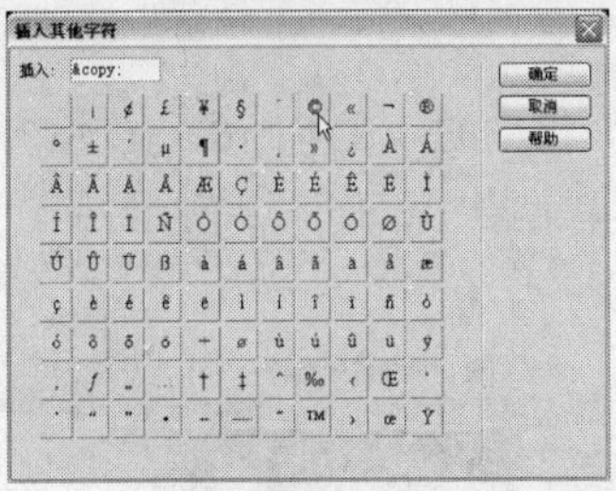

图 2-85

图 2-86

Step 04 保存文档，按<F12>键，预览效果如图 2-87 所示。

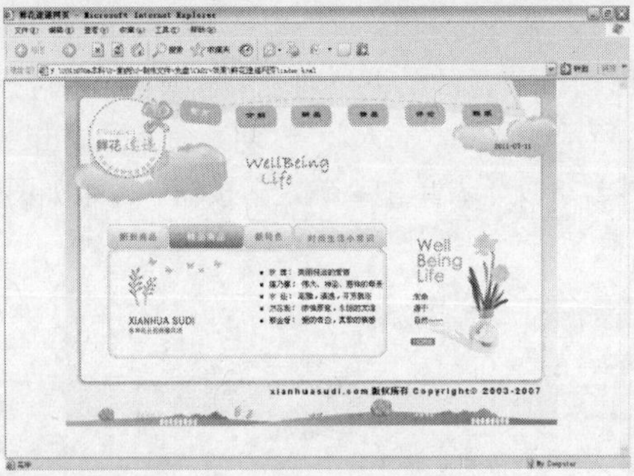

图 2-87

2.2.2 设置项目符号或编号

通过项目列表或编号列表按钮设置项目符号或编号，步骤如下。

（1）选择段落。

（2）在“属性”面板中，单击“项目列表”按钮或“编号列表”按钮，为文本添加项目符号或编号。设置了项目符号和编号后的段落效果如图 2-88 所示。

通过列表设置项目符号或编号，步骤如下。

（1）选择段落。

（2）选择“格式 > 列表”命令，弹出其子菜单，如图 2-89 所示，选择“项目列表”或“编号列表”命令。

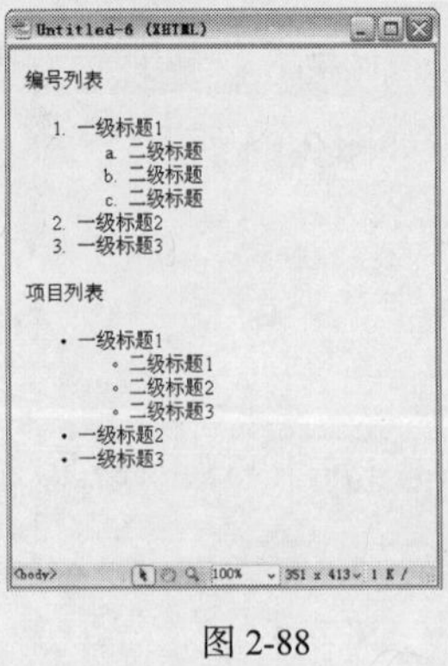

图 2-88

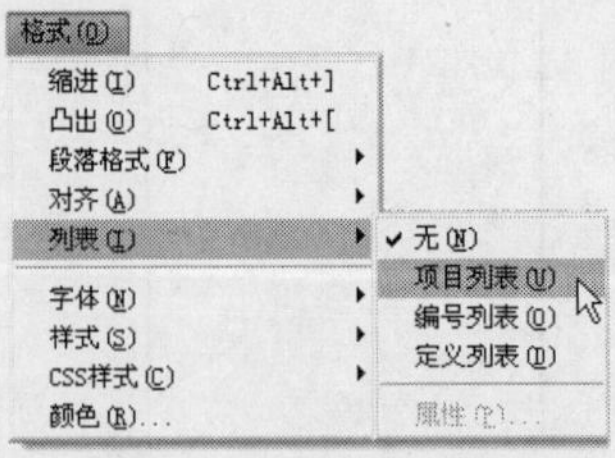

图 2-89

2.2.3 修改项目符号或编号

（1）将插入点放在设置项目符号或编号的文本中。

（2）通过以下几种方法启动“列表属性”对话框。

单击“属性”面板中的“列表项目”按钮 列表项目... 。

选择“格式 > 列表 > 属性”命令。

在对话框中，先选择“列表类型”选项，确认是要修改项目符号还是编号，如图 2-90 所示。然后在“样式”选项中选择相应的列表或编号的样式，如图 2-91 所示。单击“确定”按钮完成设置。

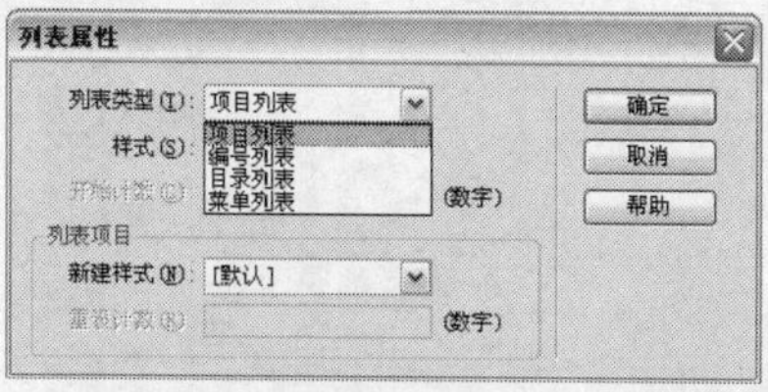

图 2-90

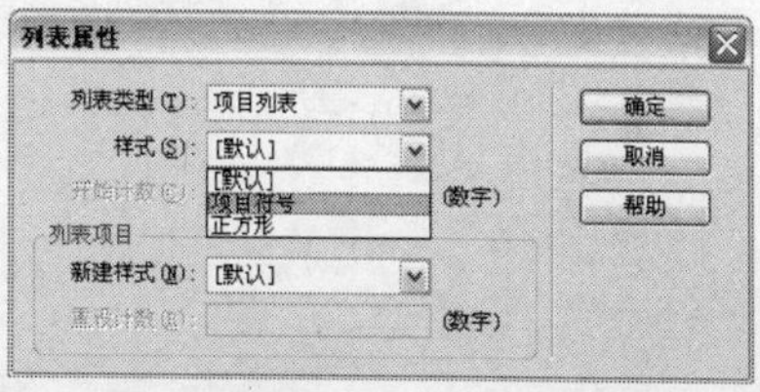

图 2-91

2.2.4 设置文本缩进格式

设置文本缩进格式有以下几种方法。

- 在“属性”面板中单击“文本缩进”按钮或“文本凸出”按钮，使段落向右移动或向左移动。
- 选择“格式 > 缩进”或“格式 > 凸出”命令，使段落向右移动或向左移动。
- 按<Ctrl+Alt+]>或<Ctrl+Alt+[>快捷键，使段落向右移动或向左移动。

2.2.5 插入日期

（1）在文档窗口中，将插入点放置在想要插入对象的位置。

（2）通过以下几种方法启动“插入日期”对话框，如图 2-92 所示。

- 选择“插入”面板的“常用”选项卡，单击“日期”工具按钮。
- 选择“插入 > 日期”命令。

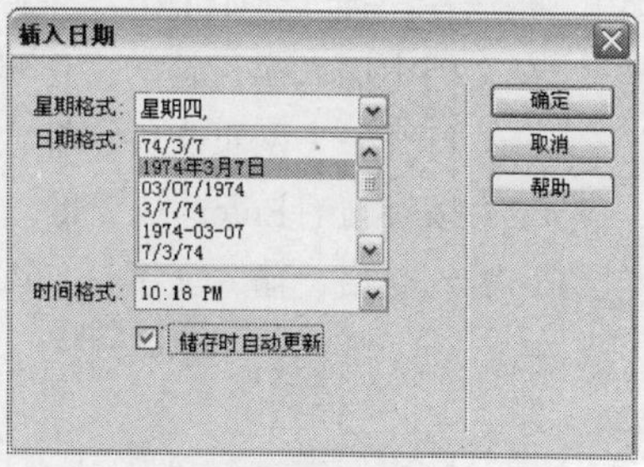

图 2-92

对话框中包含“星期格式”、“日期格式”、“时间格式”、“储存时自动更新”4 个选项。前 3 个选项用于设置星期、日期和时间的显示格式，后一个选项表示是否按系统当前时间显示日期时间，若选择此复选框，则显示当前的日期时间，否则仅按创建网页时的设置显示。

（3）选择相应的日期和时间的格式，单击“确定”按钮完成设置。

2.2.6 特殊字符

在网页中插入特殊字符，有以下几种方法。

● 选择“插入”面板的“文本”选项卡，单击“字符”展开式工具按钮，弹出 13 个特殊字符按钮，如图 2-93 所示。在其中选择需要的特殊字符的工具按钮，即可插入特殊字符。

“换行符”按钮：用于在文档中强行换行。

“不换行空格”按钮：用于连续空格的输入。

“其他字符”按钮：使用此按钮，可在弹出的“插入其他字符”对话框中单击需要的字符，该字符的代码就会出现在“插入”选项的文本框中，也可以直接在该文本框中输入字符代码，单击“确定”按钮，即可将字符插入到文档中，如图 2-94 所示。

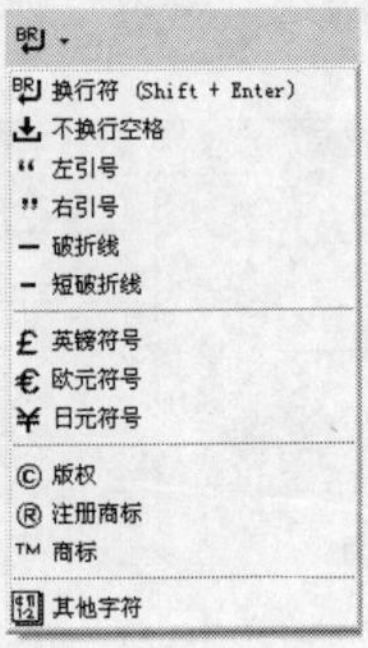

图 2-93

图 2-94

● 选择“插入 > HTML > 特殊字符”命令。

● 选择“插入 > HTML > 特殊字符”命令，在弹出的子菜单中选择需要的特殊字符，如图 2-94 所示。

2.2.7 插入换行符

为段落添加换行符有以下几种方法。

● 选择“插入”面板的“文本”选项卡，单击“字符”展开式工具按钮，选择“换行符”按钮，如图 2-95 所示。

● 按<Shift+Enter>快捷键。

● 选择“插入 > HTML > 特殊字符 > 换行符”命令。

在文档中插入换行符的操作步骤如下。

（1）打开一个网页文件，输入一段文字，如图 2-96 所示。

（2）按<Shift+Enter>快捷键，光标换到另一个段落，如图 2-97 所示。按<Shift+Ctrl+Space>快捷键，输入空格，输入文字，如图 2-98 所示。

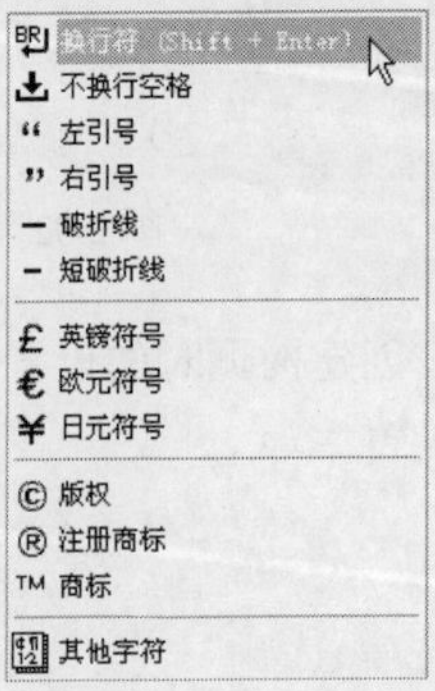

图 2-95

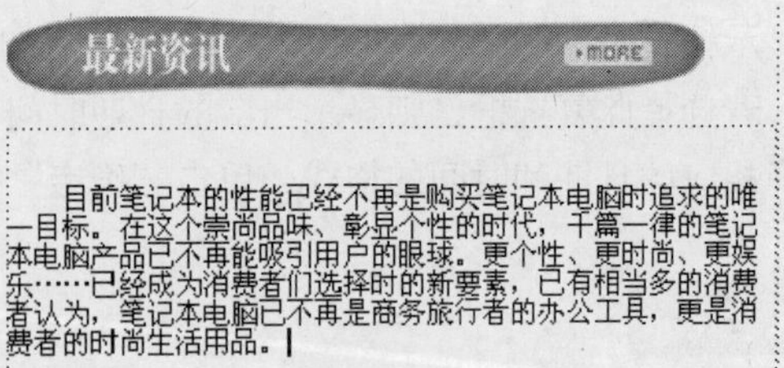

图 2-96

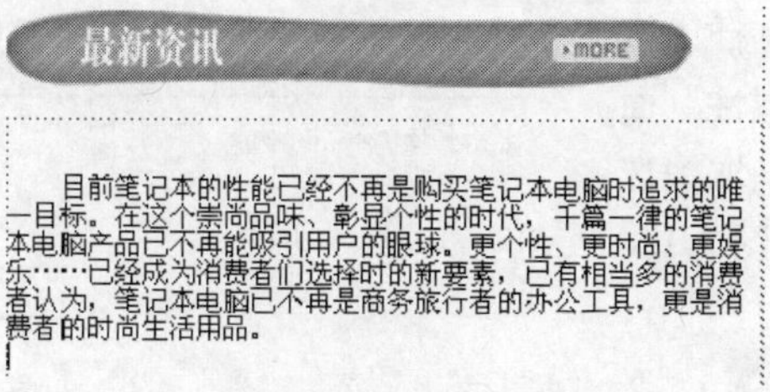

图 2-97

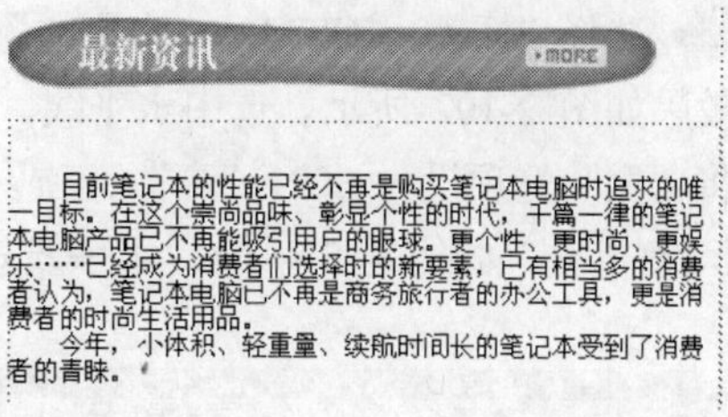

图 2-98

2.3 水平线、网格与标尺

水平线可以将文字、图像、表格等对象在视觉上分割开。一篇内容繁杂的文档，如果合理地放置几条水平线，就会变得层次分明，便于阅读。

虽然 Dreamweaver 提供了所见即所得的编辑器，但是通过视觉来判断网页元素的位置并不准确。要想精确地定位网页元素，就必须依靠 Dreamweaver 提供的定位工具。

2.3.1 课堂案例——电子产品网页

案例学习目标：使用插入命令插入水平线，使用代码改变水平线的颜色。

案例知识要点：使用水平线命令在文档中插入水平线，使用属性面板改变水平线的高度和宽度，使用代码改变水平线的颜色，如图 2-99 所示。

效果所在位置：光盘/Ch02/效果/电子产品网页/index.html。

图 2-99

1．插入水平线

Step 01 选择"文件 > 打开"命令，在弹出的对话框中选择光盘"Ch02 > 素材 > 电子产品网页 > index.html"文件，单击"打开"按钮，效果如图 2-100 所示。将光标置入到单元格中，如图 2-101 所示。

图 2-100

图 2-101

Step 02 选择“插入 > HTML > 水平线”命令，插入水平线，效果如图 2-102 所示。选中水平线，在“属性”面板中，将“宽”选项设为 300，“高”选项设为 2，取消选择“阴影”复选框，如图 2-103 所示，水平线效果如图 2-104 所示。

图 2-102

图 2-103

图 2-104

2. 改变水平线的颜色

Step 01 选中水平线，单击文档窗口左上方的“拆分”按钮 拆分，在“拆分”视图窗口中，在代码“noshade”后面置入光标，按一次空格键，标签列表中出现了该标签的属性参数，在其中选择属性“color”，如图 2-105 所示。

Step 02 插入属性后，在弹出颜色面板中选择需要的颜色，如图 2-106 所示，标签效果如图 2-107 所示。

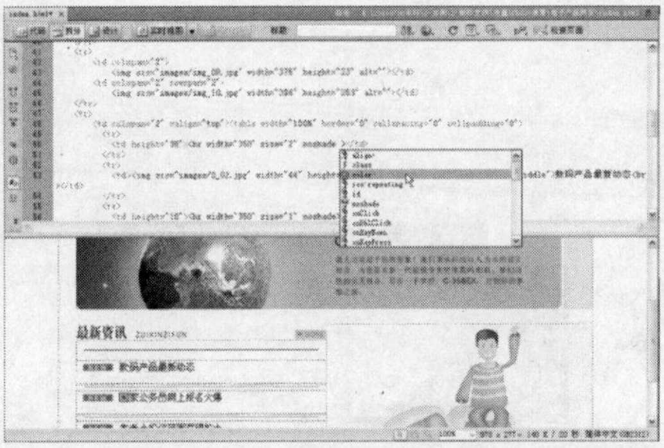

图 2-105

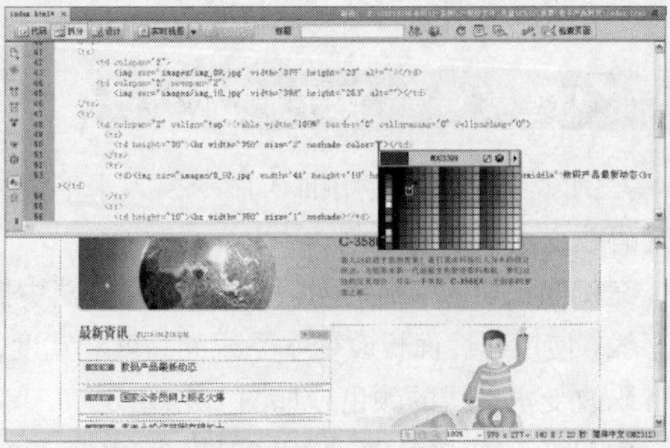

图 2-106

```
<tr>
  <td height="30"><hr width="350" size="2" noshade color="#003399"></td>
</tr>
<tr>
```

图 2-107

Step 03 水平线的颜色不能在 Dreamweaver CS4 界面中确认，保存文档，按<F12>键，预览效果如图 2-108 所示。

图 2-108

2.3.2　水平线

分割线又叫做水平线，可以将文字、图像、表格等对象在视觉上分割开。一篇内容繁杂的文档，如果合理地放置几条水平线，就会变得层次分明，便于阅读。

1. 创建水平线

- 选择“插入”面板的“常用”选项卡，单击“水平线”工具按钮。
- 选择“插入 > HTML > 水平线”命令。

2. 修改水平线

在文档窗口中，选中水平线，选择“窗口 > 属性”命令，弹出“属性”面板，可以根据需要对属性进行修改，如图 2-109 所示。

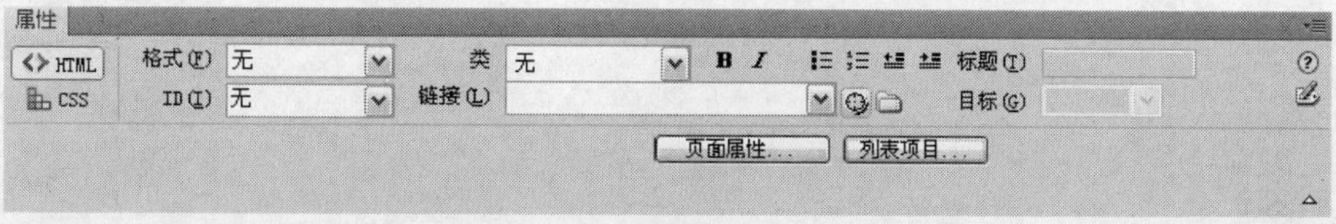

图 2-109

在“水平线”选项下方的文本框中输入水平线的名称。

在“宽”选项的文本框中输入水平线的宽度值，其设置单位值可以是像素值，也可以是相对页面水平宽度的百分比值。

在“高”选项的文本框中输入水平线的高度值，这里只能是像素值。

在“对齐”选项的下拉列表中，可以选择水平线在水平位置上的对齐方式，可以是“左对齐”、“右对齐”或“居中对齐”，也可以选择“默认”选项使用默认的对齐方式，一般为“居中对齐”。

如果选择“阴影”复选框，水平线则被设置为阴影效果。

2.3.3　显示和隐藏网格

使用网格可以更加方便地定位网页元素，在网页布局时网格也具有至关重要的作用。

1. 显示和隐藏网格

选择“查看 > 网格设置 > 显示网格”命令，此时处于显示网格的状态，网格在“设计”视图中可见，如图 2-110 所示。

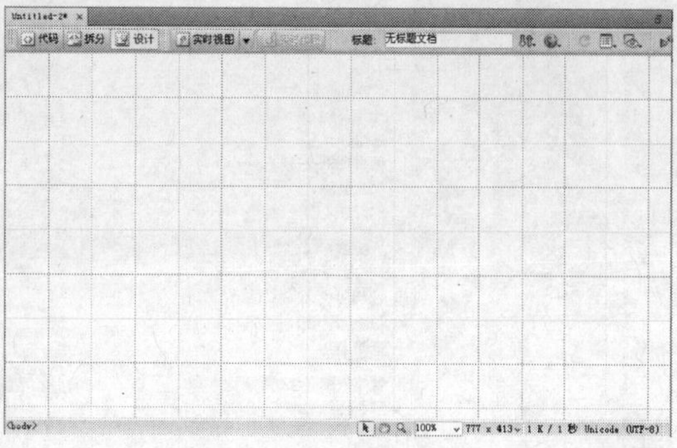

图 2-110

2. 设置网页元素与网格对齐

选择“查看 > 网格设置 > 靠齐到网格”命令，此时，无论网格是否可见，都可以让网页元素自动与网格对齐。

3. 修改网格的疏密

选择“查看 > 网格设置 > 网格设置”命令，弹出“网格设置”对话框，如图 2-111 所示。在“间隔”选项的文本框中输入一个数字，并从下拉列表中选择间隔的单位，单击“确定”按钮关闭对话框，完成网格线间隔的修改。

4．修改网格线的形状和颜色

选择“查看 > 网格设置 > 网格设置”命令，弹出“网格设置”对话框，如图 2-112 所示。在对话框中，先单击“颜色”按钮并从颜色拾取器中选择一种颜色，或者在文本框中输入一个十六进制的数字，然后单击“显示”选项组中的“线”或“点”单选项，最后单击“确定”按钮，完成网格线颜色和线型的修改。

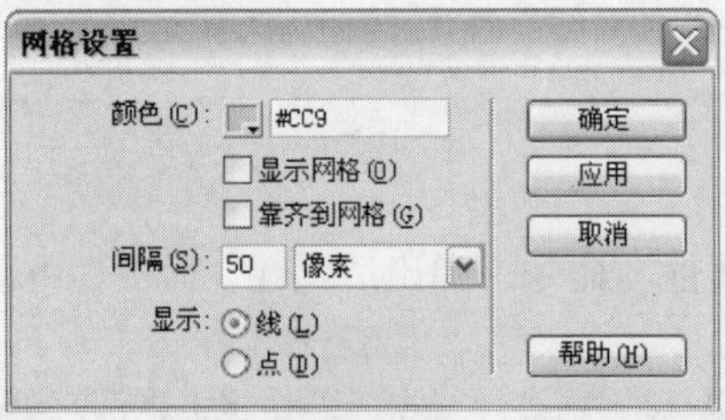

图 2-111

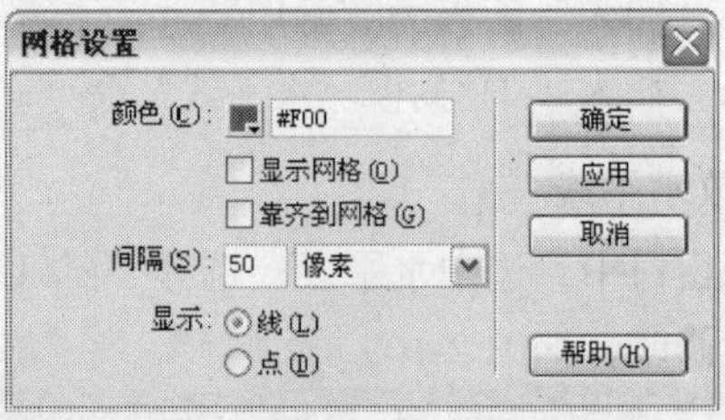

图 2-112

2.3.4 标尺

标尺显示在文档窗口的页面上方和左侧，用以标志网页元素的位置。标尺的单位分为像素、英寸和厘米。

1．在文档窗口中显示标尺

选择“查看 > 标尺 > 显示”命令，此时标尺处于显示的状态，如图 2-113 所示。

图 2-113

2．改变标尺的计量单位

选择“查看 > 标尺”命令，在其子菜单中选择需要的计量单位，如图 2-114 所示。

图 2-114

3．改变坐标原点

用鼠标指针单击文档窗口左上方的标尺交叉点，鼠标的指针变为“+”形，按住鼠标左键向右下方拖曳鼠标，如图 2-115 所示。在要设置新的坐标原点的地方松开鼠标左键，坐标原点将随之改变，如图 2-116 所示。

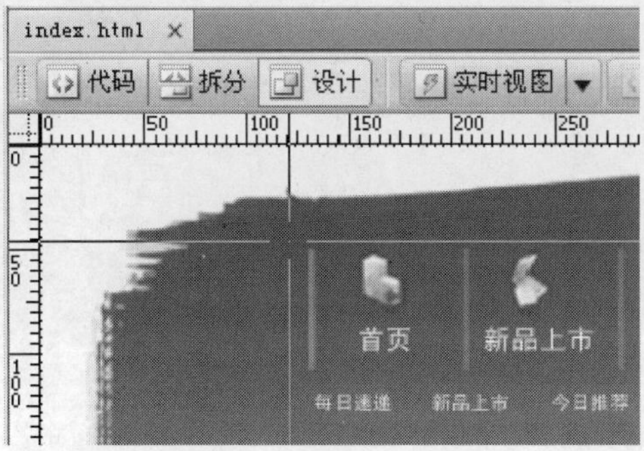

图 2-115

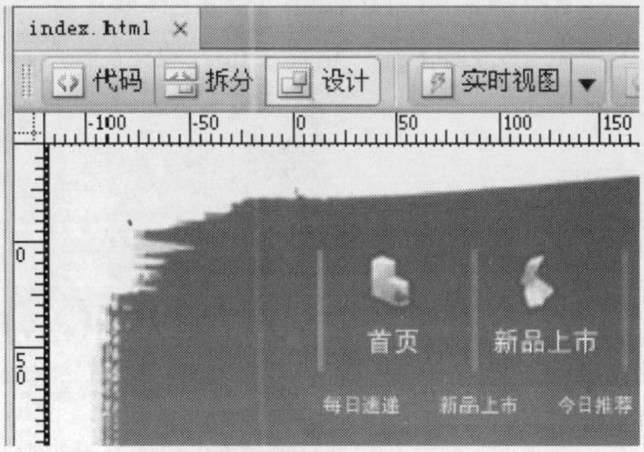

图 2-116

4．重置标尺的坐标原点

选择“查看 > 标尺 > 重设原点”命令，将坐标原点还原成（0，0）点，如图 2-117 所示。

图 2-117

提示：将坐标原点回复到初始位置，还可以通过用鼠标指针双击文档窗口左上方的标尺交叉点完成操作。

2.4 课堂练习——无公害水果网页

练习知识要点：使用“首选参数”命令设置允许多个连续空格效果，如图 2-118 所示。

效果所在路径：光盘/Ch02/效果/无公害水果网页/index.html。

图 2-118

2.5 课后习题——化妆品网页

习题知识要点：使用“修改”命令设置页面外观、网页标题效果，使用“属性”面板改变文字的大小，使用“加粗”按钮将文字加粗，使用“编辑字体列表”命令改变文字的字体，使用“颜色”按钮设置文字颜色，使用频谱图标创建调色板中没有的其他颜色，使用“其他字符”命令插入特殊符号效果，如图 2-119 所示。

效果所在位置：光盘/Ch02/效果/化妆品网页/index.html。

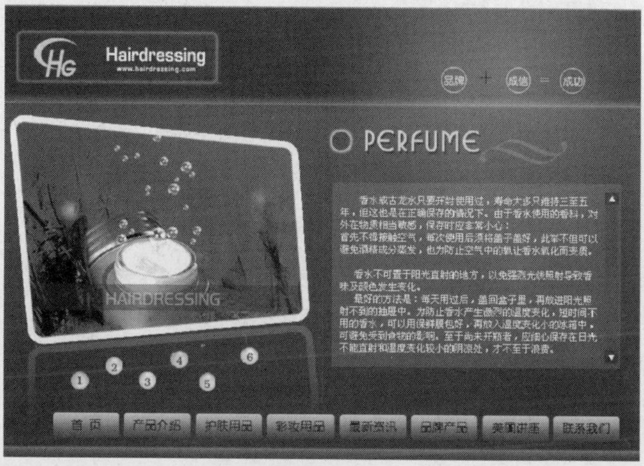

图 2-119

第3章 图像和多媒体

图像在网页中的作用是非常重要的，图像、按钮、标记可以使网页更加美观、形象生动，从而使网页中的内容更加丰富多彩。

所谓“媒体”是指信息的载体，包括文字、图形、动画、音频、视频等。在 Dreamweaver CS4 中，用户可以方便快捷地向 Web 站点添加声音和影片媒体，并可以导入和编辑多个媒体文件和对象。

【教学目标】

- 图像的插入。
- 调整图文的混排效果。
- 创建网站相册。
- 多媒体在网页中的应用。

3.1 图像的插入

发布网站的目的就是要让更多的浏览者浏览设计的站点，网站设计者必须想办法去吸引浏览者的注意，所以网页除了包含文字外，还要包含各种赏心悦目的图像。因此，对于网站设计者而言，掌握图像的使用技巧是非常必要的。

3.3.1　课堂案例——卡通素材网页

案例学习目标：使用“常用”面板插入图像。

案例知识要点：使用“图像”按钮插入图像，如图 3-1 所示。

效果所在位置：光盘/Ch03/效果/卡通素材网页/index.html。

图 3-1

Step 01 选择“文件 > 打开”命令，在弹出的对话框中选择光盘中的“Ch03 > 素材 >卡通素材网页 > index.html”文件，单击“打开”按钮打开文件，如图 3-2 所示。将光标置入空白单元格中，如图 3-3 所示。

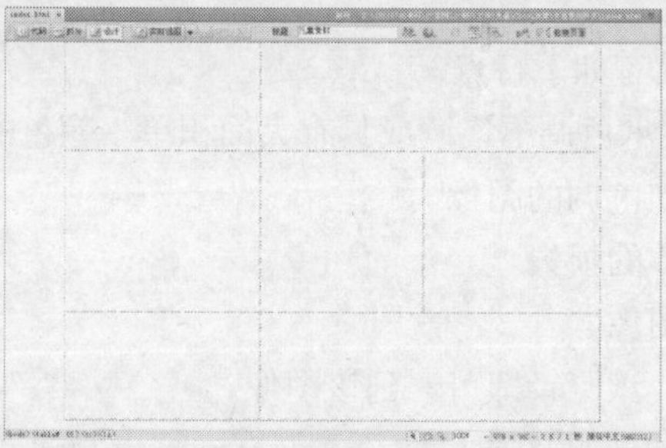
图 3-2

图 3-3

Step 02 单击“插入”面板中“常用”选项卡的“图像”按钮，在弹出的“选择图像源文件”对话框中选择光盘中“Ch03 > 素材 > 卡通素材网页 > images”文件夹中的“img__01.jpg”文件，单击“确定”按钮完成图片的插入，效果如图 3-4 所示。将光标置入第 2 列第 1 个单元格中，将光盘中“Ch03 > 素材 > 卡通素材网页 > images”文件夹中的图片“img__02.jpg”插入到该单元格中，效果如图 3-5 所示。

图 3-4

图 3-5

Step 03 使用相同的方法，将 “img__03.jpg”、“img__04.jpg”、“img__05.jpg”、“img__06.jpg”和“img__07.jpg”插入到其他单元格中，效果如图 3-6 所示。

Step 04 保存文档，按<F12>键预览效果，如图 3-7 所示。

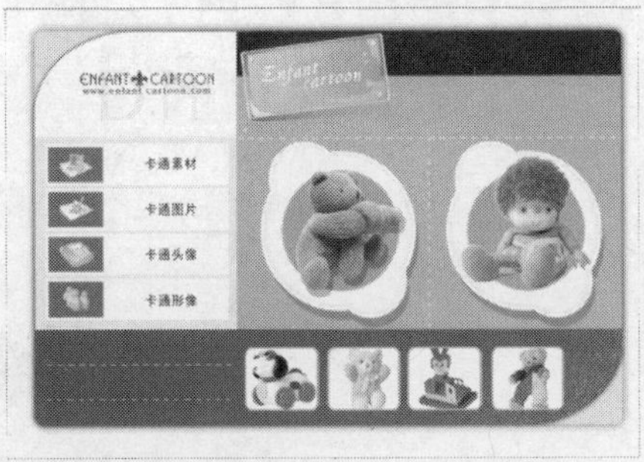

图 3-6

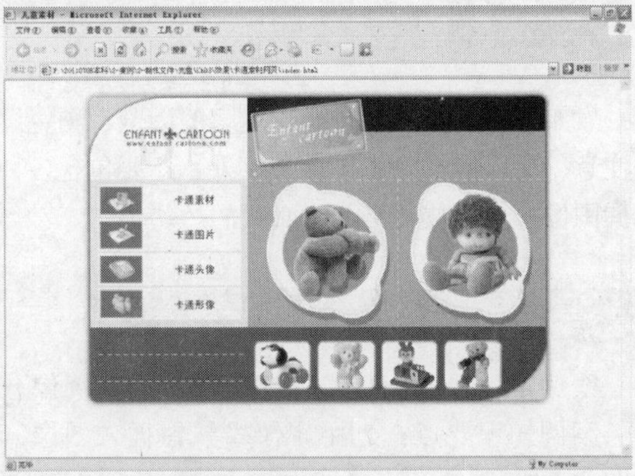

图 3-7

3.1.2 网页中的图像格式

Web 页中通常使用的图像文件有 JPEG、GIF、PNG 3 种格式，但大多数浏览器只支持 JPEG、GIF 两种图像格式。因为要保证浏览者下载网页的速度，所以网站设计者也常使用 JPEG 和 GIF 这两种压缩格式的图像。

1．GIF 文件

GIF 文件是在网络中最常见的图像格式，其具有如下特点。

最多可以显示 256 种颜色。因此，它最适合显示色调不连续或具有大面积单一颜色的图像，如导航条、按钮、图标、徽标或其他具有统一色彩和色调的图像。

使用无损压缩方案，图像在压缩后不会有细节的损失。

支持透明的背景，可以创建带有透明区域的图像。

交织文件格式，在浏览器完成下载图像之前，浏览者即可看到该图像。

图像格式的通用性好，几乎所有的浏览器都支持此图像格式，并且有许多免费软件支持 GIF 图像文件的编辑。

2．JPEG 文件

JPEG 文件是用于为图像提供一种“有损耗”压缩的图像格式，其具有如下特点。

具有丰富的色彩，最多可以显示 1 670 万种颜色。

使用有损压缩方案，图像在压缩后会有细节的损失。

JPEG 格式的图像比 GIF 格式的图像小，下载速度更快。

图像边缘的细节损失严重，所以不适合包含鲜明对比的图像或文本的图像。

3．PNG 文件

PNG 文件是专门为网络而准备的图像格式，其具有如下特点。

使用新型的无损压缩方案，图像在压缩后不会有细节的损失。

具有丰富的色彩，最多可以显示 1 670 万种颜色。

图像格式的通用性差。IE 4.0 或更高版本和 Netscape 4.04 或更高版本的浏览器都只能部分支持 PNG 图像的显示。因此，只有在为特定的目标用户进行设计时，才使用 PNG 格式的图像。

3.1.3　插入图像

要在 Dreamweaver CS4 文档中插入的图像必须位于当前站点文件夹内或远程站点文件夹内，否则图像不能正确显示，所以在建立站点时，网站设计者常先创建一个名叫“image”的文件夹，并将需要的图像拷贝到其中。

在网页中插入图像的具体操作步骤如下。

（1）在文档窗口中，将插入点放置在要插入图像的位置。

（2）通过以下几种方法启用“图像”命令，弹出“选择图像源文件”对话框，如图 3-8 所示。

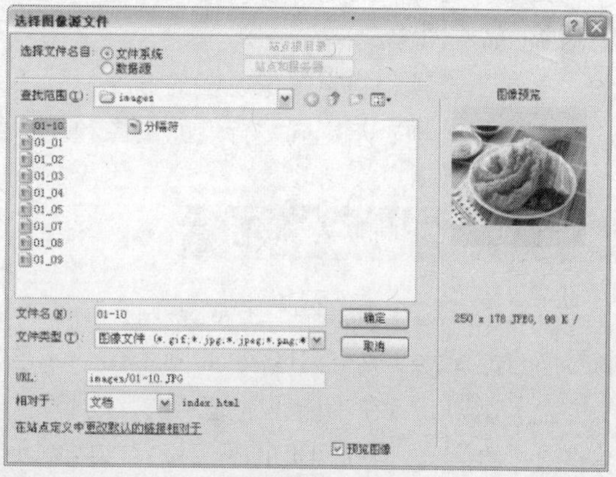

图 3-8

选择“插入”面板“常用”选项卡，单击“图像”展开式工具按钮上的黑色三角形，在下拉菜单中选择“图像”选项。

选择“插入 > 图像”命令。

在对话框中，选择图像文件，单击“确定”按钮完成设置。

3.1.4　设置图像属性

插入图像后，在“属性”面板中显示该图像的属性，如图 3-9 所示。下面介绍各选项的含义。

“宽”和“高”选项：以像素为单位指定图像的宽度和高度。这样做虽然可以缩放图像的显示大小，但不会缩短下载时间，因为浏览器在缩放图像前会下载所有图像数据。

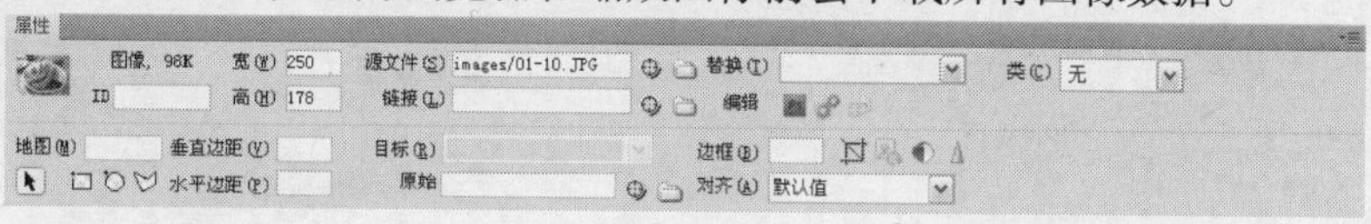

图 3-9

“源文件”选项：指定图像的源文件。

“链接”选项：指定单击图像时要显示的网页文件。

“替换”选项：指定文本，在浏览设置为手动下载图像前，用它来替换图像的显示。在某些浏览器中，当鼠标指针滑过图像时也会显示替代文本。

“编辑”按钮或：启动 Fireworks CS4 或 Photoshop CS4 软件，并在其中弹出选定的图像。

“编辑图像设置”按钮：弹出“图像预览”对话框，在对话框中对图像进行设置。

“裁剪”按钮：修剪图像的大小。

“重新取样”按钮：对已调整过大小的图像进行重新取样，以提高图片在新的大小和形状下的品质。

“亮度和对比度”按钮：调整图像的亮度和对比度。

“锐化”按钮：调整图像的清晰度。

“地图”和“指针热点工具”选项：用于设置图像的热点链接。

“垂直边距”和“水平边距”选项：指定沿图像边缘添加的边距。

“目标”选项：指定链接页面应该在其中载入的框架或窗口，详细参数可见“超链接”一章。

“原始”选项：为了节省浏览者浏览网页的时间，可通过此选项指定在载入主图像之前可快速载入的低品质图像。

“边框”选项：指定图像边框的宽度，默认无边框。

“对齐”选项：指定同一行上的图像和文本的对齐方式。

3.1.5 给图片添加文字说明

当图片不能在浏览器中正常显示时，网页中图片的位置就变成空白区域，如图 3-10 所示。

为了让浏览者在不能正常显示图片时也能了解图片的信息，常为网页的图像设置“替换”属性，将图片的说明文字输入“替换”文本框中，如图 3-11 所示。当图片不能正常显示时，网页中的效果如图 3-12 所示。

图 3-10

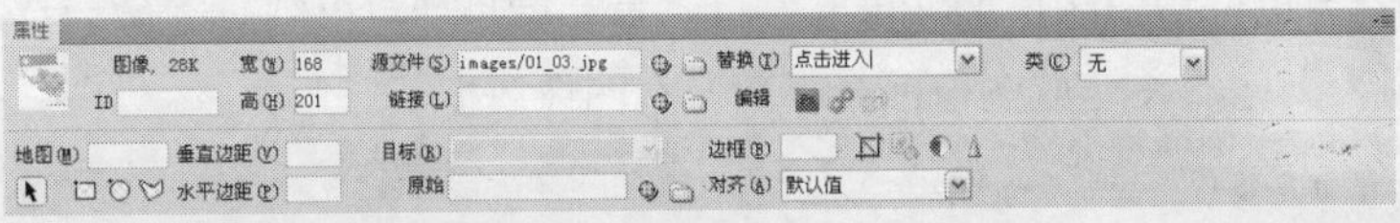

图 3-11

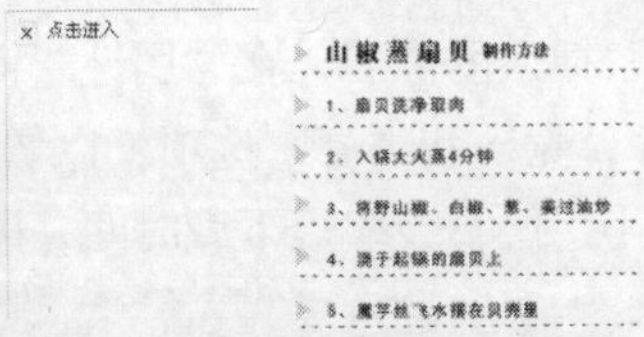

图 3-12

3.1.6 插入图像占位符

在网页布局时，网站设计者需要先设计图像在网页中的位置，等设计方案通过后，再将这个位置变成具体图像。Dreamweaver CS4 提供的“图像占位符”功能，可满足上述需求。

在网页中插入图像占位符的具体操作步骤如下。

（1）在文档窗口中，将插入点放置在要插入占位符图形的位置。

（2）通过以下几种方法启用“图像占位符”命令，弹出“图像占位符”对话框，效果如图 3-13 所示。

- 选择“插入”面板“常用”选项卡，单击“图像”展开式工具按钮，选择“图像占位符”选项。
- 选择“插入 > 图像对象 > 图像占位符”命令。

在“图像占位符”对话框中，按需要设置图像占位符的大小和颜色，并为图像占位符提供文本标签，单击“确定”按钮，完成设置，效果如图 3-14 所示。

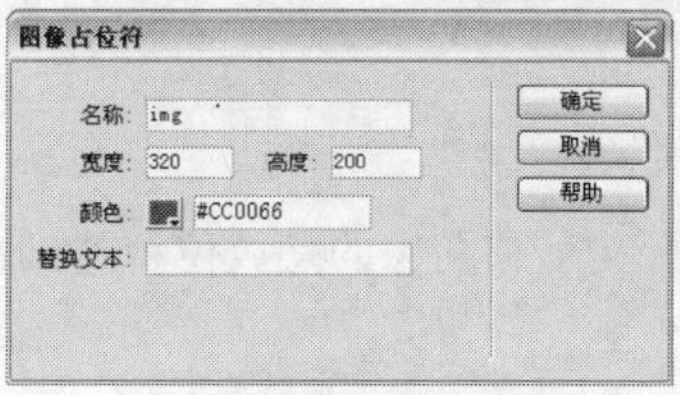

图 3-13

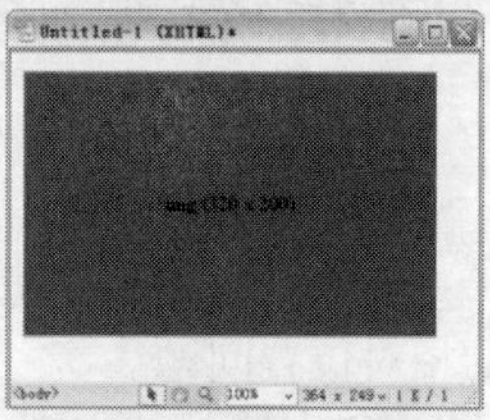

图 3-14

3.1.7 跟踪图像

在工程设计过程中，一般先在图像处理软件中勾画出工程蓝图，然后在此基础上反复修改，最终得到一幅完美的设计图。制作网页时也应采用工程设计的方法，先在图像处理软件中绘制网页的蓝图，将其添加到网页的背景中，按设计方案对号入座，等网页制作完毕后，再将蓝图删除。Dreamweaver CS4 利用“跟踪图像”功能来实现上述网页设计的方式。

设置网页蓝图的具体操作步骤如下。

（1）在图像处理软件中绘制网页的设计蓝图，如图 3-15 所示。

（2）选择“文件 > 新建”命令，新建文档。

（3）选择“修改 > 页面属性”命令，弹出“页面属性”对话框，在“分类”列表中选择“跟踪图像”选项，转换到“跟踪图像”对话框，如图 3-16 所示。单击“浏览”按钮，在弹出的“选择图像源文件”对话框中找到步骤（1）中设计蓝图的保存路径，如图 3-17 所示。

（4）在“页面属性”对话框中调节“透明度”选项的滑块，使图像呈半透明状态，如图 3-18 所示，单击“确定”按钮完成设置。

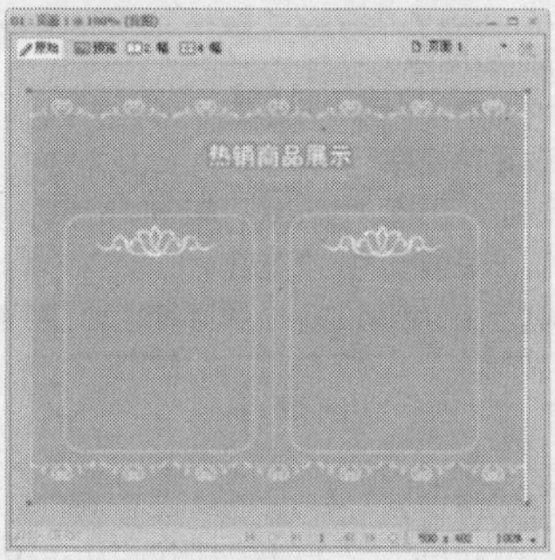

图 3-15

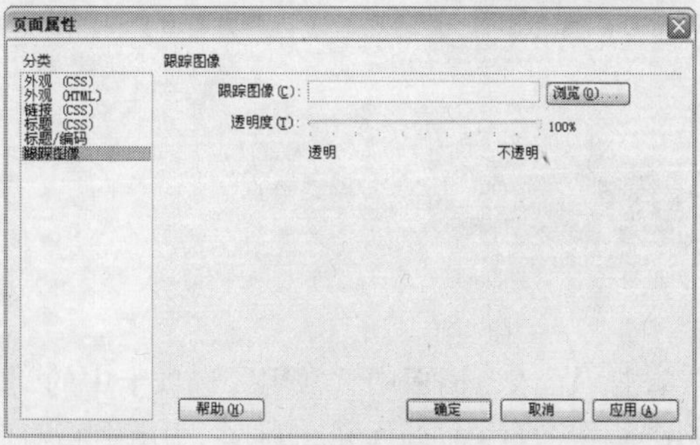

图 3-16

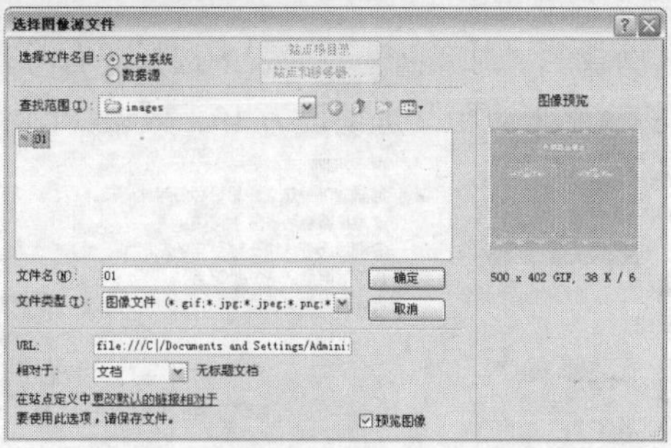

图 3-17

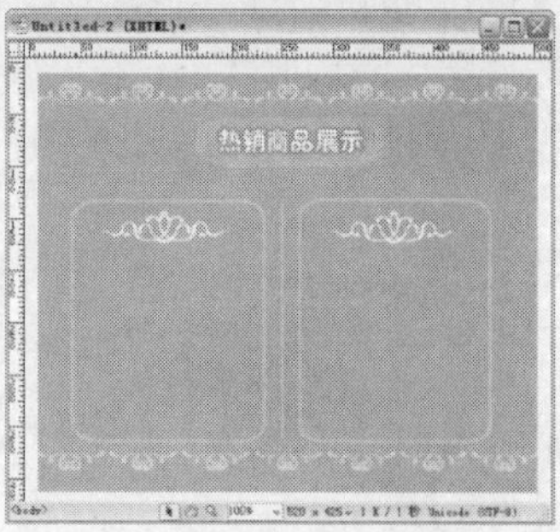

图 3-18

3.2 调整图文的混排效果

网页中既有文字，又有图像，如何调整同一行文字和图像的摆放位置达到良好的视觉效果，这就涉及图像与文字的相对位置问题。

3.4.1 课堂案例——购房中心网页

案例学习目标：使用“常用”按钮为网页插入图像，使用“属性”面板编辑图像。

案例知识要点：使用“图像”按钮为网页插入图像，使用“属性”设置图像的对齐效果，如图 3-19 所示。

效果所在位置：光盘/Ch03/效果/购房中心网页/index.html。

图 3-19

Step 01 选择“文件 > 打开”命令，在弹出的对话框中选择光盘中的“Ch03 > 素材 > 购房中心网页 > index.html”文件，单击“打开”按钮打开文件，如图 3-20 所示。

Step 02 将光标置入文字“沉淀着醇厚的人文意蕴，”的右面，如图 3-21 所示。

图 3-20

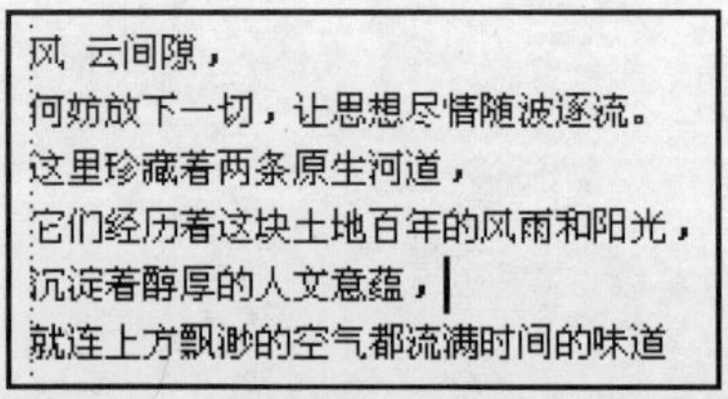

图 3-21

Step 03 单击“插入”面板中“常用”选项卡中的“图像”按钮，在弹出的“选择图像源文件”对话框中选择光盘中“Ch03 > 素材 > 购房中心网页 > images”文件夹中的“img.jpg”文件，单击“确定”按钮完成图片的插入，效果如图 3-22 所示。

Step 04 保持图像的选取状态，在“属性”面板的“对齐”选项列表中选择“右对齐”选项，如图 3-23 所示，图像排列到说明文字的右侧，将“水平边距”选项设为 19，效果如图 3-24 所示。

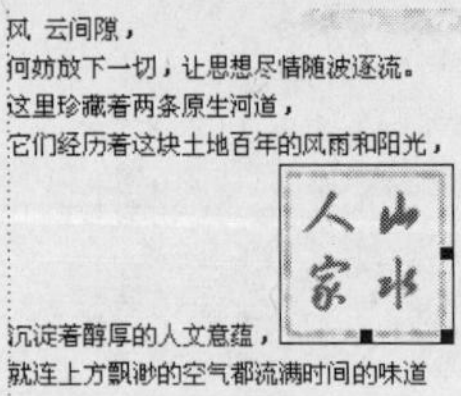

图 3-22

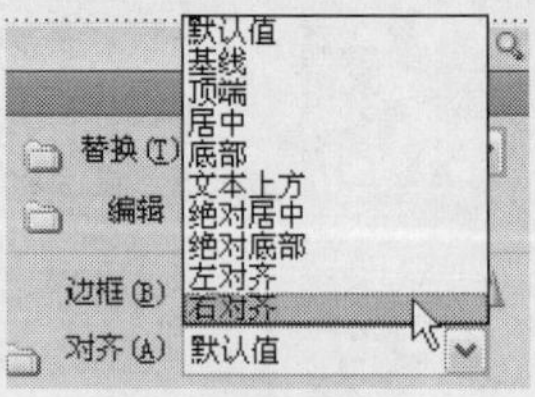

图 3-23

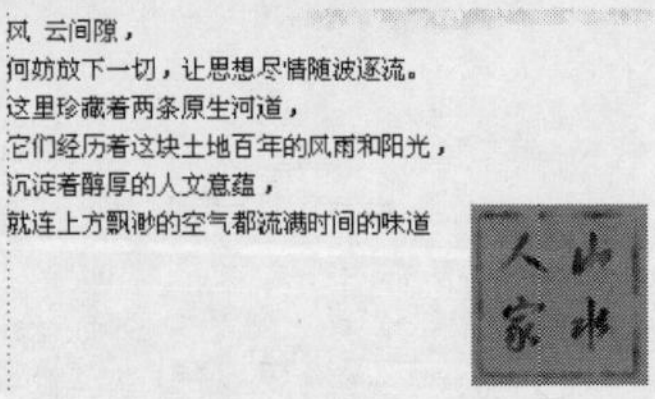

图 3-24

Step 05 保存文档，按<F12>键预览效果，如图 3-25 所示。

图 3-25

3.2.2　调整图像与文本的相对位置

调整同一行图像与文字相对位置的具体操作步骤如下。

（1）在设计视图中选择图像。

（2）在图像“属性”面板中展开“对齐”选项的下拉列表，选择一种调整图像与文字相对位置的方式。“对齐”选项中提供了 10 种图像与文字的对齐方式，如图 3-26 所示。

各种对齐方式的含义如下。

“默认值”选项：通常指定基线对齐，但因为站点访问者的浏览器不同，默认值也会有所不同。

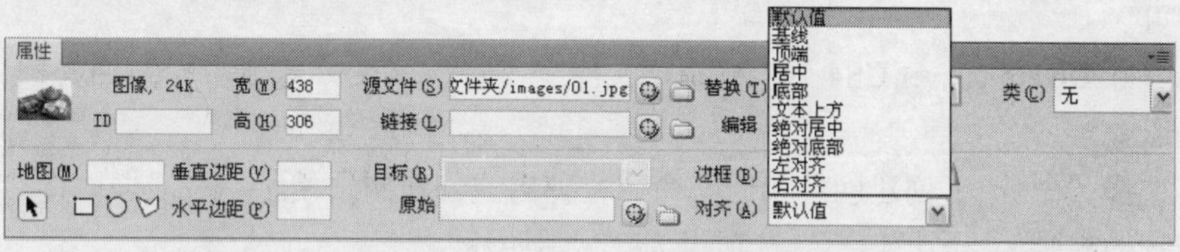

图 3-26

“基线”选项和“底部”选项：将文本（或同一段落中的其他元素）的基线与选定对象的底部对齐。

“顶端”选项：将当前行中最高文本的顶端与图像的顶端对齐。

“居中”选项：将当前行的基线与图像的中部对齐。

“文本上方”选项：将文本行中最高字符的顶端与图像的顶端对齐。

“绝对居中”选项：将当前行中文本的中部与图像的中部对齐。

“绝对底部”选项：将文本行字母的底部与图像的底部对齐。

“左对齐”选项：将所选择的图像放置在左边，文本在图像的右侧换行。如果左对齐文本在行上处于对象之前，它通常强制左对齐对象换到一个新行。

“右对齐”选项：将所选择的图像放置在右边，文本在图像的左侧换行。如果右对齐文本在行上处于对象之前，它通常强制右对齐对象换到一个新行。

3.3 创建网站相册

相册就是包含许多相片的影集，而网站相册就是包含有许多图像的网页集。网页集的前几个页面是显示每个图像缩略图的导航页，当浏览者单击某个缩略图时，便可弹出存放原图像的网页进行浏览。

3.3.1 课堂案例——家庭生活照片

案例学习目标：使用“命令”菜单制作相册效果，使用“编辑”命令将图像设为居中显示效果。

案例知识要点：使用“创建网站相册”命令制作相册效果，使用“查找”和“替换”命令将图像设为居中显示效果，如图 3-27 所示。

效果所在位置：光盘/Ch03/效果/家庭生活照片 / HTML/index.html。

图 3-27

1. 编辑页面

Step 01 新建一个用来存放图片的文件夹“images”，再建立“HTML”文件夹用来存放生成的“*htm”格式文件。将要放到相册中的图片保存到“images”文件夹中。本例中已创建好文件夹“images”和“HTML”，只需在操作时直接选择即可。

Step 02 打开 Dreamweaver CS4 后，选择“文件 > 新建”命令，新建一个空白文档，专门用来存放电子相册。

Step 03 选择“命令 > 创建网站相册”命令，弹出“创建网站相册”对话框，将“相册标题”选项设为“我的相册”，“副标信息”选项设为“生活照片”。

Step 04 单击“源图像文件夹”选项右侧的“浏览”按钮，在弹出的“请选择一个文件夹”对话框中选择光盘目录下“Ch03 > 素材 > 家庭生活照片 > images”文件夹，如图 3-28 所示，单击“选择”按钮，返回到对话框中，其他选项的设置如图 3-29 所示。

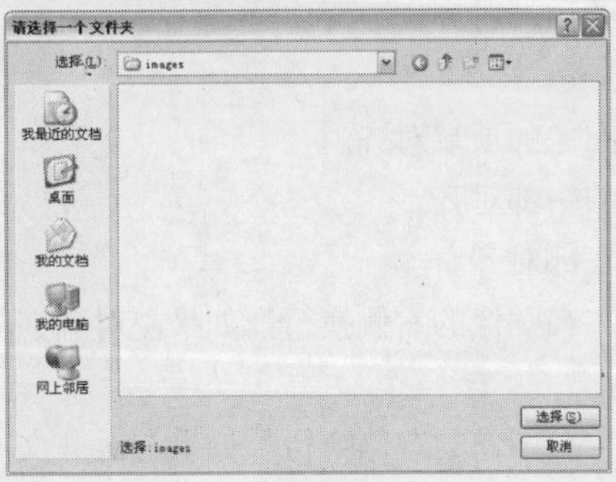

图 3-28

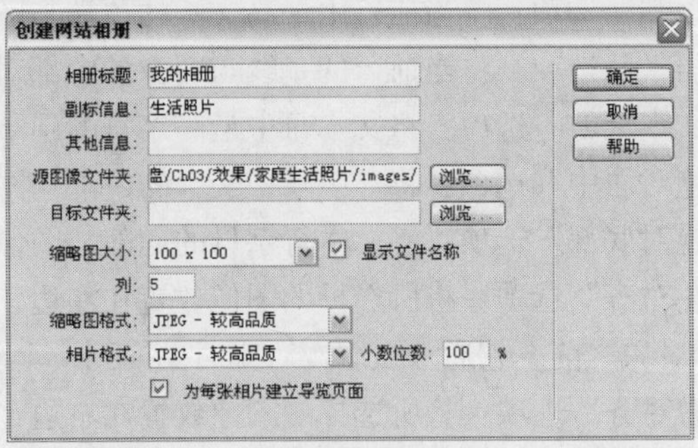

图 3-29

Step 05 单击“目标文件夹”选项右侧的“浏览”按钮，在弹出的“请选择一个文件夹”对话框中选择光盘目录下“Ch03 > 素材 > 家庭生活照片 > HTML”文件夹，如图 3-30 所示，单击“确定”按钮，效果如图 3-31 所示。

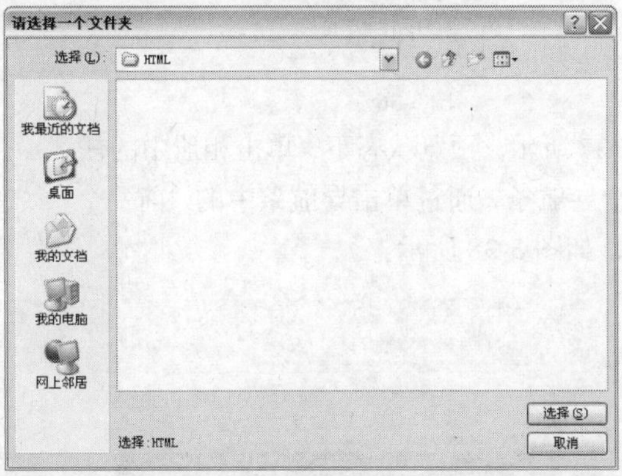

图 3-30

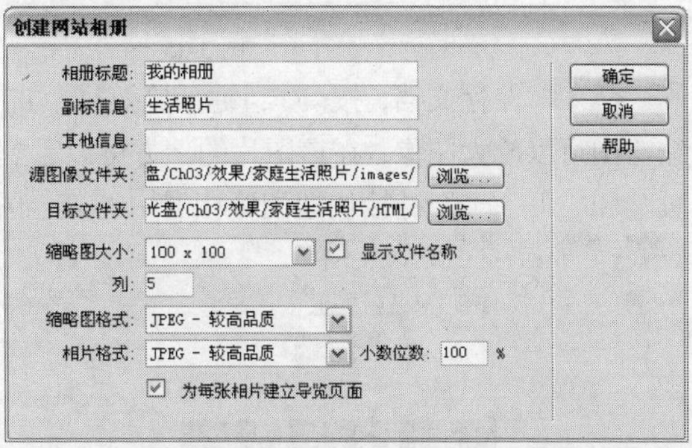

图 3-31

Step 06 在“缩略图大小”选项右侧的下拉列表中选择“144 × 144”，在“列”选项的文本框中输入“3”，如图 3-32 所示。

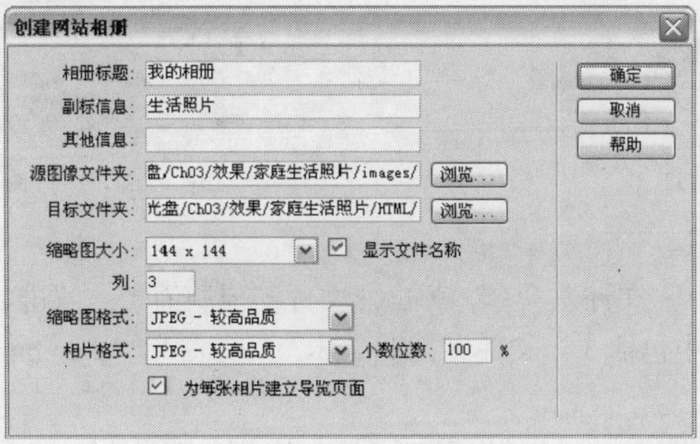

图 3-32

Step 07 设置完成后，单击“确定”按钮，系统自动会调用 Fireworks 软件，完成相册主页的创建过程，如图 3-33 所示，单击“确定”按钮，将弹出相册的页面，如图 3-34 所示。

Step 08 将光标置入到文字“生活照片”右侧，在“属性”面板“水平”选项下拉列表中选择“居中对齐”选项，如图 3-35 所示，效果如图 3-36 所示。

图 3-33

图 3-34

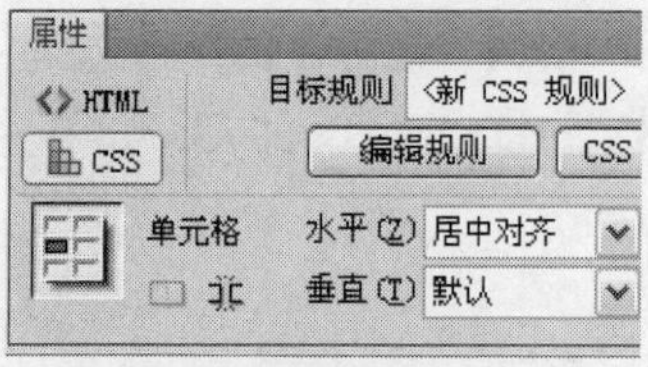

图 3-35

图 3-36

Step 09 保存文档，按<F12>键预览效果，如图 3-37 所示。预览状态下，单击相册中的任意一个缩略图可以放大图像，在该图片的上方可以看到一个导航条，通过单击导航条中的“前一个”、“首页”和“下一个”链接快速浏览相册中的其他图片，如图 3-38 所示。

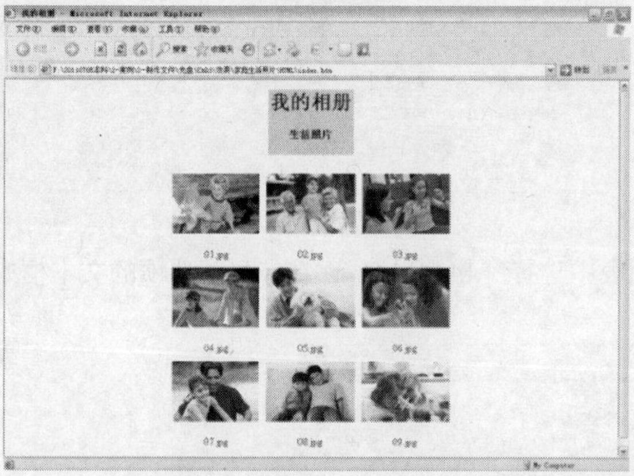

图 3-37

图 3-38

2．美化网页效果

Step 01 选择“窗口 > 文件”命令，弹出“文件”控制面板。双击前面设定的网页相册的目标文件夹。这个文件夹中包括 3 个文件夹：“images”、“pages”、“thumbnails”，一个“index.html”文件。

Step 02 回到 Dreamweaver CS4 编辑窗口，双击右侧站点视图中的“pages”目录，可以看到 9 个 HTML 文件，如图 3-39 所示。选中任意一个 HTML 文件，按住<Ctrl>键，将其中的 HTML 文件全部选中，如图 3-40 所示。

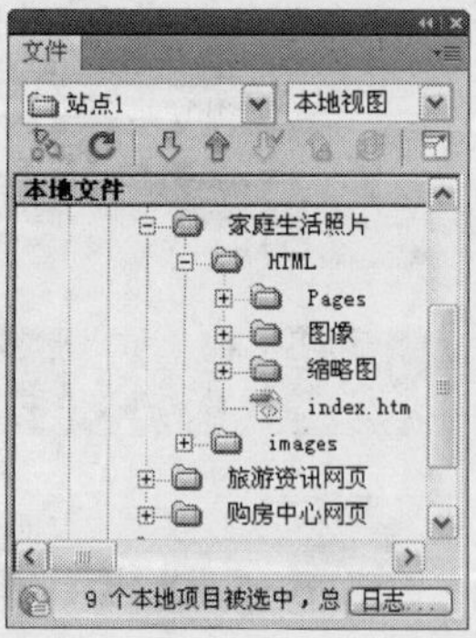

图 3-39

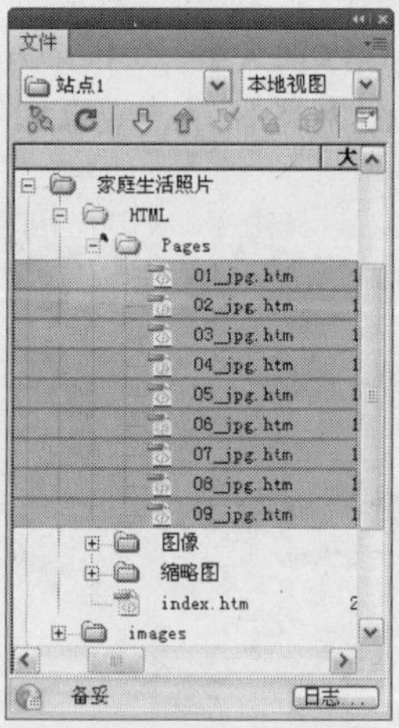

图 3-40

Step 03 选择“编辑 > 查找和替换”命令，在“搜索”选项的下拉列表中选择“源代码”，在

“查找”选项右侧的文本框中输入“<table border=0>”，在“替换”选项右侧的文本框中输入“<table border=0 align="center">”，其他选项的设置如图 3-41 所示。

Step 04　单击“替换全部”按钮，弹出提示对话框，如图 3-42 所示，单击“是”按钮。

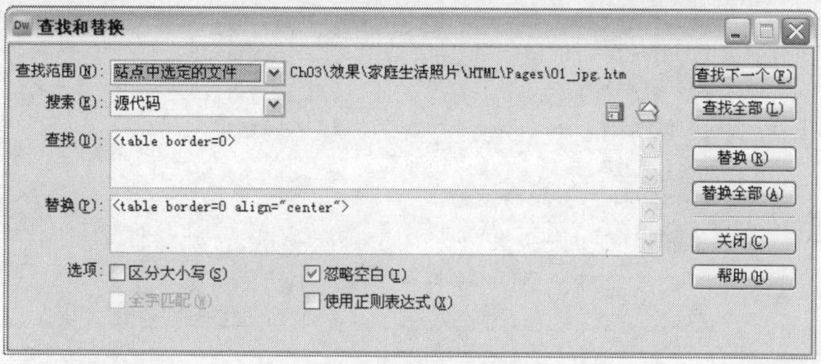

图 3-41

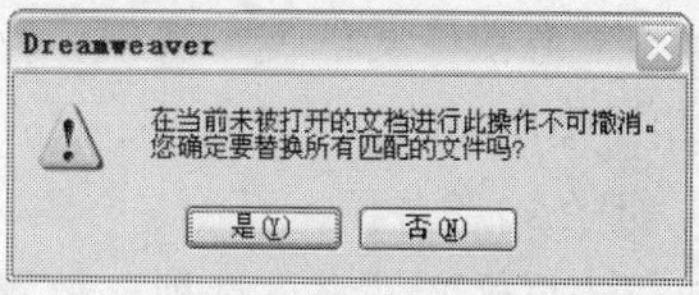

图 3-42

Step 05　按<F12>键预览效果，单击相册中的任意一个缩略图可以放大图像，图像都为居中显示，如图 3-43 所示。

图 3-43

3.3.2　创建网站相册

在开始创建网站相册之前，将相册的所有图像放置在一个文件夹中（该文件夹不必位于站点中），并确保图像文件名的扩展名为：“.Gif”、“.Jpg”、“.Jpeg”、“.Png”、“.Psd”、“.Tif” 或“.Tiff”。首先，使用 Fireworks CS4 来为该文件夹中的每个图像创建一个缩略图和一个较大尺寸的图像。然后，应用 Dreamweaver CS4 创建一个 Web 页，它包含所有缩略图以及指向大图像所在网页的链接（带有无法识别的文件扩展名的图像是不会包含在相册中的）。

创建网站相册的具体操作步骤如下。

（1）建立一个文件夹，将所有图像文件放置在文件夹中。

（2）在 Dreamweaver CS4 中，选择“命令 > 创建网站相册”命令（只有在计算机中装有 Fireworks CS4 软件时，此命令才为可用），弹出“创建网站相册”对话框，如图 3-44 所示。

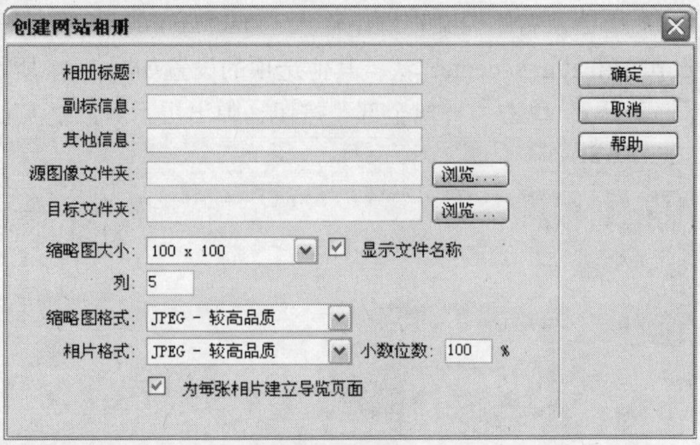

图 3-44

对话框中各选项的含义如下。

“相册标题”选项：缩略图所在页面顶部显示的标题。

“副标信息”选项：在标题下部显示的副标题信息。

“其他信息”选项：在标题下部显示的其他信息。

“源图像文件夹”选项：存放网站相册中所有图像的文件夹，此文件夹不一定在站点内。

“目标文件夹”选项：放置所有导出的图像和 HTML 文件。目标文件夹不应该已包含相册，如果已包含相册，那么任何新图像与先前使用的图像同名，则可能会覆盖现有的缩略图和图像文件。

“缩略图大小”选项：选择缩略图的大小。图像将按比例缩放，以创建适合具有指定像素尺寸的方框的缩略图。

“显示文件名称”选项：设置是否在相应的缩略图下显示其原始图像的文件名。

“列”选项：设置显示缩略图的表的列数。

提示：“缩略图大小”选项、“显示文件名称”选项、“列”选项为指定缩略图图像的显示选项。

“缩略图格式”选项：设置缩略图图像的格式。Dreamweaver CS4 提供的模式有以下 4 种。

GIF 接近网页 128 色：创建 GIF 缩略图，这些缩略图使用包含 128 色的 Web 适应性调色板。

GIF 接近网页 256 色：创建 GIF 缩略图，这些缩略图使用包含 256 色的 Web 适应性调色板。

JPEG – 较高品质：创建品质较高且文件较大的 JPEG 缩略图。

JPEG – 较小文件：创建品质较低且文件较小的 JPEG 缩略图。

“相片格式”选项：对于每个原始图像，将创建一个具有指定格式的大尺寸图像。它可以不同于缩略图格式。它和“小数位数”选项都是设置大尺寸图像显示的选项。

提示：由于 GIF 和 JPEG 之外的原始文件格式可能无法在所有浏览器中正确显示，所以“创建网站相册”命令不允许将原始图像文件用作大尺寸图像。如果原始图像是 JPEG 文件，则生成的大尺寸图像文件可能比原始文件大（或者其品质比原始文件低）。

“小数位数”选项：设置大尺寸图像的缩放百分比。缩放百分比将应用于所有图像，如果原始图像的大小不一样，那么按同一百分比缩放就可能不会产生所需的效果。

“为每张相片建立导览页面”选项：为每个源图像创建一个 Web 页，该 Web 页包含标为“后退”、“主页”、“前进”的导航链接，并且缩略图会链接到导航页。如果不选择此选项，缩略图将直接链接到大尺寸图像。

（3）在“创建网站相册”对话框中，设置相册标题、源图像文件夹、目标文件夹，并指定缩略图图像的显示、大尺寸图像的显示，以及是否为每张相片建立导览页面。

（4）单击“确定”按钮来创建网站相册的 HTML 和大尺寸图像文件。

> **提示**：如果在处理开始后单击 Dreamweaver CS4 对话框中的“取消”按钮，创建相册的进程并不会停止，这只会防止 Dreamweaver CS4 显示主相册页。

3.4 多媒体在网页中的应用

在网页中除了使用文本和图像元素表达信息外，用户还可以向其中插入 Flash 动画、Java Applet 小程序、Activex 控件等多媒体，以丰富网页的内容。虽然这些多媒体对象能够使网页更加丰富多彩，吸引更多的浏览者，但是有时必须以牺牲浏览速度和兼容性为代价。所以，一般网站为了保证浏览者的浏览速度，不会大量运用多媒体元素。

3.4.1 课堂案例——旅游资讯网页

案例学习目标：使用“媒体”按钮为网页插入动画。

案例知识要点：使用“SWF”按钮为网页插入动画效果，如图 3-45 所示。

效果所在位置：光盘/Ch03/效果/旅游资讯网页/index.html。

图 3-45

Step 01 选择“文件 > 打开”命令，在弹出的对话框中选择光盘“Ch03 > 素材 > 旅游资讯网页 > index.html”文件，单击“打开”按钮，效果如图 3-46 所示。

Step 02 将光标置入到左侧的单元格中，如图 3-47 所示。在“插入 > 常用”面板中单击“SWF”按钮，在弹出“选择文件”对话框中选择光盘目录下“Ch03 > 素材 > 旅游资讯网页 > images”文件夹中的“tupiandonghua.swf”，如图 3-48 所示，单击“确定”按钮完成 Flash 影片的插入，效果如图 3-49 所示。

图 3-46

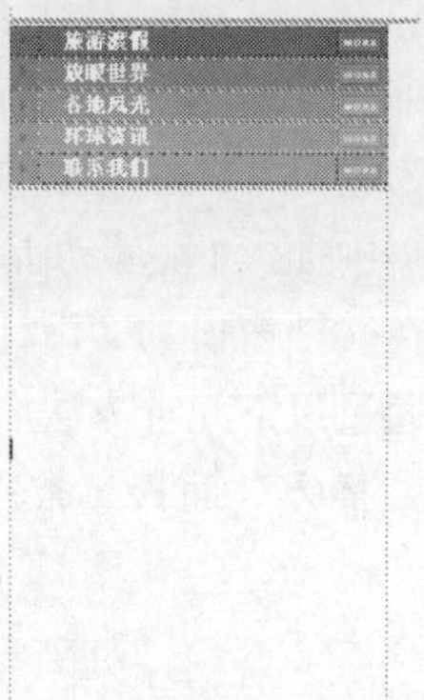

图 3-47

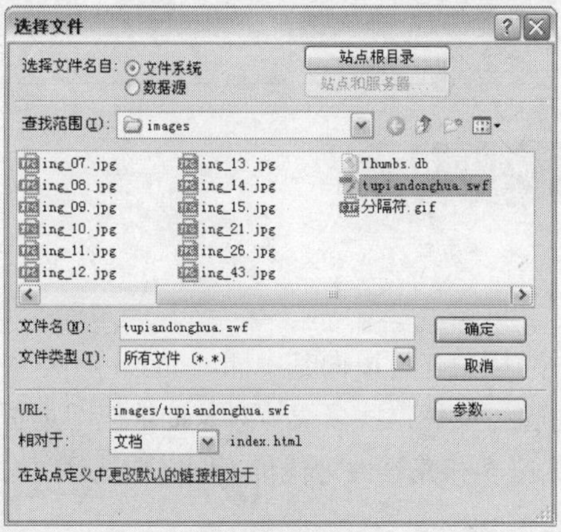

图 3-48

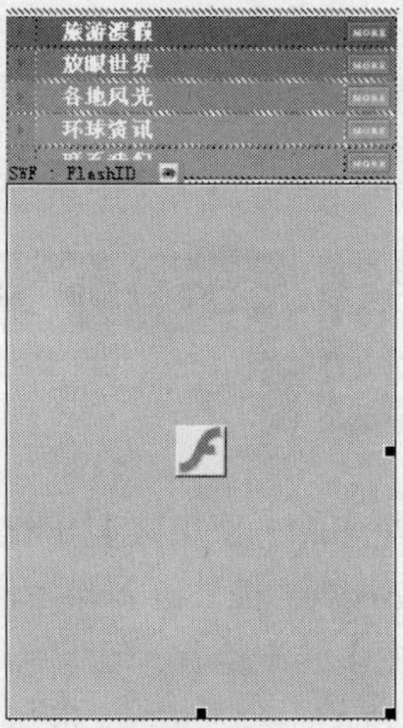

图 3-49

Step 03 保存文档，按<F12>键预览效果，如图 3-50 所示。

图 3-50

3.4.2 插入 Flash 动画

Dreamweaver CS4 提供了使用 Flash 对象的功能，虽然 Flash 中使用的文件类型有 Flash 源文件(.fla)、Flash SWF 文件(.swf)、Flash 模板文件(.swt)，但 Dreamweaver CS4 只支持 Flash SWF(.swf) 文件，因为它是 Flash (.fla) 文件的压缩版本，已进行了优化，便于在 Web 上查看。

在网页中插入 Flash 动画的具体操作步骤如下。

（1）在文档窗口的“设计”视图中，将插入点放置在想要插入影片的位置。

（2）通过以下几种方法启用“Flash”命令。

- 在“插入”面板“常用”选项卡中，单击“媒体”展开式工具按钮，选择“SWF”选项。
- 选择“插入 > 媒体 > SWF”命令。

弹出“选择文件”对话框，选择一个后缀为“.swf”的文件，如图 3-51 所示，单击“确定”按钮完成设置。此时，Flash 占位符出现在文档窗口中，如图 3-52 所示。

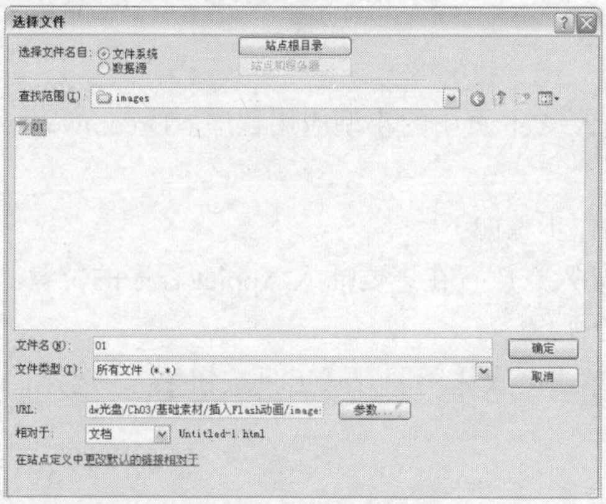

图 3-51

图 3-52

（3）选中文档窗口中的 Flash 对象，在“属性”面板中单击“播放”按钮 播放 ，测试效果。

提示： 当网页中包含两个以上 Flash 动画时，要预览所有的 Flash 内容，可以按 <Ctrl+Alt+Shift+P>快捷键。

3.4.3　插入 Shockwave 影片

Shockwave 是 Web 上用于交互式多媒体的 Macromedia 标准，是一种经过压缩的格式，使得在 Macromedia Director 中创建的多媒体文件能够被快速下载，而且可以在大多数常用浏览器中进行播放。

在网页中插入 Shockwave 影片的具体操作步骤如下。

（1）在文档窗口的“设计”视图中，将插入点放置在想要插入 Shockwave 影片的位置。

（2）通过以下几种方法启用“Shockwave”命令。

- 在“插入”面板“常用”选项卡中，单击“媒体”展开式工具按钮，选择“Shockwave”选项。
- 选择“插入 > 媒体 > Shockwave”命令。

弹出“选择文件”对话框，选择一个影片文件，单击“确定”按钮完成设置。此时，Shockwave 影片的占位符出现在文档窗口中，如图 3-53 所示，选择文档窗口中的 Shockwave 影片占位符，在“属性”面板中，修改“宽”和“高”选项的值，来设置影片的宽度和高度，单击“播放”按钮 播放 ，测试效果如图 3-54 所示。

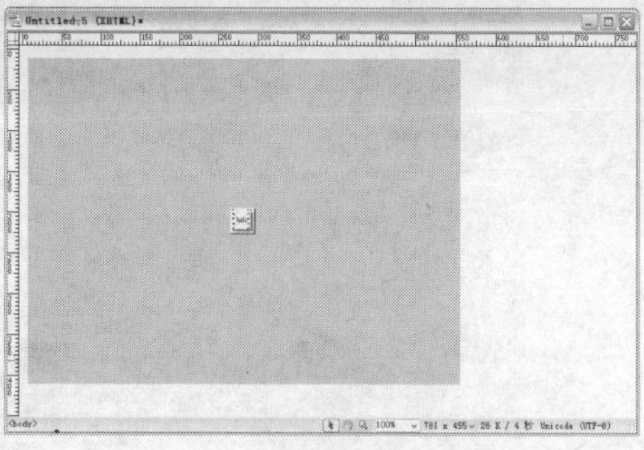

图 3-53

图 3-54

3.4.4 影片插入 Applet 程序

Applet 是用 Java 编程语言开发的、可嵌入 Web 页中的小型应用程序。Dreamweaver CS4 提供了将 Java Applet 插入 HTML 文档中的功能。

在网页中插入 Java Applet 程序的具体操作步骤如下。

（1）在文档窗口的“设计”视图中，将插入点放置在想要插入 Applet 程序的位置。

（2）通过以下几种方法启用“Applet”命令。

- 在“插入”面板“常用”选项卡中，单击“媒体”展开式工具按钮，选择“APPLET”选项。
- 选择“插入 > 媒体 >Applet”命令。

弹出“选择文件”对话框，选择一个 Java Applet 程序文件，单击“确定”按钮完成设置。

3.4.5 插入 ActiveX 控件

ActiveX 控件，也称 OLE 控件。它是可以充当浏览器插件的可重复使用的组件，有些像微型的应用程序。ActiveX 控件只在 Windows 系统上的 Internet Explorer 中运行。Dreamweaver CS4 中的 ActiveX 对象可为浏览者的浏览器中的 ActiveX 控件提供属性和参数。

在网页中插入 ActiveX 控件的具体操作步骤如下。

（1）在文档窗口的“设计”视图中，将插入点放置在想要插入 ActiveX 控件的位置。

（2）通过以下几种方法启用“ActiveX”命令，插入 ActiveX 控件。

- 在“插入”面板“常用”选项卡中，单击“媒体”展开式工具按钮，选择“ActiveX”选项。
- 选择“插入 > 媒体 >ActiveX”命令。

（3）选中文档窗口中的 ActiveX 控件，在“属性”面板中，单击“播放”按钮测试效果。

3.5 课堂练习——数码世界网页

练习知识要点：使用“图像”按钮插入图像，使用“对齐”选项将插入的图像右对齐，如图 3-55 所示。

效果所在位置：光盘/Ch03/效果/数码世界网页/index.html。

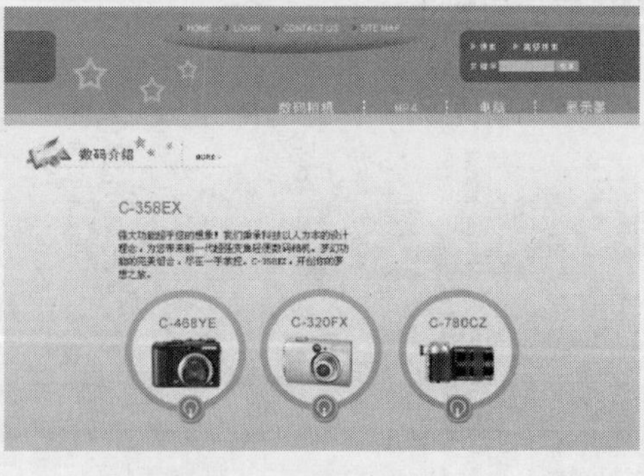

图 3-55

3.6 课后习题——宝贝相册网页

习题知识要点：使用“属性”面板改变文字的样式，使用“Flash”按钮为网页文档插入 Flash 动画效果，使用“属性”面板改变图片的大小、调整图像的亮度和对比度并为图片添加文字说明，使用图像占位符命令代替网页中缺少的一张图片，如图 3-56 所示。

效果所在位置：光盘/Ch03/效果/宝贝相册网页/index.html。

图 3-56

第4章 超链接

网络中的每个网页都是通过超链接的形式关联在一起的，超链接是网页中最重要、最根本的元素之一。浏览者可以通过鼠标单击网页中的某个元素，轻松地实现网页之间的转换或下载文件、收发邮件等。要实现超链接，还要了解链接路径的知识。本章将对超链接进行具体的讲解。

【教学目标】

- 超链接的概念与路径知识。
- 文本超链接。
- 图像超链接。
- 命名锚记超链接。
- 热点链接。

4.1 超链接的概念与路径知识

超链接的主要作用是将物理上无序的内容组成一个有机的统一体。超链接对象上存放某个网页文件的地址，以便用户打开相应的网页文件。在浏览网页时，当用户将鼠标指针移到文字或图像上时，鼠标指针会改变形状或颜色，这就是在提示浏览者：此对象为链接对象。用户只需单击这些链接对象，就可完成打开链接的网页、下载文件、打开邮件工具收发邮件等操作。

4.2 文本超链接

文本链接是以文本为链接对象的一种常用的链接方式。作为链接对象的文本带有标志性，它标志链接网页的主要内容或主题。

4.2.1 课堂案例——茶文化

案例学习目标：使用“插入”面板的“常用”选项卡制作电子邮件链接效果，使用“属性”面板为文字制作下载文件链接效果。

案例知识要点：使用电子邮件链接命令制作电子邮件链接效果，使用浏览文件链接按钮为文字制作下载文件链接效果，如图 4-1 所示。

效果所在位置：光盘/Ch04/效果/茶文化/index.html。

图 4-1

1．创建文本链接

Step 01 选择“文件 > 打开”命令，在弹出的菜单中选择“Ch04 > 素材 > 茶文化 > index.html”文件，如图 4-2 所示。

图 4-2

Step 02 选中文字“网上商城”，如图 4-3 所示。选择“窗口 > 属性”命令，调出“属性”面板，在“链接”文本框中输入外部链接的地址 http://www.sina.com，如图 4-4 所示。

Step 03 保存文档，按<F12>键预览效果，如图 4-5 所示。

图 4-3

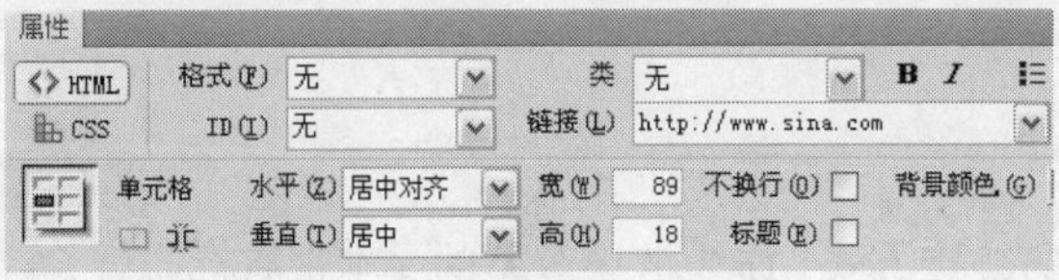

图 4-4

图 4-5

2．创建 E-mail 链接

Step 01 将鼠标置入到页面下方要插入电子邮件的位置，如图 4-6 所示。选择“插入> 电子邮件链接”命令，在弹出的“电子邮件链接”对话框中进行设置，如图 4-7 所示，单击“确定”按钮，插入电子邮件链接，效果如图 4-8 所示。

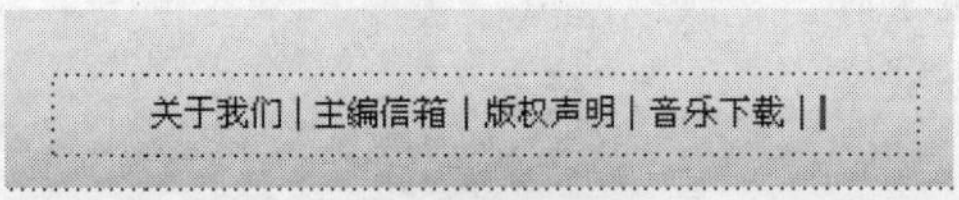

图 4-6

图 4-7

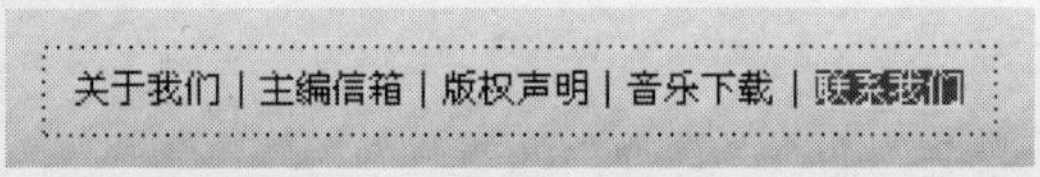

图 4-8

Step 02 保存文档，按<F12>键预览效果，如图 4-9 所示。单击插入的 E-mail 链接“联系我们”，效果如图 4-10 所示。

图 4-9

图 4-10

3．创建下载文件的链接

Step 01 在文档窗口的下方选中文字“音乐下载”，如图 4-11 所示。在“属性”面板中单击“链接”选项右侧的“浏览文件”按钮，弹出“选择文件”对话框，在光盘目录下的“Ch04＞素材＞茶文化＞images”文件夹中选择文件“背景音乐.rar”，如图 4-12 所示。

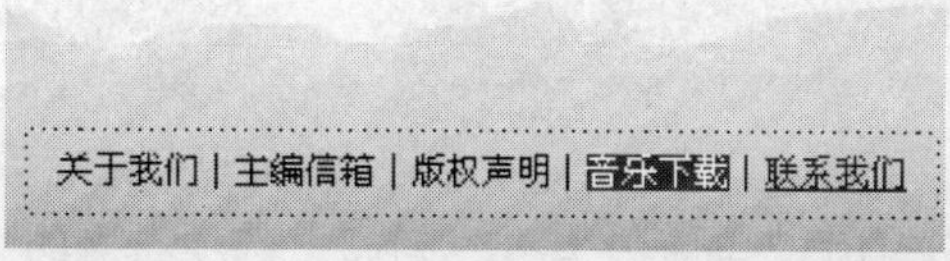

图 4-11

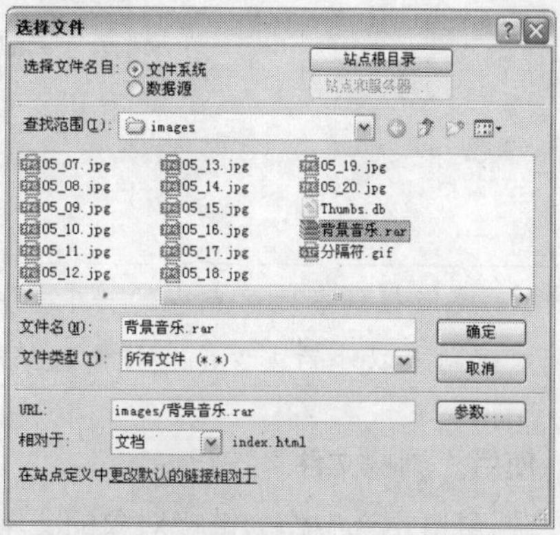

图 4-12

Step 02 单击“确定”按钮，将音乐文件链接到文本框中，在“目标”选项的下拉列表中选择“_blank”，如图 4-13 所示。

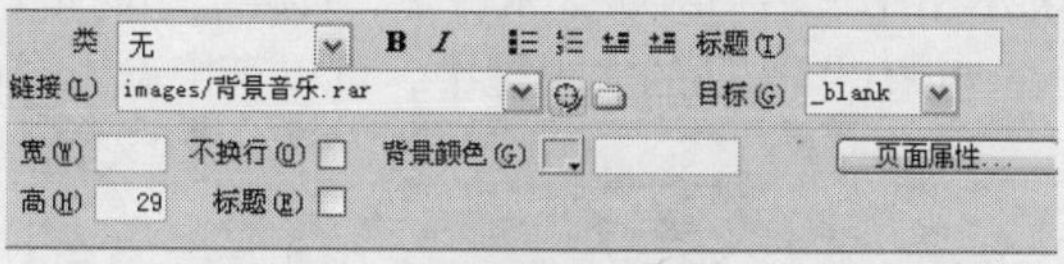

图 4-13

Step 03 保存文档，按<F12>键预览效果，单击文字“音乐下载”，如图 4-14 所示，将弹出“文件下载”对话框，提示打开或保存文件。

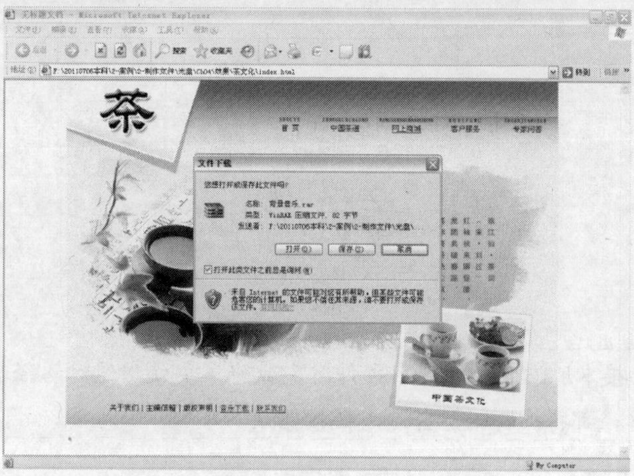

图 4-14

4.2.2　创建文本链接

创建文本链接的方法非常简单，主要是在链接文本的“属性”面板中指定链接文件。指定链接文件的方法有 3 种。

1. 直接输入要链接文件的路径和文件名

在文档窗口中选中作为链接对象的文本，选择 “窗口 > 属性”命令，弹出“属性”面板。在“链接”选项的文本框中直接输入要链接文件的路径和文件名，如图 4-15 所示。

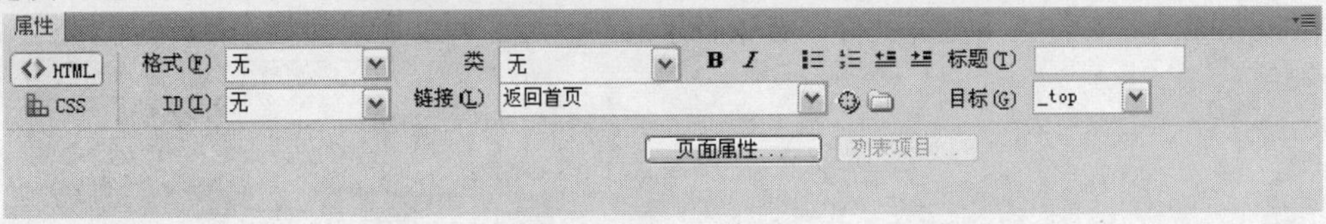

图 4-15

> **提示**：要链接到本地站点中的一个文件，直接输入文档相对路径或站点根目录相对路径；要链接到本地站点以外的文件，直接输入绝对路径。

2. 使用“浏览文件”按钮

在文档窗口中选中作为链接对象的文本，在“属性”面板中单击“链接”选项右侧的“浏览文件”按钮，弹出“选择文件”对话框。选择要链接的文件，在“相对于”选项的下拉列表中选择“文档”选项，如图 4-16 所示，单击“确定”按钮。在“相对于”选项的下拉列表中有两个选项。选择“文档”选项，表示使用文档相对路径来链接；选择“站点根目录”选项，表示使用站点根目录相对路径来链接。在“URL”选项的文本框中，可以直接输入网页的绝对路径。

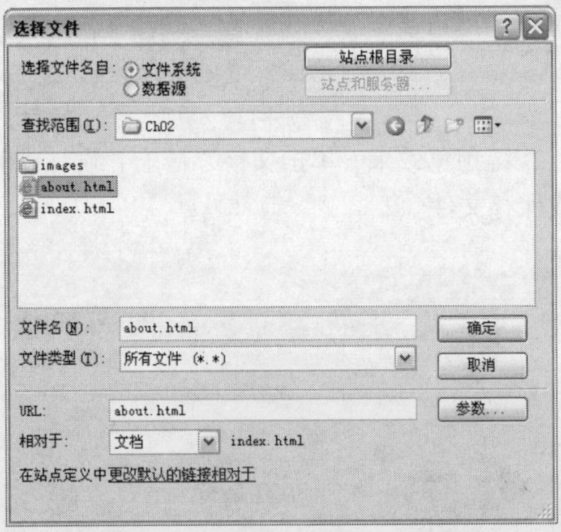

图 4-16

> **提示**：一般要链接本地站点中的一个文件时，最好不要使用绝对路径，因为如果移动文件，文件内所有的绝对路径都将被打断，会造成链接错误。

3. 使用指向文件图标

使用“指向文件”图标，可以快捷地指定站点窗口内的链接文件，或指定另一个打开文件中命名锚点的链接。

在文档窗口中选中作为链接对象的文本，在“属性”面板中，拖曳“指向文件”图标指向右侧站点窗口内的文件，如图 4-17 所示。松开鼠标左键，“链接”选项被更新并显示出所建立的链接。

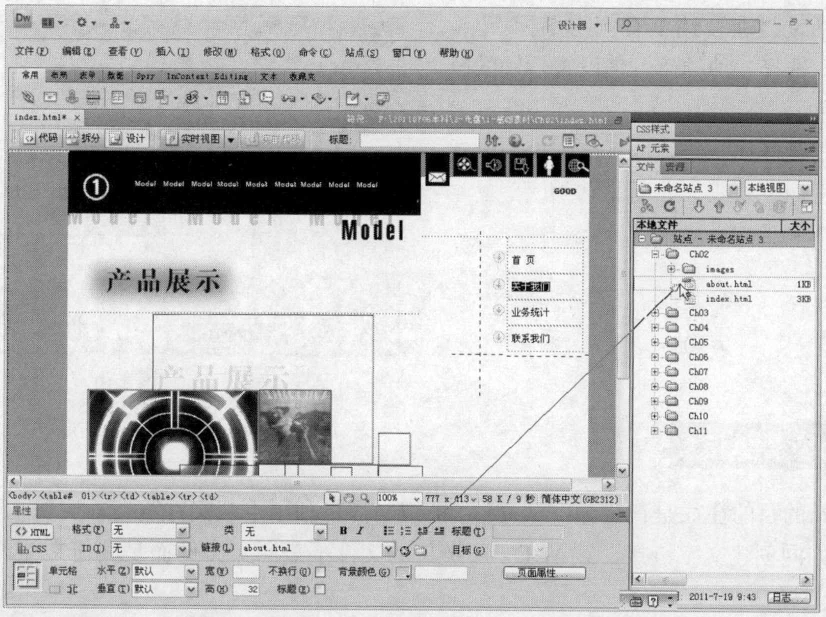

图 4-17

当完成链接文件后，“属性”面板中的“目标”选项变为可用，其下拉列表中各选项的作用如下。

“_blank”选项：将链接文件加载到未命名的新浏览器窗口中。

“_parent”选项：将链接文件加载到包含该链接的父框架集或窗口中。如果包含链接的框架不是嵌套的，则链接文件加载到整个浏览器窗口中。

“_self”选项：将链接文件加载到链接所在的同一框架或窗口中。此目标是默认的，因此通常不需要指定它。

“_top”选项：将链接文件加载到整个浏览器窗口中，并由此删除所有框架。

4.2.3　文本链接的状态

一个未被访问过的链接文字与一个被访问过的链接文字在形式上是有所区别的，以提示浏览者链接文字所指示的网页是否被看过。下面讲解设置文本链接状态，具体操作步骤如下。

（1）选择“修改 > 页面属性”命令，弹出“页面属性”对话框，如图 4-18 所示。

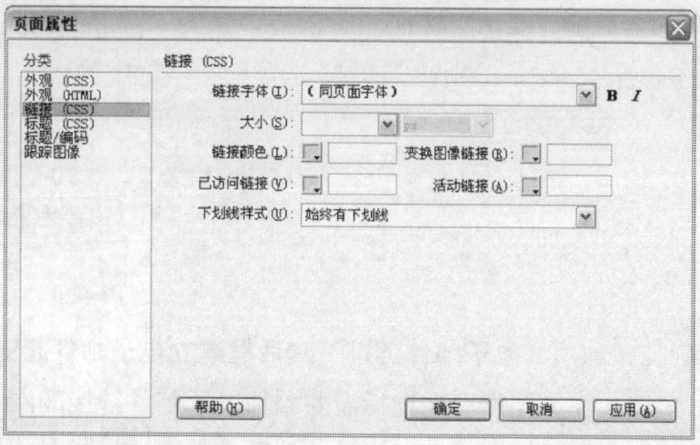

图 4-18

（2）在对话框中设置文本的链接状态。选择“分类”列表中的“链接”选项，单击“链接颜色”选项右侧的图标，打开调色板，选择一种颜色，来设置链接文字的颜色。

单击“已访问链接”选项右侧的图标，打开调色板，选择一种颜色，来设置访问过的链接文字的颜色。

单击“活动链接”选项右侧的图标，打开调色板，选择一种颜色，来设置活动的链接文字的颜色。

在“下划线样式”选项的下拉列表中设置链接文字是否加下划线，如图 4-19 所示。

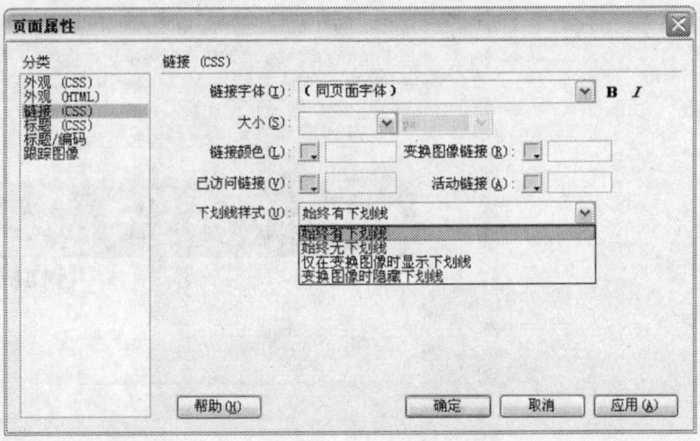

图 4-19

4.2.4 下载文件链接

浏览网站的目的往往是查找并下载资料，下载文件可利用下载文件链接来实现。建立下载文件链接的步骤如同创建文字链接，区别在于所链接的文件不是网页文件而是其他文件，如.exe、.zip 等文件。

建立下载文件链接的具体操作步骤如下。

（1）在文档窗口中选择需添加下载文件链接的网页对象。

（2）在“链接”选项的文本框中指定链接文件，详细内容参见 4.2.2 节。

（3）按<F12>键预览网页。

4.2.5 电子邮件链接

网页只能作为单向传播的工具，将网站的信息传给浏览者，但网站建立者需要接收使用者的反馈信息，一种有效的方式是让浏览者给网站发送 E-mail。在网页制作中使用电子邮件超链接就可以实现。

每当浏览者单击包含电子邮件超链接的网页对象时，就会打开邮件处理工具（如微软的 Outlook Express），并且自动将收信人地址设为网站建设者的邮箱地址，方便浏览者给网站发送反馈信息。

1．利用“属性”面板建立电子邮件超链接

（1）在文档窗口中选择对象，一般是文字，如“请联系我们”。

（2）在“链接”选项的文本框中输入“mailto：地址”。例如，网站管理者的 E-mail 地址是 wmaster@taste.net，则在“链接”选项的文本框中输入“mailto:wmaster@taste.net”，如图 4-20 所示。

图 4-20

2．利用“电子邮件链接”对话框建立电子邮件超链接

（1）在文档窗口中选择需要添加电子邮件链接的网页对象。

（2）通过以下几种方法打开“电子邮件链接”对话框。

- 选择“插入 > 电子邮件链接”命令。

● 单击“插入”面板“常用”选项卡中的“电子邮件链接”工具。

在“文本”选项的文本框中输入要在网页中显示的链接文字，并在“E-Mail”选项的文本框中输入完整的邮箱地址，如图 4-21 所示。

图 4-21

（3）单击“确定”按钮，完成电子邮件链接的创建。

4.3 图像超链接

所谓图像超链接就是以图像作为链接对象。当用户单击该图像时打开链接网页或文档。

4.3.1 课堂案例——乐器网页

案例学习目标：使用鼠标经过图像按钮制作导航条效果。

案例知识要点：使用鼠标经过图像按钮制作导航条效果，如图 4-22 所示。

效果所在位置：光盘/Ch04/效果/乐器网页/index.html。

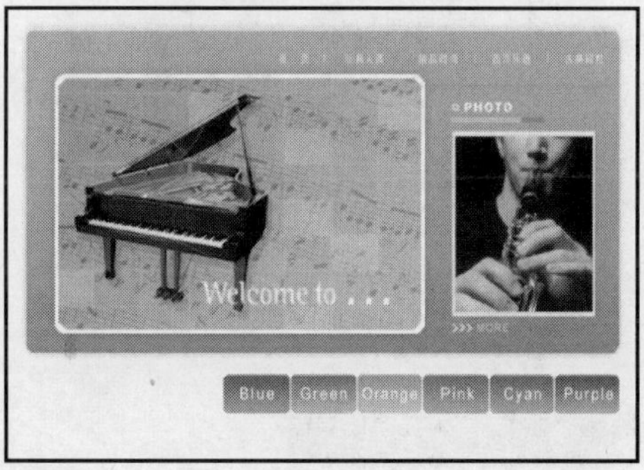

图 4-22

Step 01 选择“文件 > 打开”命令，在弹出的对话框中选择光盘中的“Ch04 > 素材 > 乐器网页 > index.html”文件，单击“打开”按钮，效果如图 4-23 所示。将光标置入到空白单元格中，如图 4-24 所示。

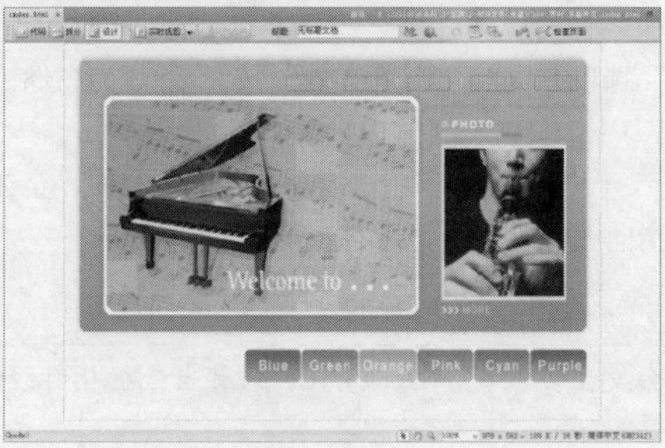

图 4-23

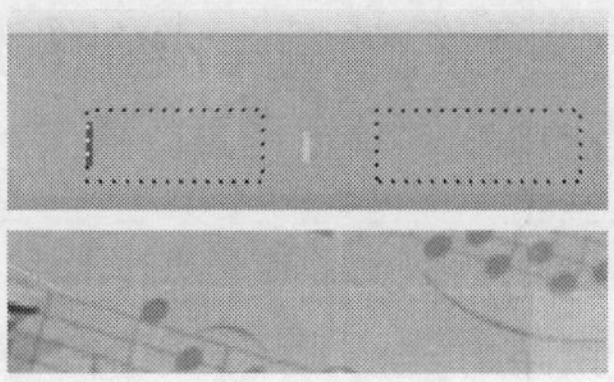

图 4-24

Step 02 在“插入 > 常用”面板中单击“鼠标经过图像”按钮，弹出“插入鼠标经过图像”对话框。单击“原始图像”选项右侧的“浏览”按钮，弹出“原始图像”对话框，在光盘目录下的“Ch04 > 素材 > 乐器网页 > images”文件夹中选择图片“01a.jpg”，单击“确定”按钮。单击“鼠标经过图像”选项右侧的“浏览”按钮，弹出“鼠标经过图像”对话框，在光盘目录下的“Ch04 > 素材 > 乐器网页 > images”文件夹中选择图片“01b.jpg”，单击“确定”按钮，如图 4-25 所示。单击“确定”按钮，文档效果如图 4-26 所示。

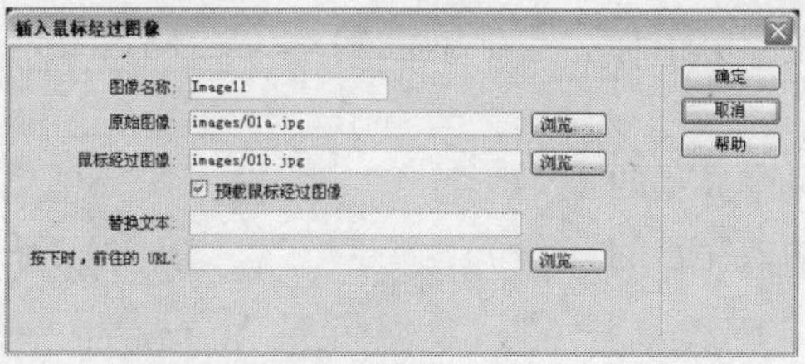

图 4-25

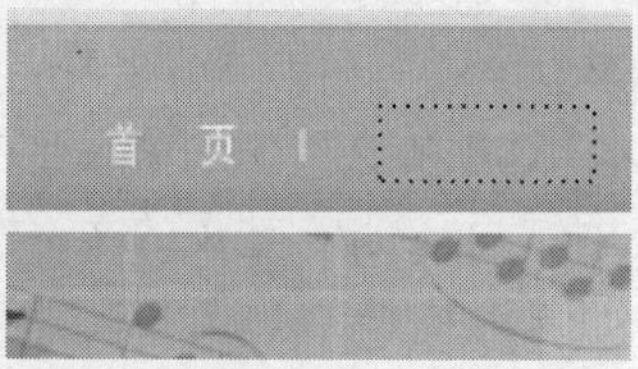

图 4-26

Step 03 用相同的方法为其他单元格插入图像，制作出如图 4-27 所示的效果。

图 4-27

Step 04 保存文档，按<F12>键预览效果，如图 4-28 所示。当鼠标移到图像上时，图像发生变化，效果如图 4-29 所示。

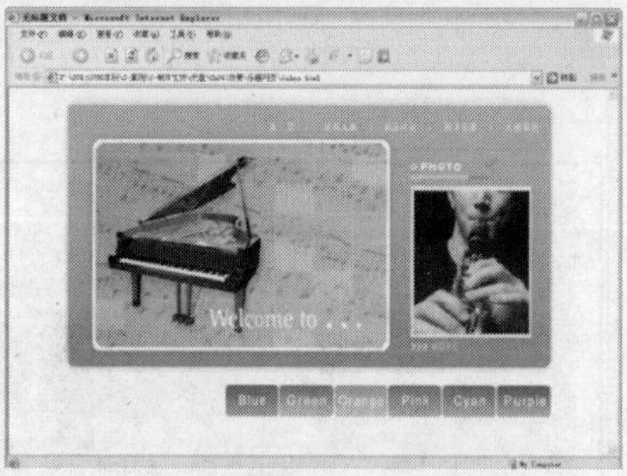

图 4-28

图 4-29

4.3.2 图像超链接

建立图像超链接的操作步骤如下。

（1）在文档窗口中选择图像。

（2）在“属性”面板中，单击“链接”选项右侧的“浏览文件”按钮，为图像添加文档相对路径的链接。

（3）在“替代”选项中可输入替代文字。设置替代文字后，当图片不能下载时，会在图片的位置上显示替代文字；当浏览者将鼠标指针指向图像时也会显示替代文字。

（4）按<F12>键预览网页的效果。

提示：图像链接与文本超链接不同，会发生许多提示性的变化，只有当鼠标指针经过图像时指针才呈现手形。

4.3.3 鼠标经过图像链接

“鼠标经过图像”是一种常用的互动技术，当鼠标指针经过图像时，图像会随之发生变化。一般，“鼠标经过图像”效果由两张大小相等的图像组成，一张称为主图像，另一张称为次图像。主图像是首次载入网页时显示的图像，次图像是当鼠标指针经过时更换的另一张图像。“鼠标经过图像”经常应用于网页中的按钮上。

建立“鼠标经过图像”的具体操作步骤如下。

（1）在文档窗口中将光标放置在需要添加图像的位置。

（2）通过以下几种方法打开“插入鼠标经过图像”对话框，如图 4-30 所示。

- 选择“插入 > 图像对象 > 鼠标经过图像”命令。
- 在“插入”面板“常用”选项卡中，单击“图像”展开式工具按钮，选择“鼠标经过图像”选项。

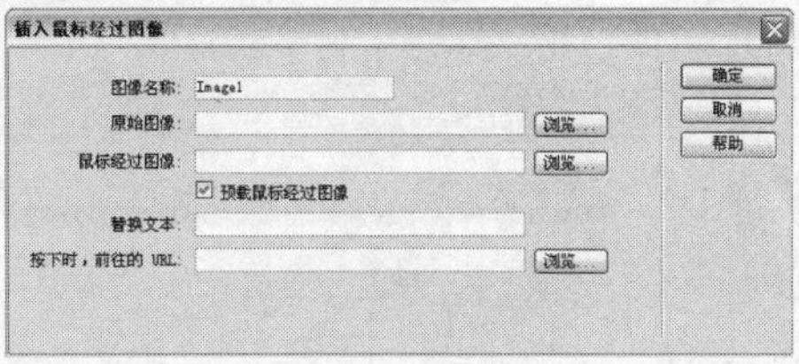

图 4-30

“插入鼠标经过图像”对话框中各选项的作用如下。

“图像名称”选项：设置鼠标指针经过图像对象时的名称。

“原始图像”选项：设置载入网页时显示的图像文件的路径。

“鼠标经过图像”选项：设置在鼠标指针滑过原始图像时显示的图像文件的路径。

“预载鼠标经过图像”选项：若希望图像预先载入浏览器的缓存中，以便用户将鼠标指针滑过图像时不发生延迟，则选择此复选框。

“替换文本”选项：设置替换文本的内容。设置后，在浏览器中当图片不能下载时，会在图片位置上显示替代文字；当浏览者将鼠标指针指向图像时会显示替代文字。

“按下时，前往的 URL”选项：设置跳转网页文件的路径，当浏览者单击图像时打开此网页。

（3）在对话框中按照需要设置选项，然后单击“确定”按钮完成设置。按<F12>键预览网页。

4.4 命名锚记超链接

锚点也叫书签，顾名思义，就是在网页中作标记。每当要在网页中查找特定主题的内容时，只需快速定位到相应的标记（锚点）处即可，这就是锚点链接。因此，建立锚点链接要分两步实现。首先要在网页的不同主题内容处定义不同的锚点，然后在网页的开始处建立主题导航，并为不同主题导航建立定位到相应主题处的锚点链接。

4.4.1 课堂案例——花卉百科网

案例学习目标：使用“锚记链接”制作从文档底部移动到顶部效果。

案例知识要点：使用“插入”面板“常用”选项卡中的“命名锚记”按钮插入锚点，制作文档底部移动到顶部效果，如图 4-31 所示。

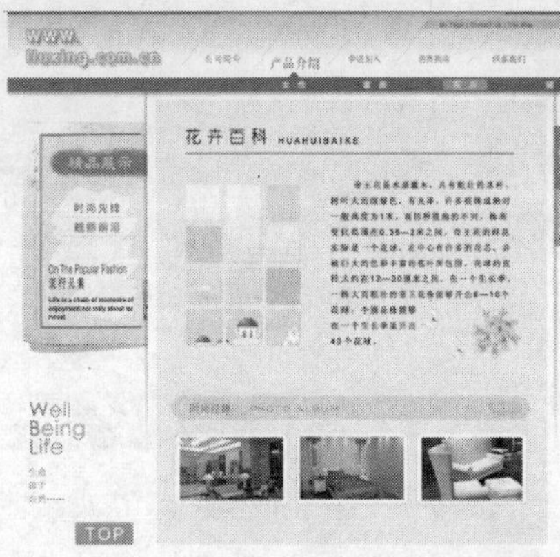

图 4-31

效果所在位置：光盘/Ch04/效果/花卉百科网/index.html。

1．制作从文档底部移动到顶部的锚记链接

（1）选择“文件 > 打开”命令，在弹出的对话框中选择光盘“Ch04 > 素材 > 花卉百科网 > index.html”文件，单击“打开”按钮，如图 4-32 所示。

（2）将光标置入到文档底部的空白单元格中，如图 4-33 所示。在“插入”面板“常用”选项卡中单击“图像”按钮，在弹出的“选择图像源文件”对话框中选择光盘目录下“Ch04 > 素材 > 花卉百科网 > images”文件夹中的“a_23.jpg”，单击“确定”按钮完成图片的插入，效果如图 4-34 所示。

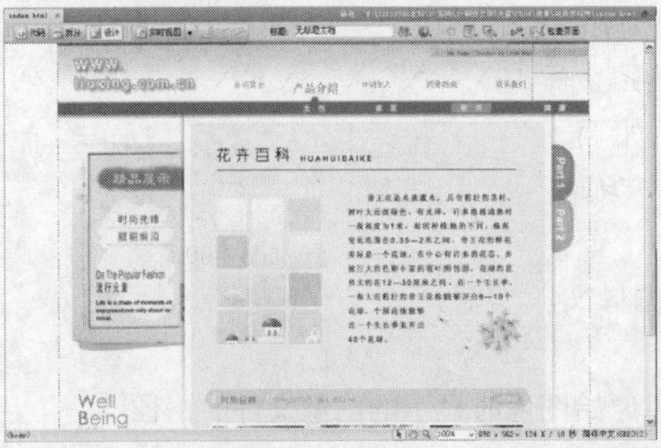

图 4-32

图 4-33

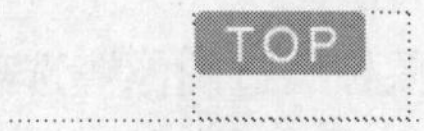

图 4-34

（3）在要插入锚记链接的部分置入光标，如图 4-35 所示，在“插入”面板“常用”选项卡中单击“命名锚记”按钮，弹出“命名锚记”对话框，在对话框中进行设置，如图 4-36 所示，单击“确定”按钮，在光标所在的位置上插入了一个锚记，如图 4-37 所示。

图 4-35

图 4-36

图 4-37

（4）选中文档窗口底部的图片，如图 4-38 所示。在“属性”面板“链接”选项的对话框中输入“#top”，将“边框”选项设为 0，如图 4-39 所示。

图 4-38

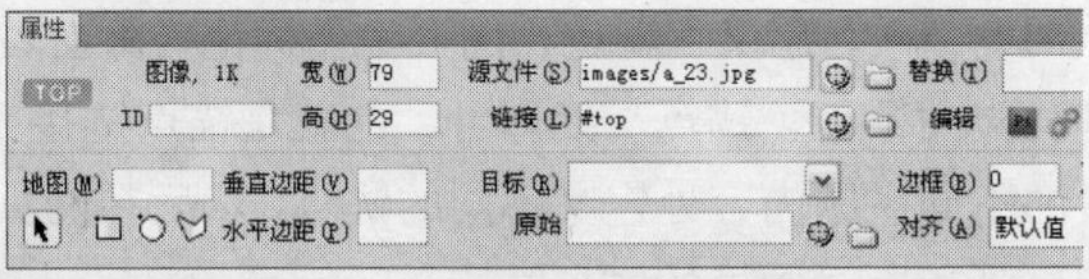

图 4-39

（5）保存文档，按<F12>键，预览效果，单击底部图像，如图 4-40 所示，网页文档的底部瞬间移动到插入锚记的顶部，如图 4-41 所示。

图 4-40

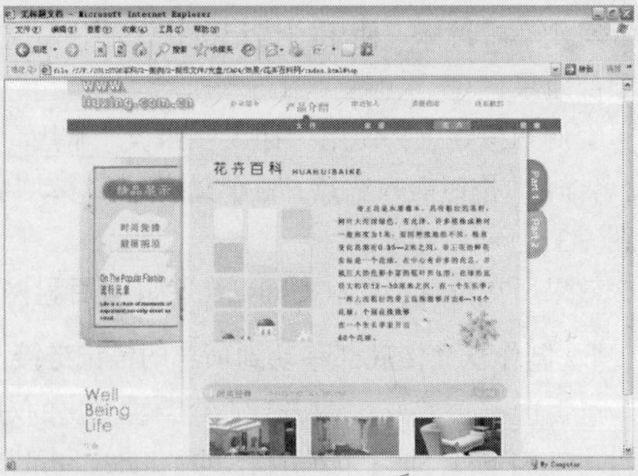

图 4-41

2．使用锚记移至其他网页的指定位置

（1）选择“文件 > 打开”命令，在弹出的对话框中选择光盘“Ch04 > 素材 > 花卉百科网 > jiaju.html”文件，单击“打开”按钮，如图 4-42 所示。

图 442

（2）在要插入锚记的部分置入光标，如图 4-43 所示，在“插入”面板“常用”选项卡中单击“命名锚记”按钮，弹出“命名锚记”对话框，在对话框中进行设置，如图 4-44 所示，单击“确定”按钮，在光标所在的位置上插入了一个锚记，如图 4-45 所示。

图 4-43

图 4-44

图 4-45

（3）选择“文件 > 保存”命令，将文档保存。选择“文件 > 打开”命令，在弹出的对话框中选择光盘“Ch04 > 素材 > 花卉百科网 > index.html”文件，单击“打开”按钮，如图 4-46 所示。

（4）选中文档底部的图片，如图 4-47 所示。在“属性”面板“链接”选项的对话框中输入“jiaju.html#top2”，如图 4-48 所示。

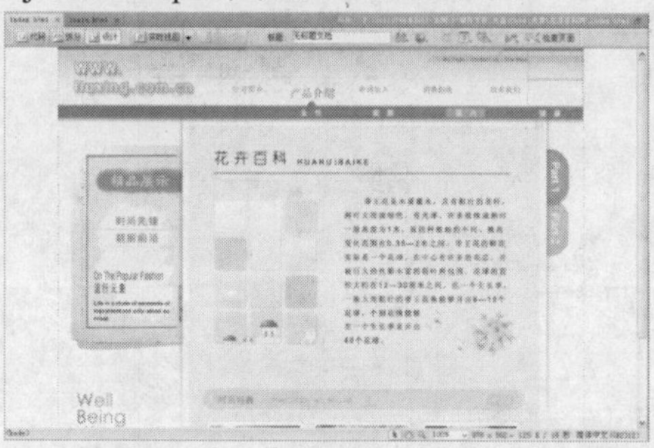
图 4-46

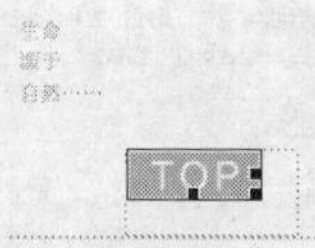
图 4-47

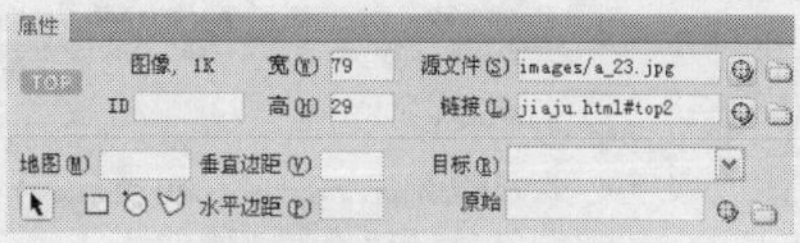

图 4-48

（5）保存文档，按<F12>键预览效果，单击网页底部的图像，如图 4-49 所示，显示网页文档 jiaju.html 并移动到插入锚记的部分，如图 4-50 所示。

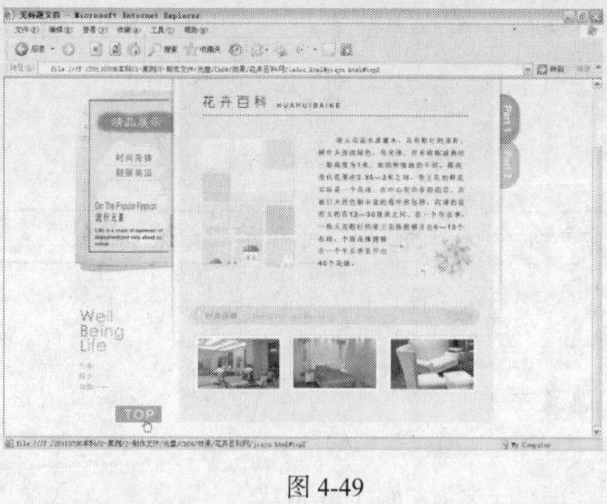
图 4-49

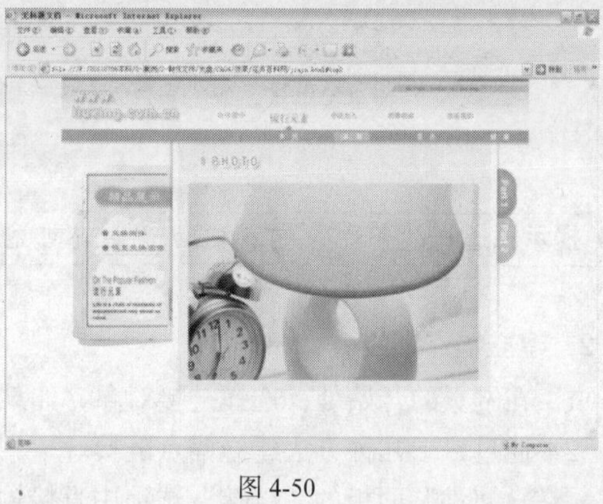
图 4-50

4.4.2 命名锚记链接

若网页的内容很长，为了寻找一个主题，浏览者往往需要拖曳滚动条进行查看，非常不方便。Dreamweaver CS4 提供了锚点链接功能可快速定位到网页的不同位置。

1．创建锚点

（1）打开要加入锚点的网页。

（2）将光标移到某一个主题内容处。

（3）通过以下几种方法打开“命名锚记”对话框，如图 4-51 所示。

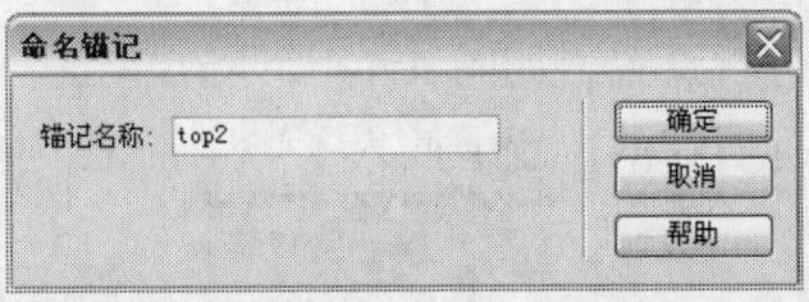

图 4-51

- 按<Ctrl + Alt + A>快捷键。
- 选择“插入 > 命名锚记”命令。
- 单击“插入”面板“常用”选项卡中的“命名锚记”按钮。

（4）在“锚记名称”选项中输入锚记名称，如“top2”，然后单击“确定”按钮建立锚点标记。

（5）根据需要重复步骤（1）~（3），在不同的主题内容处建立不同的锚点标记，如图 4-52 所示。

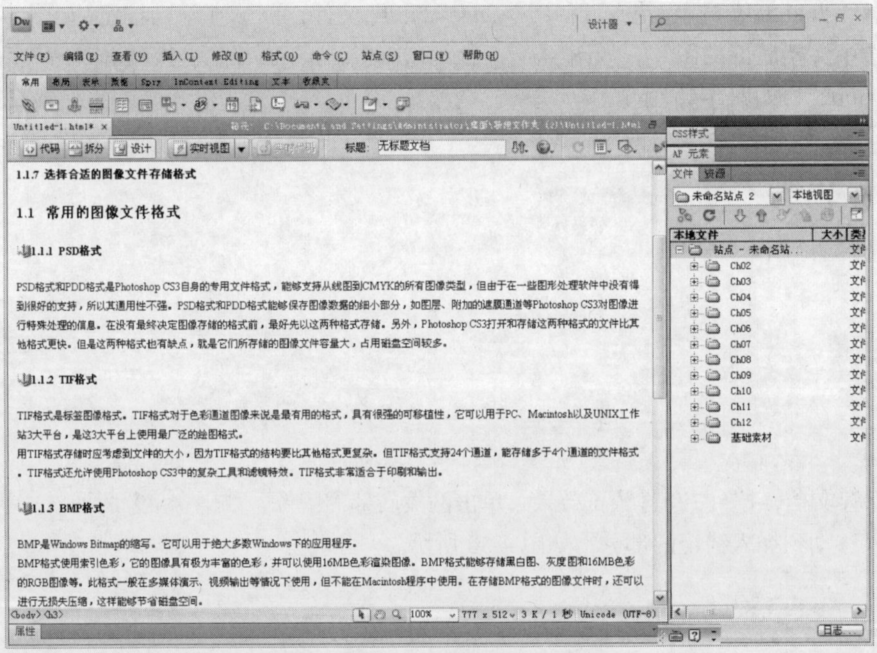

图 4-52

提示：选择“查看 > 可视化助理 > 不可见元素”命令,在文档窗口可显示出锚点标记。

2．建立锚点链接

（1）在网页的开始处，选择链接对象，如某主题文字。

（2）通过以下几种方法建立锚点链接。

- 在“属性”面板的“链接”选项中直接输入“#锚点名”，如“#top2”。

• 在“属性”面板中，用鼠标拖曳“链接”选项右侧的“指向文件”图标，指向需要链接的锚点，如“top2”锚点，如图 4-53 所示。

• 在“文档”窗口中，选中链接对象，按住<Shift>快捷键的同时将鼠标从链接对象拖向锚记。

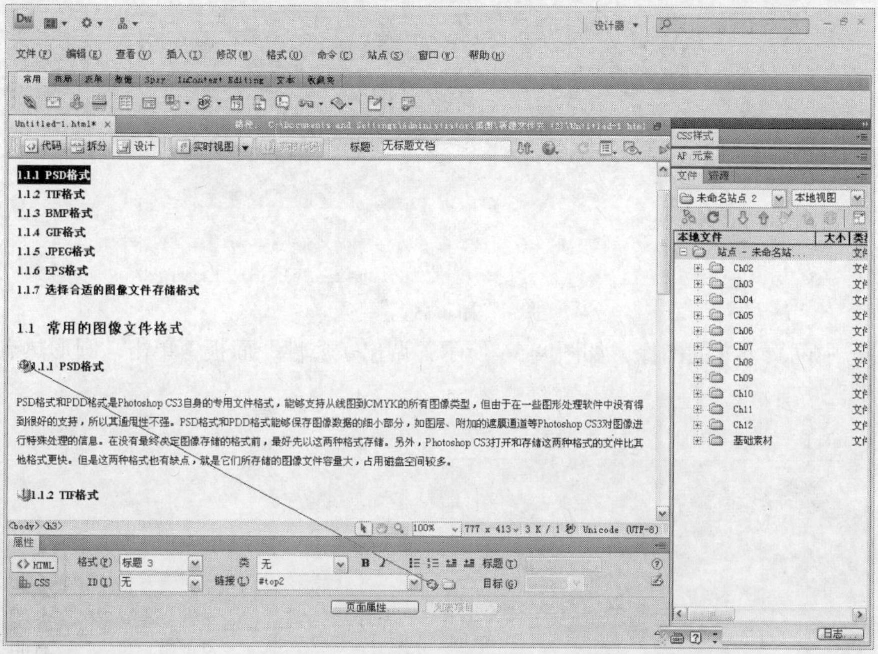

图 4-53

（3）根据需要重复步骤（1）~（2），在网页开始处为不同的主题建立相应的锚点链接。

4.5 热点链接

前面介绍的图片链接是指一张图只能对应一个链接，但有时需要在图上创建多个链接去打开不同的网页，Dreamweaver CS4 为网站设计者提供的热区链接功能，就能解决这个问题。

4.5.1 课堂案例——恋之语素材模板网

案例学习目标：使用热点制作图像链接效果。

案例知识要点：使用“热点”按钮为图像制作链接效果，如图 4-54 所示。

效果所在位置：光盘/Ch04/效果/恋之语素材模板网/index.html。

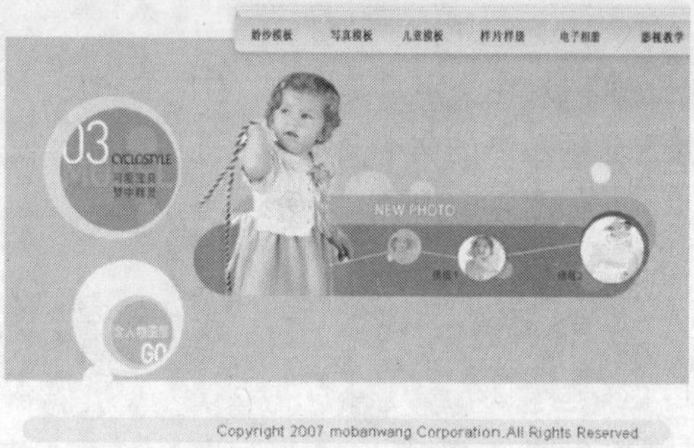

图 4-54

Step 01 选择“文件 > 打开”命令，在弹出的对话框中选择光盘中的“Ch04 > 素材 > 恋之语素材模板网页 > index.html”文件，单击“打开”按钮打开文件，如图 4-55 所示。

图 4-55

Step 02 选中网页下方的图像，如图 4-56 所示，调出“属性”面板，单击“圆形热点工具”按钮，如图 4-57 所示。

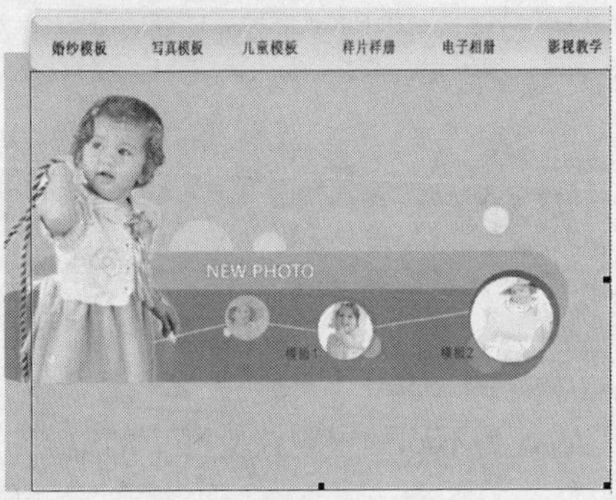

图 4-56

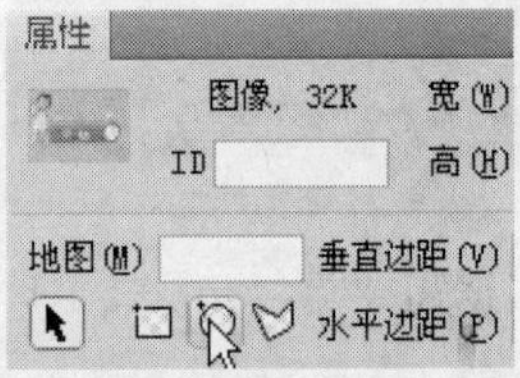

图 4-57

Step 03 将光标放置在文字“模板 1”右侧的图像上绘制圆形热点，如图 4-58 所示。在“属性”面板“链接”选项右侧的文本框中输入链接地址，在“替换”选项右侧的文本框中输入“儿童模板（2～4 岁）”，如图 4-59 所示。

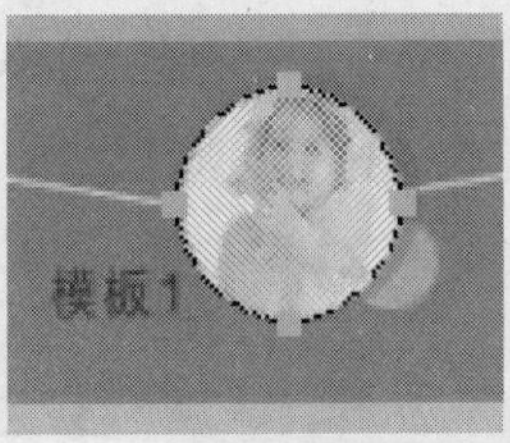

图 4-58

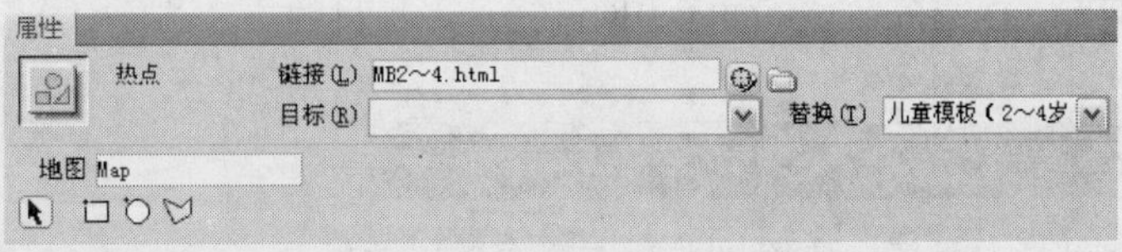

图 4-59

Step 04 在文字“模板 2”右侧的图片上绘制圆形热点，如图 4-60 所示。在“属性”面板“链接”选项右侧的文本框中输入链接地址，在“替换”选项右侧的文本框中输入“儿童模板（5～7 岁）”，如图 4-61 所示。

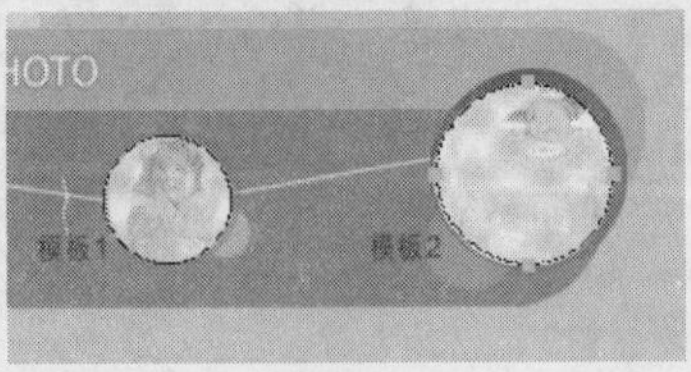

图 4-60

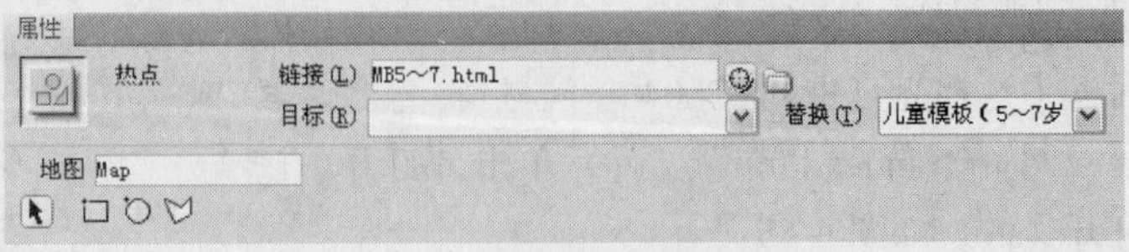

图 4-61

Step 05 保存文档，按<F12>键预览效果，将光标放置在热点链接上，会提示说明文字，效果如图 4-62 所示。

图 4-62

4.5.2 创建热点链接

创建热区链接的具体操作步骤如下。

（1）选取一张图片，在“属性”面板的“地图”选项下方选择热区创建工具，如图 4-63 所示。

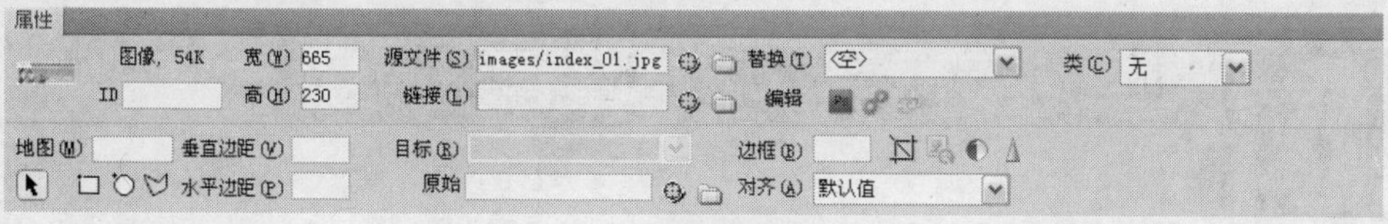

图 4-63

各工具的作用如下。

“指针热点工具”：用于选择不同的热区。

“矩形热点工具”：用于创建矩形热区。

“圆形热点工具”：用于创建圆形热区。

“多边形热点工具”：用于创建多边形热区。

（2）利用“矩形热点工具”、“圆形热点工具”、“多边形热点工具”、“指针热点工具”在图片上建立或选择相应形状的热区。

将鼠标指针放在图片上，当鼠标指针变为“+”时，在图片上拖曳出相应形状的蓝色热区。如果图片上有多个热区，可通过“指针热点工具”，选择不同的热区，并通过热区的控制点调整热区的大小。例如，利用“矩形热点工具”，在图 4-64 上建立多个矩形链接热区。

图 4-64

（3）此时，对应的“属性”面板如图 4-65 所示。在“链接”选项的文本框中输入要链接的网页地址，在“替换”选项的文本框中输入当鼠标指针指向热区时所显示的替换文字，详细内容参见 4.2.2 节。通过热区，用户可以在图片的任何地方做一个链接。反复操作，就可以在一张图片上划分很多热区，并为每一个热区设置一个链接，从而实现在一张图片上单击鼠标链接到不同页面的效果。

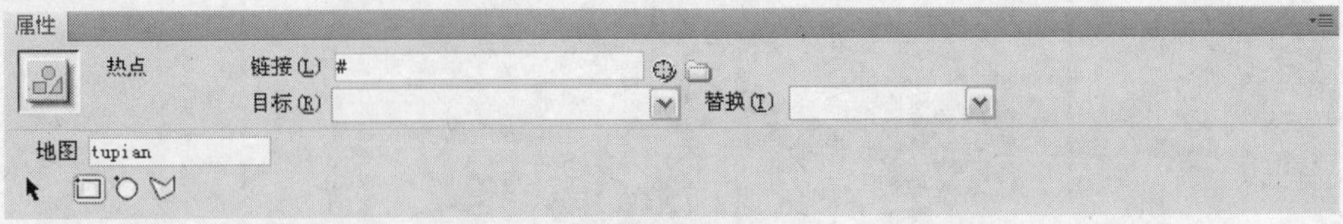

图 4-65

（4）按<F12>键预览网页的效果，如图 4-66 所示。

图 4-66

4.6 课堂练习——绿色食品网页

练习知识要点：使用矩形热点工具和多边形热点工具制作指定的链接网页文档，如图 4-67 所示。

效果所在位置：光盘/Ch04/效果/绿色食品网页/index.html。

图 4-67

4.7 课后习题——时尚精品素材

习题知识要点：使用“属性”面板中的“链接”选项制作文字链接效果。使用“插入”面板“常用”选项卡中的“鼠标经过图像”按钮为网页添加导航效果，如图 4-68 所示。

效果所在位置：光盘/Ch04/效果/时尚精品素材/index.html。

图 4-68

第5章 使用表格

表格是网页设计中一个非常有用的工具，它不仅可以将相关数据有序地排列在一起，还可以精确地定位文字、图像等网页元素在页面中的位置，使得页面在形式上丰富多彩又条理清楚，在组织上井然有序而不显单调。使用表格进行页面布局的最大好处是，即使浏览者改变计算机的分辨率也不会影响网页的浏览效果。因此，表格是网站设计人员必须掌握的工具。表格运用得是否熟练，是划分专业制作人士和业余爱好者的一个重要标准。

【教学目标】

- 表格的简单操作。
- 网页中的数据表格。
- 复杂表格的排版。

5.1 表格的简单操作

表格是由若干的行和列组成的，行列交叉的区域为单元格。一般以单元格为单位来插入网页元素，也可以行和列为单位来修改性质相同的单元格。此处表格的功能和使用方法与文字处理软件的表格不太一样。

5.1.1　课堂案例——建筑资讯网页

案例学习目标：使用表格布局网页。

案例知识要点：使用表格按钮插入表格效果，使用图像按钮插入图像，使用属性面板设置网页的页边距，如图 5-1 所示。

效果所在位置：光盘/Ch05/效果/建筑资讯网页/index.html。

图 5-1

Step 01 启动 Dreamweaver，新建一个空白文档。新建页面的初始名称是“Untitled-1.html”。选择“文件 > 保存”命令，弹出“另存为”对话框，在“保存在”选项的下拉列表中选择站点目录保存路径，在“文件名”选项的文本框中输入“index”，单击“保存”按钮，返回到编辑窗口。选择“修改 > 页面属性”命令，在弹出的“页面属性”对话框中进行设置，如图 5-2 所示，单击“确定”按钮。

Step 02 在“插入”面板中单击“常用”选项卡中的“表格”按钮，在弹出的“表格”对话框中进行设置，如图 5-3 所示，单击“确定”按钮。保持表格的选取状态，在“属性”面板“对齐”选项的下拉列表中选择“居中对齐”选项。

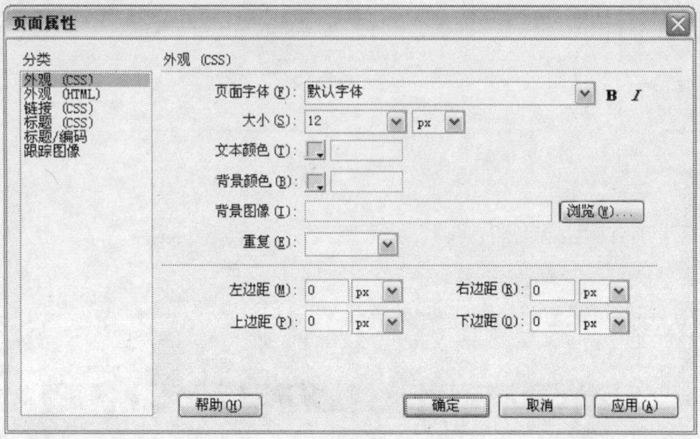

图 5-2

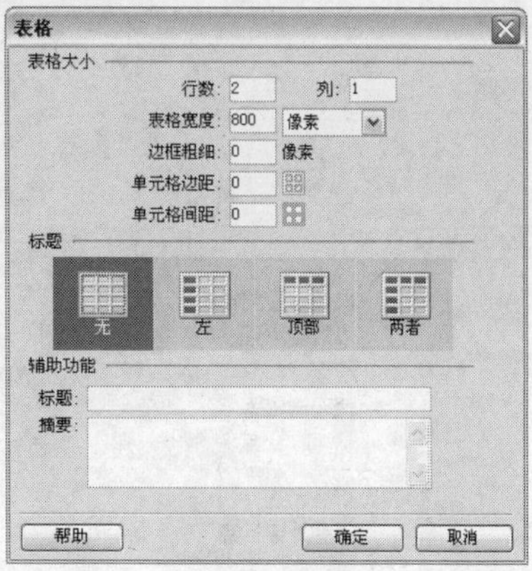

图 5-3

Step 03 将光标置入到第 1 行单元格中，在“属性”面板“水平”选项下拉列表中选择“右对齐”，“垂直”选项下拉列表中选择“底部”，将“高”选项设为 130，如图 5-4 所示。

Step 04 选择“窗口 > CSS 样式”命令，弹出“CSS 样式”面板，单击面板下方的“新建 CSS 规则”按钮，在弹出的对话框中进行设置，如图 5-5 所示。

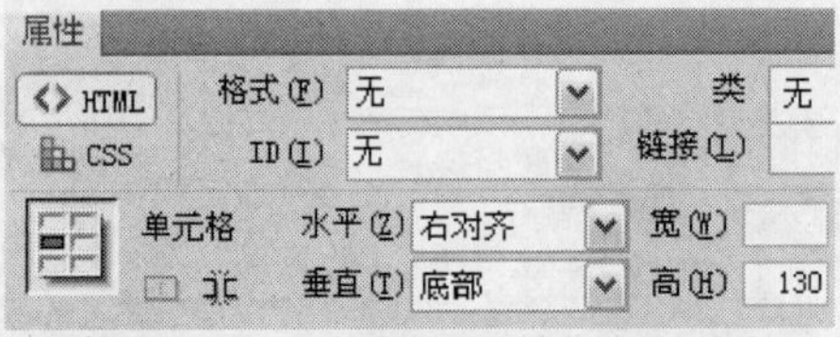

图 5-4

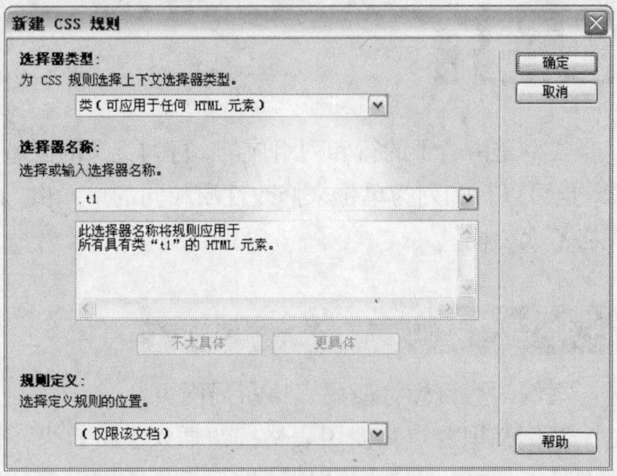

图 5-5

Step 05 单击“确定”按钮，弹出“.t1 的 CSS 规则定义”对话框，在“分类”列表中选择“背景”选项，切换到对应的对话框中，单击“Background-image”选项右侧的“浏览”按钮，在弹出的对话框中选择光盘目录下“Ch05 > 素材 > 建筑资讯网页 > images”文件夹中的“img_01.jpg”文件，如图 5-6 所示。

Step 06 单击“确定”按钮，返回到对话框中，如图 5-7 所示，单击“确定”按钮，返回到文档编辑窗口。用鼠标右键单击文件窗口左下方的<td>标签<td>，在弹出的菜单中选择“设置类 > t1”命令，如图 5-8 所示，单元格效果如图 5-9 所示。

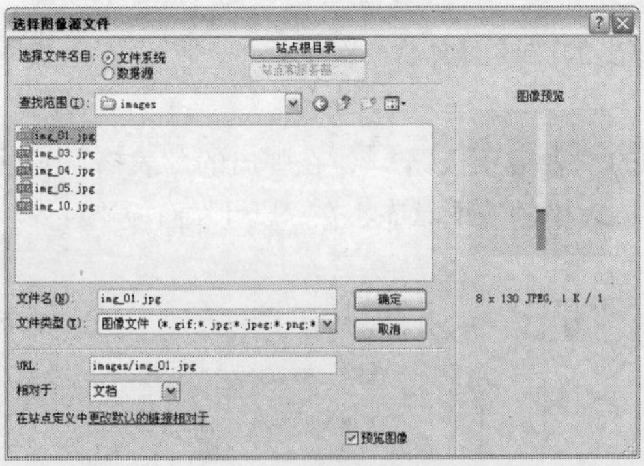

图 5-6

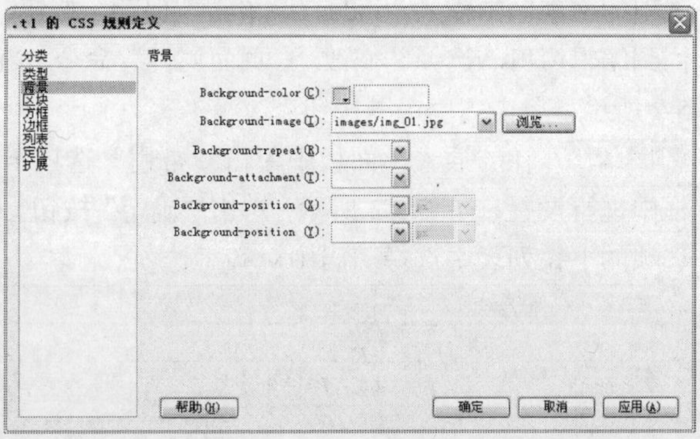

图 5-7

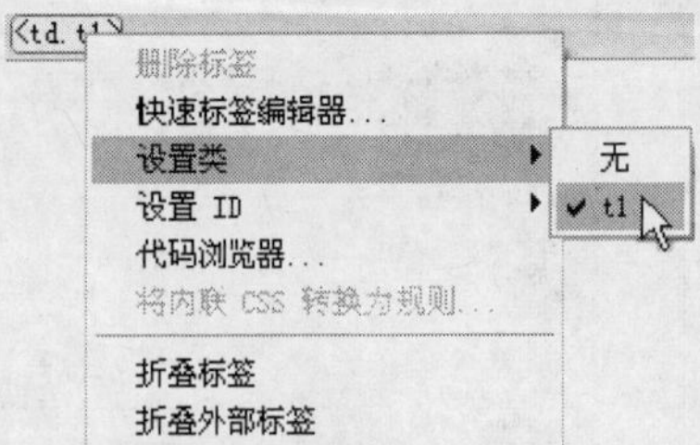

图 5-8

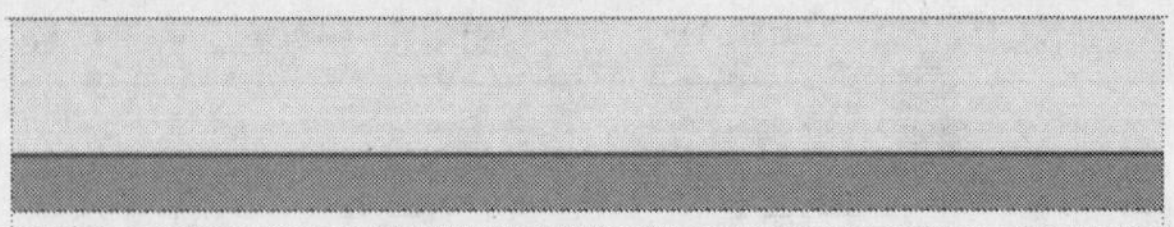

图 5-9

Step 07 单击“插入”面板中“常用”选项卡的“表格”按钮，在弹出的“表格”对话框中进行设置，如图 5-10 所示，单击“确定”按钮，表格效果如图 5-11 所示。

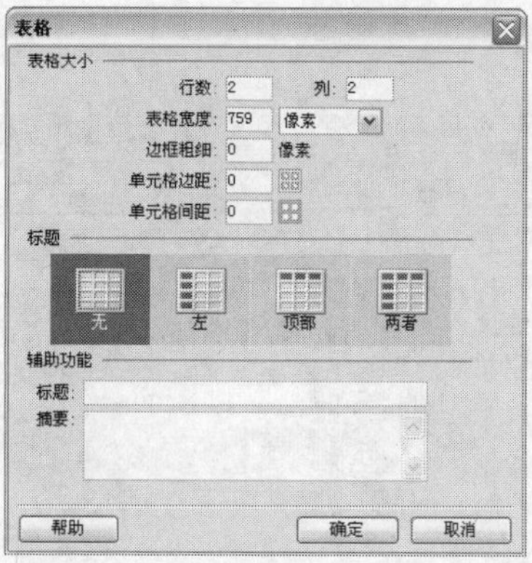

图 5-10

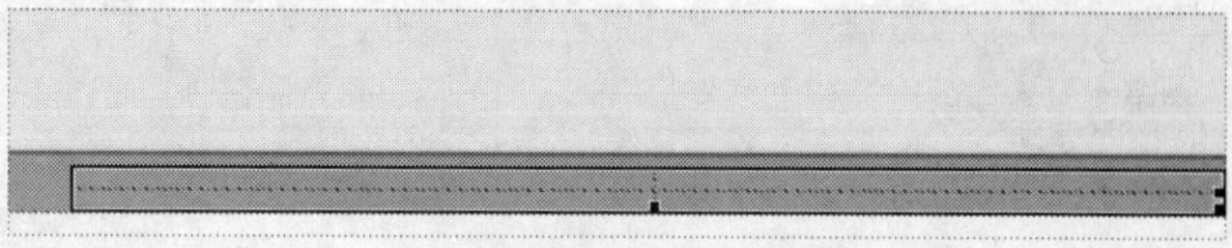

图 5-11

Step 08 选中第一列单元格，如图 5-12 所示。单击“属性”面板中的“合并所选单元格，使用跨度”按钮，将选中的单元格合并，并在“属性”面板中进行设置，如图 5-13 所示。

Step 09 将光标置入到合并的单元格中，在“插入”面板中单击“常用”选项卡中“图像”按钮，在弹出的“选择图像源文件”对话框中选择光盘目录下的“Ch05 > 素材 > 建筑资讯网页 > images”文件夹中的“img_04.jpg”文件，单击“确定”按钮完成图片的插入，效果如图 5-14 所示。

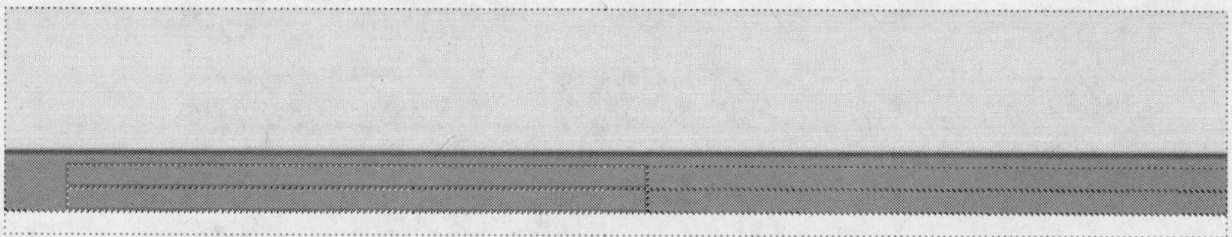

图 5-12

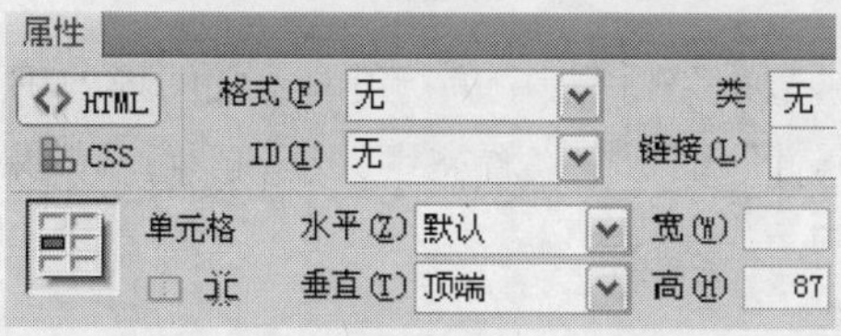

图 5-13

图 5-14

Step 10 将光标置入到第 1 行第 2 列单元格中，在“属性”面板中进行设置，如图 5-15 所示。在该单元格中输入文字，效果如图 5-16 所示。

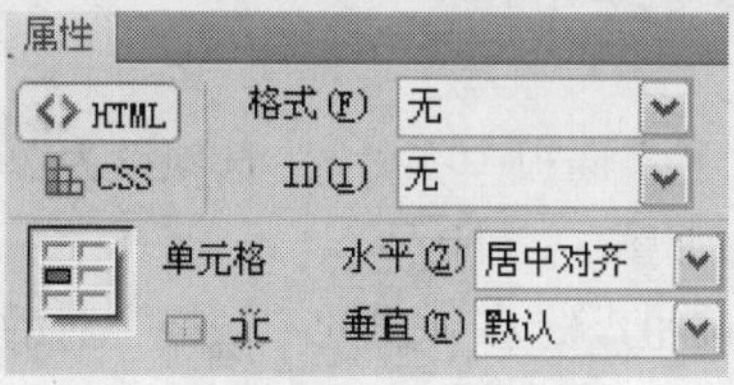

图 5-15

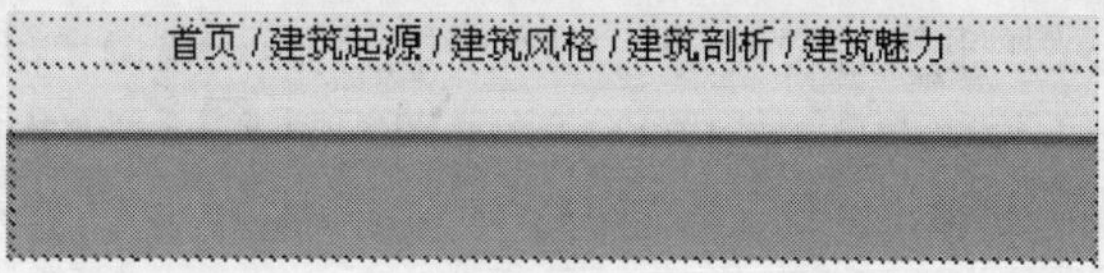

图 5-16

Step 11 单击“CSS 样式”面板下方的“新建 CSS 规则”按钮，弹出“新建 CSS 规则”对话框，在对话框中进行设置，如图 5-17 所示，单击两次“确定”按钮，完成新建样式。

Step 12 选择输入的文字，在“属性”面板中单击“CSS”按钮，在“目标规则”下拉列表中选择“.text”，应用样式。单击“字体”右侧的下拉按钮，在弹出的字体列表中选择“编辑字体列表”选项，弹出对话框，在“可用字体”列表中选择需要的字体，再次单击“注册”按钮和“添加”按钮，在“字体列表”中添加新的字体，如图 5-18 所示。

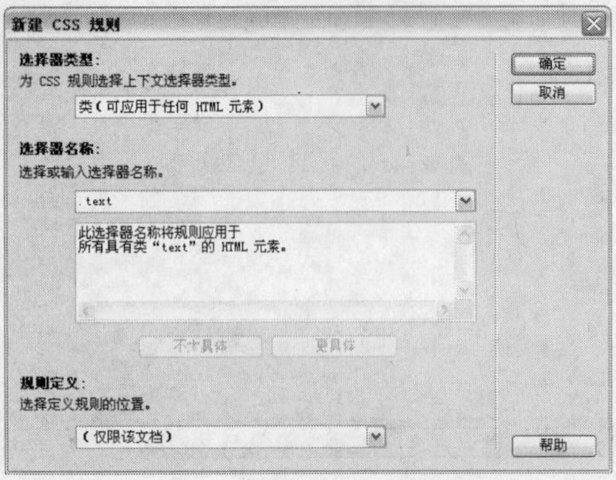

图 5-17

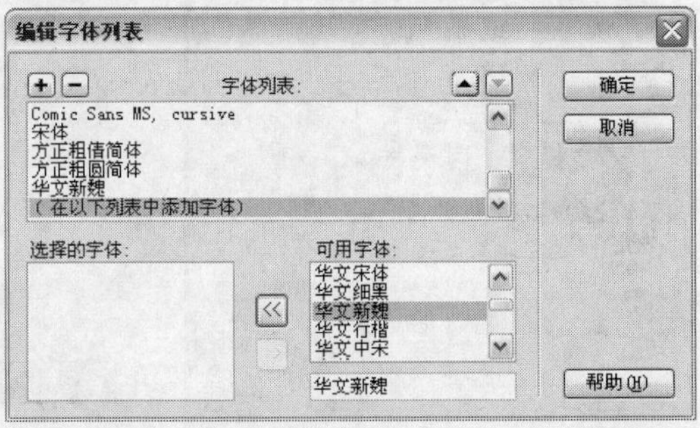

图 5-18

Step 13 单击“确定”按钮，在“属性”面板“字体”选项列表中选择新添加的字体，其他选项的设置如图 5-19 所示。文字效果如图 5-20 所示。

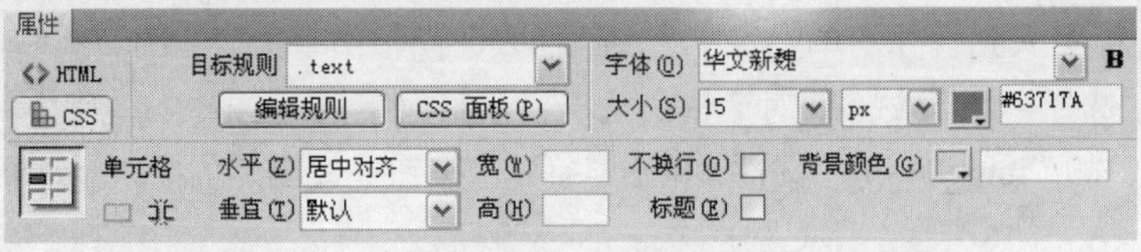

图 5-19

图 5-20

Step 14 将光标置入到第 2 行第 2 列单元格中，在“属性”面板中进行设置，如图 5-21 所示。在该单元格中输入文字，新建“.text2”样式，在“属性”面板中设置文字大小和颜色，效果如图 5-22 所示。

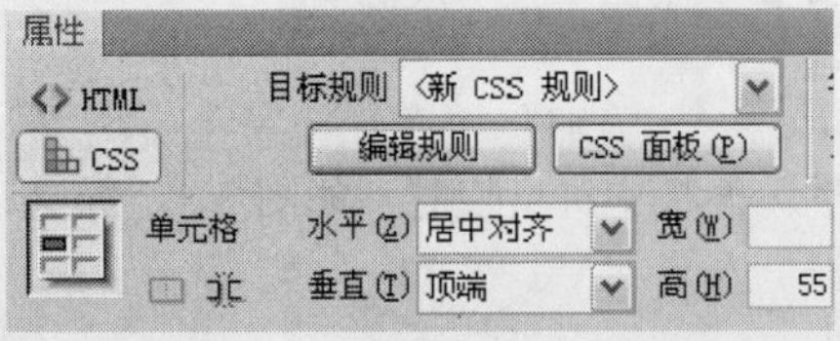

图 5-21

图 5-22

Step 15 将光标置入到主表格的第 2 行单元格中，在“属性”面板中将“高”选项设为 396，“背景颜色”设为灰色（#8B98A1），如图 5-23 所示。表格效果如图 5-24 所示。

Step 16 单击“插入”面板中“常用”选项卡“表格”按钮，在弹出的“表格”对话框中进行设置，如图 5-25 所示，单击“确定”按钮。保持表格的选取状态，在“属性”面板“对齐”选项的下拉列表中选择“居中对齐”选项，如图 5-26 所示。

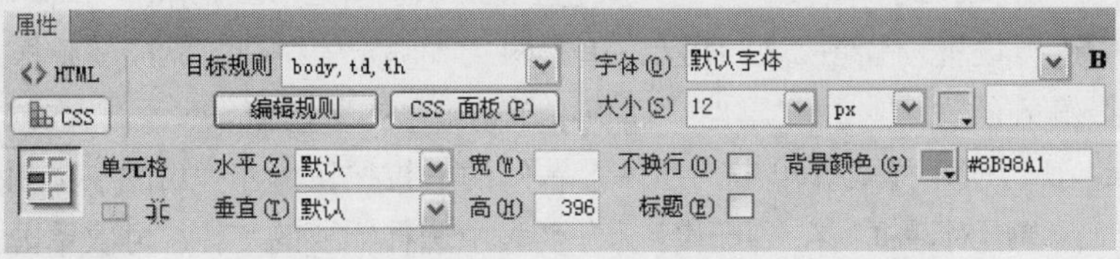

图 5-23

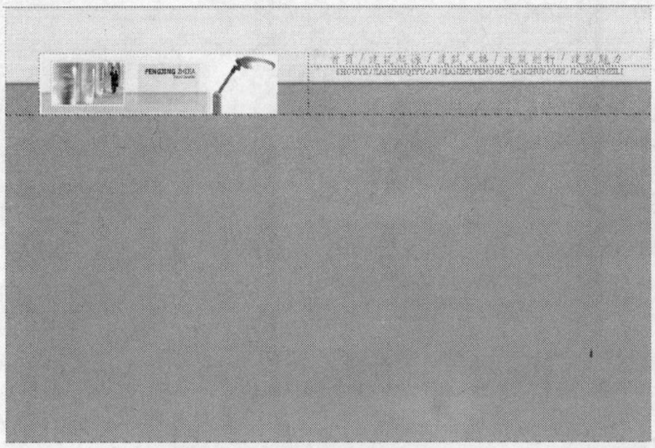

图 5-24

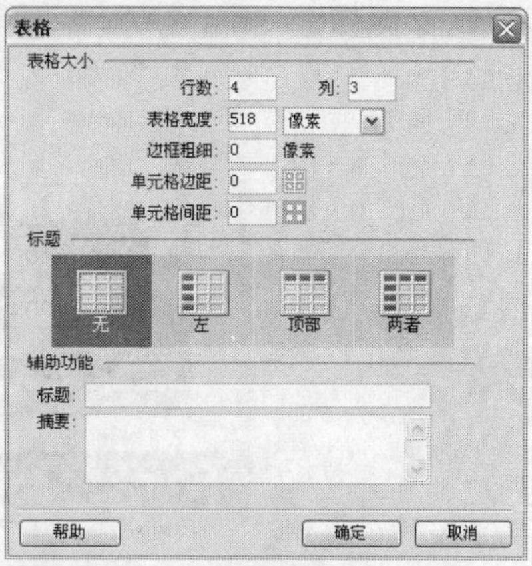

图 5-25

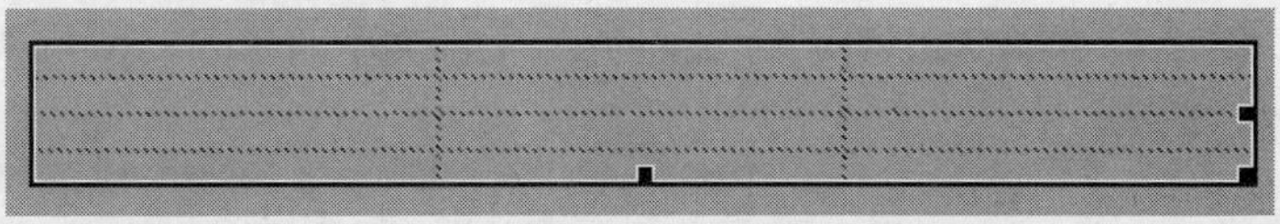

图 5-26

Step 17 使用步骤 8 的操作方法，将单元格合并，如图 5-27 所示。将光标置入到第 1 行单元格中，在“属性”面板中将“背景颜色”设为白色，“高”选项设为 1，如图 5-28 所示。

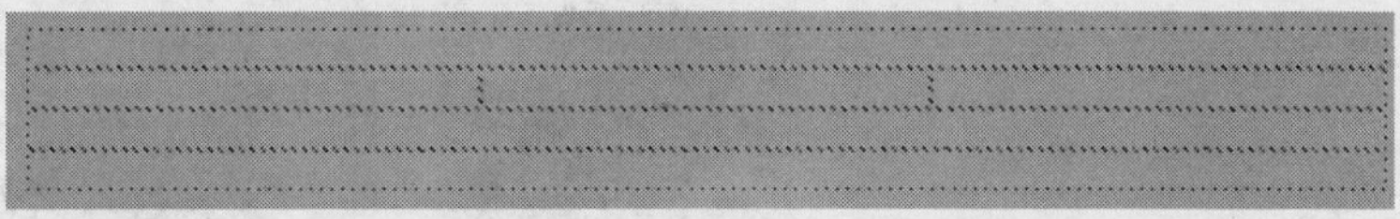

图 5-27

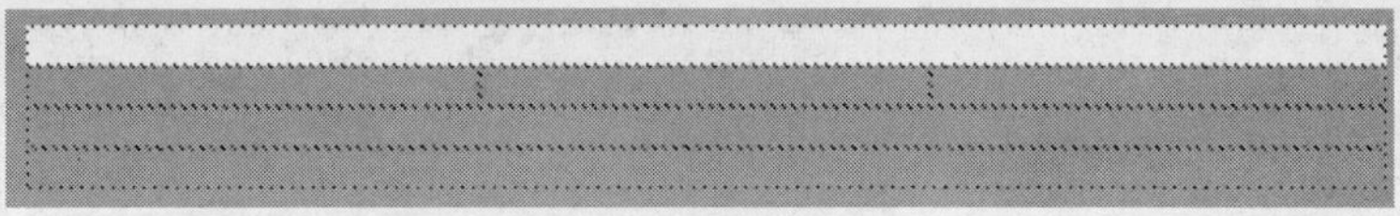

图 5-28

Step 18 单击“拆分视图”按钮 拆分，切换到拆分视图窗口，选中该单元格的“ ”标签，如图 5-29 所示，按<Delete>键，删除该标签，返回到“设计视图”窗口中，单元格效果如图 5-30 所示。使用相同的方法，设置其他单元格，如图 5-31 所示。

```
<tr>
  <td height="1" colspan="3" bgcolor="#FFFFFF"> </td>
  </tr>
<tr>
```

图 5-29

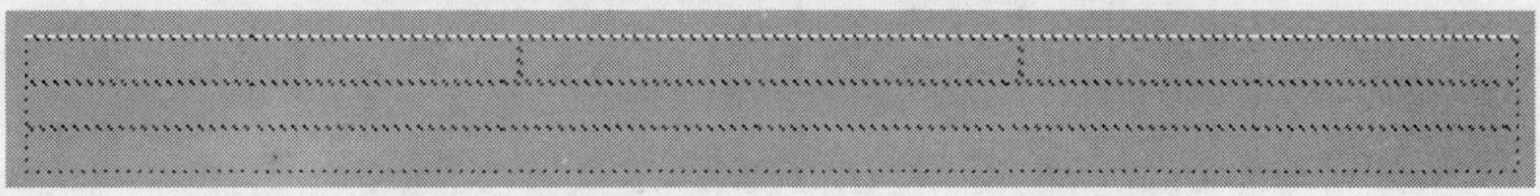

图 5-30

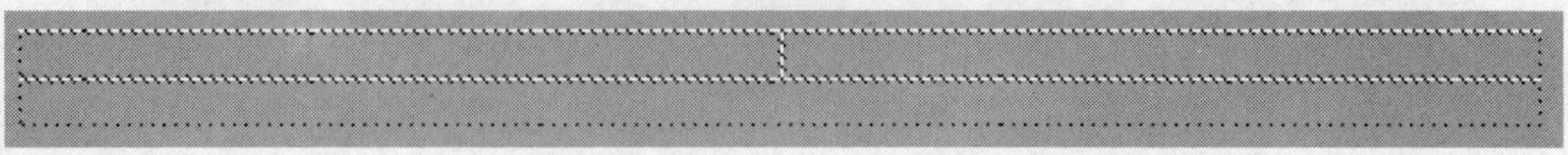

图 5-31

Step 19 在第 2 行空白单元格中插入图像“img_03.jpg”、“img_05.jpg”，在“属性”面板中将“垂直边距”和“水平边距”选项设为 10、6，图像效果如图 5-32 所示。

图 5-32

Step 20 将光标置入到最后一行单元格中，在“属性”面板中进行设置，如图 5-33 所示。将光盘目录下“Ch05 > 素材 > 建筑资讯网页 > images”文件夹中的“img_10.jpg”文件插入到单元格中，效果如图 5-34 所示。

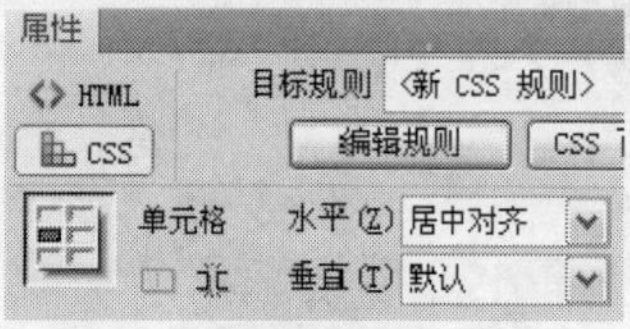

图 5-33

图 5-34

Step 21 保存文档，按<F12>键，预览效果，如图 5-35 所示。

图 5-35

5.1.2 表格的组成

表格中包含行、列、单元格、表格标题等元素，如图 5-36 所示。

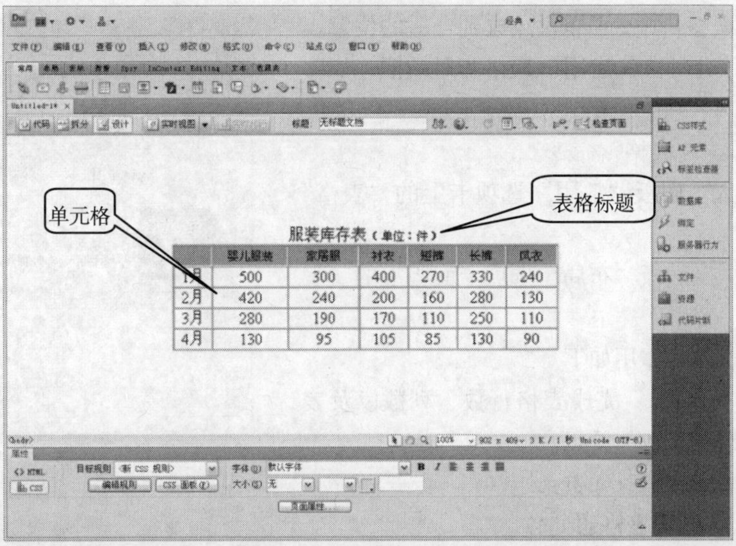

图 5-36

表格元素所对应的 HTML 标签如下。

<table> </table>：标志表格的开始和结束。通过设置它的常用参数，可以指定表格的高度、宽度、框线的宽度、背景图像、背景颜色、单元格间距、单元格边界和内容的距离，以及表格相对页面的对齐方式。

<tr> </tr>：标志表格的行。通过设置它的常用参数，可以指定行的背景图像、行的背景颜色、行的对齐方式。

<td> </td>：标志单元格内的数据。通过设置它的常用参数，可以指定列的对齐方式、列的背景图像、列的背景颜色、列的宽度、单元格垂直对齐方式等。

<caption> </caption>：标志表格的标题。

<th> </th>：标志表格的列名。

虽然 Dreamweaver CS4 允许用户在“设计”视图中直接操作行、列和单元格，但对于复杂的表格，就无法通过鼠标选择用户所需要的对象，所以对于网站设计者来说，必须了解表格元素的 HTML 标签的基本内容。

当选定了表格或表格中有插入点时，Dreamweaver CS4 会显示表格的宽度和每列的列宽。宽度旁边是表格标题菜单与列标题菜单的箭头，如图 5-37 所示。

服装库存表（单位：件）

	婴儿服装	家居服	衬衣	短裤	长裤	风衣
1月	500	300	400	270	330	240
2月	420	240	200	160	280	130
3月	280	190	170	110	250	110
4月	130	95	105	85	130	90
40 ▾	80 ▾	75 ▾	50 ▾	50 ▾	50 ▾	50 ▾

411 ▾

图 5-37

用户可以根据需要打开或关闭表格和列的宽度显示，打开或关闭表格和列的宽度显示有以下几种方法。

选定表格或在表格中设置插入点，然后选择“查看 > 可视化助理 > 表格宽度”命令。

用鼠标右键单击表格，在弹出的菜单中选择“表格 > 表格宽度”命令。

5.1.3　插入表格

要将相关数据有序地组织在一起，必须先插入表格，然后才能有效组织数据。

插入表格的具体操作步骤如下。

（1）在“文档”窗口中，将插入点放到合适的位置。

（2）通过以下几种方法启用“表格”对话框，如图 5-38 所示。

- 选择“插入 > 表格”命令。
- 单击“插入”面板“常用”选项卡上的“表格”按钮。
- 单击“插入”面板“布局”选项卡面板上的“表格”按钮。

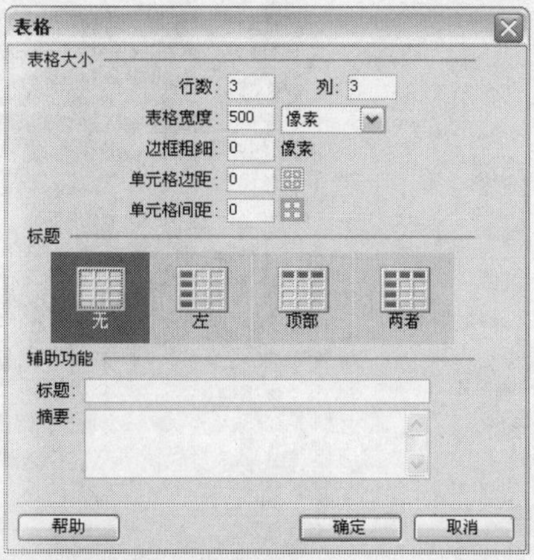

图 5-38

对话框中各选项的作用如下。

“表格大小”选项组：完成表格行数、列数以及表格宽度、边框粗细等参数的设置。

“行数”选项：设置表格的行数。

“列数”选项：设置表格的列数。

“表格宽度”选项：以像素为单位或以浏览器窗口宽度的百分比设置表格的宽度。

“边框粗细”选项：以像素为单位设置表格边框的宽度。对于大多数浏览器来说，此选项值设置为 1。如果用表格进行页面布局时将此选项值设置为 0，浏览网页时就不显示表格的边框。

“单元格边距”选项：设置单元格边框与单元格内容之间的像素数。对于大多数浏览器来说，此选项的值设置为 1。如果用表格进行页面布局时将此选项值设置为 0，浏览网页时单元格边框与内容之间没有间距。

“单元格间距”选项：设置相邻的单元格之间的像素数。对于大多数浏览器来说，此选项的值设置为 2。如果用表格进行页面布局时将此选项值设置为 0，浏览网页时单元格之间没有间距。

“标题”选项：设置表格标题，它显示在表格的外面。

“摘要”选项：对表格的说明，但是该文本不会显示在用户的浏览器中，仅在源代码中显示，可提高源代码的可读性。

可以通过如图 5-39 所示的表来了解上述对话框选项的具体内容。

服装库存表（单位：件）

	婴儿服装	家居服	衬衣	短裤	长裤	风衣
1月	500	300	400	270	330	240
2月	420	240	200	160	280	130
3月	280	190	170	110	250	110
4月	130	95	105	85	130	90

图 5-39

提示：在“表格”对话框中，当“边框粗细”选项设置为 0 时，在窗口中不显示表格的边框，若要查看单元格和表格边框，选择“查看 > 可视化助理 > 表格边框”命令。

（3）根据需要选择新建表格的大小、行列数值等，单击“确定”按钮完成新建表格的设置。

5.1.4 表格各元素的属性

插入表格后，通过选择不同的表格对象，可以在“属性”面板中看到它们的各项参数，修改这些参数可以得到不同风格的表格。

1. 表格的属性

表格的“属性”面板如图 5-40 所示，其各选项的作用如下。

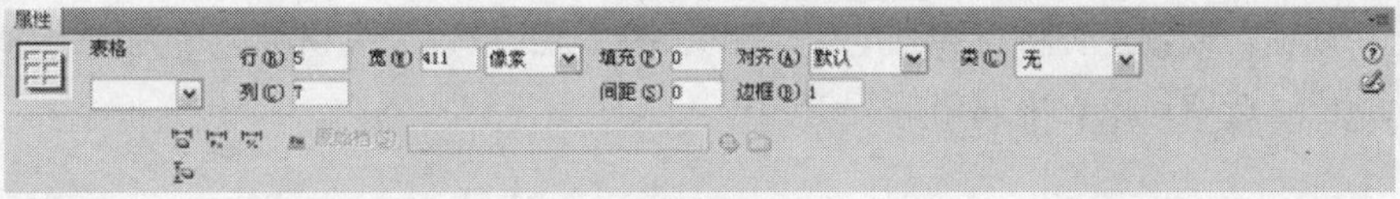

图 5-40

“表格”选项：用于标志表格。

“行”和“列”选项：用于设置表格中行和列的数目。

“宽”选项：以像素为单位或以浏览器窗口宽度的百分比来设置表格的宽度和高度。

“填充”选项：也称单元格边距，是单元格内容和单元格边框之间的像素数。对于大多数浏览器来说，此选项的值设为 1。如果用表格进行页面布局时将此参数设置为 0，浏览网页时单元格边框与内容之间没有间距。

“间距”选项：也称单元格间距，是相邻的单元格之间的像素数。对于大多数浏览器来说，此选项的值设为 2。如果用表格进行页面布局时将此参数设置为 0，浏览网页时单元格之间没有间距。

“对齐”选项：表格在页面中相对于同一段落其他元素的显示位置。

“边框”选项：以像素为单位设置表格边框的宽度。

“清除列宽”按钮和“清除行高”按钮：删除表格中所有明确指定的列宽或行高的数值。

“将表格宽度转换成像素”按钮：将表格每列宽度的单位转换成像素，还可将表格宽度的单位转换成像素。

“将表格宽度转换成百分比”按钮：将表格每列宽度的单位转换成百分比，还可将表格宽度的单位转换成百分比。

提示：如果没有明确指定单元格间距和单元格边距的值，则大多数浏览器按单元格边距设置为 1，单元格间距设置为 2 显示表格。

2．单元格和行或列的属性

单元格和行或列的“属性”面板如图 5-41 所示，其各选项的作用如下。

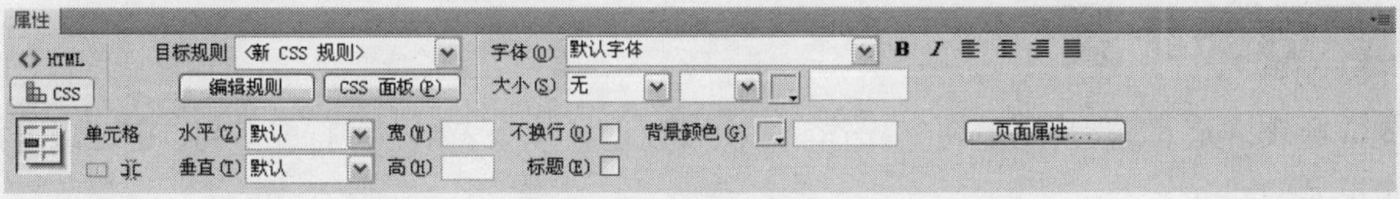

图 5-41

“合并所选单元格，使用跨度”按钮：将选定的多个单元格、选定的行或列的单元格合并成一个单元格。

“拆分单元格为行或列”按钮：将选定的一个单元格拆分成多个单元格。一次只能对一个单元格进行拆分，若选择多个单元格，此按钮禁用。

“水平”选项：设置行或列中内容的水平对齐方式，包括“默认”、“左对齐”、“居中对齐”、“右对齐”4 个选项值。一般标题行的所有单元格设置为居中对齐方式。

“垂直”选项：设置行或列中内容的垂直对齐方式，包括“默认”、“顶端”、“居中”、“底部”、“基线”5 个选项值，一般采用居中对齐方式。

“宽”和“高”选项：以像素为单位或以浏览器窗口宽度的百分比来设置表格的宽度和高度。

“不换行”选项：设置单元格文本是否换行。如果启用“不换行”选项，当输入的数据超出单元格的宽度时，会自动增加单元格的宽度来容纳数据。

“标题”选项：设置是否将行或列的每个单元格的格式设置为表格标题单元格的格式。

“背景颜色”选项：设置单元格的背景颜色。

5.1.5 在表格中插入内容

建立表格后，可以在表格中添加各种网页元素，如文本、图像、表格等。在表格中添加元素的操作非常简单，只需根据设计要求选定单元格，然后插入网页元素即可。一般当表格中插入内容后，表格的尺寸会随内容的尺寸自动调整。当然，还可以利用单元格的属性来调整其内部元素的对齐方式和单元格的大小等。

1．输入文字

在单元格中输入文字，有以下几种方法。

- 单击任意一个单元格并直接输入文本，此时单元格会随文本的输入自动扩展。
- 粘贴来自其他文字编辑软件中复制的带有格式的文本。

2．插入其他网页元素

（1）嵌套表格。

将插入点放到一个单元格内并插入表格，即可实现嵌套表格。

（2）插入图像。

在表格中插入图像有以下几种方法。

- 将插入点放到一个单元格中，单击“插入”面板“常用”选项卡中的“图像”按钮。
- 将插入点放到一个单元格中，选择“插入 > 图像”命令。
- 将插入点放到一个单元格中，将“插入”面板“常用”选项卡中的“图像”按钮拖曳到单元格内。

从资源管理器、站点资源管理器或桌面上直接将图像文件拖曳到一个需要插入图像的单元格内。

5.1.6 选择表格元素

先选择表格元素，然后对其进行操作。一次可以选择整个表格、多行或多列，也可以选择一个或多个单元格。

1．选择整个表格

选择整个表格有以下几种方法。

- 将鼠标指针放到表格的四周边缘，鼠标指针右下角出现图标田，如图 5-42 所示，单击鼠标左键即可选中整个表格，如图 5-43 所示。

服装库存表（单位：件）

	婴儿服装	家居服	衬衣	短裤	长裤	风衣
1月	500	300	400	270	330	240
2月	420	240	200	160	280	130
3月	280	190	170	110	250	110
4月	130	95	105	85	130	90

图 5-42

服装库存表（单位：件）

	婴儿服装	家居服	衬衣	短裤	长裤	风衣
1月	500	300	400	270	330	240
2月	420	240	200	160	280	130
3月	280	190	170	110	250	110
4月	130	95	105	85	130	90

图 5-43

- 将插入点放到表格中的任意单元格中，然后在文档窗口左下角的标签栏中选择<table>标签<table>，如图 5-44 所示。

- 将插入点放到表格中，然后选择“修改 > 表格 > 选择表格”命令。
- 在任意单元格中单击鼠标右键，在弹出的菜单中选择“表格 > 选择表格”命令，如图 5-45 所示。

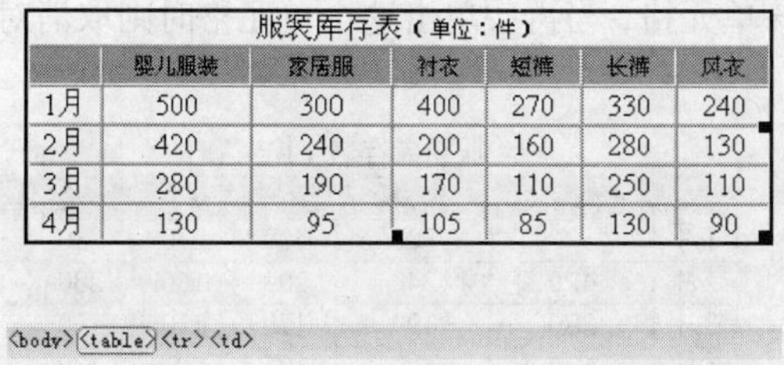

服装库存表（单位：件）

	婴儿服装	家居服	衬衣	短裤	长裤	风衣
1月	500	300	400	270	330	240
2月	420	240	200	160	280	130
3月	280	190	170	110	250	110
4月	130	95	105	85	130	90

图 5-44

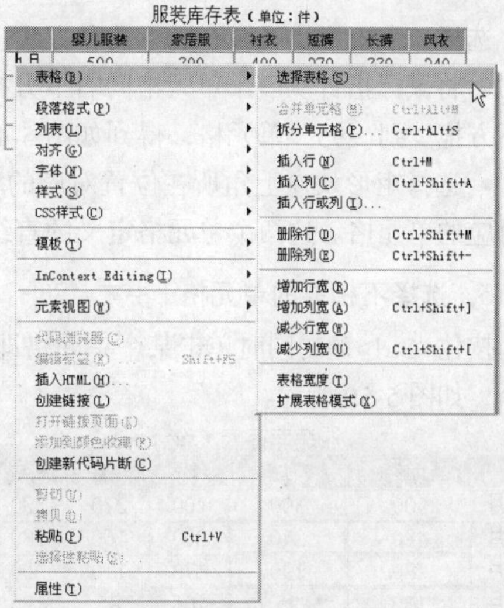

图 5-45

2．选择行或列

（1）选择单行或单列。

定位鼠标指针，使其指向行的左边缘或列的上边缘。当鼠标指针出现向右或向下的箭头时单击，如图 5-46 所示。

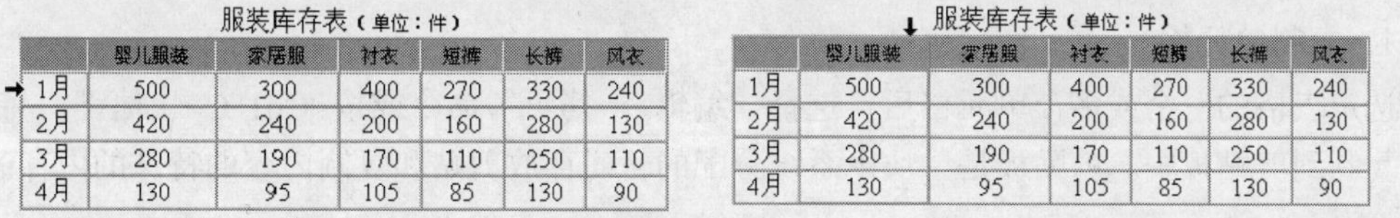

服装库存表（单位：件）

	婴儿服装	家居服	衬衣	短裤	长裤	风衣
1月	500	300	400	270	330	240
2月	420	240	200	160	280	130
3月	280	190	170	110	250	110
4月	130	95	105	85	130	90

服装库存表（单位：件）

	婴儿服装	家居服	衬衣	短裤	长裤	风衣
1月	500	300	400	270	330	240
2月	420	240	200	160	280	130
3月	280	190	170	110	250	110
4月	130	95	105	85	130	90

图 5-46

（2）选择多行或多列。

定位鼠标指针，使其指向行的左边缘或列的上边缘。当鼠标指针变为方向箭头时，直接拖曳鼠标或按住<Ctrl>键的同时单击行或列，选择多行或多列，如图 5-47 所示。

3．选择单元格

选择单元格有以下几种方法。

- 将插入点放到表格中，然后在文档窗口左下角的标签栏中选择<td>标签 <td>，如图 5-48 所示。

服装库存表（单位：件）

	婴儿服装	家居服	衬衣	短裤	长裤	风衣
1月	500	300	400	270	330	240
2月	420	240	200	160	280	130
3月	280	190	170	110	250	110
4月	130	95	105	85	130	90

图 5-47

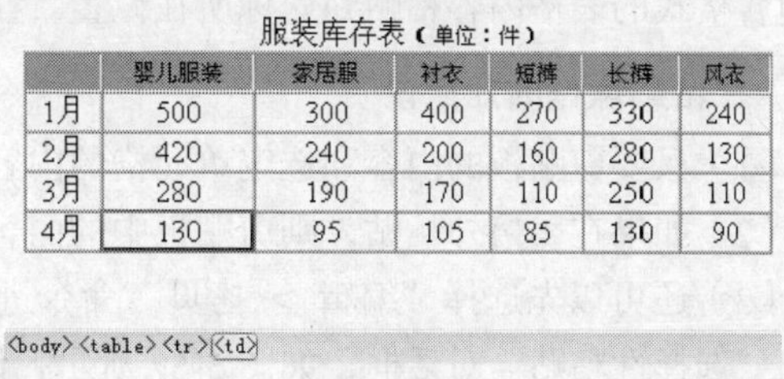

服装库存表（单位：件）

	婴儿服装	家居服	衬衣	短裤	长裤	风衣
1月	500	300	400	270	330	240
2月	420	240	200	160	280	130
3月	280	190	170	110	250	110
4月	130	95	105	85	130	90

图 5-48

- 单击任意单元格后，按住鼠标左键不放，直接拖曳鼠标选择单元格。
- 将插入点放到单元格中，然后选择“编辑 > 全选”命令，选中鼠标指针所在的单元格。

4．选择一个矩形块区域

选择一个矩形块区域有以下几种方法。

- 将鼠标指针从一个单元格向右下方拖曳到另一个单元格。如将鼠标指针从“420”单元格向右下方拖曳到“95”单元格，得到如图 5-49 所示的结果。
- 选择矩形块左上角所在位置对应的单元格，按住<Shift>键的同时单击矩形块右下角所在位置对应的单元格。这两个单元格定义的直线或矩形区域中的所有单元格都将被选中。

5．选择不相邻的单元格

按住<Ctrl>键的同时单击某个单元格即选中该单元格，当再次单击这个单元格时则取消对它的选择，如图 5-50 所示。

服装库存表（单位：件）

	婴儿服装	家居服	衬衣	短裤	长裤	风衣
1月	500	300	400	270	330	240
2月	420	240	200	160	280	130
3月	280	190	170	110	250	110
4月	130	95	105	85	130	90

图 5-49

服装库存表（单位：件）

	婴儿服装	家居服	衬衣	短裤	长裤	风衣
1月	500	300	400	270	330	240
2月	420	240	200	160	280	130
3月	280	190	170	110	250	110
4月	130	95	105	85	130	90

图 5-50

5.1.7 复制、粘贴表格

在 Dreamweaver CS4 中复制表格的操作如同在 Word 中一样。可以对表格中的多个单元格进行复制、剪切、粘贴操作，并保留原单元格的格式。也可以仅对单元格的内容进行操作。

1．复制单元格

选定表格的一个或多个单元格后，选择“编辑 > 拷贝”命令或按<Ctrl+C>快捷键，将选择的内容复制到剪贴板中。剪贴板是一块由系统分配的暂时存放剪贴和复制内容的特殊的内存区域。

2．剪切单元格

选定表格的一个或多个单元格后，选择“编辑 > 剪切”命令或按<Ctrl+X>快捷键，将选择的内容剪切到剪贴板中。

> **提示：** 必须选择连续的矩形区域，否则不能进行复制和剪切操作。

3．粘贴单元格

将光标放到网页的适当位置，选择“编辑 > 粘贴”命令或按<Ctrl+V>快捷键，将当前剪贴板中包含格式的表格内容粘贴到光标所在位置。

4．粘贴操作的几点说明

（1）只要剪贴板的内容和选定单元格的内容兼容，选定单元格的内容就将被替换。

（2）如果在表格外粘贴，则剪贴板中的内容将作为一个新表格出现，如图 5-51 所示。

（3）还可以先选择“编辑 > 拷贝”命令进行复制，然后选择“编辑 > 选择性粘贴”命令，调出“选择性粘贴”对话框，如图 5-52 所示，设置完成后单击“确定”按钮进行粘贴。

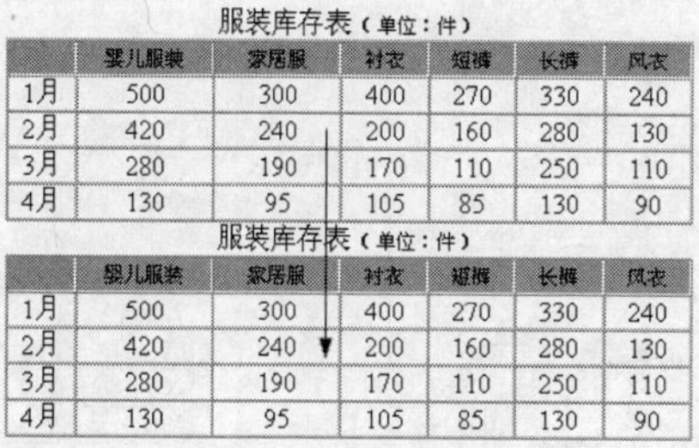

服装库存表（单位：件）

	婴儿服装	家居服	衬衣	短裤	长裤	风衣
1月	500	300	400	270	330	240
2月	420	240	200	160	280	130
3月	280	190	170	110	250	110
4月	130	95	105	85	130	90

服装库存表（单位：件）

	婴儿服装	家居服	衬衣	短裤	长裤	风衣
1月	500	300	400	270	330	240
2月	420	240	200	160	280	130
3月	280	190	170	110	250	110
4月	130	95	105	85	130	90

图 5-51

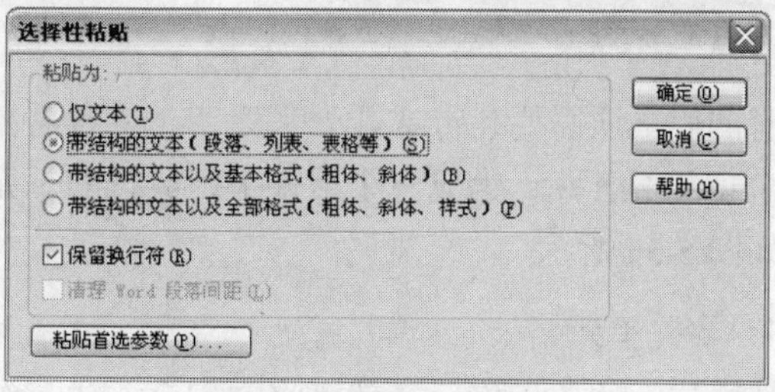

图 5-52

5.1.8 删除表格和表格内容

删除表格的操作包括删除行或列，清除表格内容。

1．清除表格内容

选定表格中要清除内容的区域后，要实现清除表格内容的操作有以下几种方法。

- 按<Delete>键即可清除所选区域的内容。
- 选择“编辑 > 清除”命令。

2．删除行或列

选定表格中要删除的行或列后，要实现删除行或列的操作有以下几种方法。

- 选择“修改 > 表格 > 删除行”命令或按<Ctrl+Shift+M>快捷键，删除选择区域所在的行。
- 选择“修改 > 表格 > 删除列”命令或按<Ctrl+Shift+->快捷键，删除选择区域所在的列。

5.1.9 缩放表格

创建表格后，可根据需要调整表格、行和列的大小。

1．缩放表格

缩放表格有以下几种方法。

- 将鼠标指针放在选定表格的边框上，当鼠标指针光标变为 ⟺ 时，拖动边框，可以实现表格的缩放，如图 5-53 所示。
- 选中表格，直接修改“属性”面板中的“宽”和“高”选项。

2．修改行或列的大小

修改行或列的大小有以下几种方法。

- 直接拖曳鼠标。改变行高，可上下拖曳行的底边线；改变列宽，可左右拖曳列的右边线，如图 5-54 所示。

服装库存表（单位：件）

	婴儿服装	家居服	衬衣	短裤	长裤	风衣
1月	500	300	400	270	330	240
2月	420	240	200	160	280	130
3月	280	190	170	110	250	110
4月	130	95	105	85	130	90

图 5-53

服装库存表（单位：件）

	婴儿服装	家居服	衬衣	短裤	长裤	风衣
1月	500	300	400	270	330	240
2月	420	240	200	160	280	130
3月	280	190	170	110	250	110
4月	130	95	105	85	130	90

图 5-54

- 输入行高或列宽的值。在“属性”面板中直接输入选定单元格所在行或列的行高或列宽的数值。

5.1.10 合并和拆分单元格

有的表格项需要几行或几列来说明，这时需要将多个单元格合并，生成一个跨多个列或行的单元格，如图 5-55 所示。

建材销售统计表

	编号	颜色	销售数量	库存
实木地板	100954	棕	4000	2700
	100955	米白	2000	1600
拼花地砖	100963	蓝	1700	1100
	100962	绿	1050	850
	100967	紫	1200	200
	100977	米白	2000	600
PVC板	100978	白	1700	450
瓷砖	100992	蓝	3000	500

图 5-55

1．合并单元格

选择连续的单元格后，就可将它们合并成一个单元格。合并单元格有以下几种方法。

- 按<Ctrl+Alt+M>快捷键。
- 选择“修改 > 表格 > 合并单元格”命令。
- 在“属性”面板中，单击“合并所选单元格，使用跨度”按钮。

提示：合并前的多个单元格的内容将合并到一个单元格中。不相邻的单元格不能合并，并应保证其为矩形的单元格区域。

2．拆分单元格

有时为了满足用户的需要，要将一个表格项分成多个单元格以详细显示不同的内容，就必须将单元格进行拆分。

拆分单元格的具体操作步骤如下。

（1）选择一个要拆分的单元格。

（2）通过以下几种方法启用“拆分单元格”对话框，如图 5-56 所示。

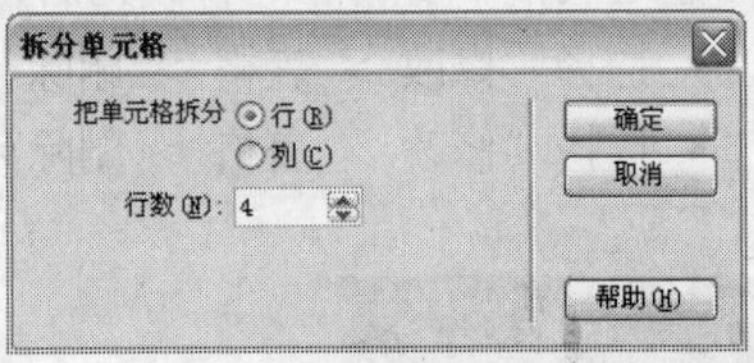

图 5-56

- 按<Ctrl+Alt+S>快捷键。
- 选择“修改 > 表格 > 拆分单元格”命令。
- 在“属性”面板中，单击“拆分单元格为行或列”按钮。

“拆分单元格”对话框中各选项的作用如下。

“把单元格拆分”选项组：设置是按行还是按列拆分单元格，它包括“行”和“列”两个选项。

“行数”或“列数”选项：设置将指定单元格拆分成的行数或列数。

（3）根据需要进行设置，单击“确定”按钮完成单元格的拆分。

5.1.11 增加和删除表格的行和列

在实际工作中，随着客观环境的变化，表格中的项目也需要做相应的调整，通过选择“修改 > 表格”中的相应子菜单命令，可添加、删除行或列。

1．插入单行或单列

选择一个单元格后，就可以在该单元格的上下或左右插入一行或一列。

插入单行或单列有以下几种方法。

（1）插入行。

- 选择“修改 > 表格 > 插入行”命令，在插入点的上面插入一行。
- 按<Ctrl+M>快捷键，在插入点的下面插入一行。

- 选择“插入 > 表格对象 > 在上面插入行”命令，在插入点的上面插入一行。
- 选择“插入 > 表格对象 > 在下面插入行”命令，在插入点的下面插入一行。

（2）插入列。

- 选择“修改 > 表格 > 插入列”命令，在插入点的左侧插入一列。
- 按<Ctrl+Shift+A>快捷键，在插入点的右侧插入一列。
- 选择“插入 > 表格对象 > 在左边插入列”命令，在插入点的左侧插入一列。
- 选择“插入 > 表格对象 > 在右边插入列”命令，在插入点的右侧插入一列。

2. 插入多行或多列

选中一个单元格，选择“修改 > 表格 > 插入行或列”命令，弹出“插入行或列”对话框。根据需要设置对话框，可实现在当前行的上面或下面插入多行，如图 5-57 所示，或在当前列之前或之后插入多列，如图 5-58 所示。

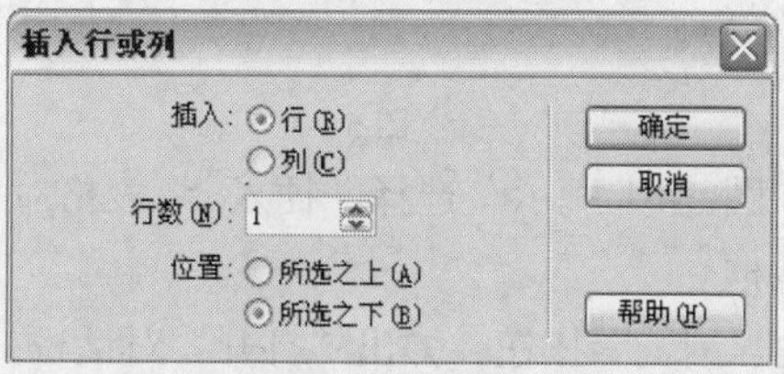

图 5-57

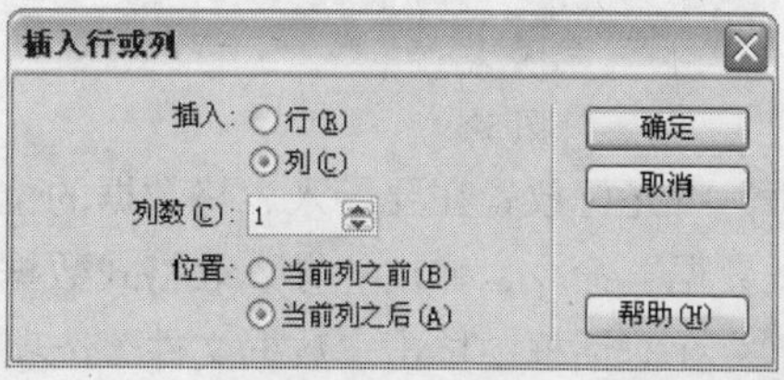

图 5-58

“插入行或列”对话框中各选项的作用如下。

“插入”选项组：设置是插入行还是列，它包括“行”和“列”两个选项。

“行数”或“列数”选项：设置要插入行或列的数目。

“位置”选项组：设置新行或新列相对于所选单元格所在行或列的位置。

提示：在表格的最后一个单元格中按<Tab>键会自动在表格的下方新添一行。

5.2 网页中的数据表格

在实际工作中，有时需要将其他程序（如 Excel、Access）建立的表格数据导入到网页中，在 Dreamweaver CS4 中，利用“导入表格式数据”命令可以很容易地实现这一功能。

在 Dreamweaver CS4 中提供了对表格进行排序功能，还可以跟据一列的内容来完成一次简单的表格排序，也可以根据两列的内容来完成一次较复杂的排序。

5.2.1 课堂案例——设计家园网

案例学习目标：使用“插入”命令导入外部表格数据，使用“命令”菜单将表格中的数据排序。

案例知识要点：使用“导入表格式数据”命令导入外部表格数据，使用“排序表格”命令将表格的数据排序，如图 5-59 所示。

效果所在位置：光盘/Ch05/效果/设计家园网/index.html。

1．导入表格式数据

Step 01 选择“文件 > 打开”命令，在弹出的对话框中选择“Ch05 > 素材 > 设计家园网 > index.html”文件，单击“打开”按钮，效果如图 5-60 所示。

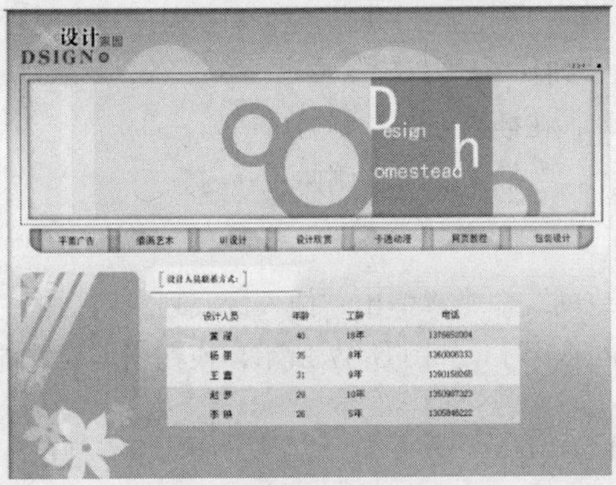

图 5-59

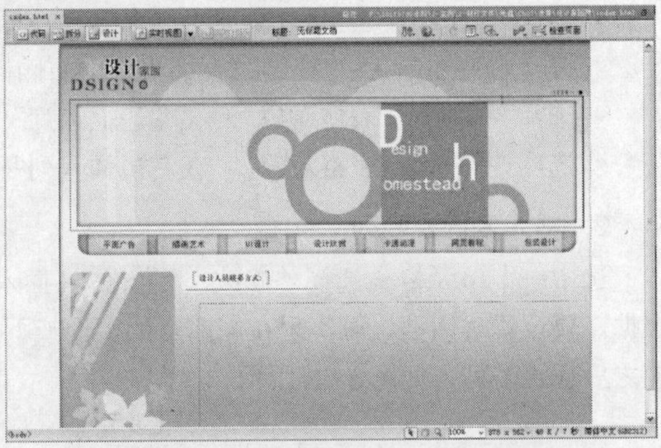

图 5-60

Step 02 将光标放置在要导入表格数据的位置，如图 5-61 所示。选择“插入 > 表格对象 > 导入表格式数据”命令，弹出“导入表格式数据”对话框。

Step 03 在对话框中单击“数据文件”选项右侧的“浏览”按钮，弹出“打开”对话框，在光盘目录下的“Ch05 > 素材 > 设计家园网”文件夹中选择文件“jianjie.txt”，如图 5-62 所示。

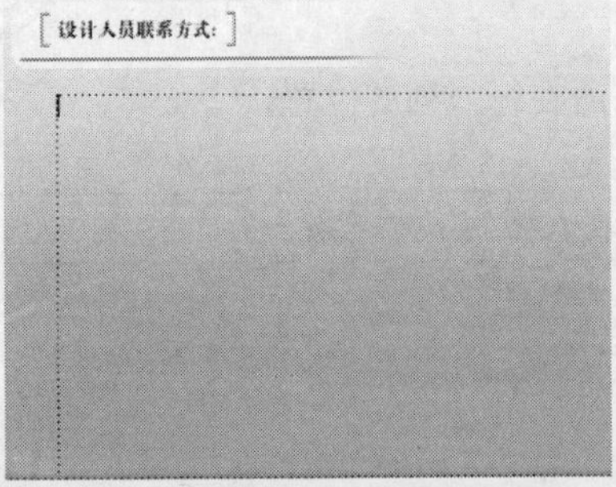

图 5-61

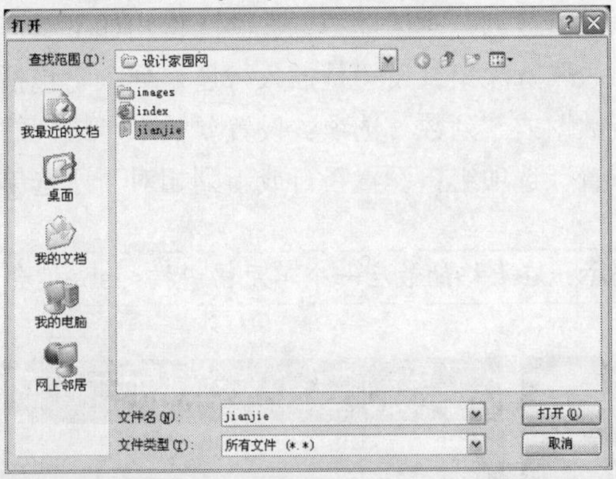

图 5-62

Step 04 单击“打开”按钮，返回到对话框中，在“定界符”选项的下拉列表中选择“逗点”，如图 5-63 所示，单击“确定”按钮，导入表格式数据，如图 5-64 所示。

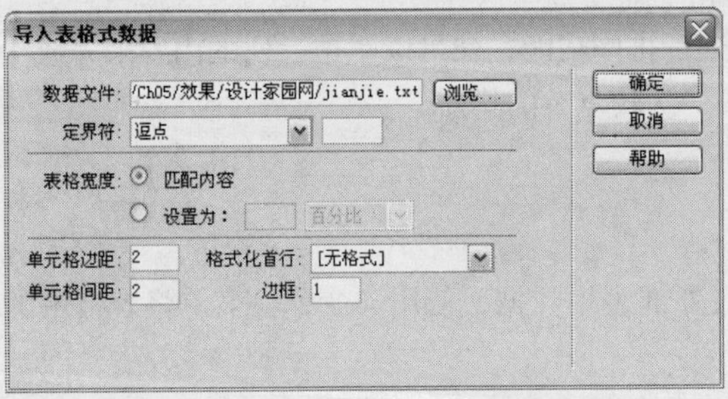

图 5-63

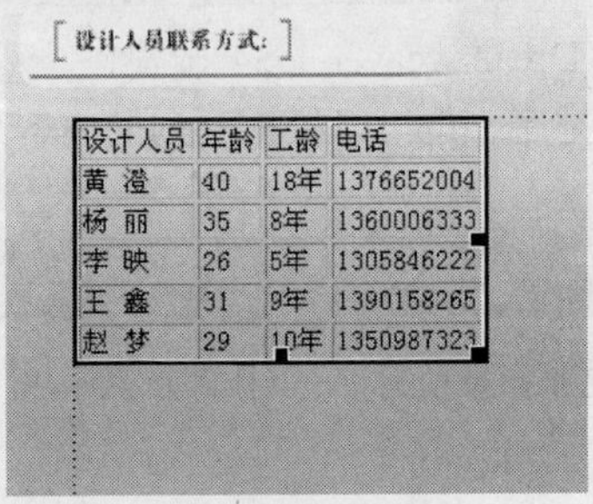

图 5-64

Step 05 保持表格的选取状态，在“属性”面板中，将“宽”选项设为 460，“填充”、“间距”和“边框”选项均设为 0，如图 5-65 所示，效果如图 5-66 所示。

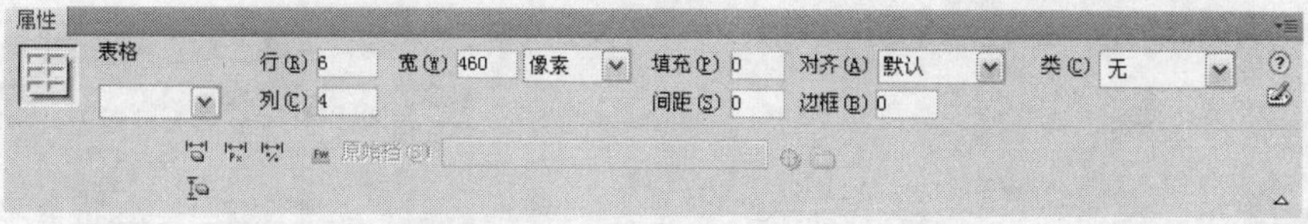

图 5-65

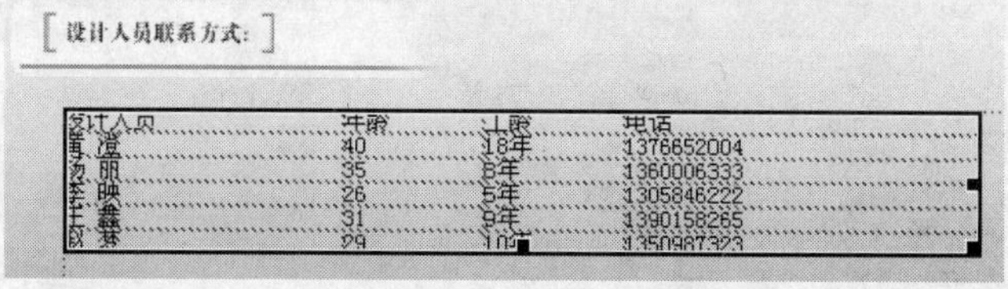

图 5-66

Step 06 将鼠标置入到第 1 行第 1 列中，按住<Shift>键的同时，单击表格的第 6 行第 4 列，将表格的单元格全部选取中，如图 5-67 所示。

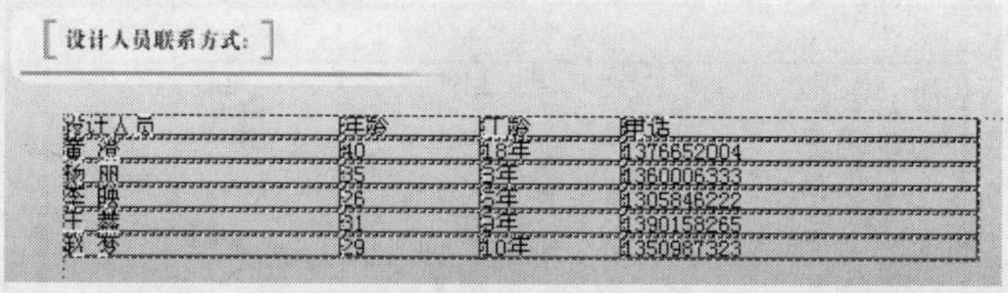

图 5-67

Step 07 在“属性”面板中将“水平”选项设为“居中对齐”，将“垂直”选项设为“居中”，“高”选项设为 25，将“背景颜色”选项设为浅粉色（#F3F3F3），如图 5-68 所示，表格效果如图 5-69 所示。

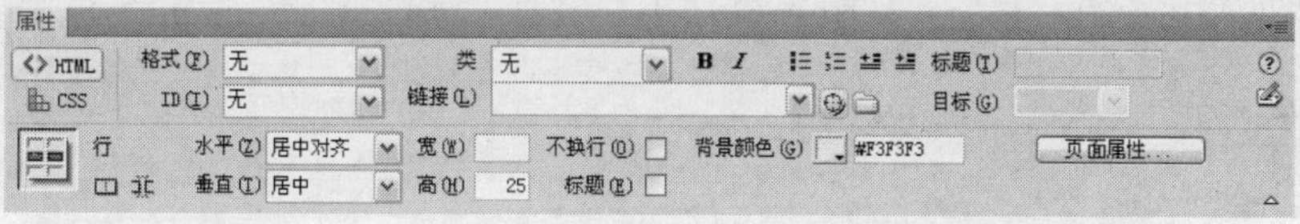

图 5-68

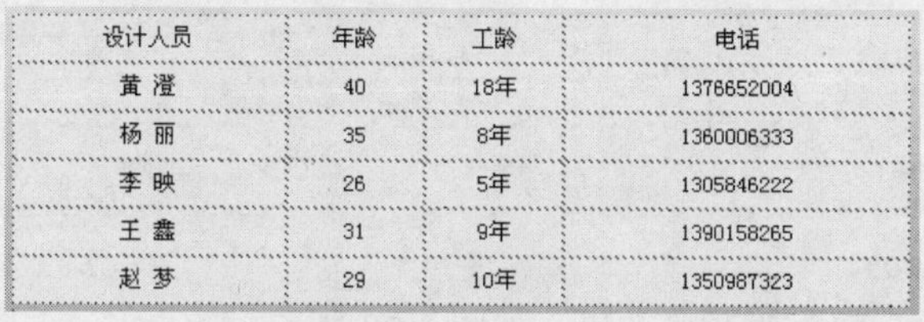

图 5-69

Step 08 将导入表格的第 2 行单元格全部选中，如图 5-70 所示，在“属性”面板中，将“背景颜色”选项设为浅黄色（#F4DAAA），表格效果如图 5-71 所示。

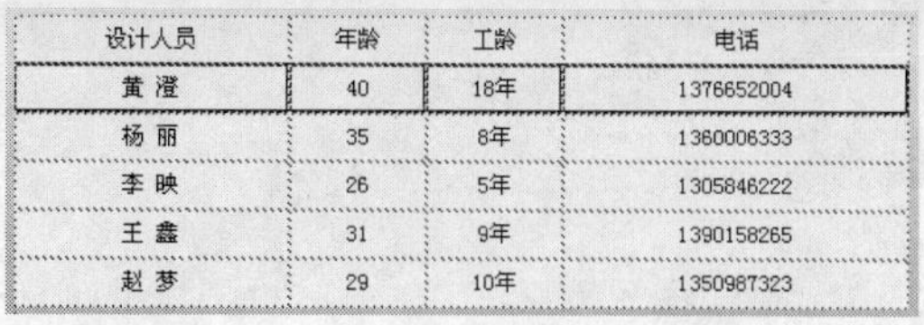

图 5-70

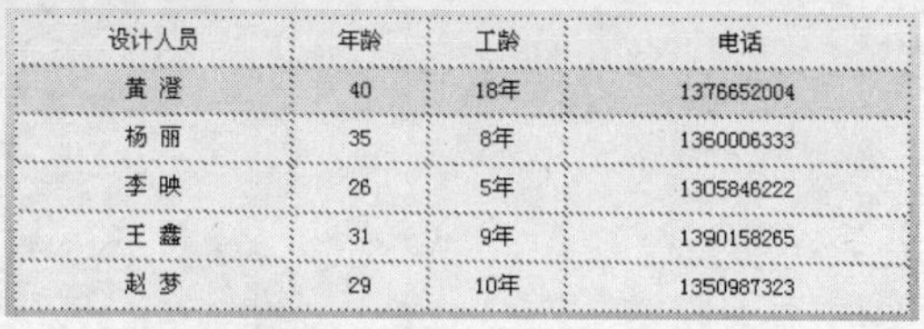

图 5-71

Step 09 用相同的方法，将其他单元格设置相同的背景颜色，效果如图 5-72 所示。保存文档，按<F12>键预览效果，如图 5-73 所示。

设计人员	年龄	工龄	电话
黄 澄	40	18年	1376652004
杨 丽	35	8年	1360006333
李 映	26	5年	1305846222
王 鑫	31	9年	1390158265
赵 梦	29	10年	1350987323

图 5-72

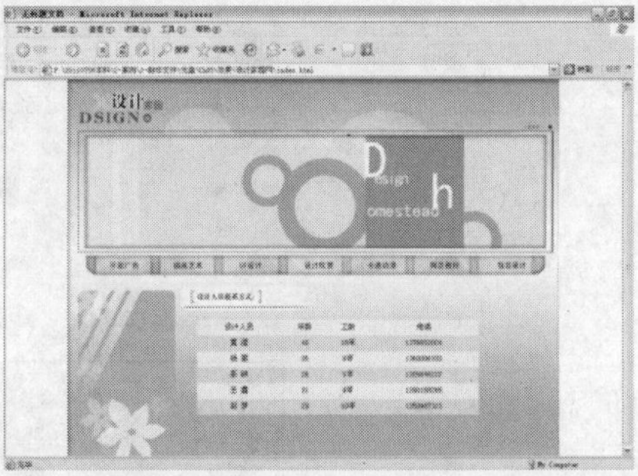

图 5-73

2．排序表格

Step 01 返回到 Dreamweaver 界面中，选中表格，如图 5-74 所示。选择“命令 > 排序表格”命令，弹出“排序表格”对话框。

设计人员	年龄	工龄	电话
黄 澄	40	18年	1376652004
杨 丽	35	8年	1360006333
李 映	26	5年	1305846222
王 鑫	31	9年	1390158265
赵 梦	29	10年	1350987323

图 5-74

Step 02 在“排列按”选项的下拉列表中选择“列 2”，“顺序”下拉列表中选择“按字母顺序”，在后面的下拉列表中选择“降序”，如图 5-75 所示，单击“确定”按钮，表格进行排序，效果如图 5-76 所示。

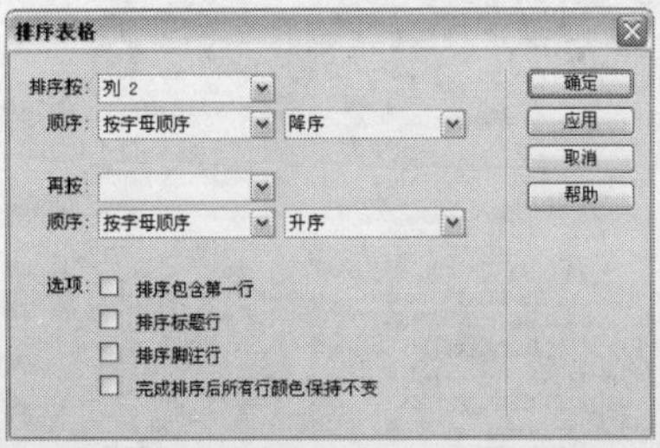

图 5-75

设计人员	年龄	工龄	电话
黄 澄	40	18年	1376652004
杨 丽	35	8年	1360006333
王 鑫	31	9年	1390158265
赵 梦	29	10年	1350987323
李 映	26	5年	1305846222

图 5-76

Step 03 保存文档，按<F12>键预览效果，如图 5-77 所示。

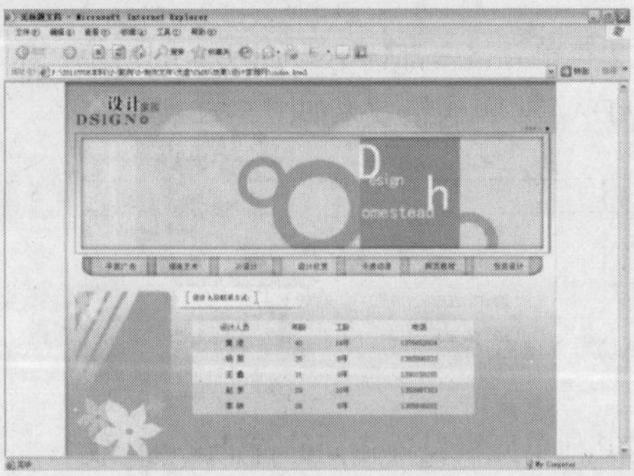

图 5-77

5.2.2　导入和导出表格的数据

有时需要将 Word 文档中的内容或 Excel 文档中的表格数据导入到网页中进行发布，或将网页中的表格数据导出到 Word 文档或 Excel 文档中进行编辑，Dreamweaver CS4 提供了实现这种操作的功能。

1．导入 Excel 文档中的表格数据

选择“文件 > 导入 > Excel 文档”命令，弹出“导入 Excel 文档”对话框，如图 5-78 所示。选择包含导入数据的 Excel 文档，导入后的效果如图 5-79 所示。

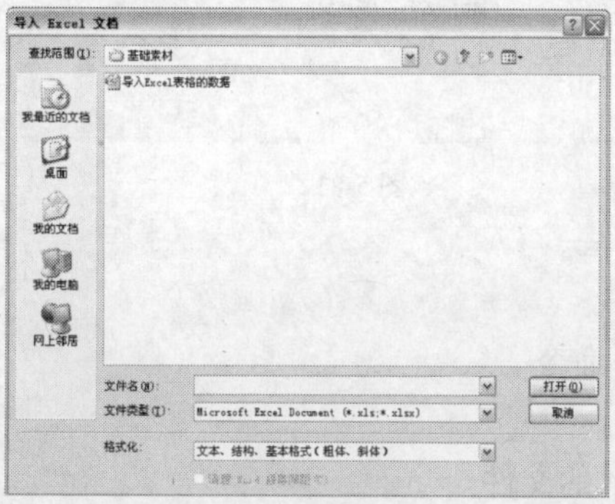

图 5-78

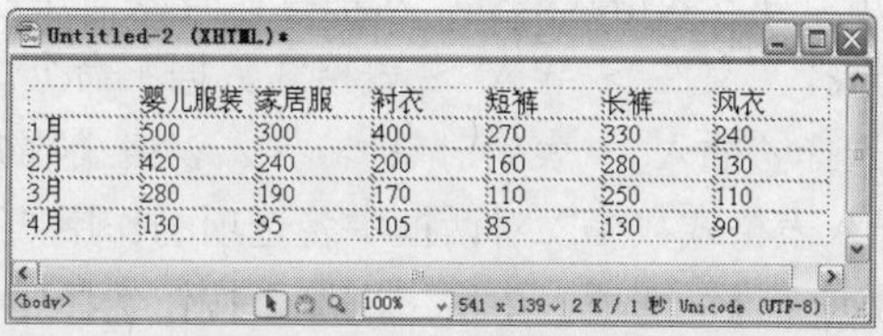

图 5-79

2．导入 Word 文档中的内容

选择“文件 > 导入 > Word 文档”命令，弹出“导入 Word 文档”对话框，如图 5-80 所示。选择包含导入内容的 Word 文档，导入后的效果如图 5-81 所示。

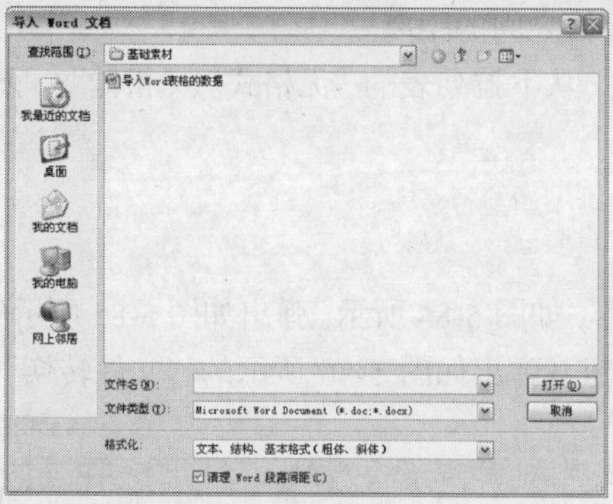

图 5-80

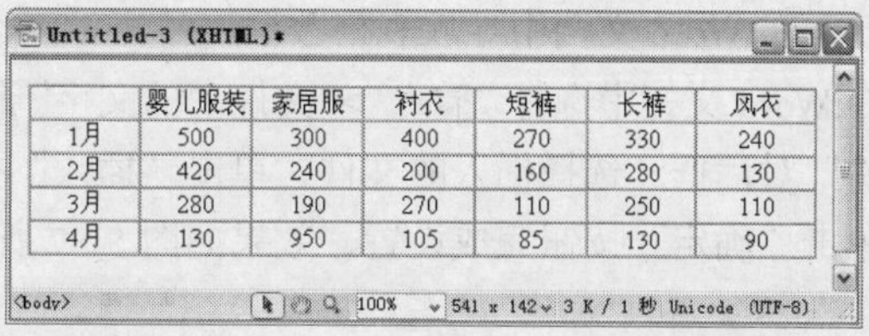

图 5-81

3．将网页中的表格导入到其他网页或 Word 文档中

若将一个网页的表格导入到其他网页或 Word 文档中，需先将网页内的表格数据导出，然后将其导入其他网页或切换并导入到 Word 文档中。

（1）将网页内的表格数据导出。

选择“文件 > 导出 > 表格”命令，弹出如图 5-82 所示的“导出表格”对话框，根据需要设置参数，单击“导出”按钮，弹出“表格导出为”对话框，输入保存导出数据的文件名称，单击“保存”按钮完成设置。

“导出表格”对话框中各选项的作用如下。

“定界符”选项：设置导出文件所使用的分隔符字符。

“换行符”选项：设置打开导出文件的操作系统。

（2）在其他网页中导入表格数据。

首先要启用“导入表格式数据”对话框，如图 5-83 所示。然后根据需要进行选项设置，最后单击“确定”按钮完成设置。

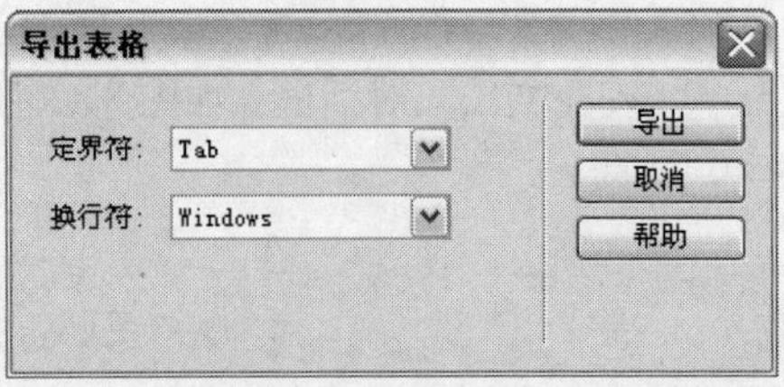

图 5-82

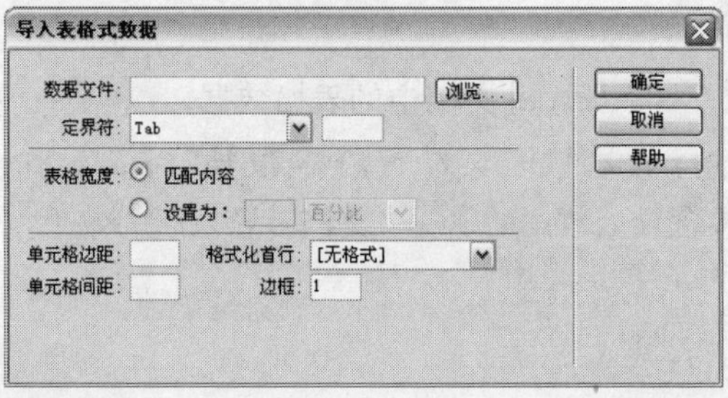

图 5-83

启用“导入表格式数据”对话框，有以下几种方法。

- 选择“文件 > 导入 > 表格式数据”命令。
- 选择“插入 > 表格对象 > 导入表格式数据”命令。

“导入表格式数据”对话框中各选项的作用如下。

“数据文件”选项：单击“浏览”按钮选择要导入的文件。

“定界符”选项：设置正在导入的表格文件所使用的分隔符。它包括 Tab、逗点等选项值。如果选择“其他”选项，在选项右侧的文本框中输入导入文件使用的分隔符。

“表格宽度”选项组：设置将要创建的表格宽度。

“单元格边距”选项：以像素为单位设置单元格内容与单元格边框之间的距离。

“单元格间距”选项：以像素为单位设置相邻单元格之间的距离。

“格式化首行”选项：设置应用于表格首行的格式。从下拉列表的“无格式”、“粗体”、“斜体”和“加粗斜体”选项中进行选择。

“边框”选项：设置表格边框的宽度。

（3）在 Word 文档中导入表格数据。

在 Word 文档中选择“插入 > 文件中的文字”命令，如图 5-84 所示。弹出如图 5-85 所示的“插入文件”对话框。选择插入的文件，单击“插入”按钮，弹出如图 5-86 所示的“文件转换”对话框，单击“确定”按钮完成设置，效果如图 5-87 所示。

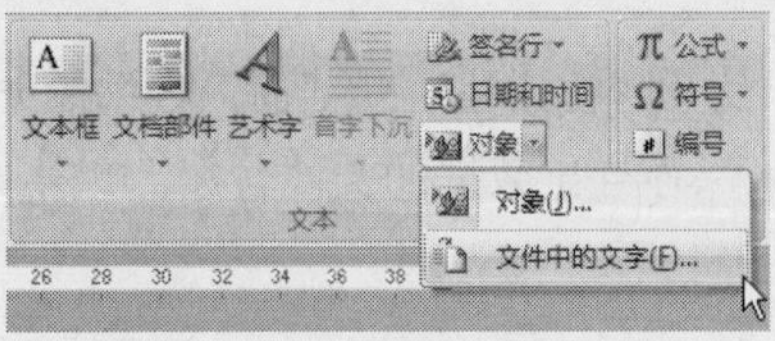

图 5-84

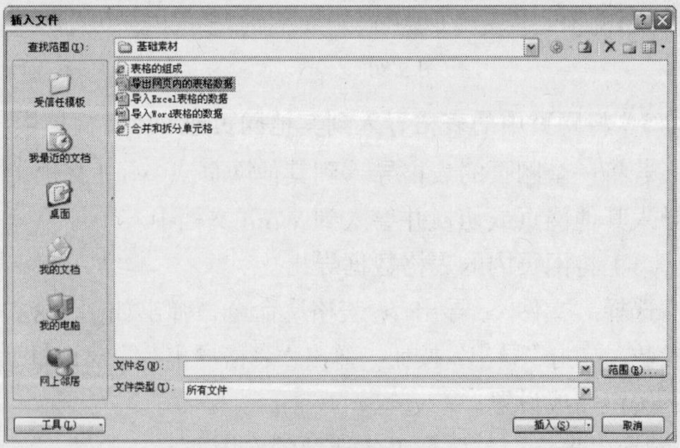

图 5-85

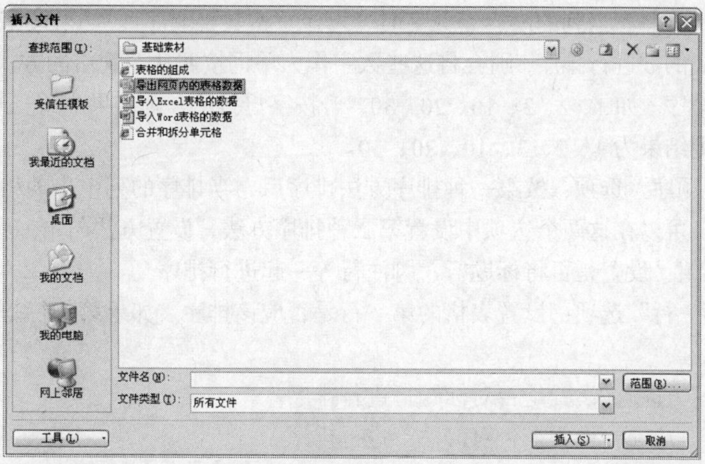

图 5-86

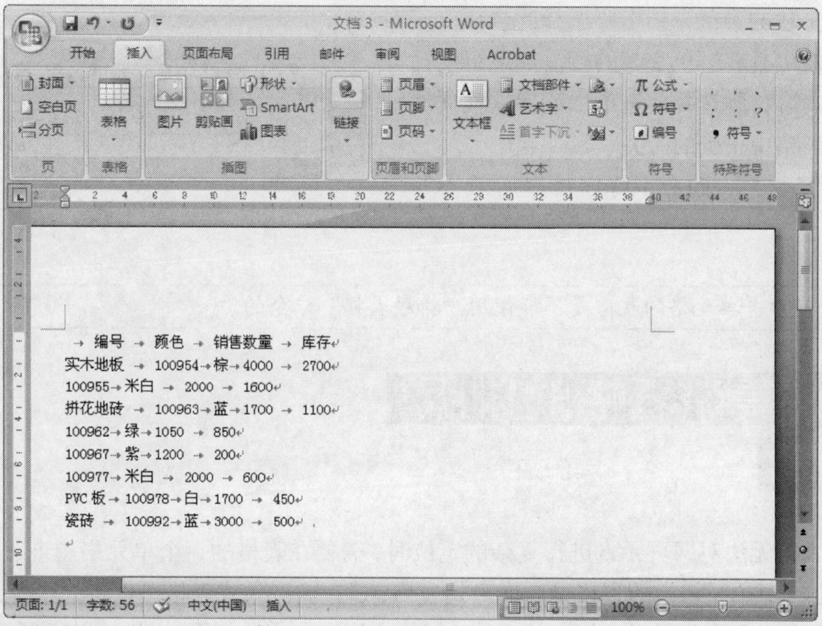

图 5-87

5.2.3　排序表格

日常工作中，常常需要对无序的表格内容进行排序，以便浏览者可以快速找到所需的数据。表格排序功能可以为网站设计者解决这一难题。

将插入点放到要排序的表格中，然后选择“命令 > 排序表格”命令，弹出“排序表格”对话框，如图 5-88 所示。根据需要设置相应选项，单击“应用”或“确定”按钮完成设置。

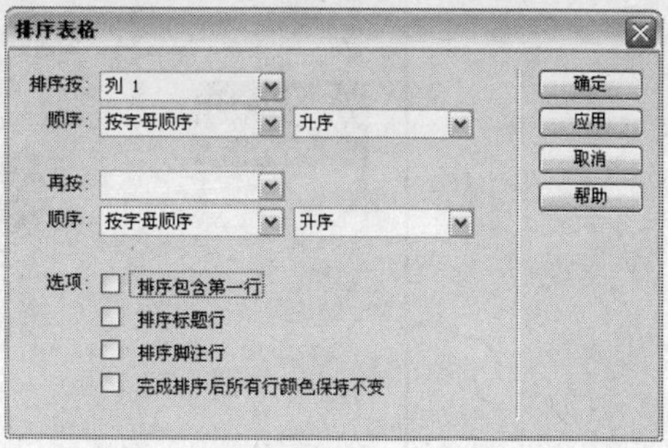

图 5-88

“排序表格”对话框中各选项的作用如下。

“排序按”选项：设置表格按哪列的值进行排序。

“顺序”选项：设置是按字母还是按数字顺序以及是以升序（从 A 到 Z 或从小数字到大数字）

还是降序对列进行排序。当列的内容是数字时，选择“按数字顺序”。如果按字母顺序对一组由一位或两位字数组成的数进行排序，则会将这些数字作为单词按照从左到右的方式进行排序，而不是按数字大小进行排序。如 1、2、3、10、20、30，若按字母排序，则结果为 1、10、2、20、3、30；若按数字排序，则结果为 1、2、3、10、20、30。

“再按”和“顺序”选项：按第一种排序方法排序后，当排序的列中出现相同的结果时按第二种排序方法排序。可以在这两个选项中设置第二种排序方法，设置方法与第一种排序方法相同。

“选项”选项组：设置是否将标题行、脚注行等一起进行排序。

“排序包含第一行”选项：设置表格的第一行是否应该排序。如果第一行是不应移动的标题，则不选择此选项。

“排序标题行”选项：设置是否对标题行进行排序。

“排序脚注行”选项：设置是否对脚注行进行排序。

“完成排序后所有行颜色保持不变”选项：设置排序的结果是否保持原行的颜色值。如果表格行使用两种交替的颜色，则不要选择此选项以确保排序后的表格仍具有颜色交替的行。如果行属性特定于每行的内容，则选择此选项以确保这些属性保持与排序后表格中正确的行关联在一起。

表格内容中第一列数字降序排序后效果如图 5-89 所示。

服装库存表（单位：件）

	婴儿服装	家居服	衬衣	短裤	长裤	风衣
4月	130	95	105	85	130	90
3月	280	190	170	110	250	110
2月	420	240	200	160	280	130
1月	500	300	400	270	330	240

图 5-89

提示：有合并单元格的表格是不能使用“排序表格”命令的。

5.3 复杂表格的排版

当一个表格无法对网页元素进行复杂的定位时，需要在表格的一个单元格中继续插入表格，这叫做表格的嵌套。单元格中的表格是内嵌入式表格，通过内嵌入式表格可以将一个单元再分成许多行和列，而且可以无限地插入内嵌入式表格，但是内嵌入式表格越多，浏览时花费在下载页面的时间越长，因此，内嵌入式的表格最多不超过 3 层。包含嵌套表格的网页如图 5-90 所示。

图 5-90

5.4 课堂练习——健康美食网页

练习知识要点：使用“页面属性”命令设置页面属性。使用“插入图像”按钮制作网页效果，如图 5-91 所示。

效果所在位置：光盘/Ch05/效果/健康美食网页/index.html。

图 5-91

5.5 课后习题——时尚花庭楼盘网页

习题知识要点：使用“页面属性”命令设置页面属性。使用“表格”按钮插入表格效果。使用“图像”按钮插入图像。使用拆分视图设置表格的高度。使用“属性”面板设置文字的颜色、对齐效果，如图 5-92 所示。

效果所在位置：光盘/Ch05/效果/时尚花庭楼盘网页/index.html。

图 5-92

第6章 使用框架

框架的出现大大地丰富了网页的布局手段以及页面之间的组织形式。浏览者通过框架可以很方便地在不同的页面之间跳转及操作，BBS论坛页面以及网站中邮箱的操作页面等都是通过框架来实现的。

【教学目标】

- 框架与框架集。
- 框架的属性设置。

6.1 框架与框架集

框架可以简单地理解为对浏览器窗口进行划分后的子窗口。每一个子窗口是一个框架，它显示一个独立的网页文档内容，而这组框架结构被定义在名叫框架集的 HTML 网页中，如图 6-1 所示。

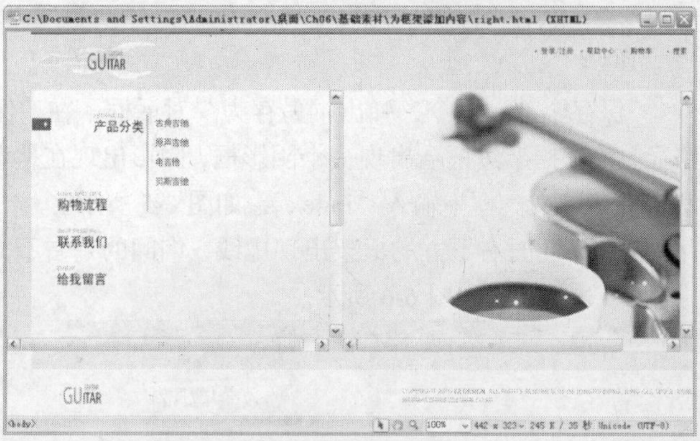

图 6-1

当一个页面被划分成几个框架时，系统会自动建立一个框架集文档，用来保存网页中所有框架的数量、大小、位置及每个框架内显示的网页名等信息。当用户打开框架集文档时，计算机就会根据其中的框架数量、大小、位置等信息将浏览窗口划分成几个子窗口，每个窗口显示一个独立的网页文档内容。

总之，框架由框架和框架集两部分组成。框架集是定义一组框架结构的 HTML 文档；框架是网页窗口上定义的一块区域，并且可以根据需要在这个区域显示不同的网页内容。

6.1.1 课堂案例——房产信息网页

案例学习目标：使用“新建”命令创建框架集，使用“页面属性”改变页面的边距，使用“插入”面板“常用”选项卡中的按钮制作完整的框架网页。

案例知识要点：使用上方固定框架制作网页的结构图效果，使用“属性”面板改变框架的大小，使用“表格”和“图像”按钮插入表格和图像制作完整的框架网页效果，如图 6-2 所示。

图 6-2

效果所在位置：光盘/Ch06/效果/房产信息网页/index.html。

Step 01 选择“文件 > 新建”命令，弹出“新建文档”对话框。在左侧的列表中选择“示例中的页”选项，在“示例文件夹”列表框中选择“框架集”选项，在右边的“示例页”列表框中选择“左侧固定，上方嵌套”选项，如图 6-3 所示，单击“创建”按钮，创建一个框架网页，效果如图 6-4 所示。

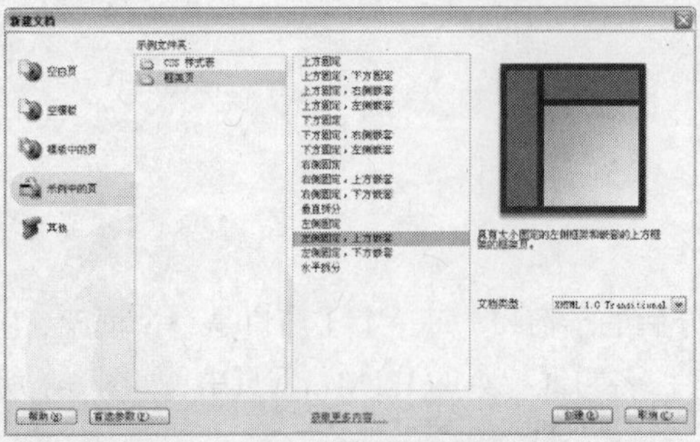

图 6-3

图 6-4

Step 02 选择“文件 > 保存全部”命令，弹出“另存为”对话框，在“保存在”下拉列表中选择当前站点目录保存路径，整个框架边框会出现一个阴影框，阴影出现在整个框架集内侧，询问的是框架集的名称，在“文件名”文本框中输入“index”，如图 6-5 所示。

Step 03 单击“保存”按钮，此时右下方的框架出现虚线，询问的是右下方框架的名称，在“文件名”选项的文本框中输入“main”，如图 6-6 所示。

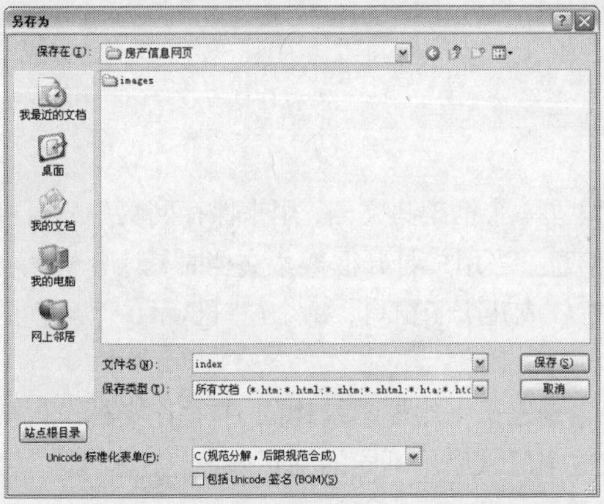

图 6-5

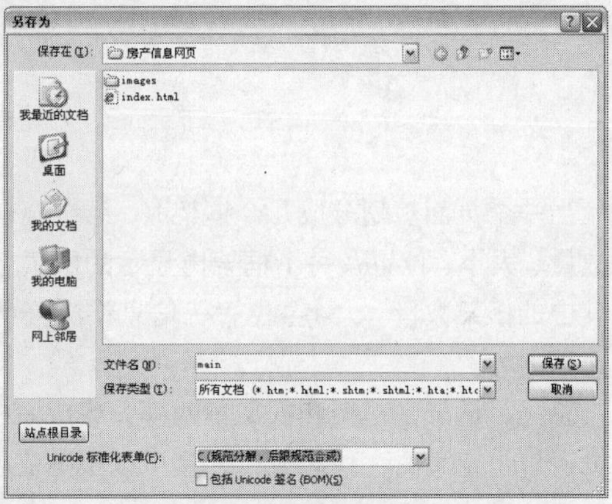

图 6-6

Step 04 单击“保存”按钮，此时顶部框架出现虚线，询问的是顶部框架的名称，在“文件名”选项的文本框中输入“top”，如图 6-7 所示。单击“保存”按钮，此时左侧的框架出现虚线，询问的是左侧框架的名称，在“文件名”选项的文本框中输入“left”，如图 6-8 所示，单击“保存”按钮，框架网页保存完成。

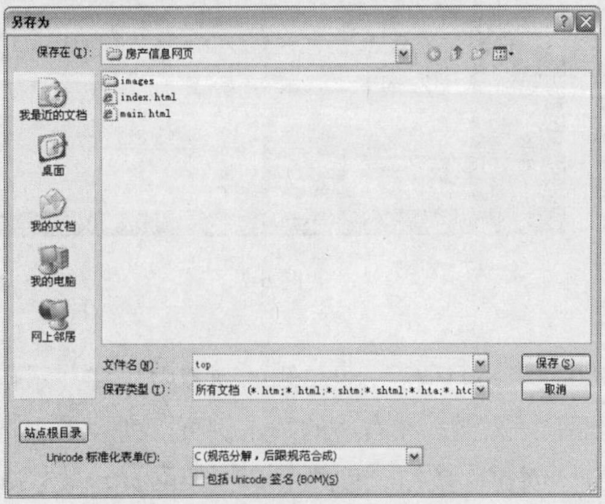

图 6-7

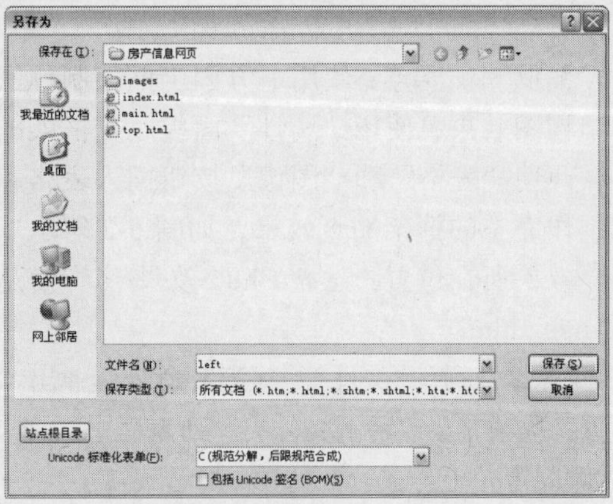

图 6-8

Step 05 将光标置入左侧框架中，选择“修改 > 页面属性”命令，弹出“页面属性”对话框，在对话框中将“左边距”、“上边距”、“右边距”和“下边距”选项均设为“0”，如图 6-9 所示，单击“确定”按钮，完成页面属性的修改，使用相同的方法设置其他框架的属性。

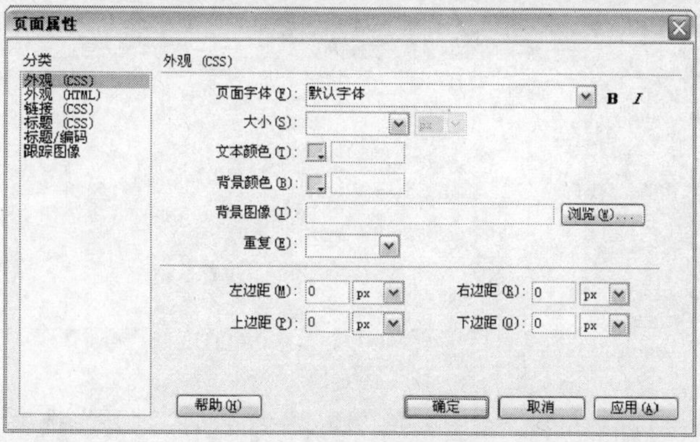

图 6-9

Step 06 单击左侧框架，如图 6-10 所示。在“属性”面板“列”数值框中输入 183，效果如图 6-11 所示。

图 6-10

图 6-11

Step 07 将光标置入到左侧框架中，单击“插入”面板中“常用”选项卡的“图像”按钮，在弹出的“选择图像源文件”对话框中选择光盘中“Ch06 > 素材 >房产信息网页> images”文件夹中的“fdc_01.jpg”文件，单击“确定”按钮完成图片的插入，效果如图 6-12 所示。

Step 08 单击顶部框架的边线，如图 6-13 所示。在“属性”面板“行”数值框中输入 197，将光盘中“Ch06 > 素材 >房产信息网页> images”文件夹中的图片“fdc_02.jpg”插入到顶部框架中，效果如图 6-14 所示。

图 6-12

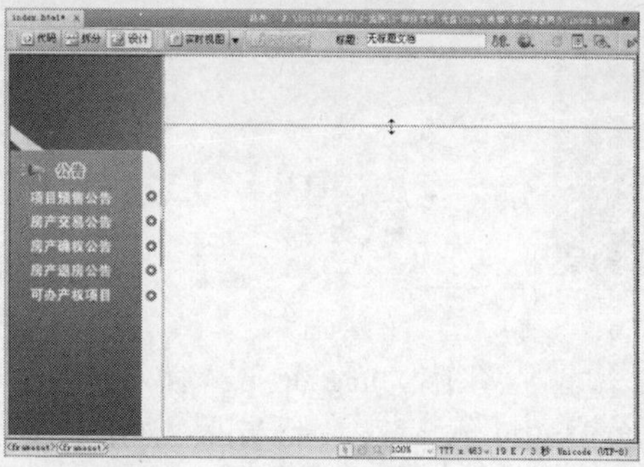

图 6-13

图 6-14

Step 09 将光标置入到右下方的框架中，在“插入”面板的“常用”选项卡中单击“表格”按钮，在弹出的“表格”对话框中进行设置，如图 6-15 所示，单击“确定”按钮完成表格的插入，效果如图 6-16 所示。

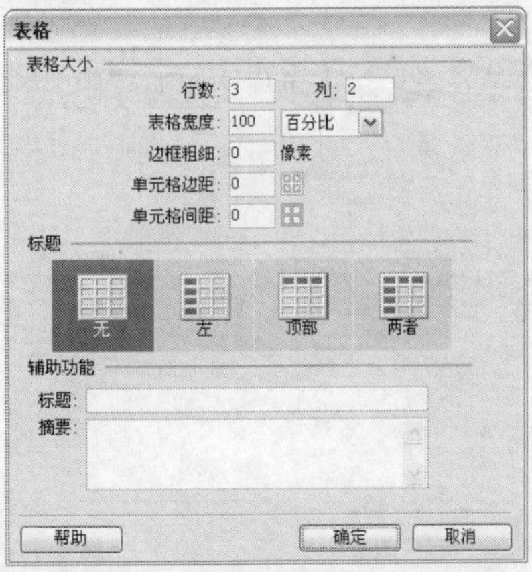

图 6-15

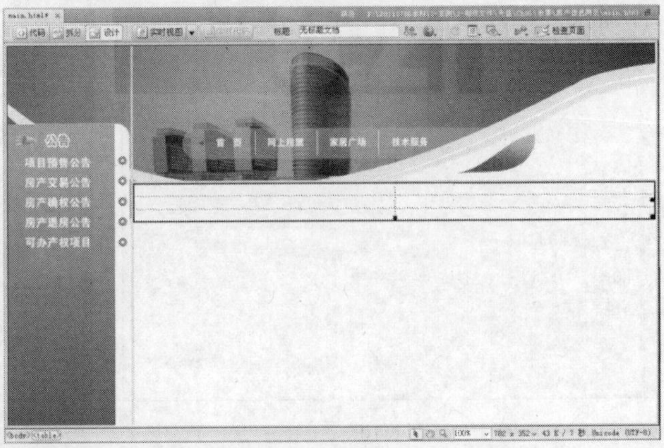

图 6-16

Step 10 将图像“img_01.jpg”、“img_04.jpg”插入到第 1 行第 1 列和第 2 行第 2 列单元格中，效果如图 6-17 所示。分别将第 2 列和第 3 行所有单元格合并，效果如图 6-18 所示。

图 6-17

图 6-18

Step 11 将图像“img_06.jpg”插入到最后一行中，效果如图 6-19 所示。将光标置入到右侧合并的单元格中，在“插入”面板的“常用”选项卡中单击“表格”按钮，在弹出的“表格”对话框中进行设置，如图 6-20 所示，单击“确定”按钮完成表格的插入。

图 6-19

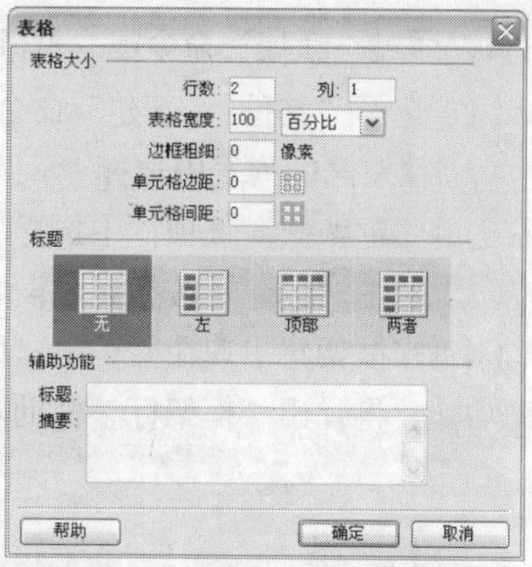

图 6-20

Step 12 将图像“img_02.jpg”、“img_05.jpg”插入到第 1 行和第 2 行单元格中，效果如图 6-21 所示。

图 6-21

Step 13 保存文档，按<F12>键预览效果，如图 6-22 所示。

图 6-22

6.1.2　建立框架集

在 Dreamweaver CS4 中，可以利用可视化工具方便地创建框架集。用户既可以通过菜单命令实现，又可以通过“插入”面板“布局”选项卡中的“框架”按钮 实现。

1．通过“新建”命令建立框架集

（1）选择“文件 > 新建”命令，弹出“新建文档”对话框。

（2）在左侧的列表中选择“示例中的页”选项，在“示例文件夹”选项中选择“框架集”选项，在右侧的“框架集”选项框中选择一个框架集，如图 6-23 所示。

（3）单击“创建”按钮完成设置。

（4）当框架集出现在文档窗口中，并且如果已经在“编辑 > 首选参数”对话框中激活了框架辅助功能，将弹出“框架标签辅助功能属性”对话框，如图 6-24 所示。

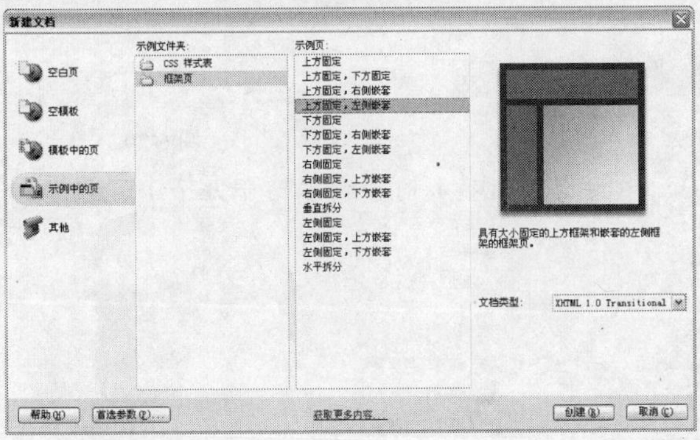

图 6-23

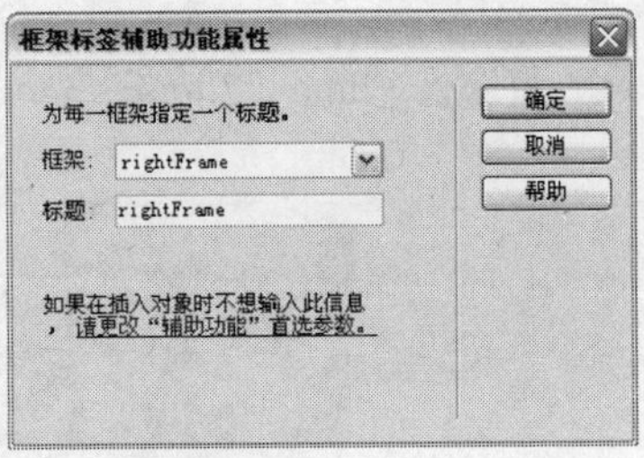

图 6-24

（5）在对话框中可以为每个框架进行设置，然后单击“确定”按钮。

2．通过“插入”命令建立框架集

（1）选择“文件 > 新建”命令，新建一个空白 HTML 文档。

（2）将插入点放置在文档窗口中，选择“插入 > HTML > 框架”命令，在其子菜单中选择需要的预定义框架集，如图 6-25 所示。

3．通过“框架”按钮建立框架集

（1）新建一个 HTML 文档。

（2）将插入点放置在文档窗口中，单击“插入”面板“布局”选项卡中的“框架”按钮 右侧的黑色箭头，弹出 13 个框架集选项，在其中选择一个框架集，如图 6-26 所示。

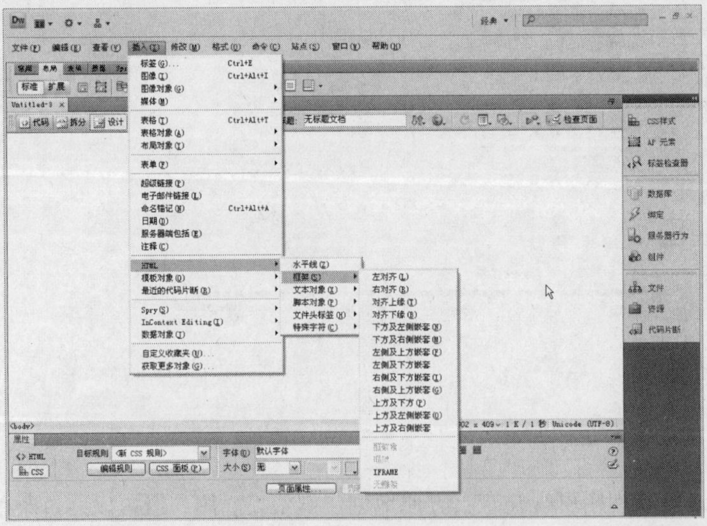

图 6-25

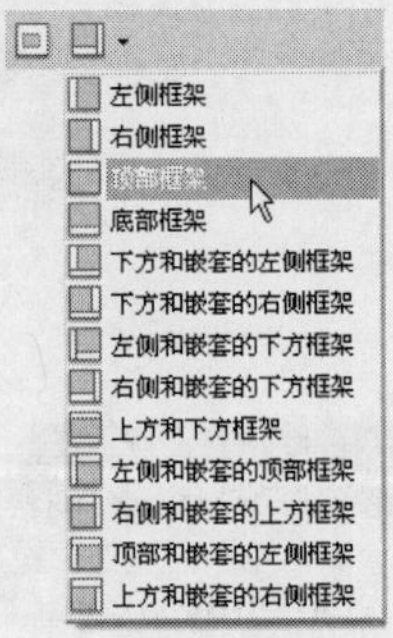

图 6-26

4．通过拖曳“框架”按钮到窗口中建立框架集

（1）新建一个 HTML 文档。

（2）将插入点放置在文档窗口中，选中“插入”面板“布局”选项卡中的“框架”按钮，按住鼠标左键，拖曳到文档中，如图 6-27 所示，释放鼠标左键，效果如图 6-28 所示。

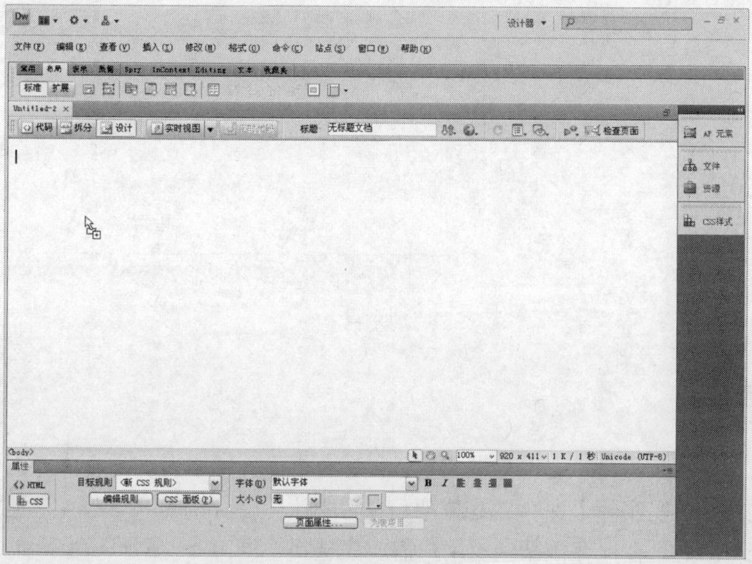

图 6-27

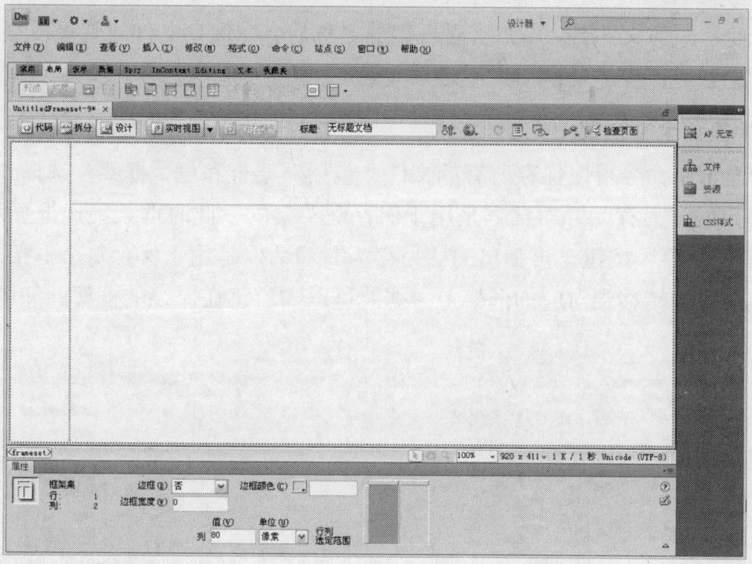

图 6-28

6.1.3　为框架添加内容

因为每一个框架都是一个 HTML 文档，所以可以在创建框架后，直接编辑某个框架中的内容，也可在框架中打开已有的 HTML 文档，具体操作步骤如下。

（1）在文档窗口中，将光标放置在某一框架内。

（2）选择“文件 > 在框架中打开”命令，打开一个已有文档，如图 6-29 所示。

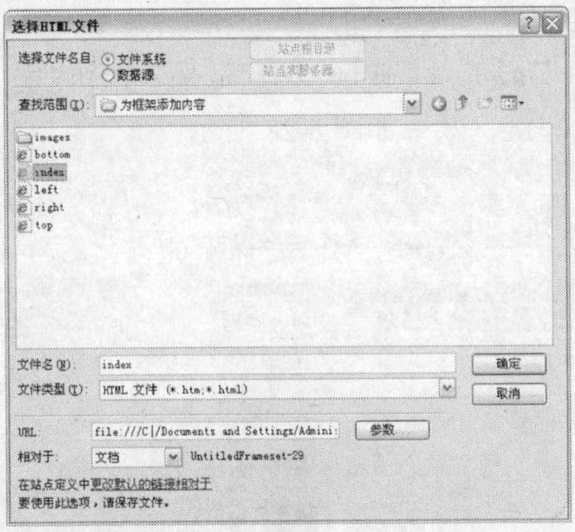
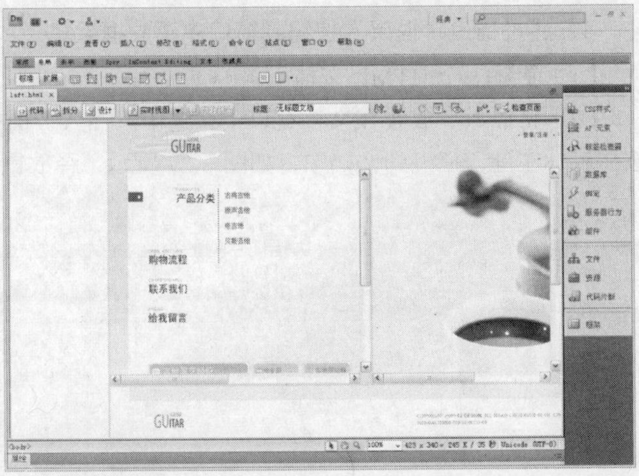

图 6-29

6.1.4 保存框架

保存框架时，分两步进行，先保存框架集，再保存框架。初学者在保存文档时很容易弄错，明明认为保存的是框架，但实际上保存的是框架集；明明认为保存的是某个框架，但实际上保存成框架集或其他框架。因此，在保存框架前，用户需要先选择“窗口 > 属性”命令和“窗口 > 框架”命令，启用“属性”面板和“框架”控制面板。然后，在“框架”控制面板中选择一个框架，在“属性”面板中查看此框架的文件名。用户查看框架的名称后，在保存文件时就可以根据“保存”对话框中的文件名信息知道保存的是框架集还是某框架了。

1．保存框架集和全部框架

使用“保存全部”命令可以保存所有的文件，包括框架集和每个框架。选择“文件 > 保存全部”命令，先弹出的“另存为”对话框是用于保存框架集的，此时框架集边框显示选择线，如图 6-30 所示，单击“保存”按钮，再弹出的“另存为”对话框是用于保存每个框架的，此时文档窗口中的选择线也会自动转移到对应的框架上，据此可以知道正在保存的框架，如图 6-31 所示。

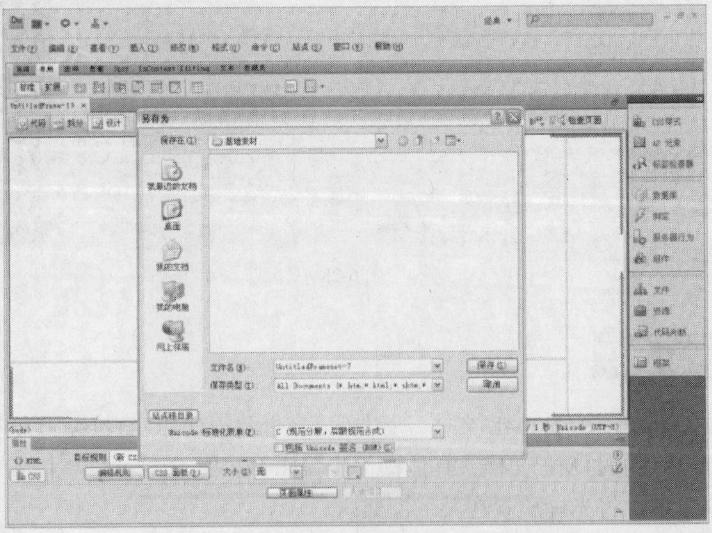

图 6-30

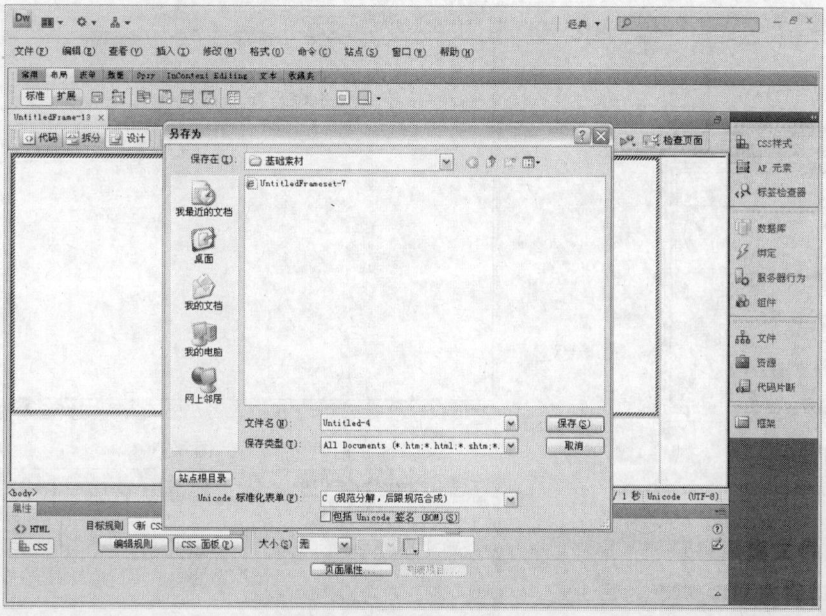

图 6-31

2．保存框架集文件

单击框架边框选择框架集后，保存框架集文件有以下几种方法。

- 选择“文件 > 保存框架页”命令。
- 选择“文件 > 框架集另存为”命令。

3．保存框架文件

将插入点放到框架中后保存框架文件，有以下几种方法。

- 选择“文件 > 保存框架”命令。
- 选择“文件 > 框架另存为”命令。

6.1.5　框架的选择

在对框架或框架集进行操作之前，必须先选择框架或框架集。

1．选择框架

选择框架有以下几种方法。

- 在文档窗口中，按<Alt>键的同时单击欲选择的框架。
- 先选择“窗口 > 框架”命令，启用“框架”控制面板。然后，在面板中单击欲选择的框架，如图 6-32 所示。此时，文档窗口中框架的边框会出现虚线轮廓，如图 6-33 所示。

2．选择框架集

选择框架集有以下几种方法。

- 在“框架”控制面板中单击框架集的边框，如图 6-34 所示。
- 在文档窗口中单击框架的边框，如图 6-35 所示。

图 6-32

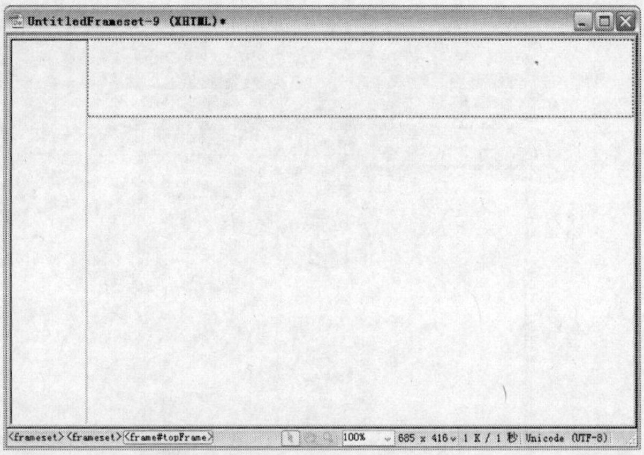

图 6-33

图 6-34

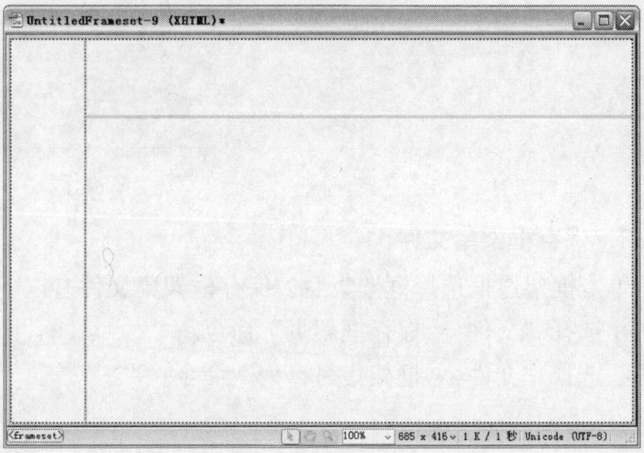

图 6-35

6.1.6 修改框架的大小

建立框架的目的就是将窗口分成大小不同的子窗口，在不同的窗口中显示不同的文档内容。调整子窗口的大小有以下几种方法。

• 在“设计”视图中，将鼠标指针放到框架边框上，当鼠标指针呈双向箭头时，拖曳鼠标改变框架的大小，如图 6-36 所示。

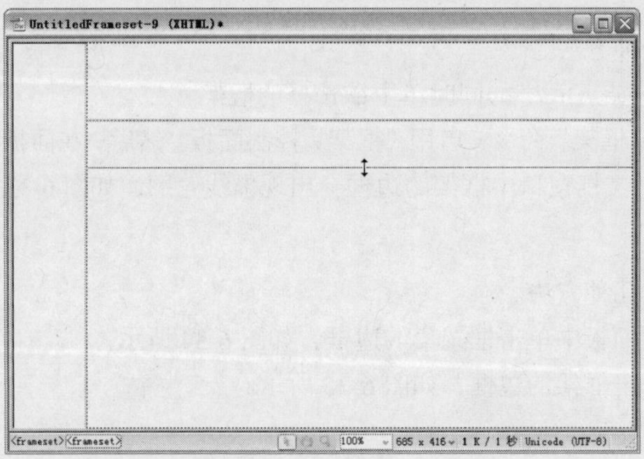

图 6-36

● 选择框架集，在“属性”面板中“行”或“列”选项的文本框中输入具体的数值，然后在“单位”选项的下拉列表中选择单位，如图 6-37 所示。

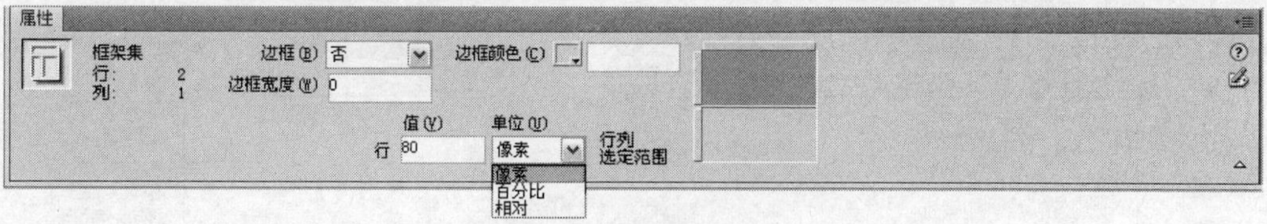

图 6-37

“属性”面板中，“单位”选项下拉列表中各选项的意义如下。

“像素”选项：默认选项，按照绝对的像素值设定框架的大小。

“百分比”选项：按所选框架占整个框架集的百分比设定框架的大小，是相对尺寸，框架的大小会随浏览器窗口的改变而改变。

“相对”选项：相对尺寸，框架的大小会随浏览器窗口的改变而改变，一般剩余空间按此方式分配。

6.1.7 拆分框架

通过拆分框架，可以增加框架集中框架的数量，但实际上是在不断地增加框架集，即框架集嵌套。拆分框架有以下几种方法。

● 先将光标置于要拆分的框架窗口中，然后选择“修改 > 框架集”命令，弹出其子菜单，其中有 4 种拆分方式，如图 6-38 所示。

图 6-38

● 先将光标置于要拆分的框架窗口中，然后单击“插入”面板“布局”选项卡中“框架”按钮右侧的黑色箭头，在弹出的菜单中选择一种拆分框架的方式，将框架窗口再划分，如图 6-39 所示。

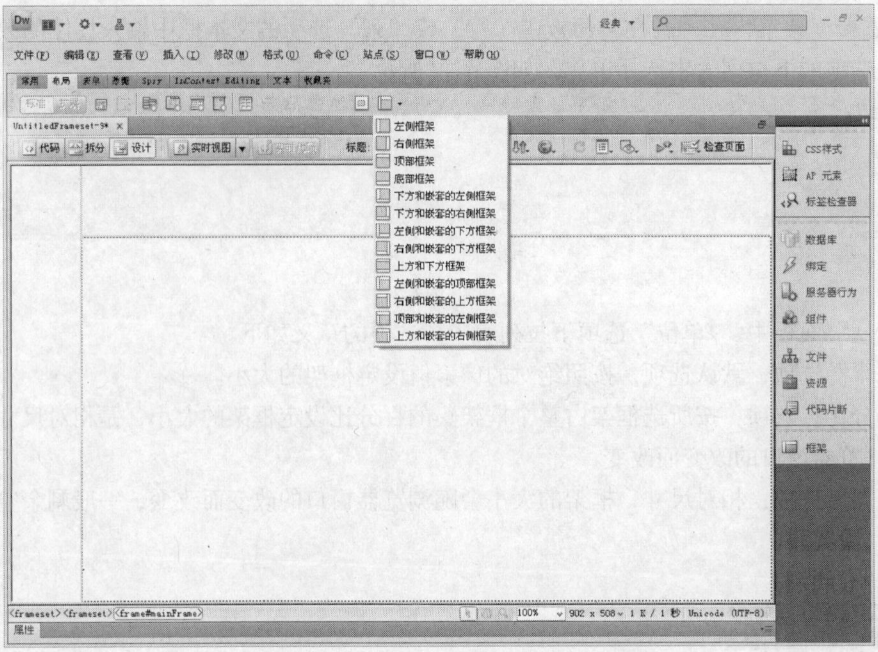

图 6-39

● 选定要拆分的框架集，按住<Alt>键的同时，将鼠标指针放到框架的边框上，当鼠标指针呈双向箭头时，拖曳鼠标拆分框架，如图 6-40 所示。

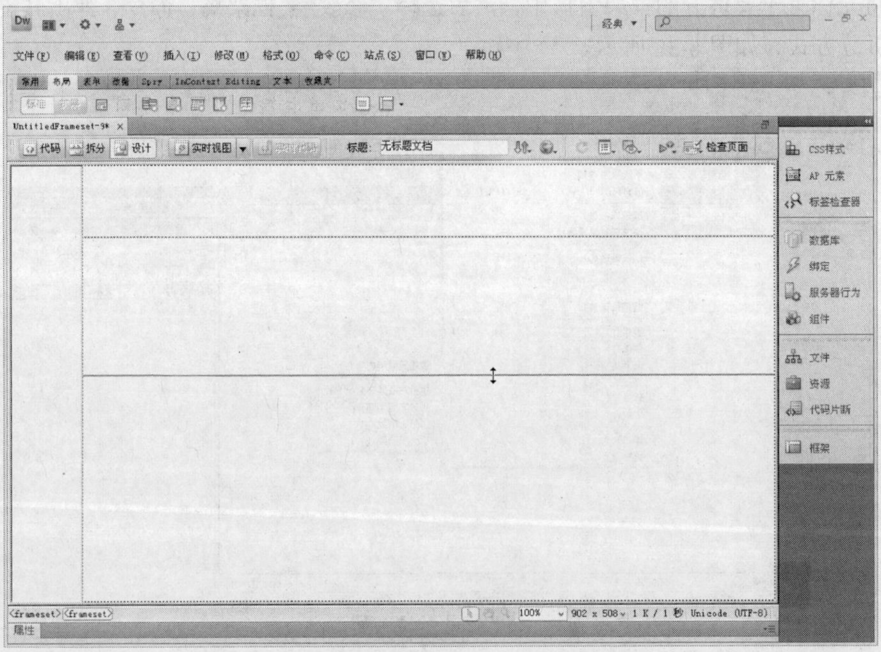

图 6-40

6.1.8 删除框架

将鼠标指针放在要删除的边框上，当鼠标指针变为双向箭头时，拖曳鼠标到框架相对应的外边框上即可进行删除，如图 6-41 所示。

图 6-41

6.2 框架的属性设置

框架是框架集的组成部分，在框架集内，通过框架集的属性来设定框架间边框的颜色、宽度和框架大小等。还可通过框架的属性来设定框架内显示的文件、框架的内容是否滚动、框架在框架集内的缩放等。

6.2.1 课堂案例——家具天地网

案例学习目标：使用“修改”菜单设置页面边距，使用“属性”面板设置框架集的属性。

案例知识要点：使用“页面属性”命令设置页面边距，使用“属性”面板设置框架大小，如图 6-42 所示。

效果所在位置：光盘/Ch06/效果/家具天地网/index.html。

图 6-42

1．设置保存文档

Step 01 选择“文件 > 新建”命令，弹出“新建文档”对话框，在左侧的选项中选择“示例中的页”选项，在“示例文件夹”列表中选择“框架集”选项，在右边的“示例页”列表框中选择“上方固定，左侧嵌套”选项，如图 6-43 所示，单击“创建”按钮，创建一个框架网页，如图 6-44 所示。

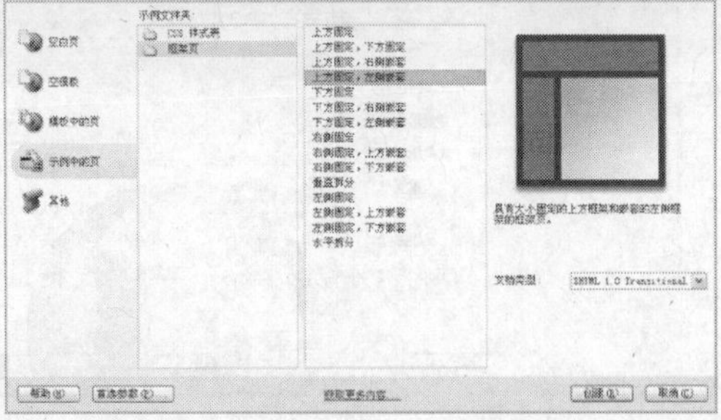

图 6-43

图 6-44

Step 02 选择“文件 > 保存全部”命令，弹出“另存为”对话框，整个框架集内侧边框会出现一个阴影框，在“保存在”选项下拉列表中选择当前站点目录保存路径，在“文件名”选项的文本框中输入“index”，设置框架集的名称，如图 6-45 所示。

Step 03 单击“保存”按钮，此时右下方的框架出现虚线，在“文件名”选项的文本框中输入“main1”，设置右下方框架的名称，如图 6-46 所示。

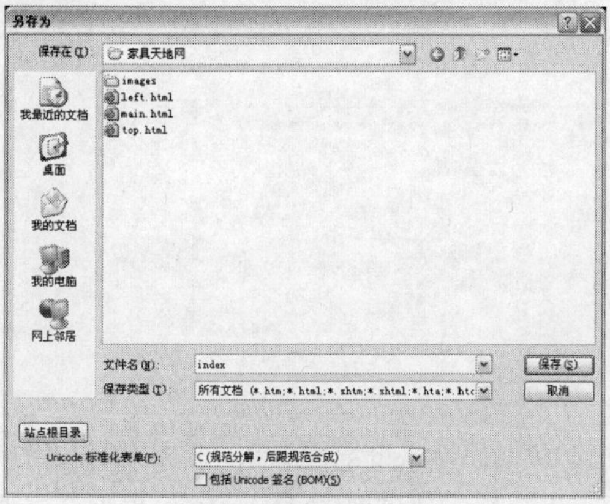

图 6-45

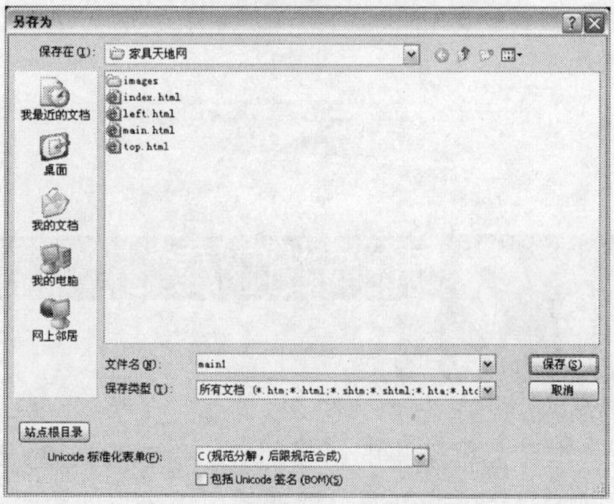

图 6-46

Step 04 单击“保存”按钮，此时左下方的框架出现虚线，在“文件名”选项的文本框中输入“left1”，设置左下方框架的名称，如图 6-47 所示。

Step 05 单击“保存”按钮，此时右下方的框架出现虚线，在“文件名”选项的文本框中输入“top1”，设置右下方框架的名称，如图 6-48 所示，单击“保存”按钮，完成框架网页的保存。

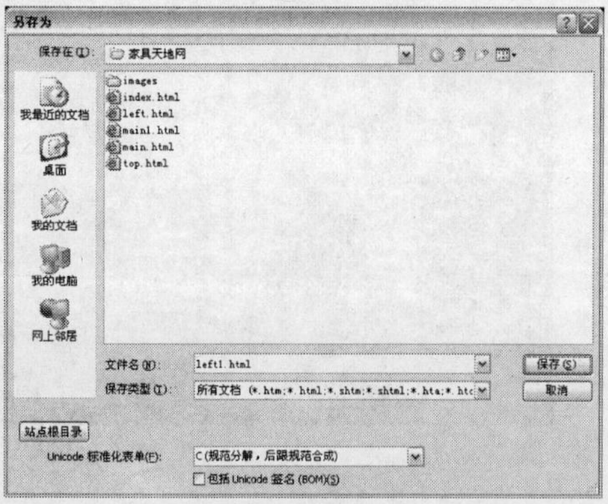

图 6-47

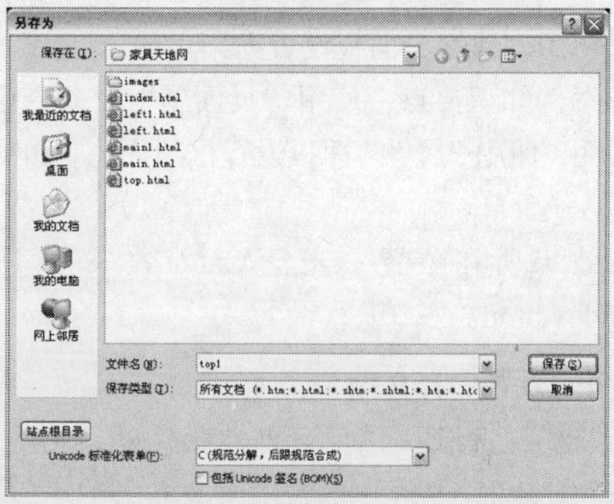

图 6-48

Step 06 将光标置入到顶部框架，选择“修改 > 页面属性”命令，弹出“页面属性”对话框，单击“分类”选项列表中的“外观”选项，在“左边距”、“右边距”、“上边距”、“下边距”选项的文本框中均输入“0”，其他选项设为默认，如图 6-49 所示，单击“确定”按钮，鼠标指针被置于框架的左上方。

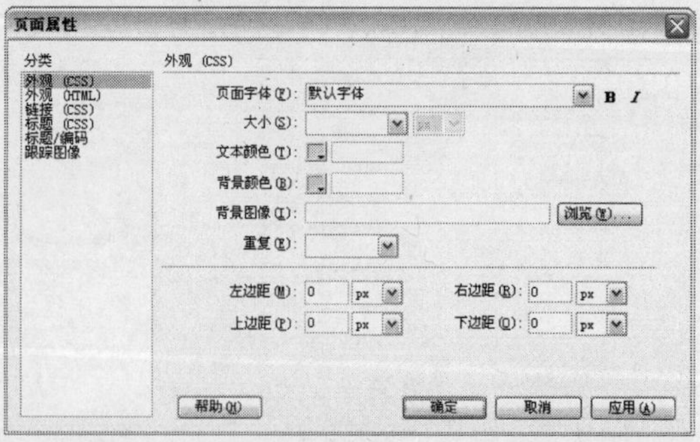

图 6-49

2．添加框架元素

Step 01 选择“窗口 > 框架”命令，启用“框架”控制面板，在面板中选择“topFrame”，如图 6-50 所示，文档窗口中框架的边框会出现虚线轮廓，如图 6-51 所示。

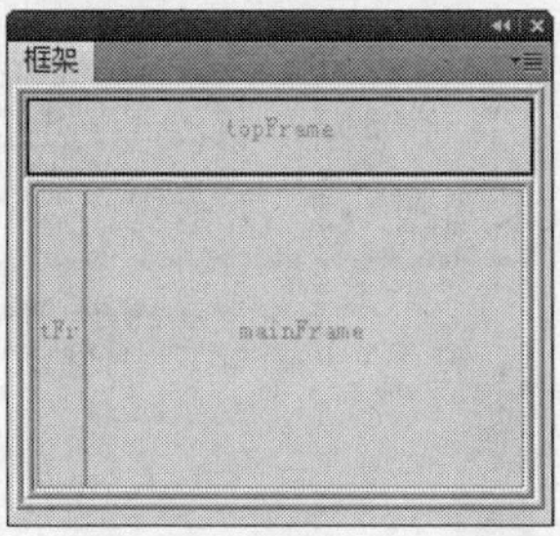

图 6-50

图 6-51

Step 02 单击“属性”面板“源文件”选项右侧的“浏览文件”按钮，弹出“选择 HTML 文件”对话框，在弹出的对话框中选择光盘目录下“Ch06 > 素材 > 家具天地网 > top.html”文件，单击“确定”按钮，弹出提示对话框，单击“是”按钮，效果如图 6-52 所示。

图 6-52

Step 03 将鼠标指针放到框架边框上，如图 6-53 所示。在“属性”面板中“行”选项的文本框中输入“64”，如图 6-54 所示。

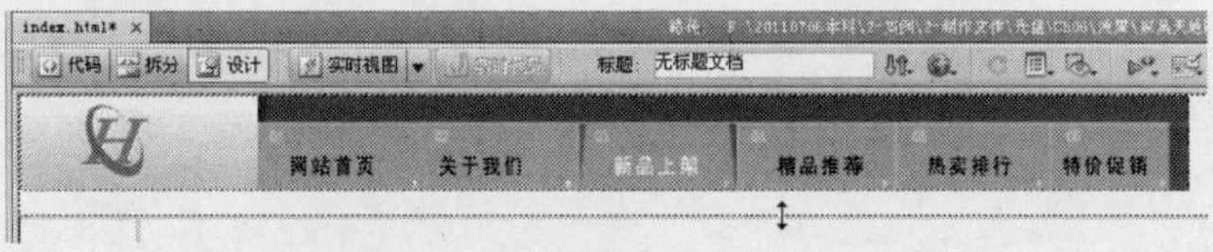

图 6-53

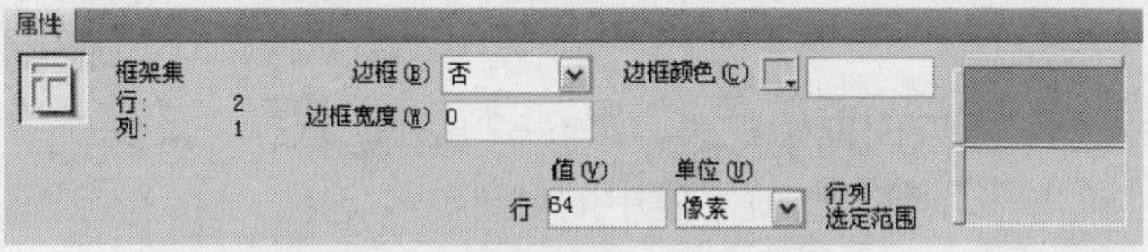

图 6-54

Step 04 将光标置入到左下方的框架中，如图 6-55 所示，选择“修改 > 页面属性”命令，弹出“页面属性”对话框，单击“分类”选项列表中的“外观”选项，在“左边距”、“右边距”、“上边距”、“下边距”选项的文本框中均输入“0”，其他选项设为默认，如图 6-56 所示，单击“确定”按钮。

图 6-55

图 6-56

Step 05 在“框架”控制面板中选择的“leftFrame”，如图 6-57 所示，文档窗口中框架的边框会出现虚线轮廓，如图 6-58 所示。

Step 06 单击“属性”面板“源文件”选项右侧的“浏览文件”按钮，弹出“选择 HTML 文件”对话框，在弹出的对话框中选择光盘“Ch06 > 素材 >家具天地网”目录下“left.html”文件，单击“确定”按钮，弹出提示对话框，单击“是”按钮，效果如图 6-59 所示。

图 6-57

图 6-58

图 6-59

Step 07 将鼠标指针放到框架边框上，如图 6-60 所示。在“属性”面板中“列”选项的文本框中输入“172”，如图 6-61 所示。

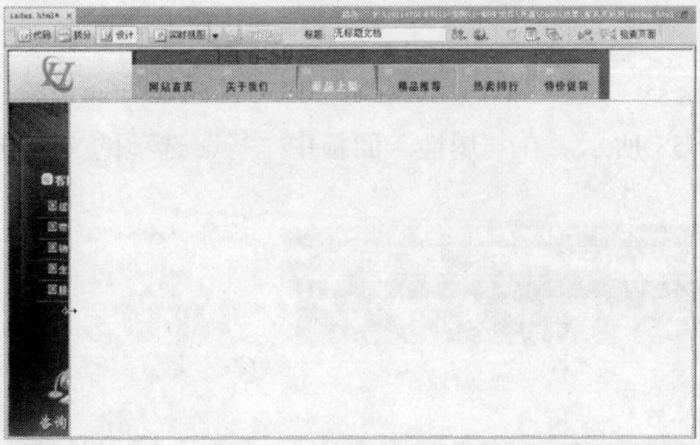

图 6-60

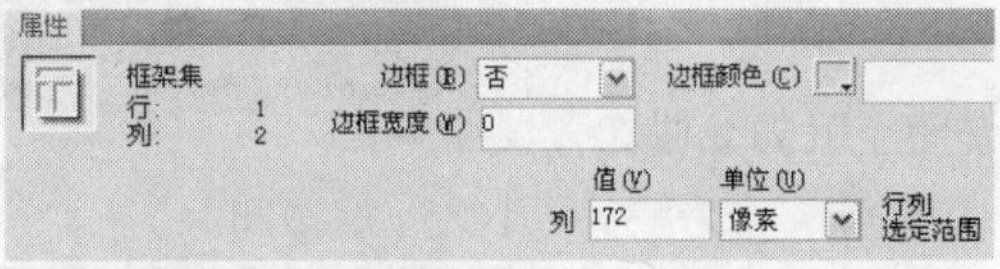

图 6-61

Step 08 将光标置入到右下方的框架中，如图 6-62 所示，选择“修改 > 页面属性”命令，弹出“页面属性”对话框，单击“分类”选项列表中的“外观”选项，在“左边距”、“右边距”、“上边距”、“下边距”选项的文本框中均输入“0”，其他选项设为默认，如图 6-63 所示，单击“确定”按钮。

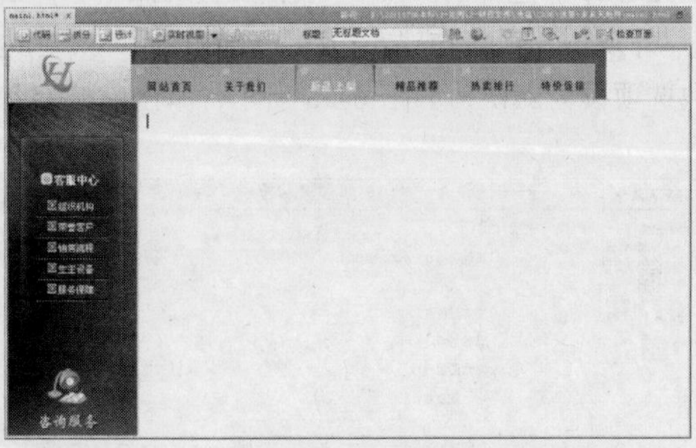

图 6-62

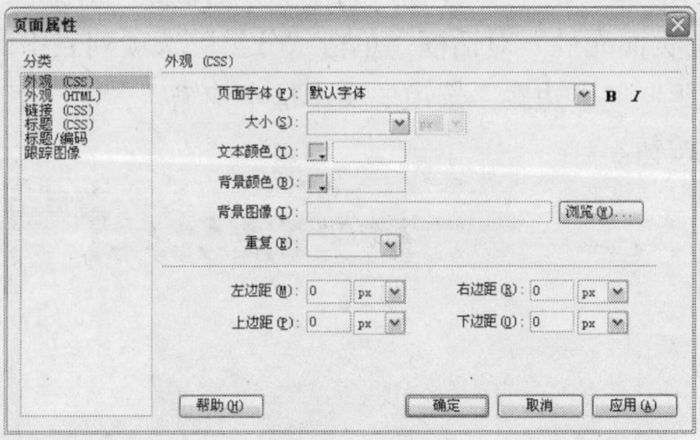

图 6-63

Step 09 在“框架”控制面板中选择的“mainFrame”，如图 6-64 所示，文档窗口中框架的边框会出现虚线轮廓，如图 6-65 所示。

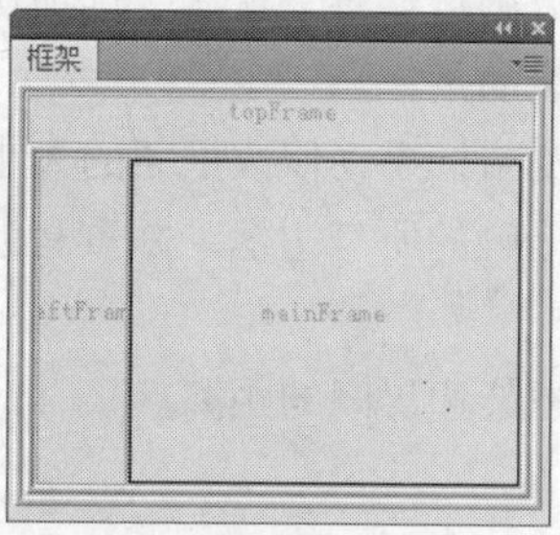

图 6-64

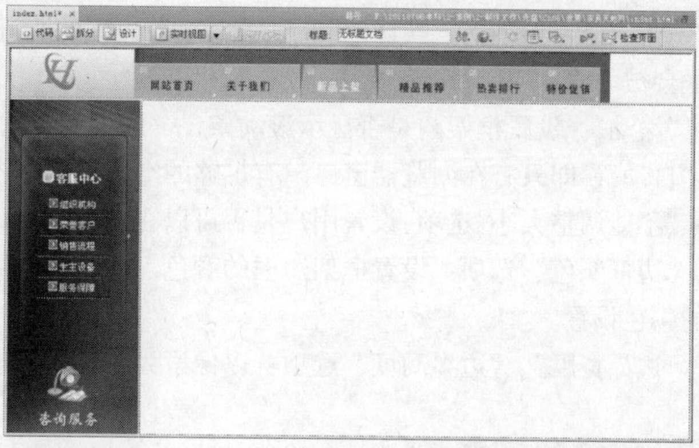

图 6-65

Step 10 单击“属性”面板“源文件”选项右侧的“浏览文件”按钮，弹出“选择 HTML 文件”对话框，在弹出的对话框中选择光盘“Ch06 > 素材 > 家具天地网”目录下“main.html”文件，单击“确定”按钮，弹出提示对话框，单击“是”按钮，效果如图 6-66 所示。

Step 11 保存文档，按<F12>键预览效果，如图 6-67 所示。

图 6-66

图 6-67

6.2.2 框架属性

选中要查看属性的框架，选择“窗口 > 属性”命令，启用“属性”面板，如图 6-68 所示。

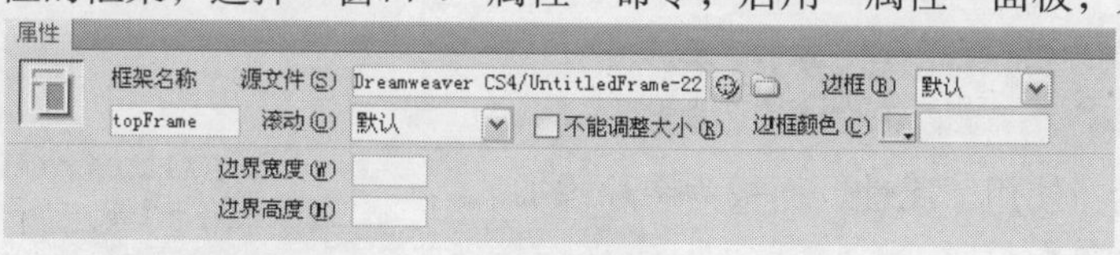

图 6-68

“属性”面板中的各选项作用如下。

“框架名称”选项：可以为框架命名。框架名称以字母开头，由字母、数字和下划线组成。利用此名称，用户可在设置链接时在“目标”选项中指定打开链接文件的框架。

“源文件”选项：提示框架当前显示的网页文件的名称及路径，还可利用此选项右侧的“浏览文件”按钮，浏览并选择在框架中打开的网页文件。

“边框”选项：设置框架内是否显示边框。为框架设置“边框”选项将重写框架集的边框设置。大多数浏览器默认为显示边框，但当父框架集的“边框”选项设置为“否”且共享该边框的框架都将“边框”选项设置为“默认值”时，或共享该边框的所有框架都将“边框”选项设置为“否”时，边框会被隐藏。

“滚动”：设置框架内是否显示滚动条，一般设为“默认”。大多数浏览器将“默认”选项认为是“自动”，即只有在浏览器窗口没有足够的空间显示内容时才显示滚动条。

“不能调整大小”选项：设置用户是否可以在浏览器窗口中通过拖曳鼠标手动修改框架的大小。

“边框颜色”选项：设置框架边框的颜色。此颜色应用于与框架接触的所有边框，并重写框架集的颜色设置。

“边界宽度”、“边界高度”选项：以像素为单位设置框架内容和框架边界间的距离。

6.2.3 框架集的属性

选择需要查看属性的框架集，然后选择“窗口 > 属性”命令，启用“属性”面板，如图 6-69 所示。

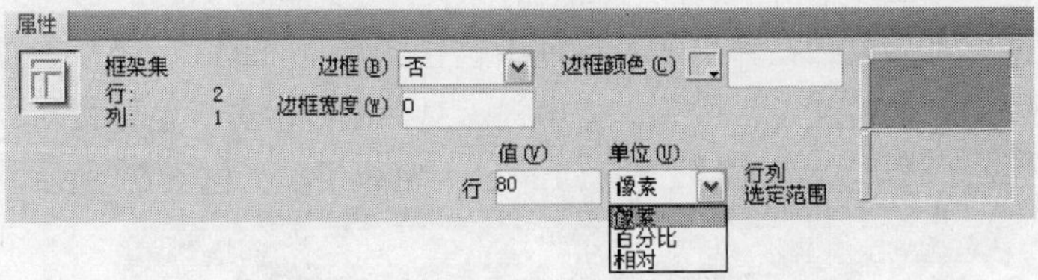

图 6-69

“属性”面板中的各选项作用如下。

“边框”选项：设置框架集中是否显示边框。若显示边框则设置为“是”，若不显示边框则设置为“否”，若允许浏览器确定是否显示边框则设置为“默认”。

“边框颜色”选项：设置框架集中所有边框的颜色。

“边界宽度”选项：设置框架集中所有边框的宽度。

“行”或“列”选项：设置选定框架集的各行和各列的框架大小。

“单位”选项：设置“行”或“列”的设定值是相对的还是绝对的。它包括以下几个选项值。

“像素”选项将“行”或“列”选项设定为以像素为单位的绝对值。对于大小始终保持不变的框架而言，此选项值为最佳选择。

“百分比”选项设置行或列相对于其框架集的总宽度和总高度的百分比。

“相对”选项在为“像素”和“百分比”分配框架空间后，为选定的行或列分配其余可用空间，此分配是按比例划分的。

6.2.4 课堂案例——旅游景点中心网

案例学习目标：使用“属性”面板为图片添加链接，使网页更加完美。

案例知识要点：使用“链接”选项制作链接效果，使用“目标”选项设置链接框架的位置，如图 6-70 所示。

图 6-70

效果所在位置：光盘/Ch06/效果/旅游景点中心网/index.html。

1. 制作由上下框架构成的第一界面

Step 01 选择“文件 > 新建”命令，弹出“新建文档”对话框，单击“确定”按钮，创建新文档，单击“插入”面板“布局”选项卡中的“顶部框架”按钮 ，在网页文档中创建框架，如图 6-71 所示。

Step 02 单击上下边界线，如图 6-72 所示，在“属性”面板中，在“行”选项的数值框中输入 210，如图 6-73 所示，文档窗口中效果如图 6-74 所示。

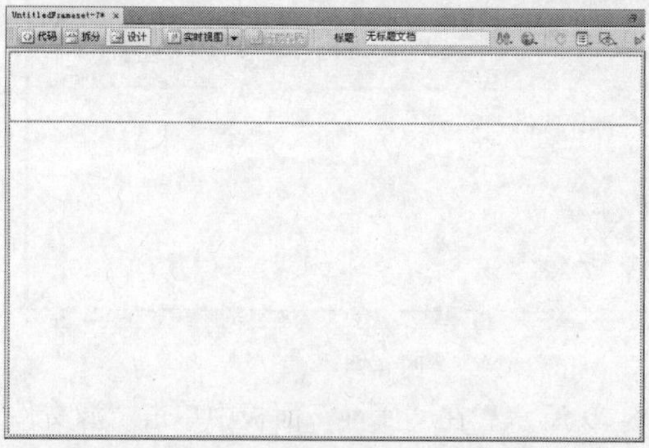

图 6-71

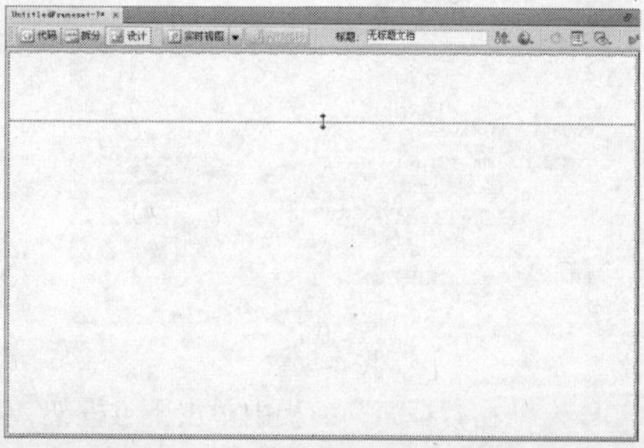

图 6-72

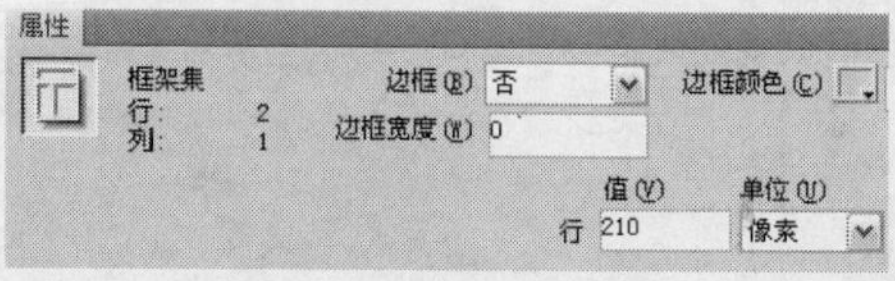

图 6-73

图 6-74

Step 03 将鼠标光标置于下方框架中，选择“文件 > 保存框架”命令，弹出“另存为”对话框，在“保存在”选项的下拉列表中选择当前站点目录保存路径，在“文件名”选项的文本框中输入“main”，如图 6-75 所示，单击“保存”按钮，返回到文档窗口。

Step 04 选择“窗口 > 框架”命令，弹出“框架”面板，单击面板中的上方框架，如图 6-76 所示，单击“属性”面板“源文件”选项右侧的“浏览文件”按钮 ，弹出“选择 HTML 文件”对话框，在光盘目录下的“Ch06 > 素材 > 旅游景点中心网”文件夹中选择文件“top.html”，如图 6-77 所示，单击“确定”按钮，上方框架中显示选定的网页文档，效果如图 6-78 所示。

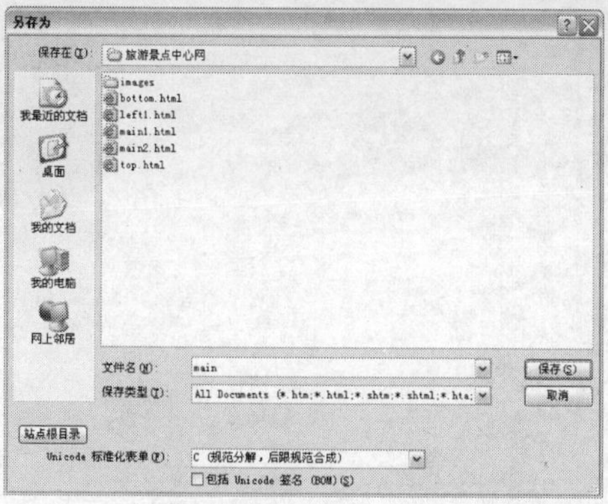

图 6-75

图 6-76

图 6-77

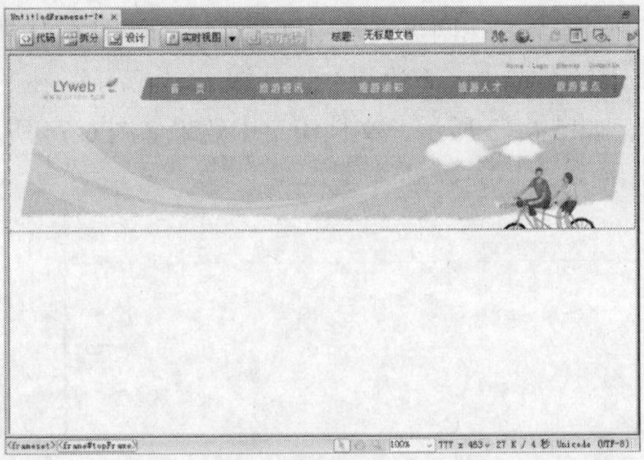

图 6-78

Step 05 在“框架”面板中单击下方框架，如图 6-79 所示。在“属性”面板中单击“源文件”选项右侧的“浏览文件”按钮，弹出“选择 HTML 文件”对话框，在光盘目录下的“Ch06 > 素材 > 旅游景点中心网”文件夹中选择文件“bottom.html”，如图 6-80 所示，单击“确定”按钮，下方框架中显示选定的网页文档，效果如图 6-81 所示。

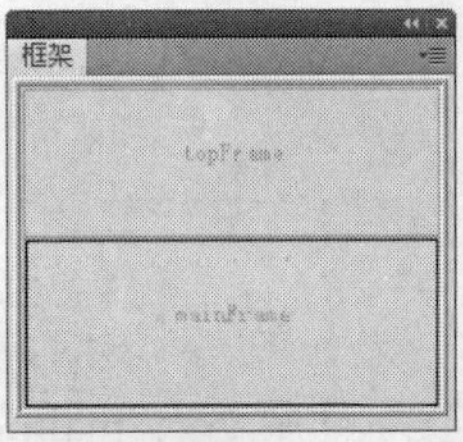

图 6-79

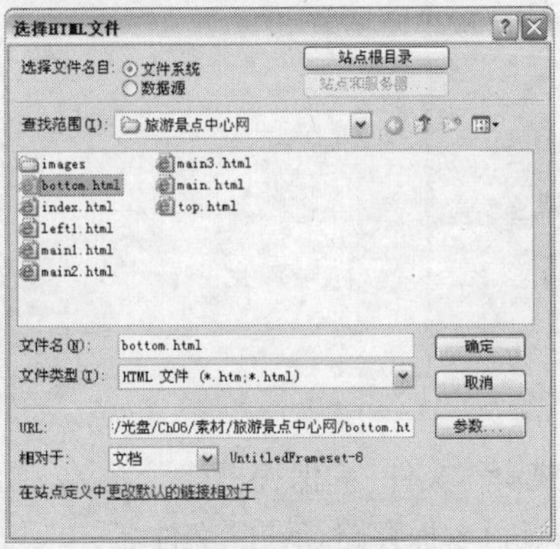

图 6-80

图 6-81

Step 06 选择“文件 > 保存全部”命令，在“保存在”选项的下拉列表中选择当前站点目录保存路径，在“文件名”选项的文本框中输入“index”，如图 6-82 所示，单击“确定”按钮。按<F12>键预览效果，如图 6-83 所示。

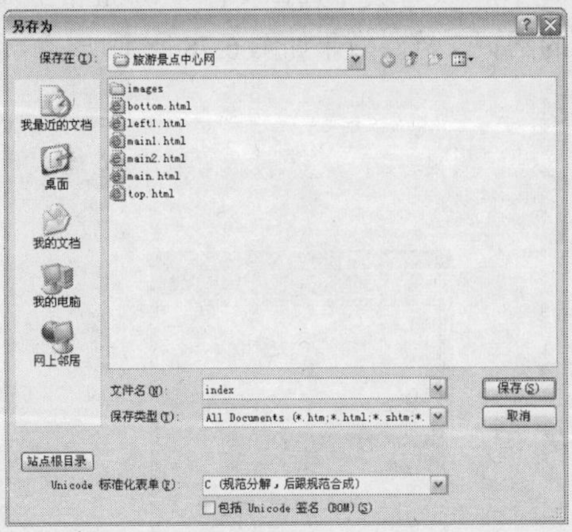

图 6-82

图 6-83

2．制作单击菜单时显示的框架集

Step 01 选择“文件 > 新建”命令，弹出“新建文档”对话框，单击“确定”按钮，创建新文档，单击“插入”面板“布局”选项卡中的“左侧框架”按钮，在网页文档中创建框架，如图 6-84 所示。

Step 02 单击如图 6-85 所示的边界线，在“属性”面板中，在“列”选项的数值框中输入 161，如图 6-86 所示，文档窗口中效果如图 6-87 所示。

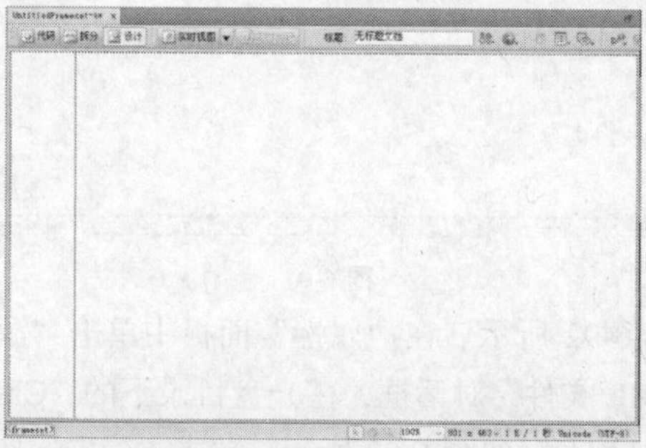

图 6-84

图 6-85

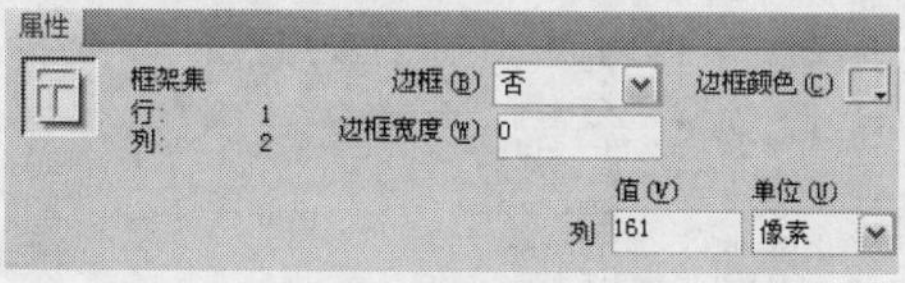

图 6-86

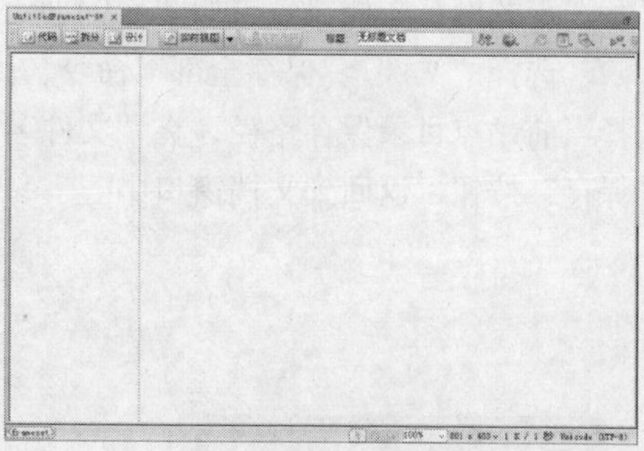

图 6-87

Step 03 将鼠标光标置入到右侧框架中，选择“文件 > 保存框架”命令，弹出“另存为”对话框，在“保存在”选项的下拉列表中选择当前站点目录保存路径，在“文件名”选项的文本框中输入“main3”，如图 6-88 所示，单击“保存”按钮，返回到文档窗口中。

Step 04 在“框架”面板中单击左侧框架，如图 6-89 所示。在“属性”面板中单击“源文件”选项右侧的“浏览文件”按钮，弹出“选择 HTML 文件”对话框，在光盘目录下的“Ch06 > 素材 > 旅游景点中心网”文件夹中选择文件“left1.html”，如图 6-90 所示，单击“确定”按钮，框架中显示选定的网页文档，效果如图 6-91 所示。

图 6-88

图 6-89

图 6-90

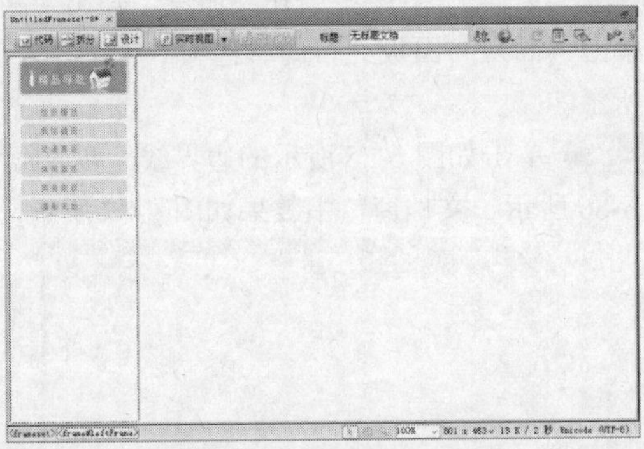

图 6-91

Step 05 在“框架”面板中单击右侧框架，如图 6-92 所示。在“属性”面板中单击“源文件”选项右侧的“浏览文件”按钮，弹出“选择 HTML 文件”对话框，在光盘目录下的“Ch06 > 素材 > 旅游景点中心网”文件夹中选择文件“main1.html”，如图 6-93 所示，单击“确定”按钮，框架中显示选定的网页文档，效果如图 6-94 所示。

Step 06 选择“文件 > 保存全部”命令，弹出“另存为”对话框，在“保存在”选项的下拉列表中选择当前站点目录保存路径，在“文件名”选项的文本框中输入“luxian”，如图 6-95 所示，单击“保存”按钮，返回到文档窗口中。

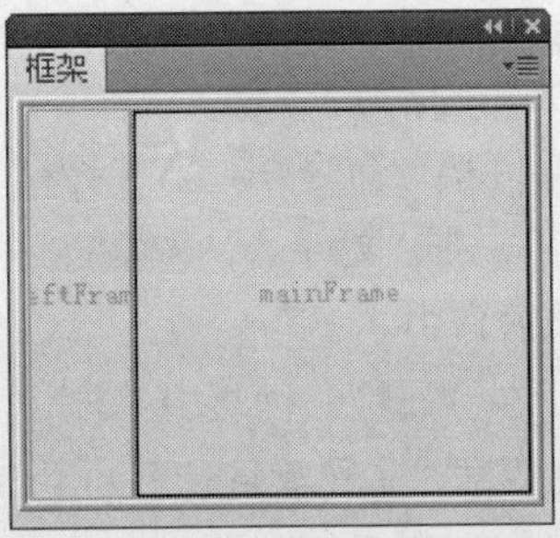

图 6-92

图 6-93

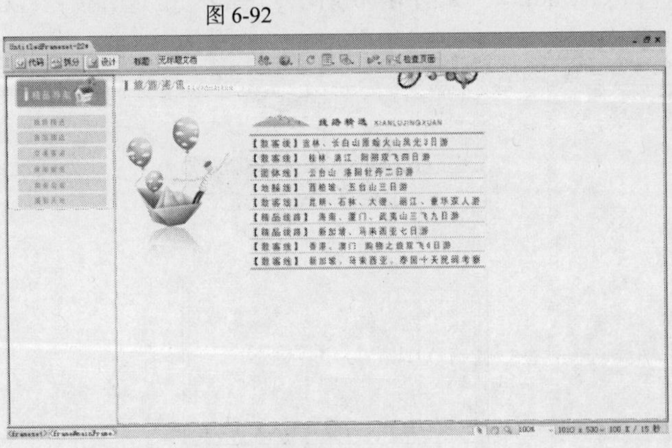

图 6-94

图 6-95

Step 07 按<Ctrl+O>快捷键，打开光盘目录下的“Ch06 > 素材 > 旅游景点中心网”文件夹中选择文件“index.html”，如图 6-96 所示。

Step 08 选中图片“旅游资讯”，如图 6-97 所示。单击“属性”面板“链接”选项右侧的“浏览文件”按钮，弹出“选择文件”对话框，在光盘目录下的“Ch06 > 素材 > 旅游景点中心网”文件夹中选择文件“luxian.html”，如图 6-98 所示，单击“确定”按钮，在“目标”选项的下拉列表中选择“mainframe”，“属性”面板中如图 6-99 所示。

图 6-96

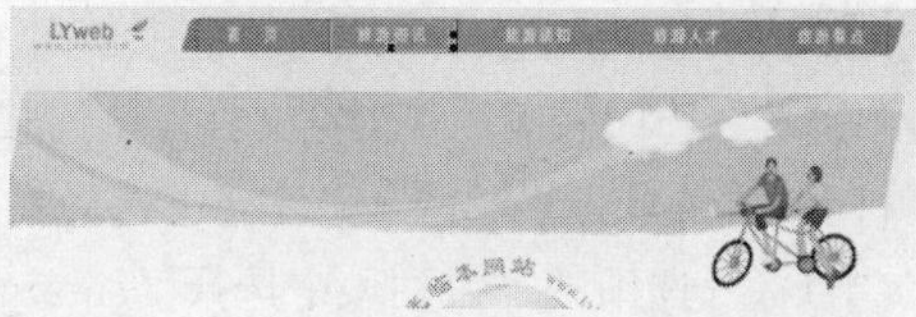

图 6-97

图 6-98

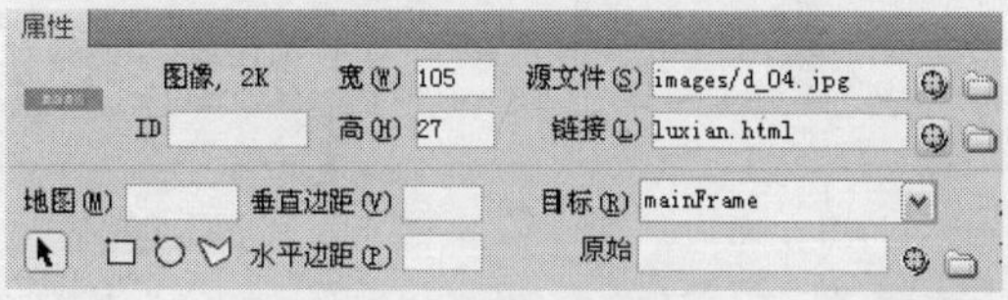

图 6-99

Step 09 选择“文件 > 保存全部”命令，保存修改的文档。按<F12>键预览效果，如图 6-100 所示，单击导航条中的“旅游资讯”，下面的内容消失，显示由左右两个框架构成的框架集文档，如图 6-101 所示。

图 6-100

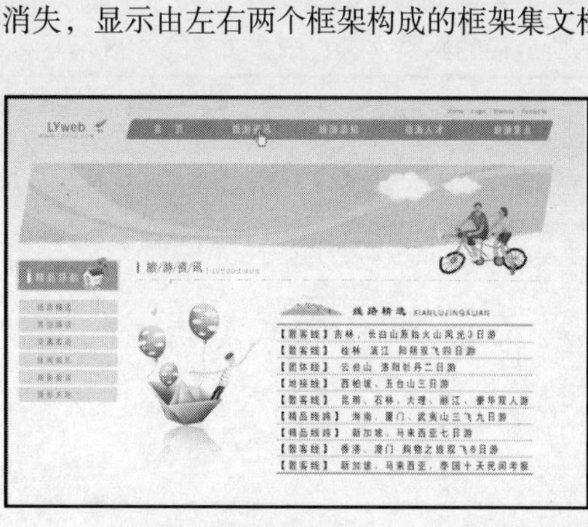

图 6-101

3．在服务菜单中设定链接

Step 01 打开 luxian.html 网页文档，在“框架”面板中单击右侧框架，在“属性”面板中，在“框架名称”对话框中将“mainFrame”更改为“subright”，如图 6-102 所示，“框架”面板如图 6-103 所示。

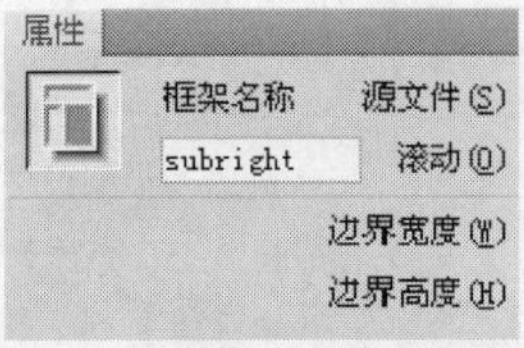

图 6-102

图 6-103

Step 02 在文档窗口左侧列表框中单击图片“休闲娱乐”，如图 6-104 所示，在“属性”面板单击“链接”选项右侧的“浏览文件”按钮，弹出“选择文件”对话框，在光盘目录下的“Ch06 > 素材 > 旅游景点中心网”文件夹中选择文件“main2.html”，如图 6-105 所示，单击“确定”按钮，在“目标”选项的下拉列表中选择“subright”，效果如图 6-106 所示。

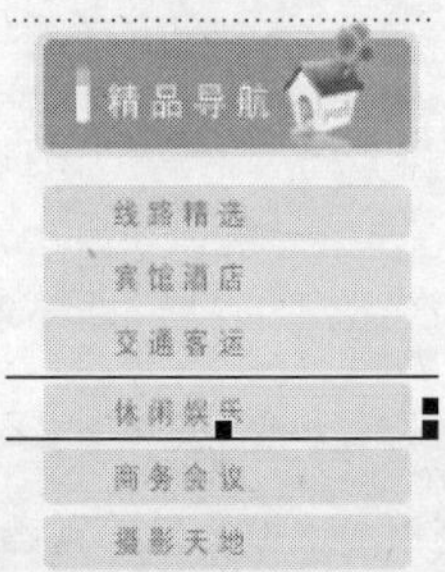

图 6-104

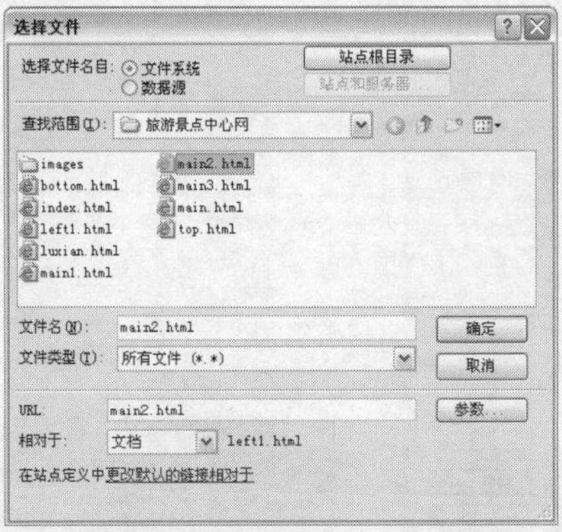

图 6-105

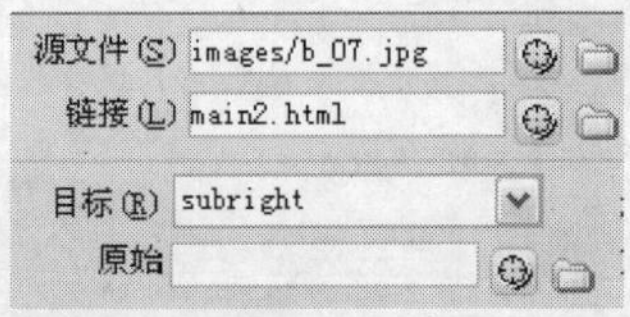

图 6-106

Step 03 选择“文件 > 保存全部”命令，再次保存修改的文档。打开光盘目录下的“Ch06 > 素材 > 旅游景点中心网”文件夹，选择文件“index.html”。在上部单击菜单“旅游资讯”，显示由左右两个框架构成的框架集文档，如图 6-107 所示。单击左侧菜单中的“休闲娱乐”，在右侧框架中显示所链接的网页文档，效果如图 6-108 所示。

图 6-107

图 6-108

6.2.5　框架中的链接

设定框架的目的是将窗口分成固定的几部分，在网页窗口的固定位置显示固定的内容。如在窗口的顶部显示站点 LOGO、导航栏等。通过导航栏的不同链接，在窗口的其他固定位置显示不同的网页内容，这时需要使用框架中的链接。

1．给每一个框架定义标题

在框架中打开链接文档时，需要通过框架名称来指定文档在浏览器窗口中显示的位置。当建立框架时，系统会给每个框架一个默认名称。对于用户来说，不一定非常明白名称与框架的对应关系。因此可以给每个框架自定义名称，以便明确框架名称代表浏览器窗口的相应位置。具体操作步骤如下。

（1）选择“窗口 > 框架”命令，启用“框架”控制面板，单击要命名的框架边框选择该框架，如图 6-109 所示。

（2）选择“窗口 > 属性”命令，启用“属性”面板，在“框架名称”选项中输入框架的新名称，例如“logo”，如图 6-110 所示。

图 6-109

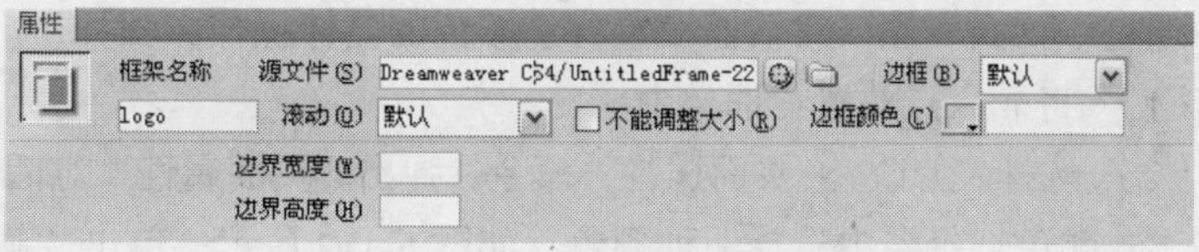

图 6-110

（3）重复步骤（1）和步骤（2），为不同的框架命名。

2．创建框架中的链接

（1）选择链接对象。

（2）选择“窗口 > 属性”命令，启用“属性”面板。利用“链接”和“目标”选项，设定链接文件和文件打开的窗口位置，如图 6-111 所示。

“链接”选项用于指定链接的源文件。

“目标”选项用于指定链接文件打开的窗口或框架窗口。它包括“_blank”、“_parent”、“_self”、“_top”和具体的框架名称等选项。

“_blank”选项表示在新的浏览器窗口中打开链接网页。

“_parent”选项表示在父级框架窗口中或包含该链接的框架窗口中打开链接网页。一般使用框架时才选用此选项。

“_self”选项是默认选项，表示在当前窗口或框架窗口中打开链接网页。

“_top”选项表示在整个浏览器窗口中打开链接网页，并删除所有框架。一般使用多级框架时才选用此选项。

具体的框架名称选项用于指定打开链接网页的具体的框架窗口，一般在包含框架的网页中才会出现此选项。

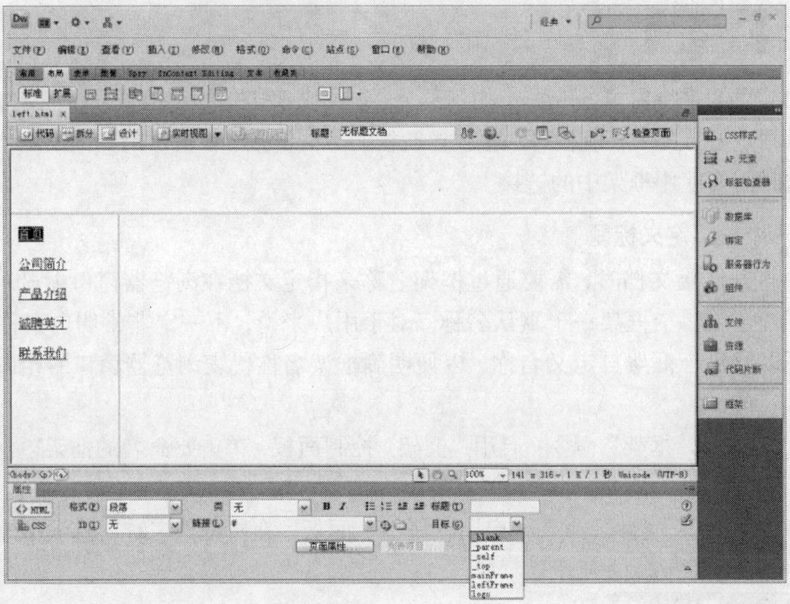

图 6-111

6.2.6 改变框架的背景颜色

通过“页面属性”对话框设置背景颜色的具体操作步骤如下。

（1） 将插入点放置在框架中。

（2） 选择“修改 > 页面属性”命令，弹出“页面属性”对话框，单击“背景颜色”按钮，在弹出式颜色选择器中选择一种颜色，如图 6-112 所示，单击“确定”按钮完成设置。

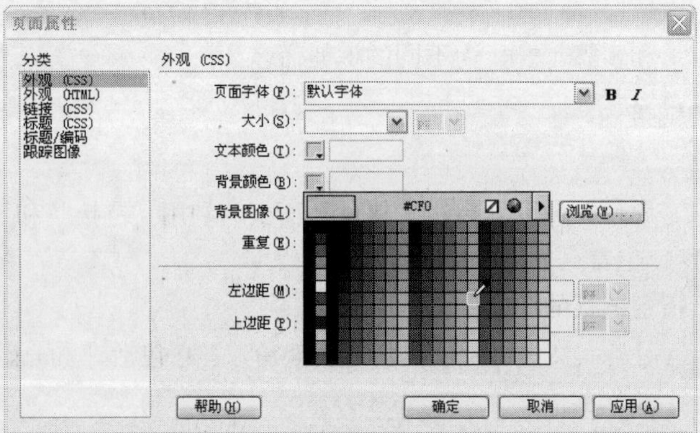

图 6-112

6.3 课堂练习——手机信息网

练习知识要点：使用“链接”选项设置链接效果，如图 6-113 所示。

效果所在位置：光盘/Ch06/效果/手机信息网/index.html。

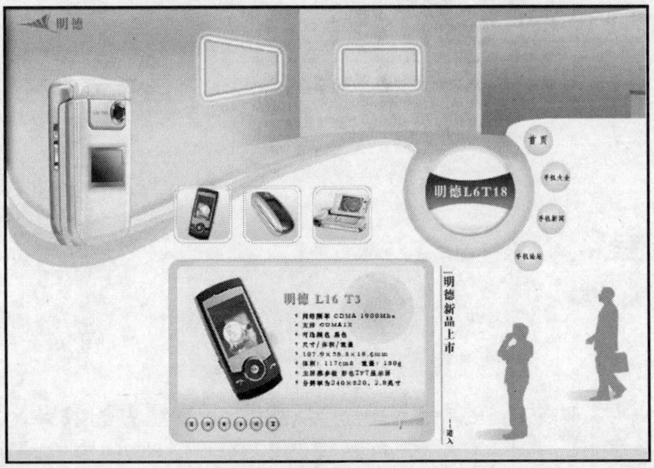

图 6-113

6.4 课后习题——超酷数码相机网页

习题知识要点：使用上方固定框架制作的网页的结构图效果，使用“属性”面板改变框架的大小，使用“表格”和“图像”按钮插入表格和图像制作完整的框架网页效果，如图 6-114 所示。

效果所在位置：光盘/Ch06/效果/超酷数码相机网页/index.html。

图 6-114

第7章 使用层

如果用户想在网页上实现多个元素重叠的效果，可以使用层。层是网页中的一个区域，并且游离在文档之上。利用层可精确定位和重叠网页元素。通过设置不同层的显示或隐藏，实现特殊的效果。因此，在掌握层技术之后，就可以给网页制作提供强大的页面控制能力。

【教学目标】

- 层的基本操作。
- 应用层设计表格。

7.1 层的基本操作

层作为网页的容器元素，不仅可在其中放置图像，还可以放置文字、表单、插件、层等网页元素。在 CSS 层中，用 DIV、SPAN 标志层。在 NETSCAPE 层中，用 LAYER 标记标识层。虽然层有强大的页面控制功能，但操作却很简单。

7.1.1 课堂案例——时尚女性网页

案例学习目标：使用“插入”面板“布局”选项卡中的按钮绘制层，使用“属性”面板设置层的背景图像。

案例知识要点：使用“绘制 AP Div”按钮绘制层，使用“AP 元素”控制面板选择层，使用“属性”面板改变层的背景图像，如图 7-1 所示。

效果所在位置：光盘/Ch07/效果/时尚女性网页/index.html。

图 7-1

1. 创建图层并插入图层

Step 01 选择“文件 > 打开”命令，在弹出的对话框中选择“Ch07 > 素材 > 时尚女性网页 > index.html”文件，单击“打开”按钮，效果如图 7-2 所示。

图 7-2

Step 02 单击“插入”面板“布局”选项卡上的“绘制 AP Div”按钮，在页面中拖曳鼠标指针绘制出一个矩形层，如图 7-3 所示。将光标置入到层中，如图 7-4 所示。

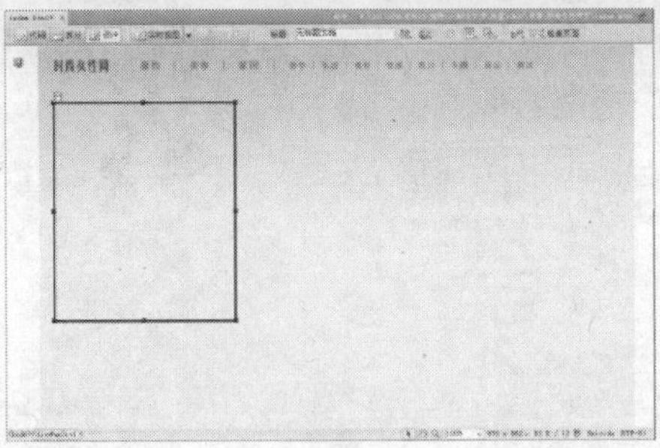

图 7-3

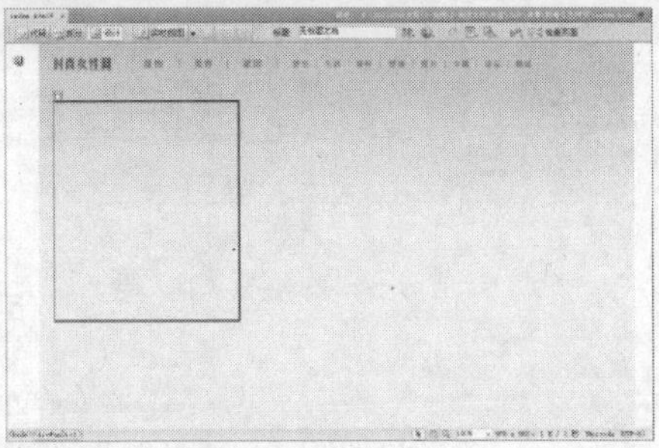

图 7-4

Step 03 单击“插入”面板“常用”选项卡中的“图像”按钮，弹出“选择图像源文件”对话框，选择光盘目录下“Ch07 > 素材 > 时尚女性网页 > images”文件夹中的“cosmetic.png”文件，如图 7-5 所示，单击“确定”按钮完成图片的插入，效果如图 7-6 所示。

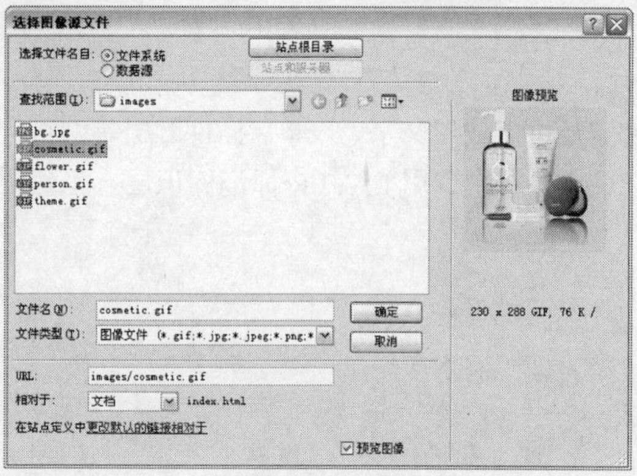

图 7-5

图 7-6

2．调整图层的大小和位置

Step 01 单击层的边框将图层选中，按住鼠标左键向内拖曳鼠标，缩小层，如图 7-7 所示，松开鼠标左键，如图 7-8 所示。即使把图层大小调得比图像小，图层也会自动调整为与图像大小相同。

Step 02 单击图层的控制点，按住鼠标左键向右拖曳鼠标移动图层，如图 7-9 所示，松开鼠标左键，效果如图 7-10 所示。

图 7-7

图 7-8

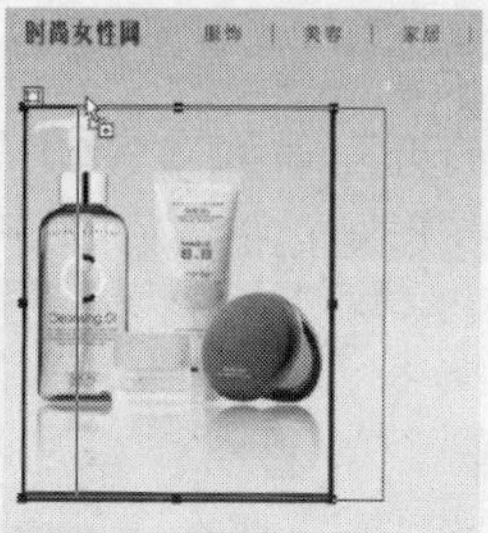

图 7-9

图 7-10

3．选择图层的 3 种方法

Step 01 单击“插入”面板“布局”选项卡上的“绘制 AP Div”按钮，按住<Ctrl>键的同时，分别在页面中绘制两个层，效果如图 7-11 所示。

Step 02 分别将光盘目录下“Ch07 > 素材 > 时尚女性网页 > images”文件夹中的图片“flower.png”、“person.png”插入到图层中，效果如图 7-12 所示。

图 7-11

图 7-12

Step 03 把鼠标指针移动到要选择的图层边框上，则显示红色的强调线，如图 7-13 所示，单击图层边框，图层被选中，效果如图 7-14 所示。

图 7-13

图 7-14

Step 04 单击第一个图层中的图像，插入的图像被选中，如图 7-15 所示，按<Ctrl+Shift>快捷键的同时，再次单击图层内部，图层被选中，效果如图 7-16 所示。

图 7-15

图 7-16

Step 05 选择"窗口 > AP 元素"命令，弹出"AP 元素"控制面板，在面板中单击要选择的图层，如图 7-17 所示，文档窗口中相应的图层被选中，效果如图 7-18 所示。

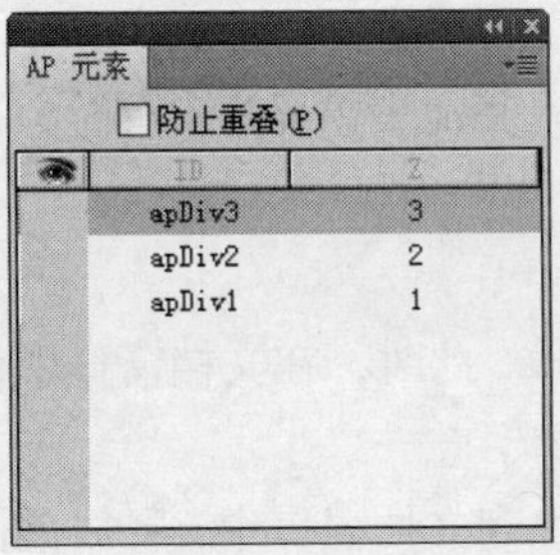

图 7-17

图 7-18

4．指定图层的背景色和背景图像

Step 01 选择第 3 个图层，如图 7-19 所示，在"属性"面板中单击"背景图像"选项右侧的"浏览文件"按钮，弹出"选择图像源文件"对话框，在光盘目录下的"Ch07 > 素材 > 时尚女性网页 > images"文件夹中选择"flower.png"文件，如图 7-20 所示，单击"确定"按钮，为图层添加背景图像，效果如图 7-21 所示。

Step 02 保存文件，按<F12>键，预览效果如图 7-22 所示。

图 7-19

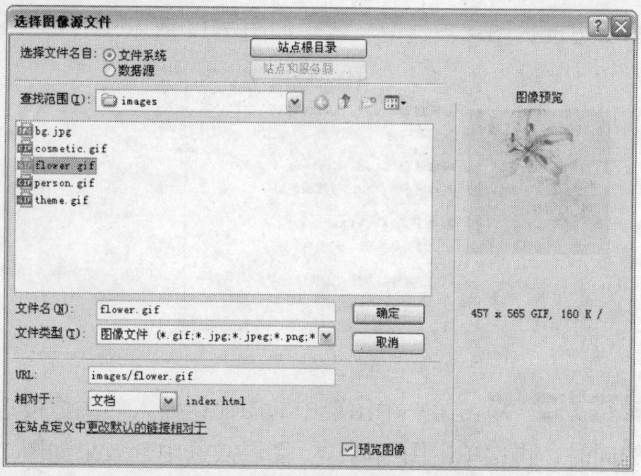

图 7-20

图 7-21

图 7-22

7.1.2 创建层

1．创建层

若想利用层来定位网页元素，先要创建层，再根据需要在层内插入其他表单元素。有时为了布局，还可以显示或隐藏层边框。

创建层有以下几种方法。

- 单击“插入”面板“布局”选项卡中的“绘制 AP Div”按钮。此时，在文档窗口中，鼠标指针呈“+”形。按住鼠标左键拖曳，画出一个矩形层，如图 7-23 所示。
- 将“插入”面板“布局”选项卡中的“绘制 AP Div”按钮拖曳到文档窗口中，释放鼠标，此时，在文档窗口中，出现一个矩形层，如图 7-24 所示。
- 将光标放置到文档窗口中要插入层的位置，选择“插入 > 布局对象 > AP Div”命令，在插入点的位置插入新的矩形层。

单击“插入”面板“布局”选项卡中的“绘制 AP Div”按钮。此时，在文档窗口中，鼠标呈“+”形。按住<Ctrl>键的同时按住鼠标左键拖曳鼠标，画出一个矩形层。只要不释放<Ctrl>键，就可以继续绘制新的层，如图 7-25 所示。

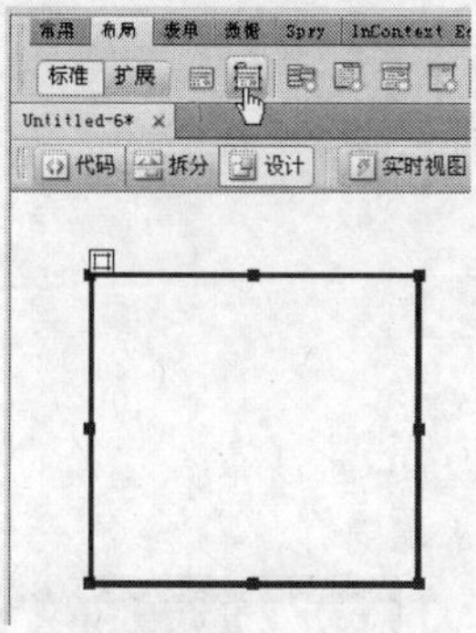

图 7-23

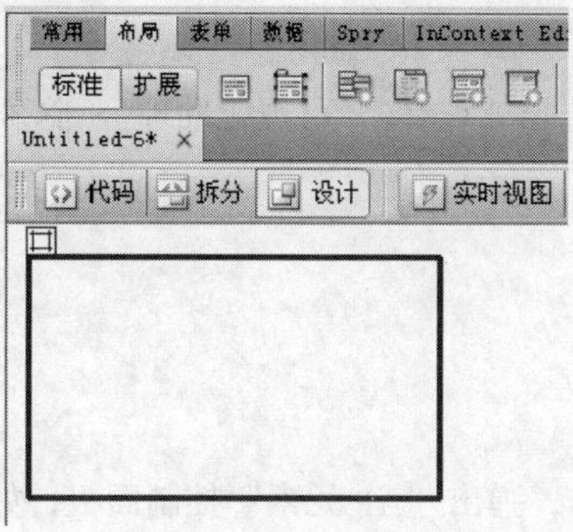

图 7-24

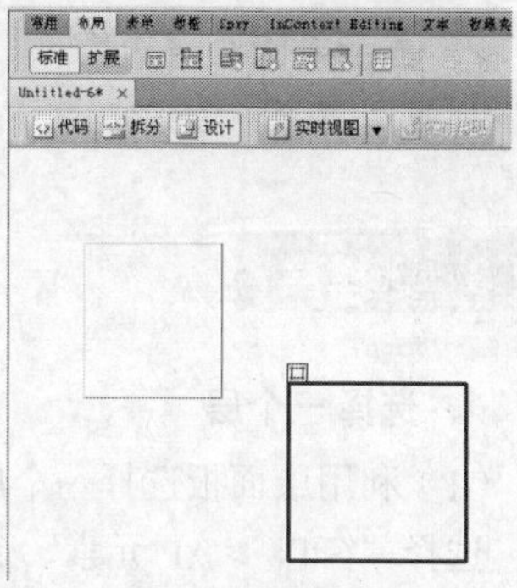

图 7-25

若要显示层标记，首先选择“查看 > 可视化助理 > 不可见元素”命令，如图 7-26 所示，使“不可见元素”命令呈被选择状态，然后再选择“编辑 > 首选参数”命令，弹出“首选参数”对话框，选择“分类”选项框中的“不可见元素”选项，选择右侧的“AP 元素的锚点”复选框，如图 7-27 所示，单击“确定”按钮完成设置。这时在网页的左上角显示出层标记。

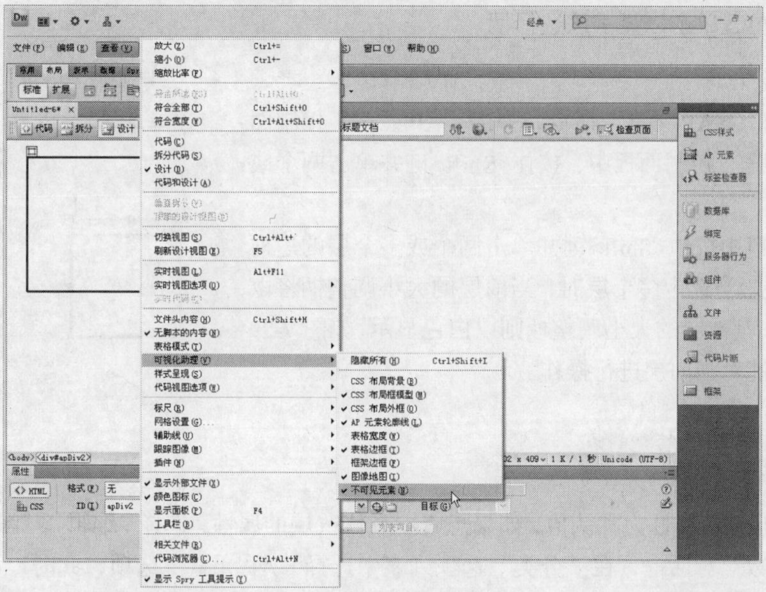

图 7-26

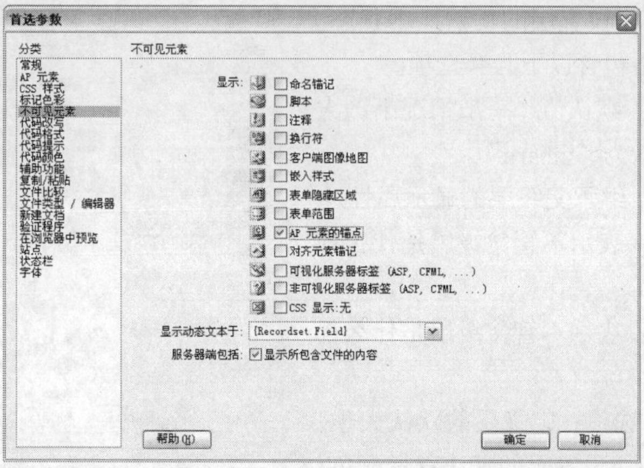

图 7-27

2．显示或隐藏层边框

若要显示或隐藏层边框，可选择“查看 > 可视化助理 > 隐藏所有”命令。

7.1.3 选择层

1．选择一个层

（1）利用层面板选择一个层。

选择“窗口 >AP 元素”命令，弹出“AP 元素”控制面板，如图 7-28 所示。在“AP 元素”控制面板中，单击该层的名称。

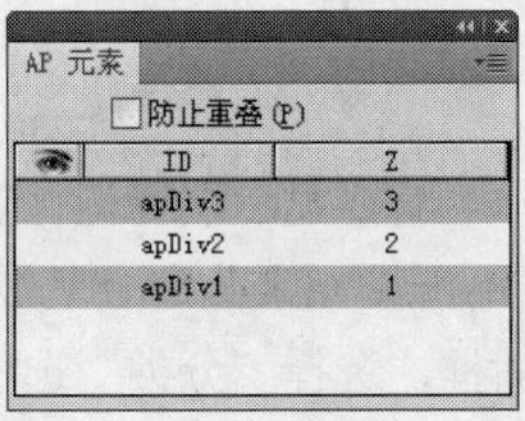

图 7-28

（2）在文档窗口中选择一个层，有以下几种方法。

- 单击一个层的边框。
- 在一个层中按住<Ctrl+Shift>快捷键并单击它。
- 单击一个选择层的选择柄 ▣。如果选择柄 ▣ 不可见，可以在该层中的任意位置单击以显示该选择柄。

2．选定多个层

选择“窗口 >AP 元素”命令，弹出“AP 元素”控制面板。在“AP 元素”控制面板中，按住<Shift>键并单击两个或更多的层名称。

在文档窗口中按住<Shift>键并单击两个或多个层的边框内（或边框上）。当选定多个层时，当前层的大小调整柄将以蓝色突出显示，其他层的大小调整柄则以白色显示，如图 7-29 所示，并且只能对当前层进行操作。

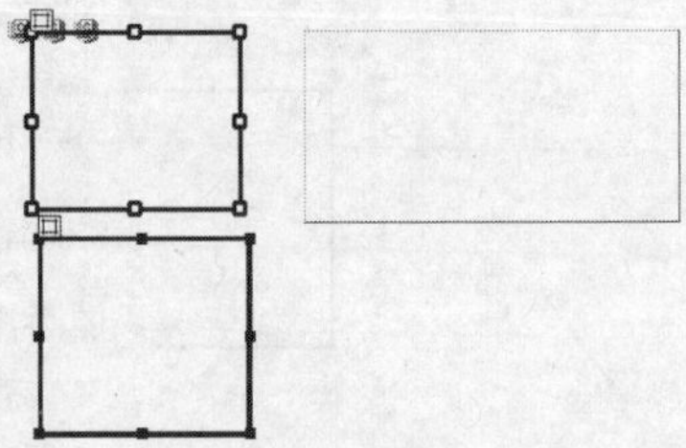

图 7-29

7.1.4 设置层的默认属性

当层插入后，其属性为默认值，如果想查看或修改层的属性，选择“编辑 > 首选参数”命令，弹出“首选参数”对话框，在“分类”选项列表中选择“AP 元素”选项，此时，可查看或修改层的默认属性，如图 7-30 所示。

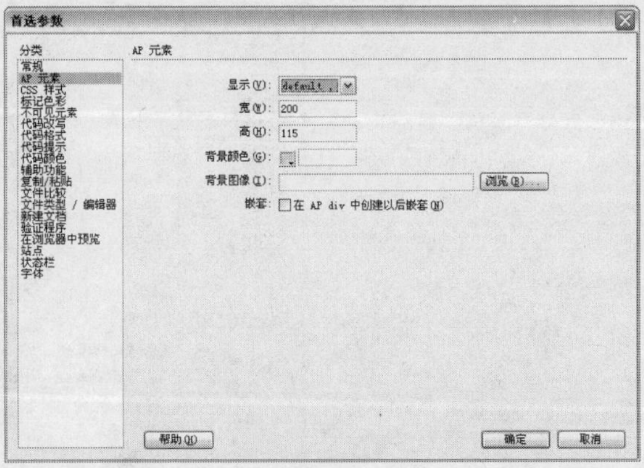

图 7-30

“显示”选项：设置层的初始显示状态。此选项的下拉列表中包含以下几个选项。

“default”选项：默认值，一般情况下，大多数浏览器都会默认为“inherit”。

“inherit”选项：继承父级层的显示属性。

“visible”选项：表示不管父级层是什么都显示层的内容。

“hidden”选项：表示不管父级层是什么都隐藏层的内容。

“宽”和“高”选项：定义层的默认大小。

“背景颜色”选项：设置层的默认背景颜色。

“背景图像”选项：设置层的默认背景图像。单击右侧的“浏览”按钮 浏览(B)... 选择背景图像文件。

“嵌套”选项：设置在层出现重叠时，是否采用嵌套方式。

7.1.5　AP 元素面板

通过“AP 元素”控制面板可以管理网页文档中的层。选择“窗口 >AP 元素”命令，启用“AP 元素”控制面板，如图 7-31 所示。

使用“AP 元素”控制面板可以防止层重叠，更改层的可见性，将层嵌套或层叠，以及选择一个或多个层。

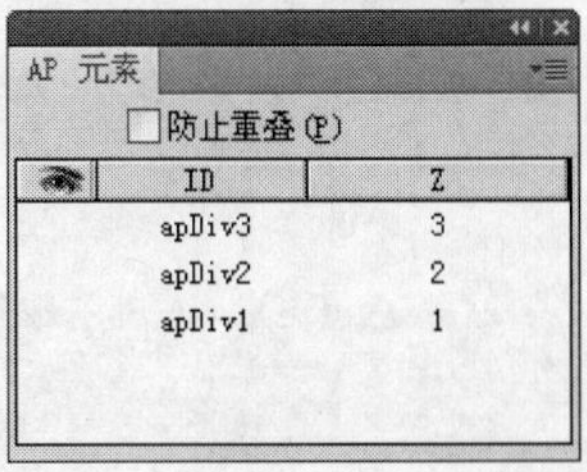

图 7-31

7.1.6　更改层的堆叠顺序

排版时常需要控制叠放在一起的不同网页元素的显示顺序，以实现特殊的效果，这可通过修改选定层的“Z 轴”属性值实现。

层的显示顺序与 Z 轴值的顺序一致。Z 值越大，层的位置越靠上前。在“AP 元素”控制面板中按照堆叠顺序排列层的名称，如图 7-32 所示。

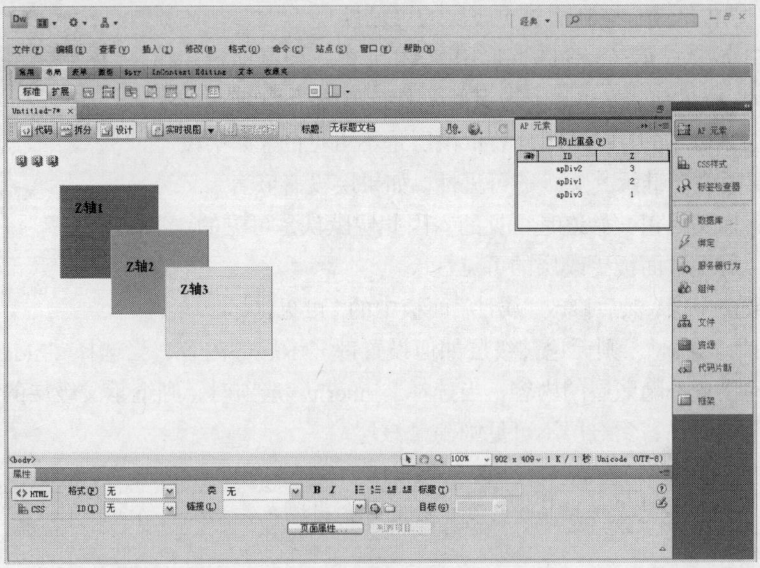

图 7-32

1．在“AP 元素”控制面板中更改层的堆叠顺序

（1）选择“窗口 >AP 元素”命令，启用“AP 元素”控制面板。

（2）在“AP 元素”控制面板中，将层向上或向下拖曳至所需的堆叠位置。

2．在“属性”面板中更改层的堆叠顺序

（1）选择“窗口 >AP 元素”命令，启用“AP 元素”控制面板。

（2）在“AP 元素”控制面板或文档窗口中选择一个层。

（3）在“属性”面板的“Z 轴”选项中输入一个更高或更低的编号，使当前层沿着堆叠顺序向上或向下移动，效果如图 7-33 所示。

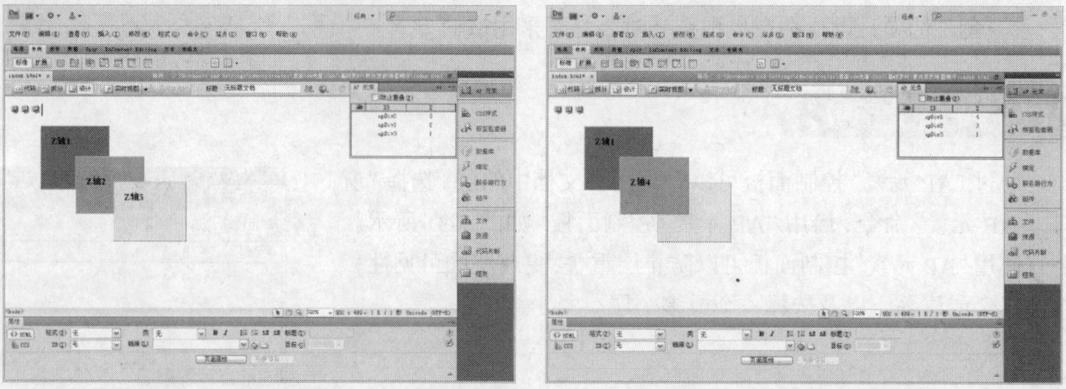

调整前　　　　　　调整后

图 7-33

7.1.7 更改层的可见性

当处理文档时，可以使用“AP 元素”控制面板手动设置显示或隐藏层，来查看层在不同条件下的显示方式。更改层的可见性，有以下几种方法。

（1）使用“AP 元素”控制面板更改层的可见性

选择“窗口 > AP 元素”命令，启用“AP 元素”控制面板。在层的眼形图标列内单击，可以更改其可见性，如图 7-34 所示。眼睛睁开表示该层是可见的，眼睛闭合表示该层是不可见的。如果没有眼形图标，该层通常会继承其父级的可见性。如果层没有嵌套，父级就是文档正文，而文档正文始终是可见的，因此层默认是可见的。

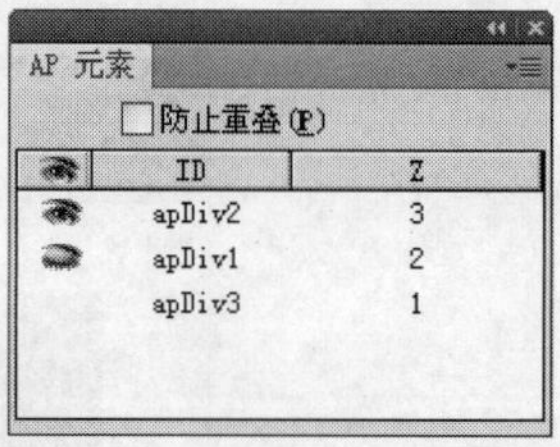

图 7-34

（2）使用“属性”面板更改层的可见性

选择一个或多个层，然后修改“属性”面板中的“可见性”选项。当选择“visible”选项时，则无论父级层如何设置都显示层的内容；当选择“hidden”选项时，则无论父级层如何设置都隐藏层的内容；当选择“inherit”选项时，则继承父级层的显示属性，若父级层可见则显示该层，若父级层不可见则隐藏该层。

> **提示：** 当前选定层总是可见的，它在被选定时会出现在其他层的前面。

7.1.8 调整层的大小

可以调整单个层的大小，也可以同时调整多个层的大小以使它们具有相同的宽度和高度。

1．调整单个层的大小

选择一个层后，调整层的大小有以下几种方法。

- 应用鼠标拖曳方式。拖曳该层边框上的任一调整柄到合适的位置。
- 应用键盘方式。同时按键盘上的方向键和<Ctrl>键可调整一个像素的大小。

● 应用网格靠齐方式。同时按键盘上的方向键和快捷键<Shift+Ctrl>可按网格靠齐增量来调整大小。

● 应用修改属性值方式。在“属性”面板中，修改“宽”选项和“高”选项的数值。

提示： 调整层的大小会更改该层的宽度和高度，并不定义该层内容和可见性。

2．同时调整多个层的大小

选择多个层后，可同时调整多个层的大小有以下几种方法。

● 应用菜单命令。

● 选择“修改 > 排列顺序 > 设成宽度相同”命令或者“修改 > 排列顺序 > 设成高度相同”命令。

● 应用快捷键。

● 按<Ctrl+Shift+7>或<Ctrl+Shift+9>快捷键，则以当前层为标准同时调整多个层的宽度或高度。

提示： 以当前层为基准，如图 7-35、图 7-36 所示。

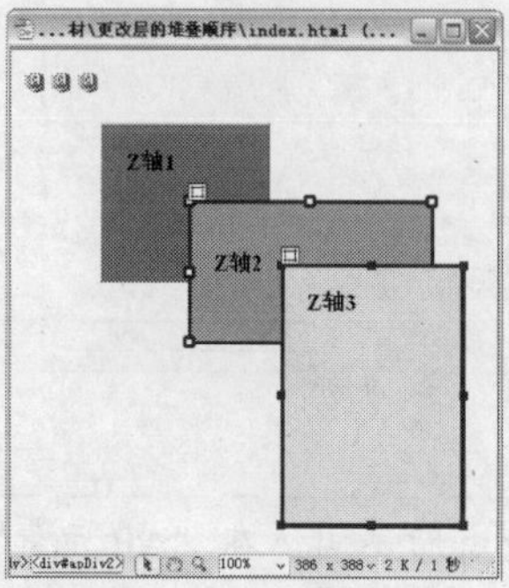

图 7-35

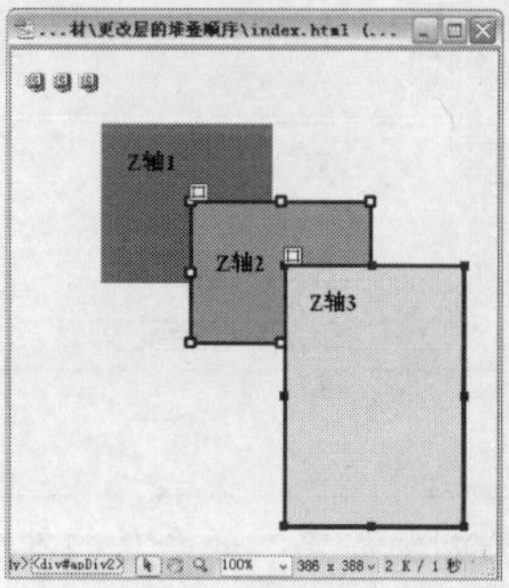

图 7-36

应用修改属性值方式。

选择多个层，然后在“属性”面板中修改“宽”选项和“高”选项的数值。

7.1.9　嵌套层

嵌套层指代码包含在另一个层中的层。嵌套通常用于将层组织在一起，嵌套层的形式如图 7-37 所示，面板中如图 3-38 所示。

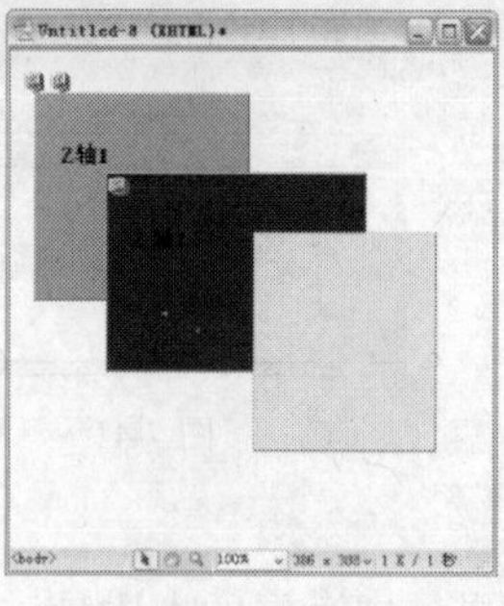

图 7-37

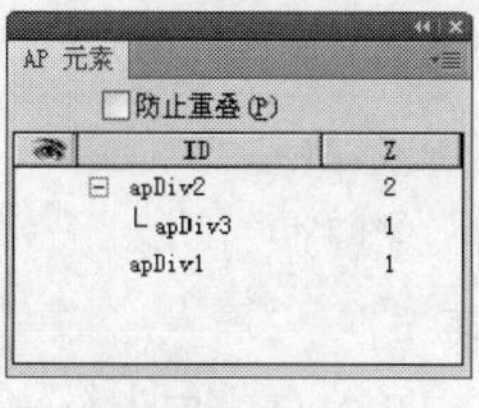

图 7-38

1．创建嵌套层

• 应用菜单命令。

将插入点放入现有层中，选择“插入 > 布局对象 > AP Div”命令。

• 应用按钮拖曳。

拖曳“插入”面板“布局”选项卡中的“绘制 AP Div”按钮，然后将其放在现有层中。

• 应用按钮绘制。

选择“编辑 > 首选参数”命令，启用“首选参数”对话框，在“分类”选项列表中选择“AP 元素”选项，在右侧选择“在 AP div 中创建以后嵌套”复选框，如图 7-39 所示，单击“插入”面板“布局”选项卡上的“绘制 AP Div”按钮，然后拖曳鼠标在现有层中绘制一个层，还可以按住<Ctrl>键的同时拖曳鼠标在现有层中绘制一个嵌套层。

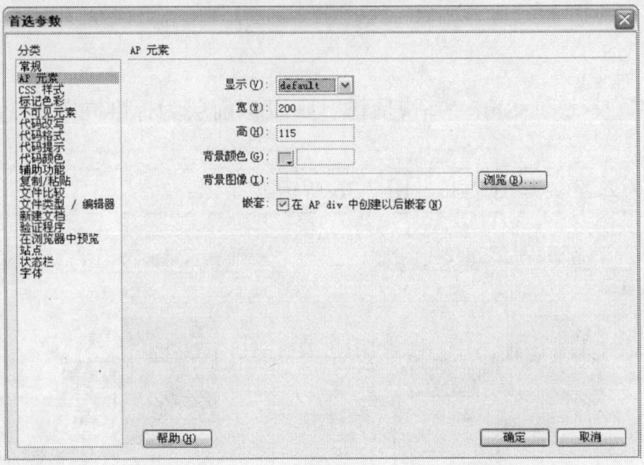

图 7-39

提示：在不同的浏览器中，嵌套层的外观可能会有所不同。在“AP 元素”控制面板中，单击加号⊞或减号⊟图标显示或隐藏嵌套的层。此时就可绘制出嵌套层。

2．将现有层嵌套在另一个层中

使用“AP 元素”控制面板，将现有层嵌套在另一个层中的具体操作步骤如下。

（1）选择“窗口 > AP 元素”命令，启用“AP 元素”控制面板。

（2）在“AP 元素”控制面板中选择一个层，然后按住<Ctrl>键的同时拖曳鼠标，将其移动到“AP 元素”控制面板的目标层上，当目标层的名称突出显示时，如图 7-40 所示，松开鼠标左键，即完成操作，如图 7-41 所示。

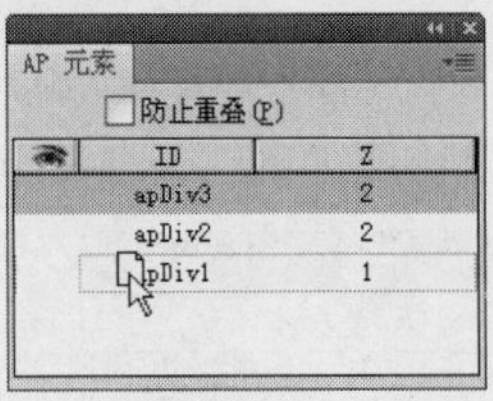

图 7-40

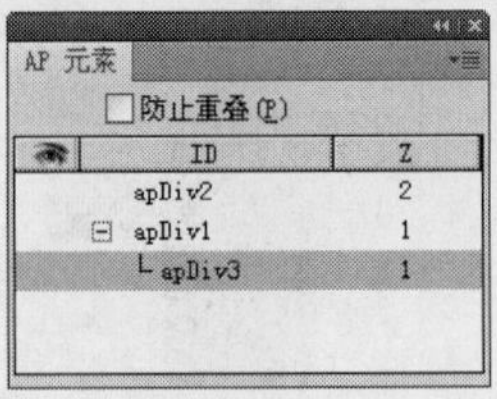

图 7-41

3．层嵌套的注意事项

嵌套层并不意味着一层位于另一层内的显示效果，嵌套层的本质是一层的 HTML 代码嵌套于另一层的 HTML 代码之内。可以用拖曳的方法判断两个或多个层是否嵌套，嵌套层随其父级层一起移动，并且继承其父级层的可见性。

7.1.10　移动层

移动层的操作非常简单，可以按照在大多数图形应用程序中移动对象的相同方法在“设计”视图中移动层。移动一个或多个选定层有以下几种方法。

- 拖曳选择柄来移动层。

先在“设计”视图中选择一个或多个层，然后拖曳当前层（蓝色突出显示）的选择柄，以移动选定层的位置，如图 7-42 所示。

- 移动一个像素来移动层。

先在“设计”视图中选择一个或多个层，然后按住<Shift>键的同时按方向键，则按当前网格靠齐增量来移动选定层的位置。

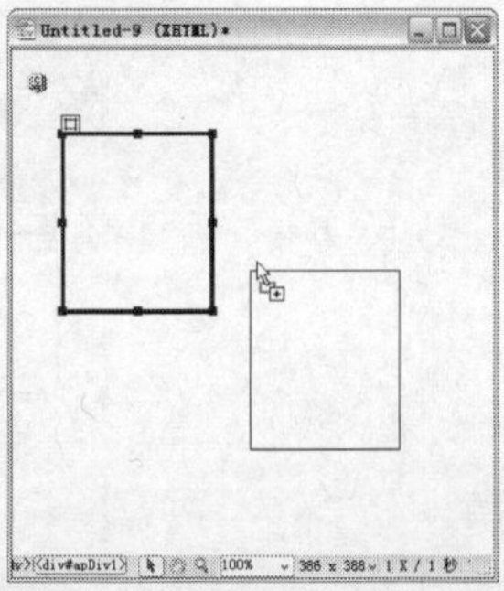

图 7-42

提示：如果已启用“AP 元素”控制面板中的“防止重叠”选项，那么在移动层时将无法使层相互重叠。

7.1.11　对齐层

使用层对齐命令可以当前层的边框为基准对齐一个或多个层。当对选定层进行对齐时，未选定的子层可能会因为其父层被选定并移动而随之移动。为了避免这种情况，不要使用嵌套层。对齐两个或更多个层有以下几种方法。

- 应用菜单命令对齐层。

在文档窗口中选择多个层，然后选择“修改 > 排列顺序”命令，在其子菜单中选择一个对齐选项。如选择“上对齐”选项，则所有层都会按当前层的上对齐，如图 7-43 所示。

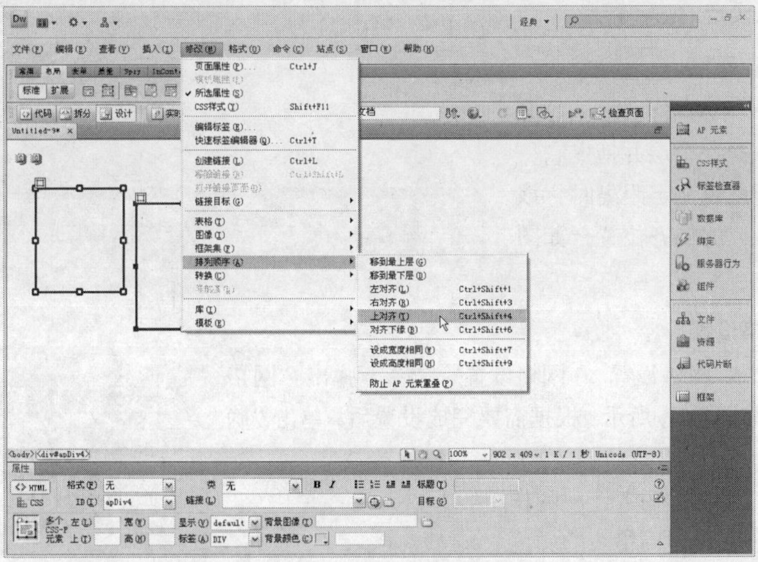

图 7-43

提示：对齐以当前层（蓝色突出显示）为基准。

• 应用“属性”面板对齐层。

在文档窗口中选择多个层，然后在“属性”面板的“上”选项中输入具体数值，则以多个层的上边线相对于页面顶部的位置来对齐，如图 7-44 所示。

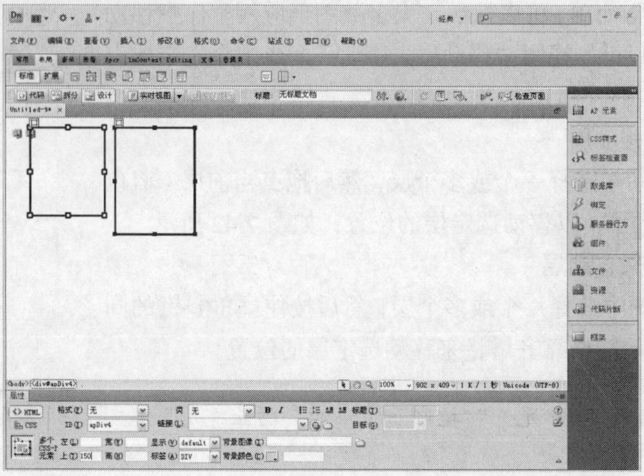

图 7-44

7.1.12 层靠齐到网格

在移动网页元素时可以让其自动靠齐到网格，还可以通过指定网格设置来更改网格或控制靠齐行为。无论网格是否可见，都可以使用靠齐。

应用 Dreamweaver CS4 中的靠齐功能，层与网格之间的关系如铁块与磁铁之间的关系。层与网格线之间靠齐的距离是可以设定的。

1. 层靠齐到网格

选择“查看 > 网格设置 > 靠齐到网格”命令，选择一个层并拖曳它，当拖曳它靠近网格线一定距离时，该层会自动跳到最近的靠齐位置，如图 7-45 所示。

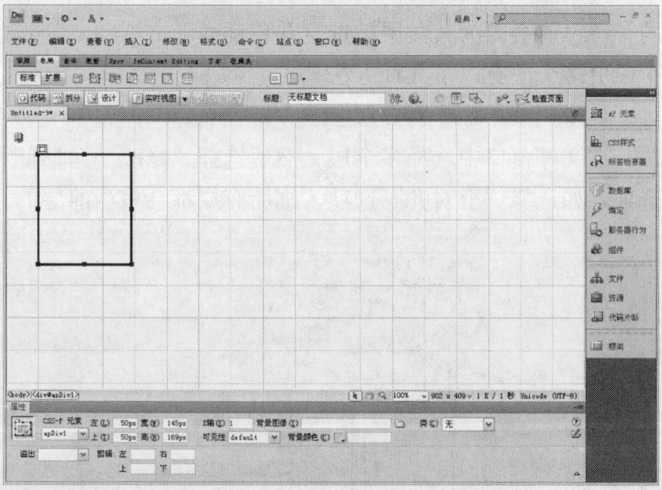

图 7-45

2. 更改网格设置

选择“查看 > 网格设置 > 网格设置”命令，弹出“网格设置”对话框，如图 7-46 所示，根据需要完成设置后，单击“确定”按钮。

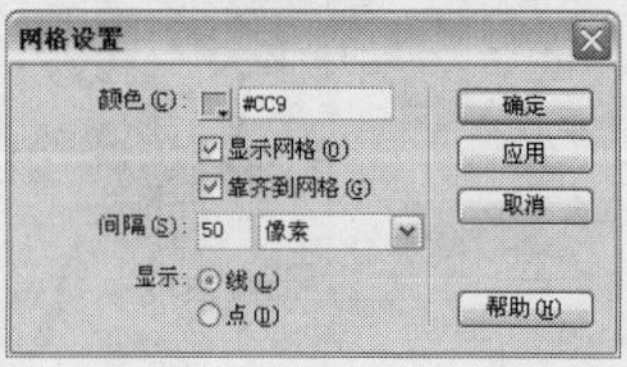

图 7-46

“网格设置”对话框中各选项的作用如下。

“颜色”选项：设置网格线的颜色。

“显示网格”选项：使网格在窗口的“设计”视图中可见。

“靠齐到网格”选项：使页面元素靠齐到网格线。

“间隔”选项：设置网格线的间距。

“显示”选项组：设置网格线是显示为线条还是显示为点。

7.2 应用层设计表格

因为早期版本的浏览器不能显示使用层布局的网页，为了实现较复杂的效果又需要将早期使用表格布局的网页转换成层，下面讲解层与表格之间的转换。

7.2.1 课堂案例——精品家居网

案例学习目标：使用“将表格转换为 AP Div”命令将表格转换为层，移动层，使页面变得美观。

案例知识要点：使用“将表格转换为 AP Div”命令将表格转换为层，如图 7-47 所示。

效果所在位置：光盘/Ch07/效果/精品家居网/index.html。

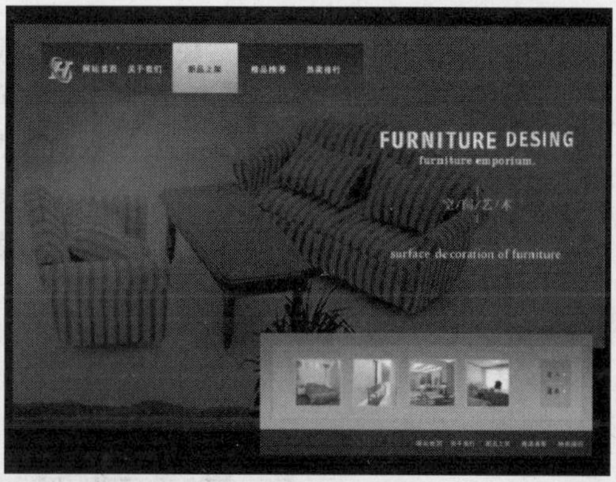

图 7-47

Step 01 选择“文件 > 打开”命令，在弹出的对话框中选择“Ch07 > 素材 > 精品家居网 > index.html”文件，单击“打开”按钮，效果如图 7-48 所示。

Step 02 选择“修改 > 转换 > 将表格转换为 AP Div”命令，弹出“将表格转换为 AP Div”对话框，在弹出的对话框中进行设置，如图 7-49 所示。

图 7-48

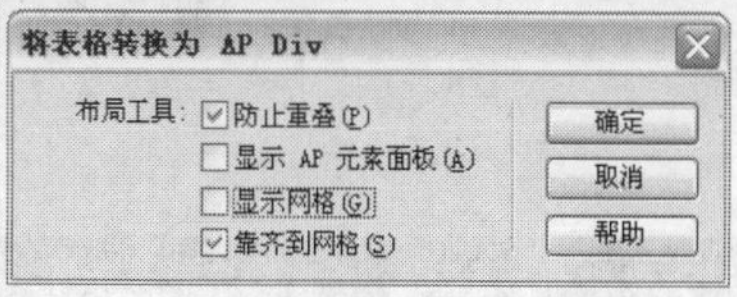

图 7-49

Step 03 单击“确定”按钮，表格转换为层，效果如图 7-50 所示。选中文档窗口上方的层，如图 7-51 所示。将其水平向右移动到适当的位置，效果如图 7-52 所示。用相同的方法移动下方的层的位置，效果如图 7-53 所示。

图 7-50

图 7-51

图 7-52

图 7-53

Step 04 按<F12>键，预览效果如图 7-54 所示。

图 7-54

7.2.2 将 AP Div 转换为表格

1．将 AP Div 转换为表格

如果使用层创建布局的网页要在较早的浏览器中进行查看，那么需要将 AP Div 转换为表格。若将 AP Div 转换为表格，则选择“修改 > 转换 > 将 AP Div 转换为表格”命令，弹出“将 AP Div 转换为表格”对话框，如图 7-55 所示。根据需要完成设置后，单击“确定”按钮。

“将 AP Div 转换为表格”对话框中各选项的作用如下。

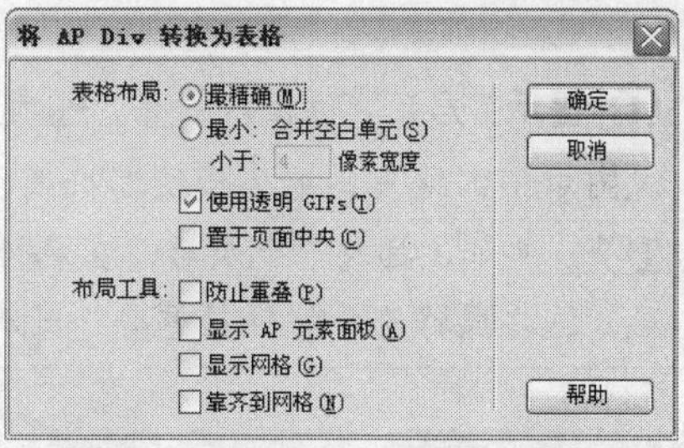

图 7-55

“表格布局”选项组如下。

“最精确”选项：为每个层创建一个单元格，并附加保留层之间的空间所必需的任何单元格。

“最小”选项：折叠空白单元格设置。如果层定位在设置数目的像素内，则层的边缘应对齐。如果选择此选项，结果表格将包含较少的空行和空列，但可能不与页面布局精确匹配。

“使用透明 GIFs”选项：用透明的 GIF 填充表的最后一行，这将确保该表在所有浏览器中以相同的列宽显示。但当启用此选项后，不能通过拖动表列来编辑结果表格。当禁用此选项后，结果表格将不包含透明 GIF，但不同的浏览器可能会出现不同的列宽。

“置于页面中央”选项：将结果表格放置在页面的中央。如果禁用此选项，表格将与页面的左边缘对齐。

“布局工具”选项组如下。

“防止层重叠”选项：Dreamweaver CS4 无法从重叠层创建表格，所以一般选择此复选框，防止层重叠。

“显示 AP 元素面板”选项：设置是否显示层属性面板。

“显示网格”选项：设置是否显示辅助定位的网格。

“靠齐到网格”选项：设置是否启用靠齐到网格功能。

2．防止层重叠

因为表单元格不能重叠，所以 Dreamweaver CS4 无法从重叠层创建表格。如果要将一个文档中的层转换为表格以兼容 IE 3.0 浏览器，则选择“防止重叠”选项来约束层的移动和定位，使层不会重叠。防止层重叠有以下几种方法。

选择“AP 元素”控制面板中的“防止重叠”复选框，如图 7-56 所示。

选择“修改 > 排列顺序 > 防止 AP 元素重叠”命令，如图 7-57 所示。

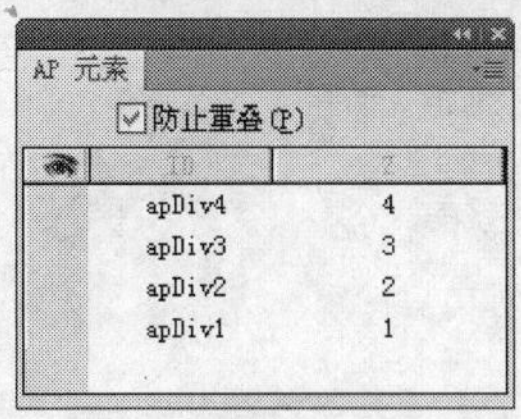

图 7-56

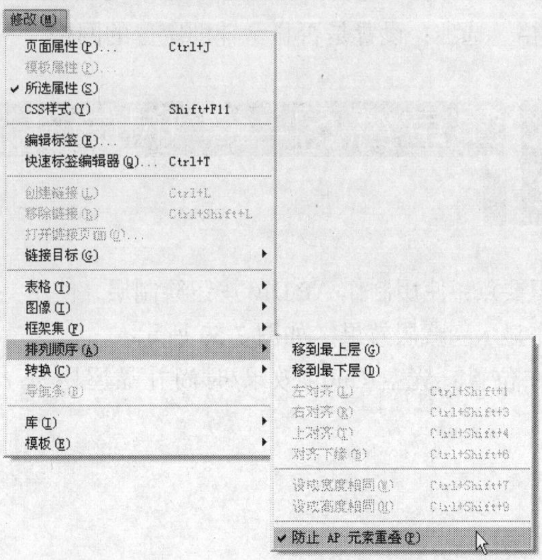

图 7-57

提示：启用“防止层重叠”选项后，软件不会自动修正页面上现有的重叠层，需要在“设计”视图中手工拖曳各重叠层使其分离。即使选择了“防止层重叠”选项，有某些操作也会导致层重叠。例如，插入一个层后，在属性检查器中输入数字，或者通过编辑 HTML 源代码来重定位层，这些操作都会导致层重叠。此时，需要在“设计”视图中手工拖曳各重叠层使其分离。

7.2.3 将表格转换为 AP Div

当不满意页面布局时，就需要对其进行调整，但层布局要比表格布局调整起来方便，所以需要将表格转换为 AP Div。若将表格转换为 AP Div，则选择“修改 > 转换 > 将表格转换为 AP Div”命令，弹出“将表格转换为 AP Div”对话框，如图 7-58 所示。根据需要完成设置后，单击“确定”按钮。

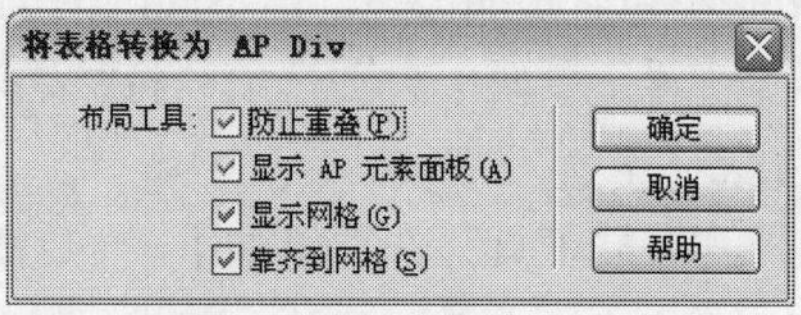

图 7-58

“将表格转换为 AP Div”对话框中各选项的作用如下。

“防止重叠”选项：用于防止 AP 元素重叠。

“显示 AP 元素面板”选项：设置是否显示“AP 元素”控制面板。

“显示网格”选项：设置是否显示辅助定位的网格。

“靠齐到网格”选项：设置是否启用“靠齐到网格”功能。

一般情况下，空白单元格不会转换为 AP Div，但具有背景颜色的空白单元格除外。将表格转换为 AP Div 时，位于表格外的页面元素也会被放入层中。

提示：不能转换单个表格或层，只能将整个网页的层转换为表格或将整个网页的表格转换为层。

“将表格转换为 AP Div”对话框中各选项的作用如下。

“防止重叠”选项：用于防止 AP 元素重叠。

“显示 AP 元素面板”选项：设置是否显示“AP 元素”控制面板。

“显示网格”选项：设置是否显示辅助定位的网格。

7.3 课堂练习——时尚礼品屋网页

练习知识要点：使用制作 AP Div 按钮绘制层，使用行为命令制作显示隐藏层效果，如图 7-59 所示。

效果所在位置：光盘/Ch07/效果/时尚礼品屋网页/index.html。

图 7-59

7.4 课后习题——数码科技前线网页

习题知识要点：使用“层”和“属性”面板制作阴影文字效果，如图 7-60 所示。

效果所在位置：光盘/Ch07/效果/数码科技前线网页/index.html。

图 7-60

第8章 CSS 样式

层叠样式表（CSS）是 W3C 组织新近批准的一个辅助 HTML 设计的新特性，能保持整个 HTML 的统一外观。网页样式表的功能强大、操作灵活，用 CSS 改变一个文件就可以改变数百个文件的外观，而且个性化的表现更能吸引访问者。

【教学目标】

- CSS 样式的概念。
- CSS 样式。
- 样式的类型与创建。
- 编辑样式。
- CSS 的属性。
- 过滤器。

8.1 CSS 样式的概念

CSS 是 Cascading Style Sheet 的缩写，一般译为“层叠样式表”或“级联样式表”。层叠样式表是对 HTML3.2 之前版本语法的变革，将某些 HTML 标签属性简化。比如要将一段文字的大小变成 36 像素，在 HTML3.2 中写成“<p><font size="36">文字的大小</font></p>”，标签的层层嵌套使 HTML 程序臃肿不堪，而用层叠样式表可简化 HTML 标签属性，写成“<p style="font-size:36px">文字的大小</p>”即可。

层叠样式表是 HTML 的一部分，它将对象引入到 HTML 中，可以通过脚本程序调用和改变对象的属性，从而产生动态效果。比如，当鼠标指针放到文字上时，文字的字号变大，用层叠样式表写成“<p onMouseOver="className='aa'">动态文字</p>”即可。

8.2 CSS 样式

层作为网页的容器元素，不仅可在其中放置图像，还可以放置文字、表单、插件、层等网页元素。在 CSS 层中，用 DIV、SPAN 标志层。在 NETSCAPE 层中，用 LAYER 标志层。虽然层有强大的页面控制功能，但操作却很简单。

8.2.1 “CSS 样式”控制面板

使用“CSS 样式”控制面板可以创建、编辑和删除 CSS 样式，并且可以将外部样式表附加到文档中。

1. 打开“CSS 样式”控制面板

启用“CSS 样式”控制面板有以下几种方法。

- 选择“窗口 > CSS 样式”命令。
- 按<Shift+F11>快捷键。

“CSS 样式”控制面板如图 8-1 所示，它由样式列表和底部的按钮组成。样式列表用于查看与当前文档相关联的样式定义以及样式的层次结构。“CSS 样式”控制面板可以显示自定义 CSS 样式、重定义的 HTML 标签和 CSS 选择器样式的样式定义。

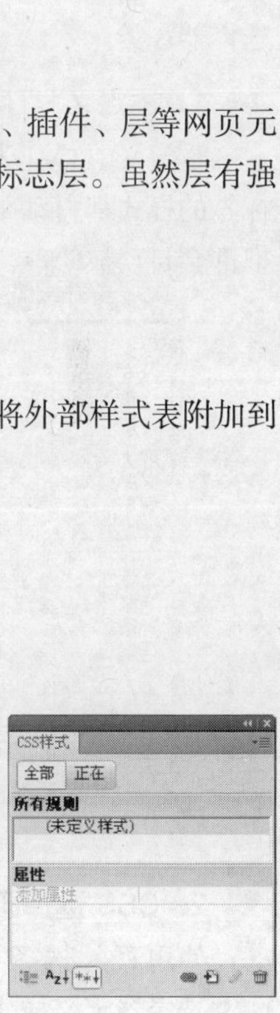

图 8-1

“CSS 样式”控制面板底部共有 4 个快捷按钮，它们分别为“附加样式表”按钮、“新建 CSS 规则”按钮、“编辑样式”按钮、“删除 CSS 规则”按钮，它们的含义如下。

“附加样式表”按钮：用于将创建的任何样式表附加到页面或复制到站点中。

“新建 CSS 规则”按钮：用于创建自定义的 CSS 样式、重定义的 HTML 标签和 CSS 选择器样式。

“编辑样式”按钮：用于编辑当前文档或外部样式表中的任何样式。

“删除 CSS 规则”按钮：用于删除“CSS 样式”控制面板中所选的样式，并从应用该样式的所有元素中删除格式。

2．样式表的功能

层叠样式表是 HTML 格式的代码，浏览器处理起来速度比较快。另外，Deamweaver CS4 提供功能复杂、使用方便的层叠样式表，方便网站设计师制作个性化网页。样式表的功能归纳如下。

（1）灵活地控制网页中文字的字体、颜色、大小、位置、间距等。

（2）方便地为网页中的元素设置不同的背景颜色和背景图片。

（3）精确地控制网页各元素的位置。

（4）为文字或图片设置滤镜效果。

（5）与脚本语言结合制作动态效果。

8.2.2 CSS 样式的类型

层叠样式表是一系列格式规则，它们控制网页各元素的定位和外观，实现 HTML 无法实现的效果。在 Deamweaver CS4 中可以运用的样式分为重定义 HTML 标签样式、自定义样式、使用 CSS 选择器 3 类。

1．重定义 HTML 标签样式

重定义 HTML 标签样式是对某一 HTML 标签的默认格式进行重定义，从而使网页中的所有该标签的样式都自动跟着变化。例如，重新定义表格的边框线是红色中粗线，则页面中所有表格的边框都会自动被修改。原来表格的效果如图 8-2 所示，重定义 table 标签后的效果如图 8-3 所示。

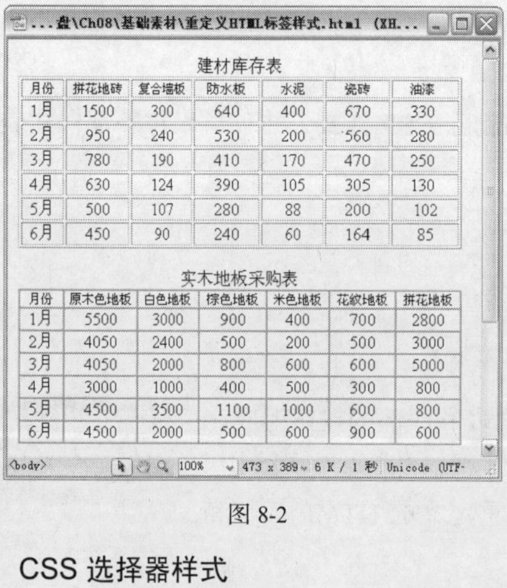

建材库存表

月份	拼花地砖	复合墙板	防水板	水泥	瓷砖	油漆
1月	1500	300	640	400	670	330
2月	950	240	530	200	560	280
3月	780	190	410	170	470	250
4月	630	124	390	105	305	130
5月	500	107	280	88	200	102
6月	450	90	240	60	164	85

实木地板采购表

月份	原木色地板	白色地板	棕色地板	米色地板	花纹地板	拼花地板
1月	5500	3000	900	400	700	2800
2月	4050	2400	500	200	500	3000
3月	4050	2000	800	600	600	5000
4月	3000	1000	400	500	300	800
5月	4500	3500	1100	1000	600	800
6月	4500	2000	500	600	900	600

图 8-2

建材库存表

月份	拼花地砖	复合墙板	防水板	水泥	瓷砖	油漆
1月	1500	300	640	400	670	330
2月	950	240	530	200	560	280
3月	780	190	410	170	470	250
4月	630	124	390	105	305	130
5月	500	107	280	88	200	102
6月	450	90	240	60	164	85

实木地板采购表

月份	原木色地板	白色地板	棕色地板	米色地板	花纹地板	拼花地板
1月	5500	3000	900	400	700	2800
2月	4050	2400	500	200	500	3000
3月	4050	2000	800	600	600	5000
4月	3000	1000	400	500	300	800
5月	4500	3500	1100	1000	600	800
6月	4500	2000	500	600	900	600

图 8-3

2．CSS 选择器样式

使用 CSS 选择器对用 ID 属性定义的特定标签应用样式。一般网页中某些特定的网页元素使用 CSS 选择器定义样式。例如，设置 ID 为 HH 行的背景色为蓝色，如图 8-4 所示。

3．自定义样式

先定义一个样式，然后选择不同的网页元素应用此样式。一般情况下，自定义样式与脚本程序配合改变对象的属性。例如，将多个表格的标题行的背景色均设置为黄色，如图 8-5 所示。

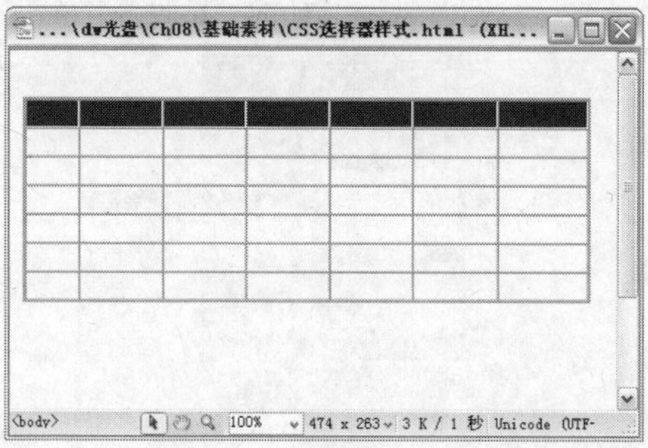

图 8-4

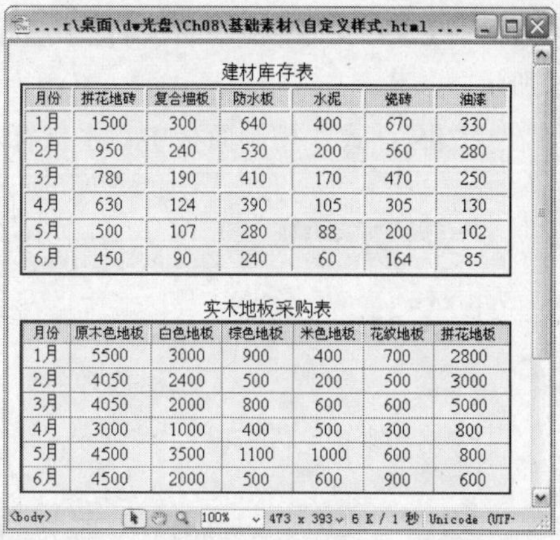

图 8-5

8.3 样式的类型与创建

样式表是一系列格式规则，必须先定义这些规则，而后将它们应用于相应的网页元素中。下面按照 CSS 的类型来创建和应用样式。

8.3.1 创建重定义 HTML 标签样式

当重新定义某 HTML 标签默认格式后，网页中的该 HTML 标签元素都会自动变化。因此，当需要修改网页中某 HTML 标签的所有样式时，只需重新定义该 HTML 标签样式即可。

1．启用新建 CSS 规则对话框

启用如图 8-6 所示的“新建 CSS 规则”对话框，有以下几种方法。

- 启用“CSS 样式”控制面板，单击面板右下方区域中的“新建 CSS 规则”按钮 。
- 在“设计”视图状态下，在文档窗口中单击鼠标右键，在弹出式菜单中选择“CSS 样式 > 新建”命令，如图 8-7 所示。

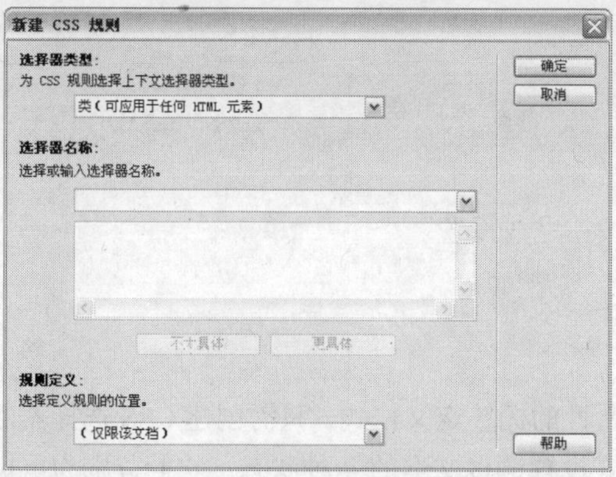

图 8-6

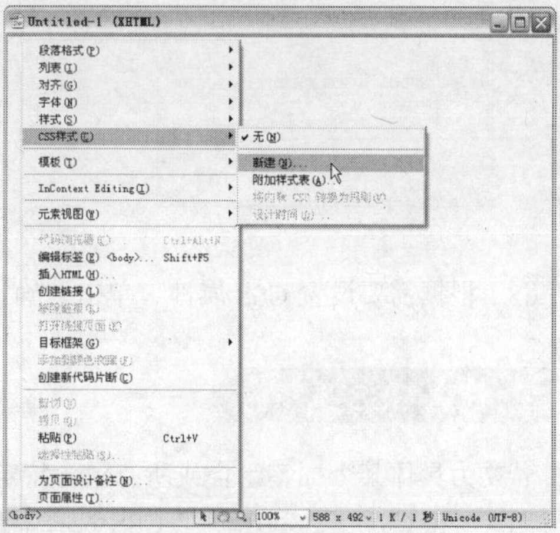

图 8-7

- 单击“CSS 样式”控制面板右上方的菜单按钮，在弹出式菜单中选择“新建”命令，如图 8-8 所示。
- 在“CSS 样式”控制面板中单击鼠标右键，选择“新建”选项，如图 8-9 所示。

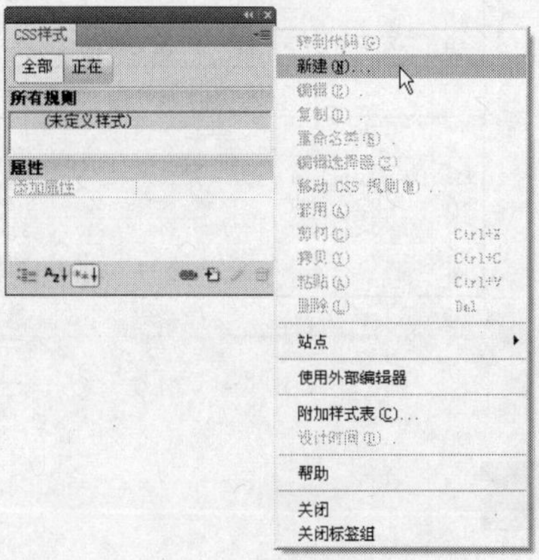

图 8-8

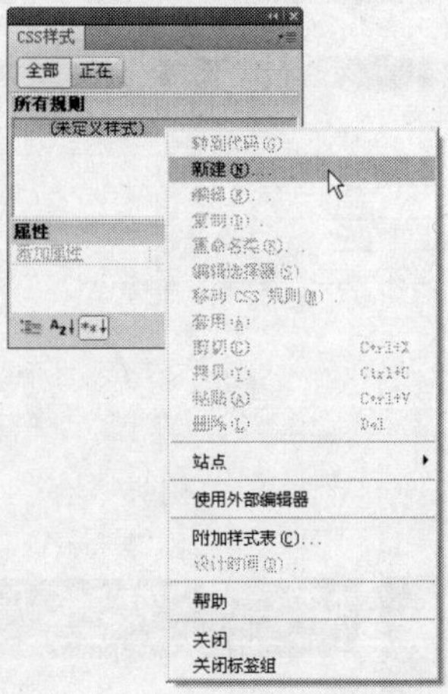

图 8-9

2．重新定义 HTML 标签样式

（1）将插入点放在文档中，启用“新建 CSS 规则”对话框。

（2）先在“选择器名称”选项组中选择“标签（重新定义 HTML 元素）”单选项；然后在“标签”选项的下拉列表中选择要改的 HTML 标签，如图 8-10 所示；最后在“规则定义”选项组中选择定义样式的位置，如果不创建外部样式表，则选择“(仅对该文档)”单选项。单击“确定”按钮，弹出“td 的 CSS 规则定义”对话框，如图 8-11 所示。

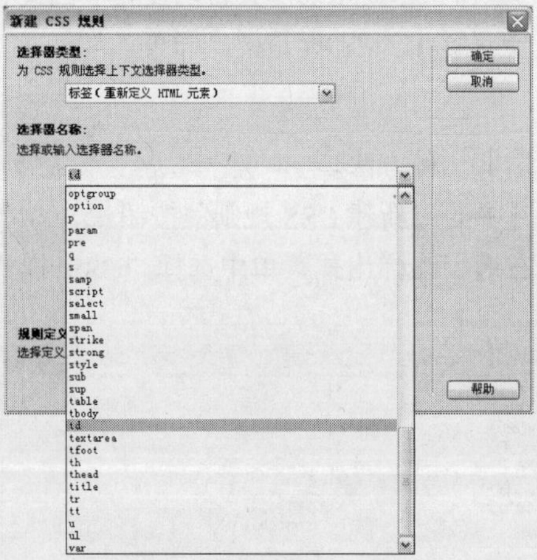

图 8-10

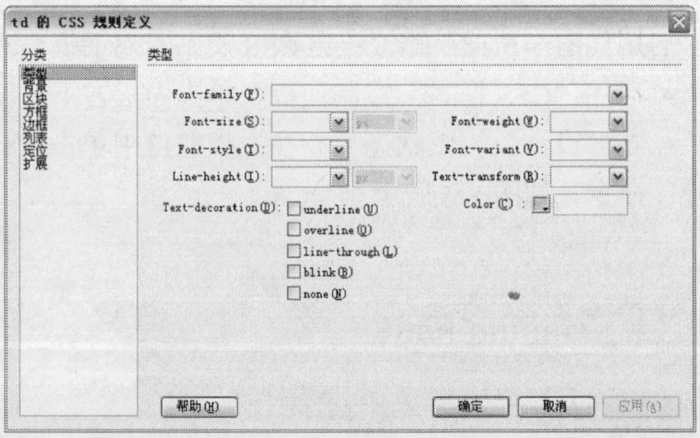

图 8-11

（3）根据需要设置 CSS 属性，单击“确定”按钮完成设置。

8.3.2 创建 CSS 选择器

若要为具体某个标签组合或所有包含特定 Id 属性的标签定义格式，只需创建 CSS 选择器而无需应用。一般情况下，利用创建 CSS 选择器的方式设置链接文本的 4 种状态，它们分别为鼠标指针单击时的状态“a:active”、鼠标指针经过时的状态“a:hover”、未单击时的状态“a:link”和已访问过的状态“a:visited”。

1．重定义链接文本的状态

若重定义链接文本的状态，则需创建 CSS 选择器，其具体操作步骤如下。

（1）将插入点放在文档中，启用“新建 CSS 规则”对话框。

（2）先在“选择器类型”选项组中选择“复合内容（基于选择的内容）”选项；然后在“选择器名称”选项的下拉列表中选择要重新定义链接文本的状态，如图 8-12 所示；最后在“定义在”选项中选择定义样式的位置，如果不创建外部样式表，则选择“仅对该文档”选项，单击“确定”按钮，弹出“a:hover 的 CSS 规则定义”对话框，如图 8-13 所示。

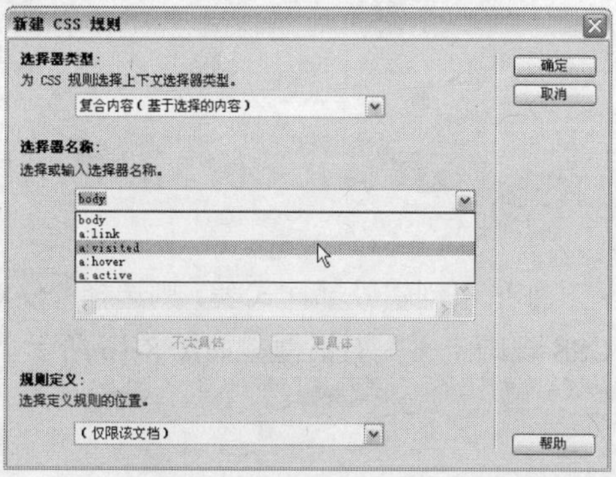

图 8-12

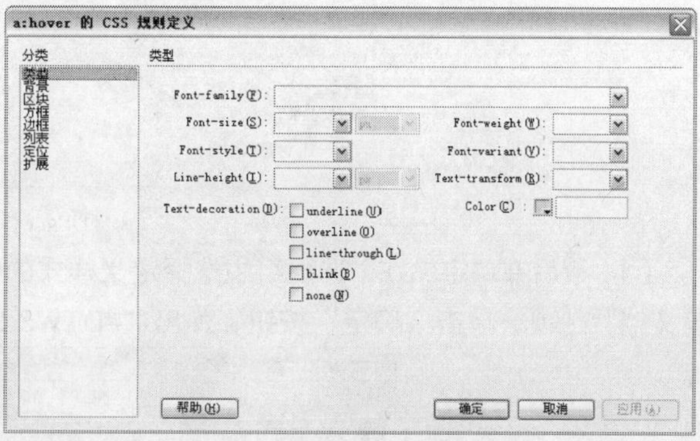

图 8-13

（3）根据需要设置 CSS 属性，单击“确定”按钮完成设置。

2．某个特定的网页对象定义样式

若修改某个特定网页对象的外观，则需先定义该网页对象的 Id 属性名，然后再给该对象创建 CSS 选择器样式，其具体操作步骤如下。

（1）选择“窗口 > 标签检查器”命令，启用“标签 > 属性”面板。在文档窗口中选择某个特定网页元素，在“标签 > 属性”控制面板的“id”属性中自定义一个名称，如图 8-14 所示。

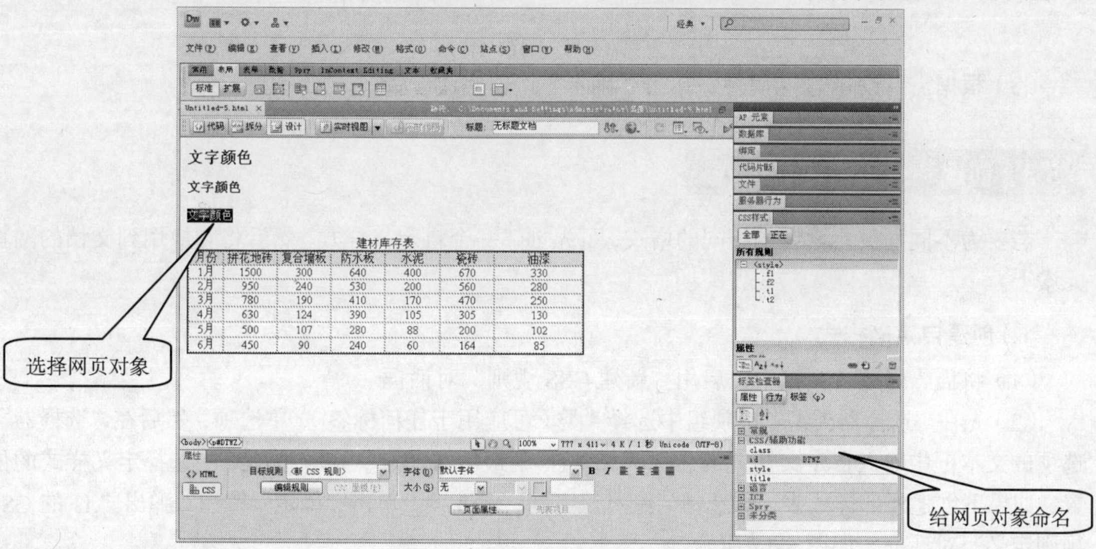

图 8-14

（2）将插入点放在文档中，启用“新建 CSS 规则”对话框。

（3）先在“选择器类型”选项组中选择“复合内容（基于选择的内容）”选项；然后在“选择器名称”选项的文本框中输入“#对象名称”，如图 8-15 所示

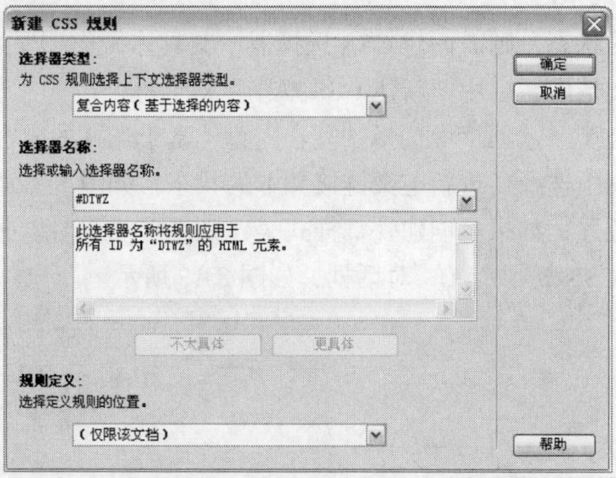

图 8-15

（4）最后在“定义在”选项组中选择定义样式的位置，如果不创建外部样式表，则选择“仅对该文档”选项，单击“确定”按钮，弹出“#DTWZ 的 CSS 规则定义”对话框，如图 8-16 所示。

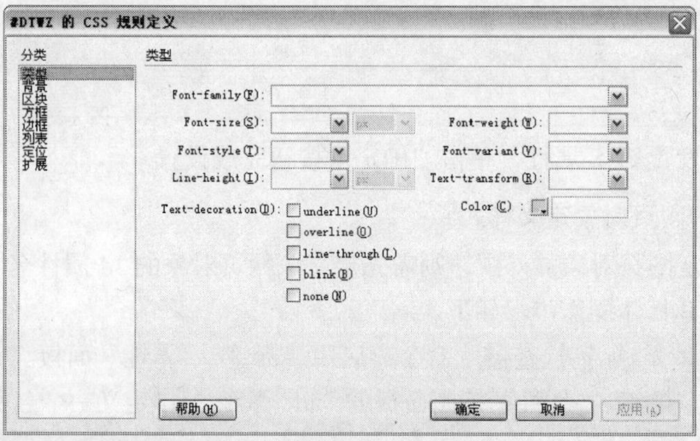

图 8-16

（5）根据需要设置 CSS 属性，单击“确定”按钮完成设置。

8.3.3 创建和应用自定义样式

若要为不同网页元素设定相同的格式，可先创建一个自定义样式，然后将它应用到文档的网页元素上。

1. 创建自定义样式

（1）将插入点放在文档中，启用“新建 CSS 规则”对话框。

（2）先在“选择器类型”选项组中选择“类（可应用于任何标签）”单选项；然后在“选择器”选项的文本框中输入自定义样式的名称，如“f1”；最后在“定义在”选项组中选择定义样式的位置，如果不创建外部样式表，则选择“仅对该文档”单选项。单击“确定”按钮，弹出“.f1 的 CSS 规则定义”对话框，如图 8-17 所示。

（3）根据需要设置 CSS 属性，单击“确定”按钮完成设置。

2．应用样式

创建自定义样式后，还要为不同的网页元素应用不同的样式，其具体操作步骤如下。

（1）在文档窗口中选择网页元素。

（2）在文档窗口左下方的标签<p>上单击鼠标右键，在弹出的菜单中选择“设置类 > 某自定义样式名”命令，如图 8-18 所示，此时该网页元素应用样式修改了外观。若想撤销应用的样式，则在文档窗口左下方的标签上单击鼠标右键，在弹出的菜单中选择“设置类 > 无”命令即可。

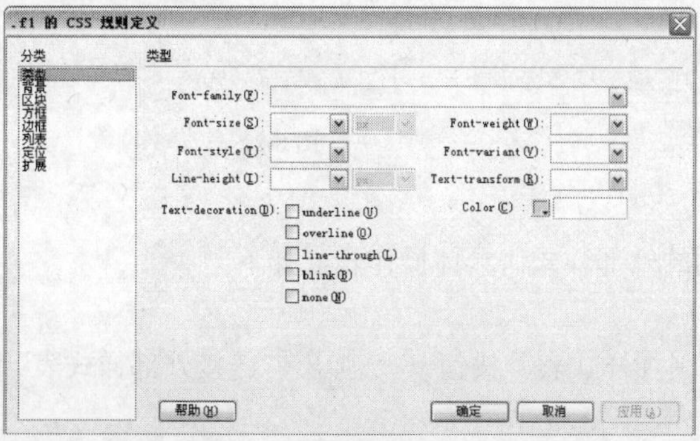

图 8-17

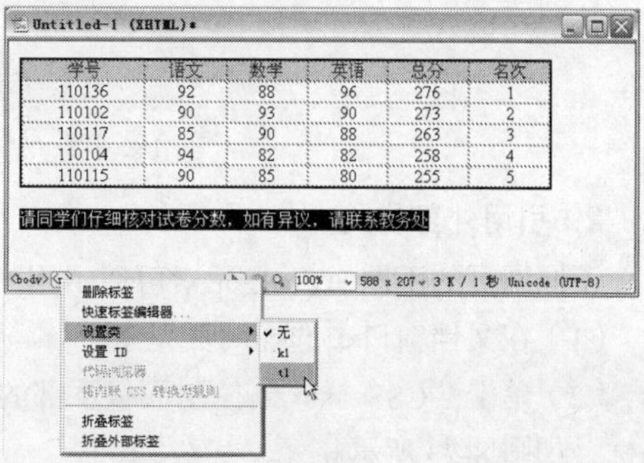

图 8-18

8.3.4 创建和引用外部样式

如果不同网页的不同网页元素需要同一样式时，可通过引用外部样式来实现。首先创建一个外部样式，然后在不同网页的不同 HTML 元素中引用定义好的外部样式。

1．创建外部样式

（1）启用“新建 CSS 规则”对话框。

（2）在“新建 CSS 规则”对话框的“规则定义”选项组中选择“(新建样式表文件)”单选项，在“名称”选项的文本框中输入名称，如图 8-19 所示。单击“确定”按钮，弹出“保存样式表文件为”对话框，在“文件名”选项中输入自定义的样式文件名，如图 8-20 所示。单击“确定”按钮，弹出如图 8-21 所示的“.css 的 CSS 规则定义（在 k1.css 中）”对话框。

（3）根据需要设置 CSS 属性，单击“确定”按钮完成设置。刚创建的外部样式会出现在“CSS 样式”控制面板的样式列表中，如图 8-22 所示。

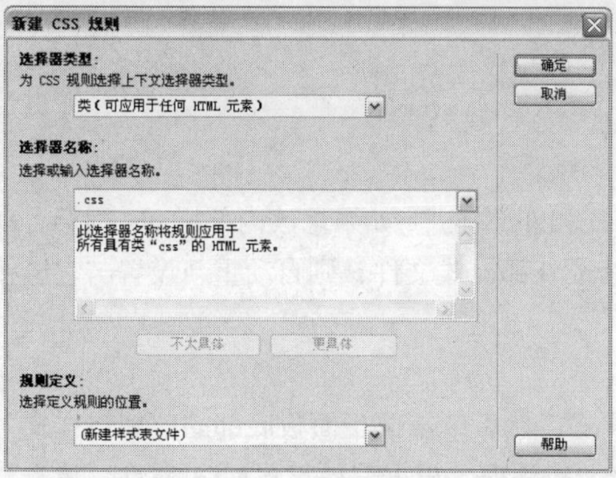

图 8-19

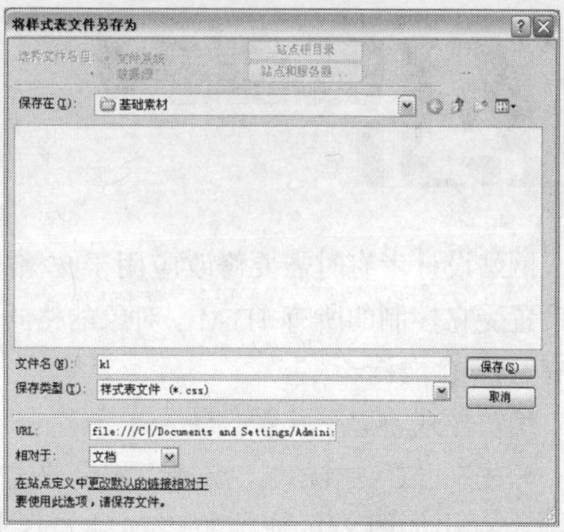

图 8-20

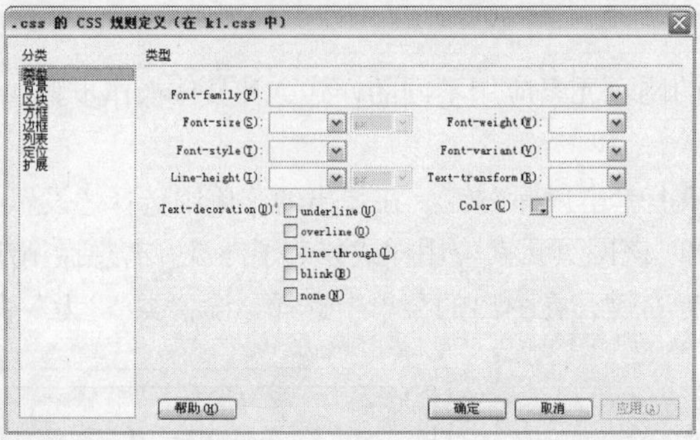

图 8-21

图 8-22

2．引用外部样式

不同网页的不同 HTML 元素可以引用相同的外部样式，具体操作步骤如下。

（1）在文档窗口中选择网页元素。

（2）单击“CSS 样式”控制面板下部的“附加样式表”按钮，弹出“链接外部样式表”对话框，如图 8-23 所示。

对话框中各选项的作用如下。

“文件/URL”选项：直接输入外部样式文件名，或单击“浏览”按钮选择外部样式文件。

“添加为”选项组：包括“链接”和“导入”两个选项。“链接”选项表示传递外部 CSS 样式信息而不将其导入网页文档，在页面代码中生成<link>标签。“导入”选项表示将外部 CSS 样式信息导入网页文档，在页面代码中生成<@Import>标签。

（3）在对话框中根据需要设定参数，单击“确定”按钮完成设置。此时，引用的外部样式会出现在“CSS 样式”控制面板的样式列表中，如图 8-24 所示。

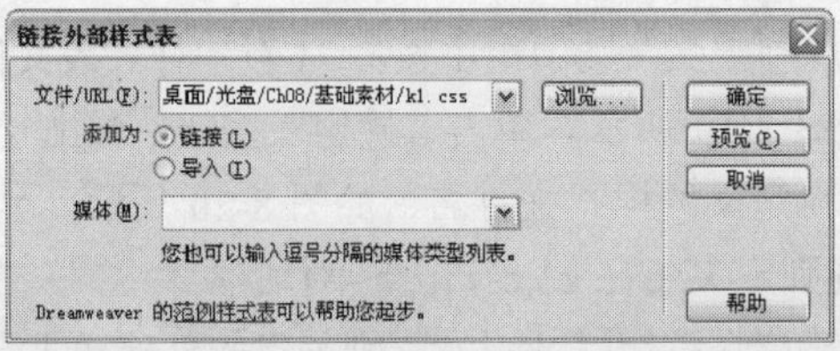

图 8-23

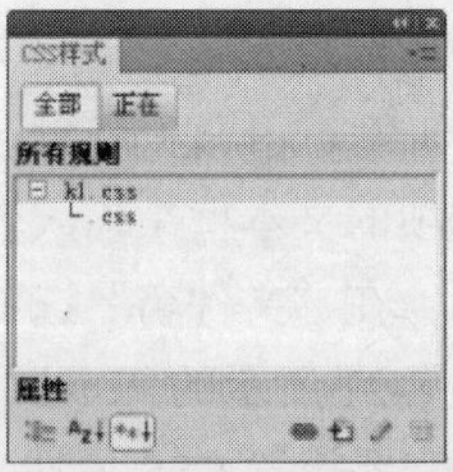

图 8-24

8.4 编辑样式

网站设计者有时需要修改应用于文档的内部样式和外部样式，如果修改内部样式，则会自动重新设置受它控制的所有 HTML 对象的格式；如果修改外部样式文件，则自动重新设置与它链接的所有 HTML 文档。

编辑样式有以下几种方法。

- 先在“CSS 样式”控制面板中单击选中某样式，然后单击位于面板底部的“编辑样式”按钮，弹出如图 8-25 所示的“.t1 的 CSS 规则定义”对话框。根据需要设置 CSS 属性，单击“确定”按钮完成设置。

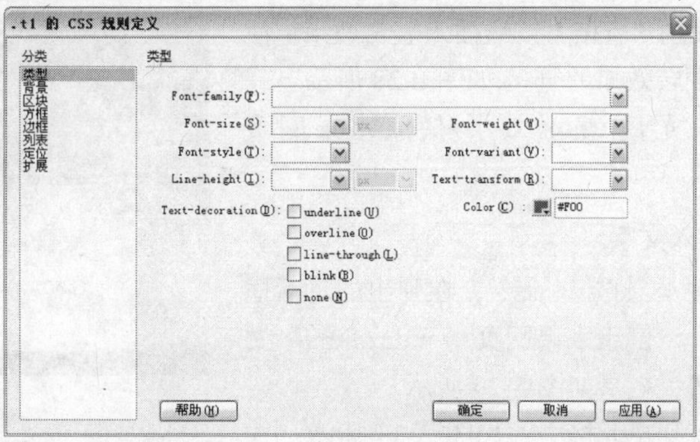

图 8-25

• 在“CSS 样式”控制面板中用鼠标右键单击样式，然后从弹出菜单中选择“编辑”命令，如图 8-26 所示，弹出“.t1 的 CSS 规则定义”对话框，最后根据需要设置 CSS 属性，单击“确定”按钮完成设置。

• 在“CSS 样式”控制面板中选择样式，然后在“CSS 属性检查器”面板中编辑它的属性，如图 8-27 所示。

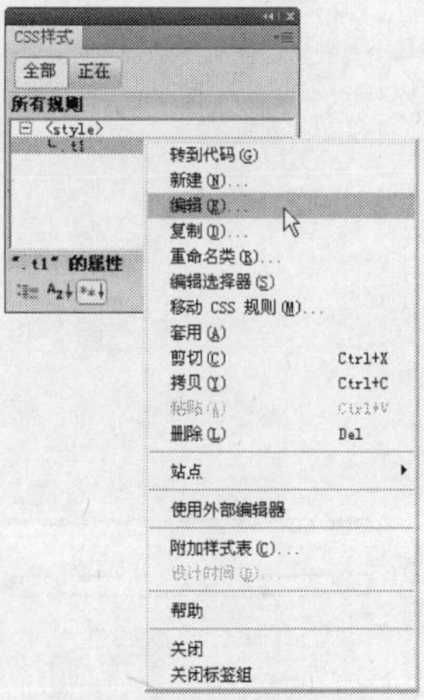

图 8-26

图 8-27

8.5 CSS 的属性

CSS 样式可以控制网页元素的外观，如定义字体、颜色、边距等，这些都是通过设置 CSS 样式的属性来实现的。CSS 样式属性有很多种分类，包括“类型”、“背景”、“区块”、“方框”、“边框”、“列表”、“定位”、“扩展”8 个分类，分别设定不同网页元素的外观。下面分别进行介绍。

8.5.1 课堂案例——健康水果网页

案例学习目标：使用“常用”面板“常用”选项卡中按钮插入表格，使用“CSS”命令制作菜单效果。

案例知识要点：使用“表格”按钮插入表格效果。使用“CSS 样式”设置翻转效果的链接,如图 8-28 所示。

效果所在位置：光盘/Ch08/效果/健康水果网页/index.html。

图 8-28

1．插入表格并输入文字

Step 01 选择“文件 > 打开”命令，在弹出的对话框中选择“Ch08 > 素材 > 健康水果网页 > index.html”文件，单击“打开”按钮，效果如图 8-29 所示。

Step 02 将光标置入到单元格中，如图 8-30 所示，在“插入”面板“常用”选项卡中单击“表格”按钮，在弹出的“表格”对话框中进行设置，如图 8-31 所示，单击“确定”按钮，效果如图 8-32 所示。

图 8-29

图 8-30

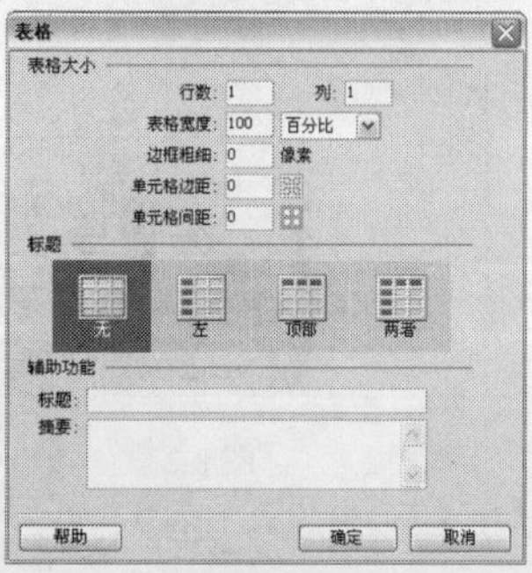

图 8-31

图 8-32

Step 03 在“属性”面板“表格 Id”选项文本框中输入“Nav”，如图 8-33 所示。在单元格中分别输入文字，如图 8-34 所示。

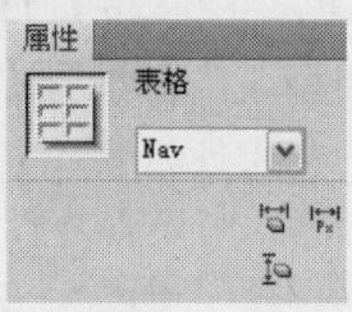

图 8-33

图 8-34

Step 04 选中文字“首页”，如图 8-35 所示，在“属性”面板“链接”选项文本框中输入“#”，为文字制作空链接效果，如图 8-36 所示。用相同的方法为其他文字添加链接，效果如图 8-37 所示。

图 8-35

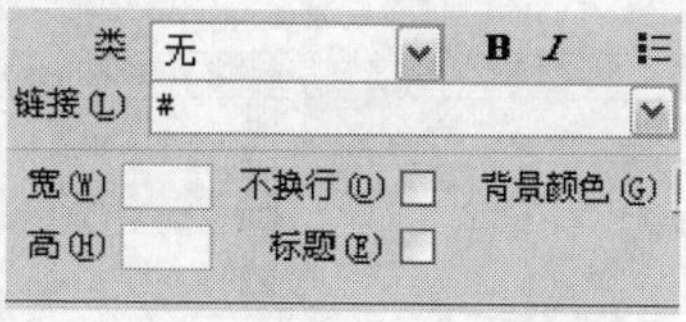

图 8-36

图 8-37

2. 设置 CSS 属性

图 8-38

Step 01 选择表格，如图 8-38 所示，选择“窗口 > CSS 样式”命令，弹出“CSS 样式”控制面板，单击面板下方的“新建 CSS 规则”按钮，弹出“新建 CSS 规则”对话框，在对话框中进行设置，如图 8-39 所示。

Step 02 单击“确定”按钮，弹出“保存样式表文件为”对话框，在“保存在”选项的下拉列表中选择当前站点目录保存路径，在“文件名”选项的文本框中输入“css”，如图 8-40 所示。

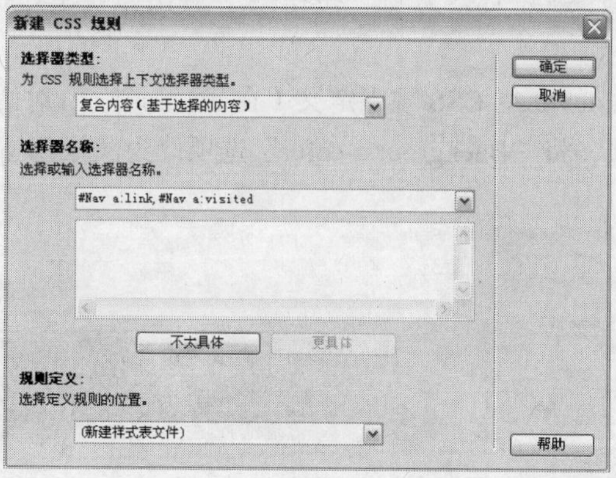

图 8-39

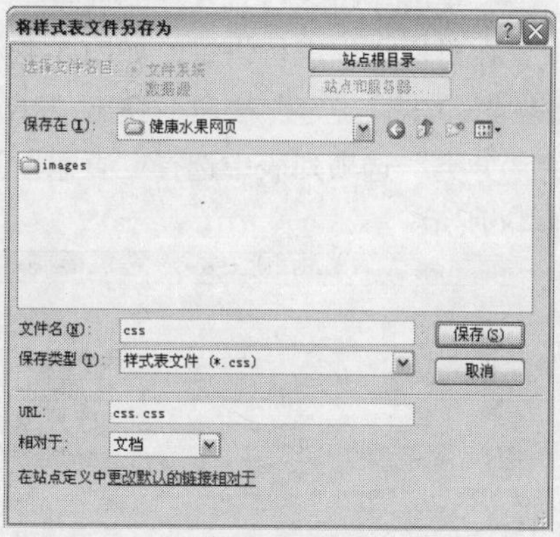

图 8-40

Step 03 单击“保存”按钮，弹出“#Nav a:link,#Nav a:visited 的 CSS 规则定义（在 css.css 中）”对话框，在左侧的“分类”选项列表中选择“类型”选项，将“Font-size”选项设为 14，“Color”选项设为白色，如图 8-41 所示，在“分类”选项列表中选择“背景”选项，将“Background-color”选项设为绿色（#690），如图 8-42 所示。

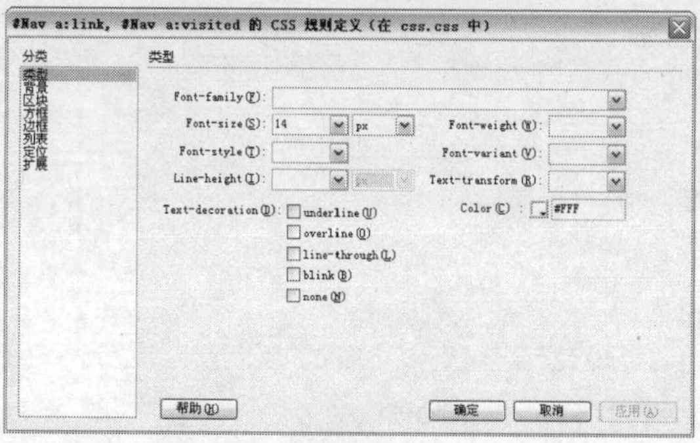

图 8-41

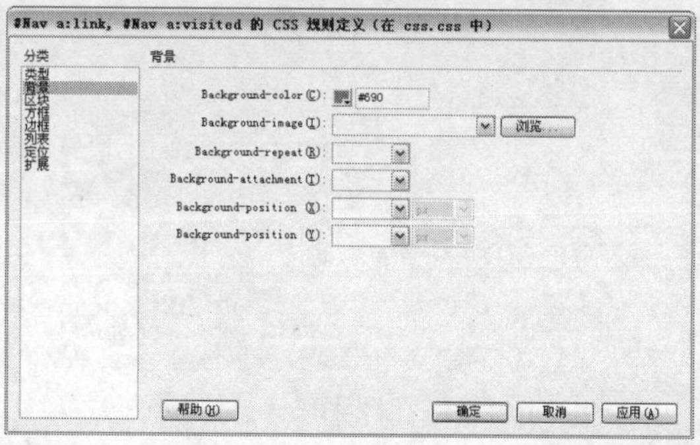

图 8-42

Step 04 在左侧的“分类”选项列表中选择“区块”选项，在“Text-align”选项下拉列表中选择“center”，“Display”选项下拉列表中选择“block”，如图 8-43 所示。

Step 05 在左侧的“分类”选项列表中选择“方框”选项，将“Padding”属性“top”选项设为 2，如图 8-44 所示。

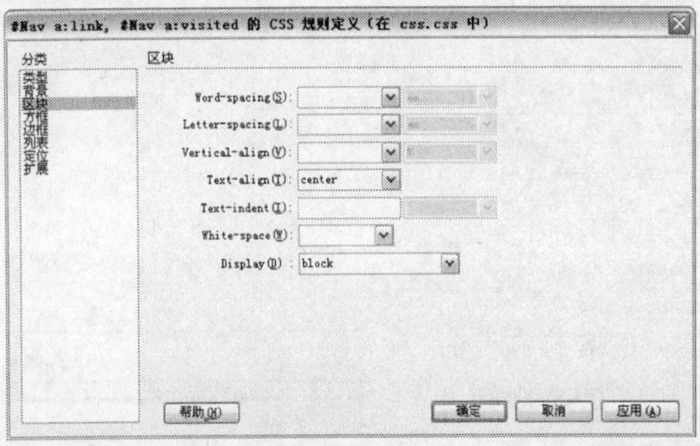

图 8-43

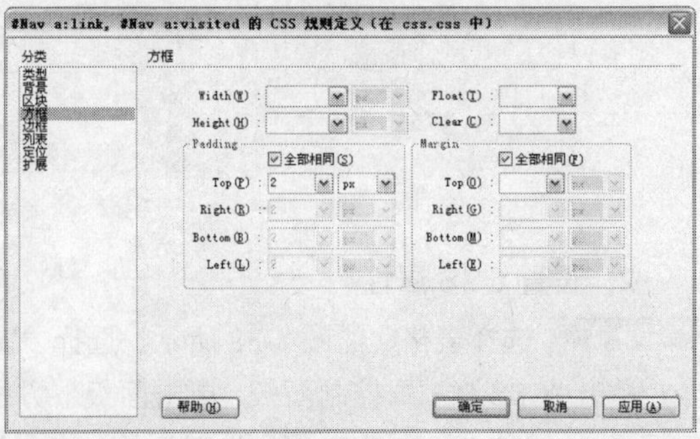

图 8-44

Step 06 在左侧的“分类”选项列表中选择“边框”选项，在“Style”选项下拉列表中选择“solid”，“Width”选项设为 2，“Color”选项设为白色，如图 8-45 所示，单击“确定”按钮，效果如图 8-46 所示。

Step 07 单击“CSS 样式”控制面板下方的“新建 CSS 规则”按钮，弹出“新建 CSS 规则”对话框，在对话框中进行设置，如图 8-47 所示。

Step 08 单击“确定”按钮，弹出“#Nav a:hover 的 CSS 规则定义（在 css.css 中）”对话框，在左侧的“分类”选项列表中选择“背景”选项，将“Background-color”选项设为浅绿色（#9C6），如图 8-48 所示。

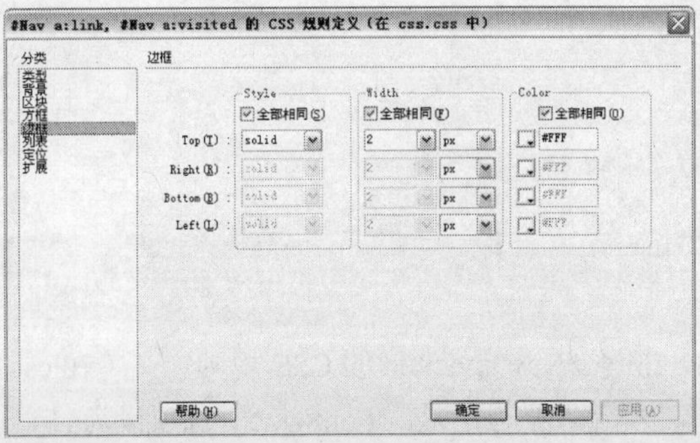

图 8-45

图 8-46

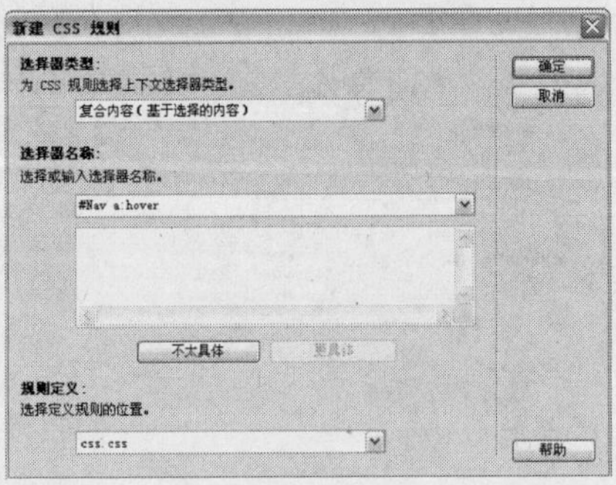

图 8-47

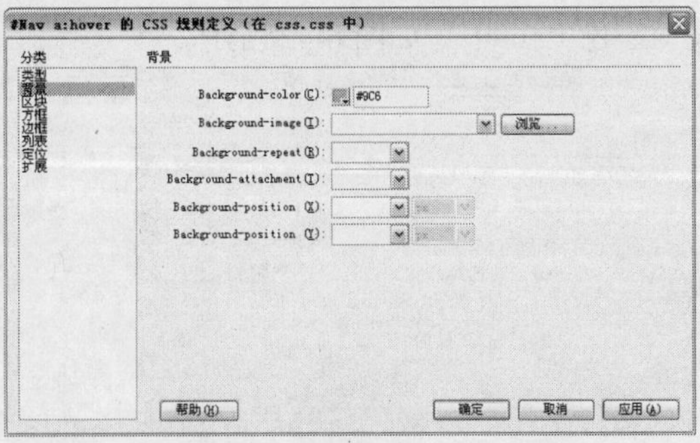

图 8-48

Step 09 在左侧的“分类”选项列表中选择“方框”选项，将“Padding”属性“top”选项设为 2，“Margin”属性“top”选项设为 2，如图 8-49 所示。

Step 10 在左侧的“分类”选项列表中选择“边框”选项，取消“Style”、“Width”、“Color”的

"全部相同"复选框，在"Style"属性"Top"和"Left"选项下拉列表中选择"solid"，"Width"选项文本框中输入"1"，将颜色选项设为白色、灰色（#666），如图 8-50 所示，单击"确定"按钮。

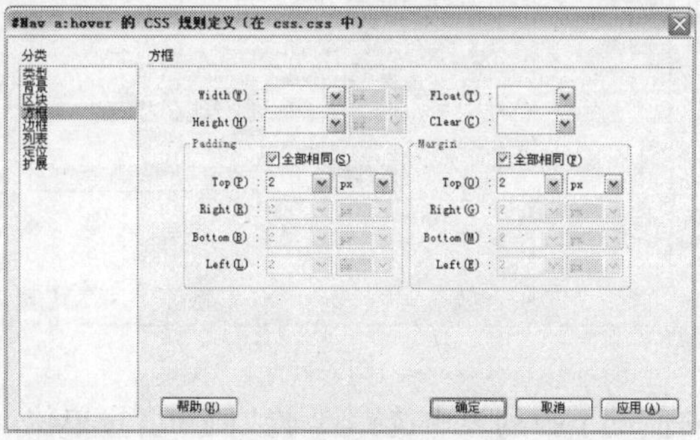

图 8-49

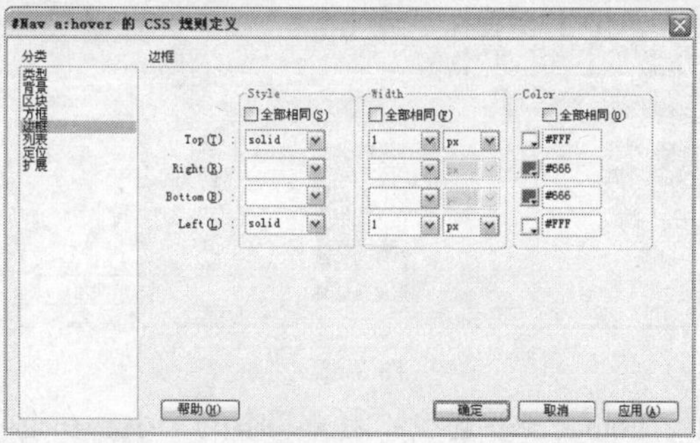

图 8-50

Step 11 保存文档，按<F12>键，预览效果如图 8-51 所示。当鼠标指针滑过导航按钮时，背景和边框颜色改变，效果如图 8-52 所示。

图 8-51

图 8-52

8.5.2 类型

"类型"分类主要是定义网页中文字的字体、字号、颜色等，"类型"选项面板如图 8-53 所示。

"类型"面板包括以下 9 种 CSS 属性。

"Font-family"选项：为文字设置字体。用户可以手动编辑字体列表，首先单击"字体"选项右侧的下拉列表选择"编辑字体列表"选项，如图 8-54 所示，弹出"编辑字体列表"对话框，如图 8-55 所示。然后在"可用字体"选项框中双击需要的字体，使其出现在"字体列表"选项框中，单击"确定"按钮完成"编辑字体列表"的设置。最后再单击"字体"选项右侧的下拉列表，选择刚刚编辑的字体，如图 8-56 所示。

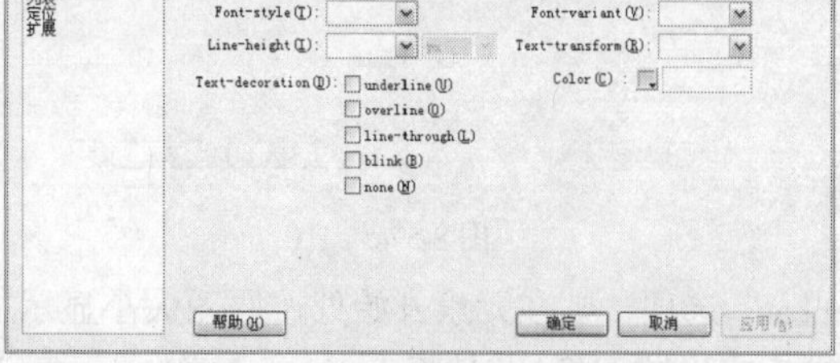

图 8-53

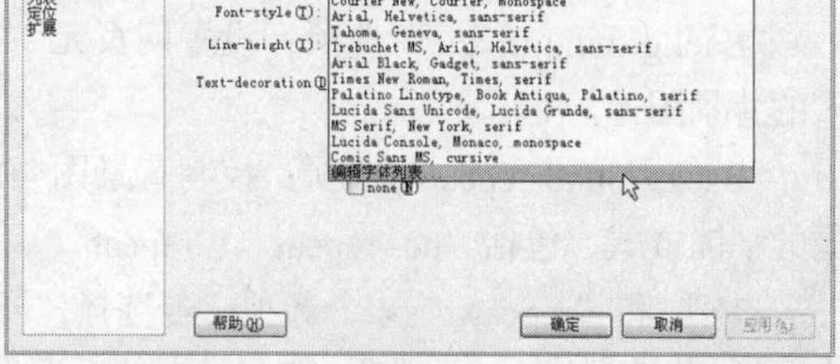

图 8-54

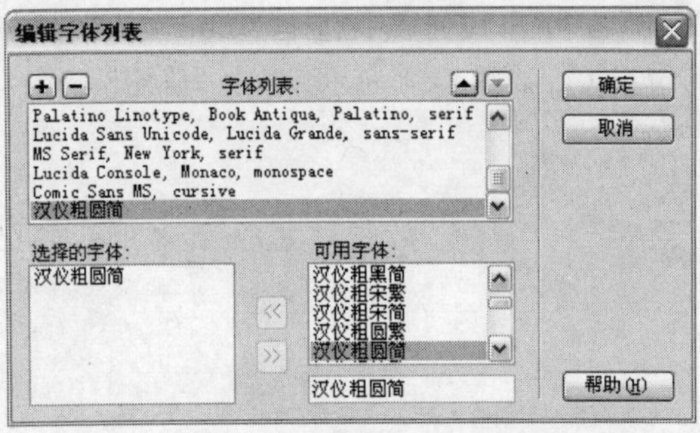

图 8-55

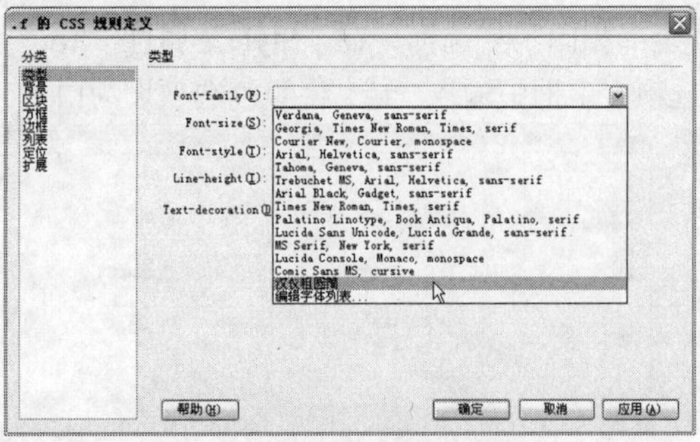

图 8-56

"Font-size"选项：定义文本的大小。在选项右侧的下拉列表中选择具体数值和度量单位。一般以像素为单位，因为它可以有效地防止浏览器破坏文本的显示效果。

"Font-style"选项：指定字体的风格为"正常"、"斜体"或"偏斜体"。默认设置是"正常"。

"Line-height"选项：设置文本所在行的行高度。在选项右侧的下拉列表中选择具体数值和度量单位。若选择"正常"选项则自动计算字体大小以适应行高。

"Text-decoration"选项组：控制链接文本的显示形态，包括"underline（下划线）"、"（上划线）"、"overline（删除线）"、"blink（闪烁）"和"none（无）"5 个选项。正常文本的默认设置是"无"，链接的默认设置是"下划线"。

"Font-weight"选项：为字体设置粗细效果。它包含"normal（正常）"、"bold（粗体）"、"bolder（特粗）"、"lighter（细体）"和具体粗细值多个选项。通常"normal（正常）"选项等于 400 像素，"bold（粗体）"选项等于 700 像素。

"Font-variant"选项：将正常文本缩小一半尺寸后大写显示，IE 浏览器不支持该选项。Dreamweaver CS4 不在文档窗口中显示该选项。

"Text-transform"选项：将选定内容中的每个单词的首字母大写，或将文本设置为全部大写或小写。它包括"capitalize（首字母大写）"、"uppercase（大写）"、"lowercase（小写）"和"none（无）"4 个选项。

"Color"选项：设置文本的颜色。

8.5.3 背景

"背景"分类用于在网页元素后加入背景图像或背景颜色，"背景"选项面板如图 8-57 所示。

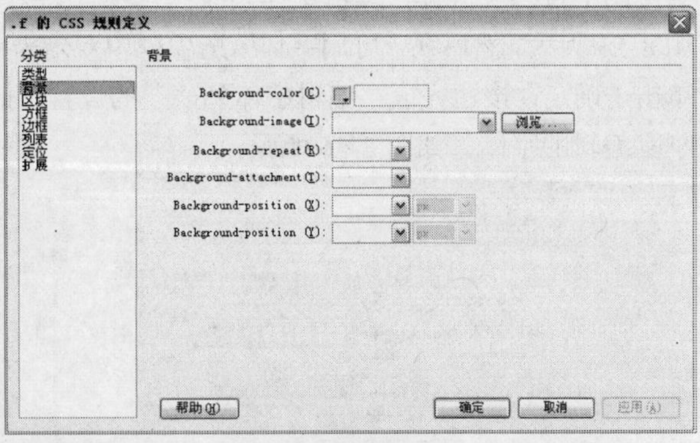

图 8-57

"背景"面板包括以下 6 种 CSS 属性。

"Background-color"选项：设置网页元素的背景颜色。

"Background-image"选项：设置网页元素的背景图像。

"Background-repeat"选项：控制背景图像的平铺方式，包括"no- repeat"、"repeat"、"repeat-x"和"repeat-y"4 个选项。若选择"no- repeat"选项，则在元素开始处按原图大小显示一次图像；若选择"repeat"选项，则在元素的后面水平或垂直平铺图像；若选择"repeat-x"或"repeat-y"

选项，则分别在元素的后面沿水平方向平铺图像或沿垂直方向平铺图像，此时图像被剪辑以适合元素的边界。

“Background-attachment”选项：设置背景图像是固定在它的原始位置还是随内容一起滚动。IE 浏览器支持该选项，但 Netscape Navigator 浏览器不支持。

“Background-position（X）”和“Background-position（Y）”选项：设置背景图像相对于元素的初始位置，它包括“left”、“center”、“right”、“top”、“center”、“bottom”和“(值)”7 个选项。该选项可将背景图像与页面中心垂直和水平对齐。

8.5.4 区块

“区块”分类用于控制网页中块元素的间距、对齐方式、文字缩进等属性。块元素可以是文本、图像、层等。“区块”的选项面板如图 8-58 所示。

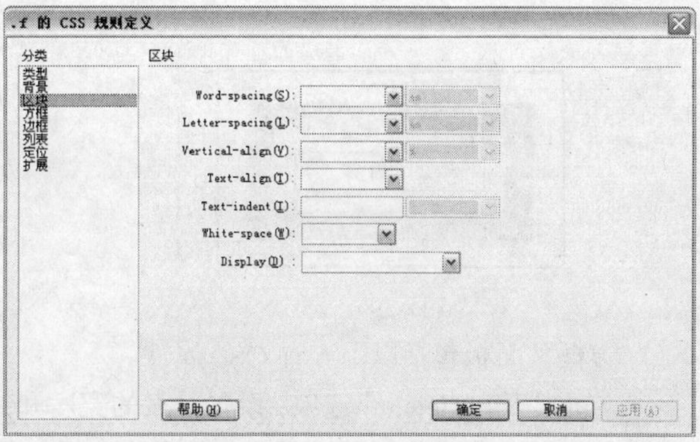

图 8-58

“区块”面板包括 7 种 CSS 属性。

“Word-spacing”选项：设置文字间的间距，包括“normal”和“(值)”两个选项。若要减少单词间距，则可以设置为负值，但其显示取决于浏览器。

“Letter-spacing”选项：设置字母间的间距，包括“normal”和“(值)”两个选项。若要减少字母间距，则可以设置为负值。IE 浏览器 4.0 版本和更高版本以及 Netscape Navigator 浏览器 6.0 版本支持该选项。

“Vertical-align”选项：控制文字或图像相对于其母体元素的垂直位置。若将图像同其母体元素文字的顶部垂直对齐，则该图像将在该行文字的顶部显示。该选项包括“baseline”、“sub”、“super”、“top”、“text-top”、“middle”、“bottom”、“text-bottom”和“(值)”9 个选项。“baseline”选项表示将元素的基准线同母体元素的基准线对齐；“sub”选项表示将元素以下标形式显示；“super”选项表示将元素以上标形式显示；“top”选项表示将元素的顶部同最高的母体元素对齐；“text-top”选项表示将元素顶部同母体元素文字的顶部对齐；“middle”选项表示将元素中点同母体元素文字的中点对齐；“bottom”选项表示将元素的底部同最低的母体元素对齐；“text-bottom”选项表示将元素底部同母体元素文字的底部对齐。

提示：仅在应用于 <img> 标签时“Vertical-align”选项的设置才在文档窗口中显示。

“Text-align”选项：设置区块文本的对齐方式，包括“left”、“right”、“center”、“justify”4 个选项。

“Text-indent”选项：设置区块文本的缩进程度。若让区块文本凸出显示，则该选项值为负值，但显示主要取决于浏览器。

“White-space”选项：控制元素中的空格输入，包括“normal”、“pre”、“nowrap”3 个选项。

“Display”选项：指定是否以及如何显示元素。“none”关闭应用此属性的元素的显示。

提示：Dreamweaver CS4 不在文档窗口中显示“空格”选项值。

8.5.5 方框

块元素可被看成包含在盒子中，这个盒子分成 4 部分，如图 8-59 所示。

“方框”分类用于控制网页中块元素的内容距区块边框的距离、区块的大小、区块间的间隔等。块元素可为文本、图像、层等。“方框”的选项面板如图 8-60 所示。

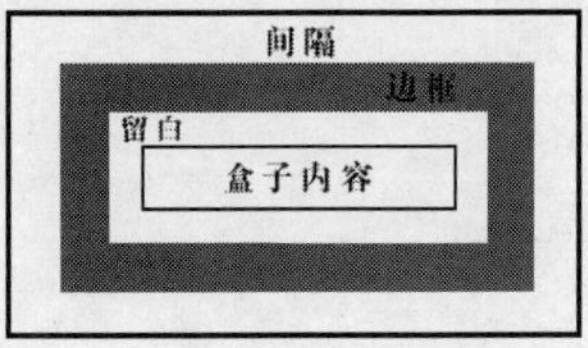

图 8-59

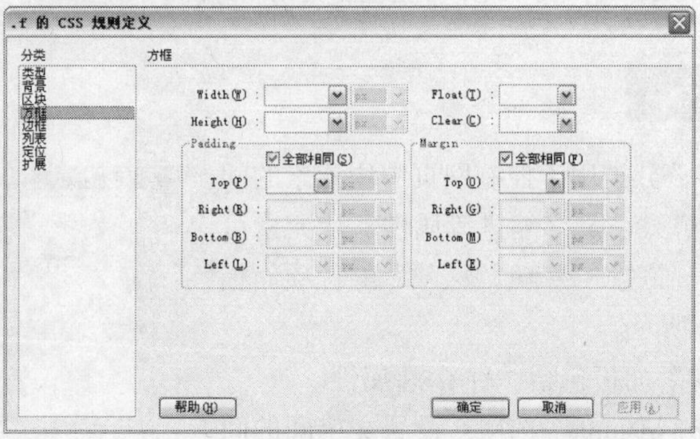

图 8-60

“方框”面板包括以下 6 种 CSS 属性。

“Width”和“Height”选项：设置元素的宽度和高度，使盒子的宽度不受它所包含内容的影响。

“Float”选项：设置网页元素（如文本、层、表格等）的浮动效果。IE 浏览器和 NETSCAPE 浏览器都支持“浮动”选项的设置。

“Clear”选项：清除设置的浮动效果。

“Padding”选项组：控制元素内容与盒子边框的间距，包括“Top”、“Bottom”、“Right”、“Left” 4 个选项。若取消选择“全部相同”复选框，则可单独设置块元素的各个边的填充效果；否则块元素的各个边设置相同的填充效果。

“Margin”选项组：控制围绕块元素的间隔数量，包括“Top”、“Bottom”、“Right”、“Left” 4 个选项。若取消选择“全部相同”复选框，则可设置块元素不同的间隔效果；否则块元素有相同的间隔效果。

8.5.6 边框

“边框”分类主要针对块元素的边框，“边框”选项面板如图 8-61 所示。

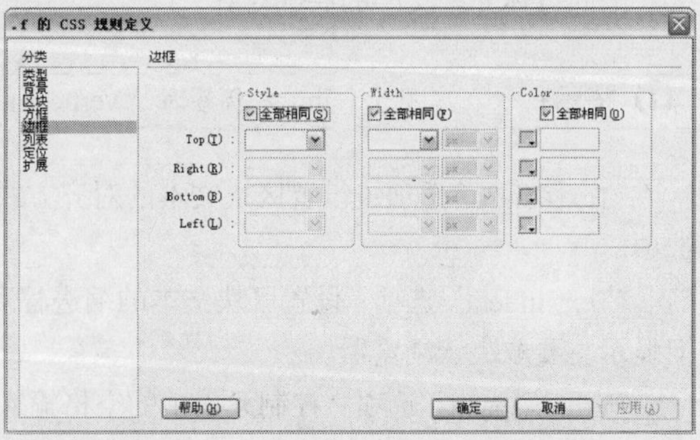

图 8-61

“边框”面板包括以下几种 CSS 属性。

“Style”选项组：设置块元素边框线的样式，在其下拉列表中包括“none 无”、“dotted”、“dashed”、“solid”、“double”、“groove”、“ridge”、“inset”、“outse” 9 个选项。若取消选择“全部相同”复选框，则可为块元素的各边框设置不同的样式。

"Width"选项组：设置块元素边框线的粗细，在其下拉列表中包括"thin"、"medium"、"thick"、"(值)" 4 个选项。

"Color"选项组：设置块元素边框线的颜色。若取消选择"全部相同"复选框，则为块元素各边框设置不同的颜色。

8.5.7　列表

"列表"分类用于设置项目符号或编号的外观，"列表"选项面板如图 8-62 所示。

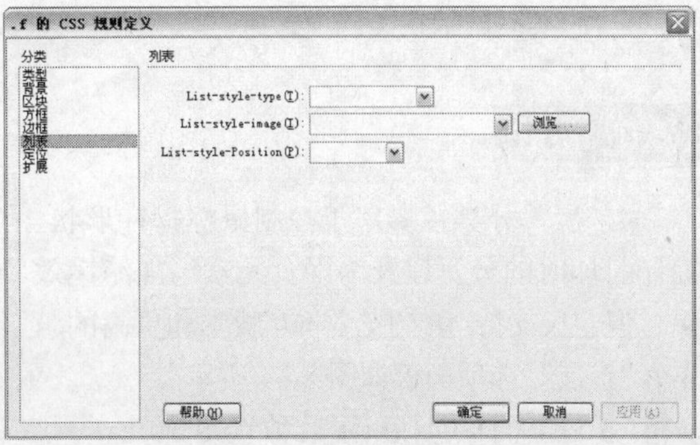

图 8-62

"列表"面板包括以下 3 种 CSS 属性。

"List-style-type"选项：设置项目符号或编号的外观。在其下拉列表中包括"disc"、"circle"、"square"、"decimal"、"lower-roman"、"upper-roman"、"lower-alpha"、"upper-alpha"和"none" 9 个选项。

"List-style-image"选项：为项目符号指定自定义图像。单击选项右侧的"浏览"按钮选择图像，或直接在选项的文本框中输入图像的路径。

"List-style-Position"选项：用于描述列表的位置，包括"inside"和"outside"两个选项。

8.5.8　定位

"定位"分类用于精确控制网页元素的位置，主要针对层的位置进行控制，"定位"选项面板如图 8-63 所示。

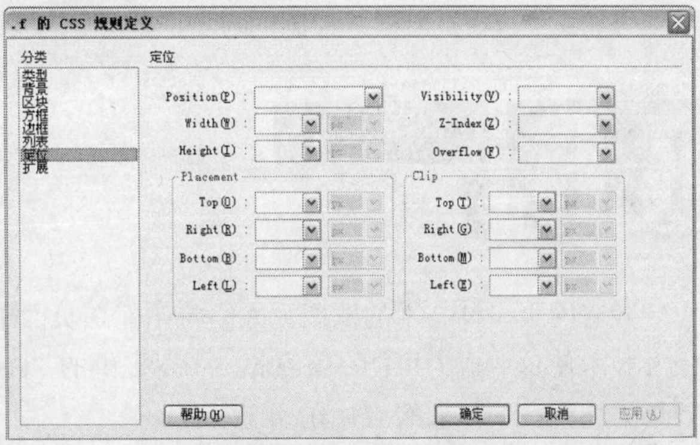

图 8-63

"定位"面板包括以下几种 CSS 属性。

"Position"选项：确定定位的类型，其下拉列表中包括"absolute"、"fixed"、"relative"和"static" 4 个选项。"absolute"选项表示以页面左上角为坐标原点，使用"定位"选项中输入的坐标值来放置层；"fixed"选项表示以页面左上角为坐标原点放置内容，当用户滚动页面时，内容将在此位置保持固定。"relative"选项表示以对象在文档中的位置为坐标原点，使用"定位"选项中输入的坐标来放置层；"static"选项表示以对象在文档中的位置为坐标原点，将层放在它在文本中的位置。该选项不显示在文档窗口中。

"Visibility"选项：确定层的初始显示条件，包括"inherit"、"visible"和"hidden" 3 个选项。"inherit"选项表示继承父级层的可见性属性。如果层没有父级层，则它将是可见的。"visible"选项表示无论父级层如何设置，都显示该层的内容。"hidden"选项表示无论父级层如何设置，都隐藏层的内容。如果不设置"Visibility"选项，则默认情况下大多数浏览器都继承父级层的属性。

“Z-Index”选项：确定层的堆叠顺序，为元素设置重叠效果。编号较高的层显示在编号较低的层的上面。该选项使用整数，可以为正，也可以为负。

“Overflow”选项：此选项仅限于 CSS 层，用于确定在层的内容超出它的尺寸时的显示状态。其中，“visible”选项表示当层的内容超出层的尺寸时，层向右下方扩展以增加层的大小，使层内的所有内容均可见。“hidden”选项表示保持层的大小并剪辑层内任何超出层尺寸的内容。“scroll”选项表示不论层的内容是否超出层的边界都在层内添加滚动条。“scroll”选项不显示在文档窗口中，并且仅适用于支持滚动条的浏览器。“auto”选项表示滚动条仅在层的内容超出层的边界时才显示。“auto”选项不显示在文档窗口中。

8.5.9 扩展

“扩展”分类主要用于控制鼠标指针形状、控制打印时的分页以及为网页元素添加滤镜效果，但它仅支持 IE 浏览器 4.0 版本和更高的版本，“扩展”选项面板如图 8-64 所示。

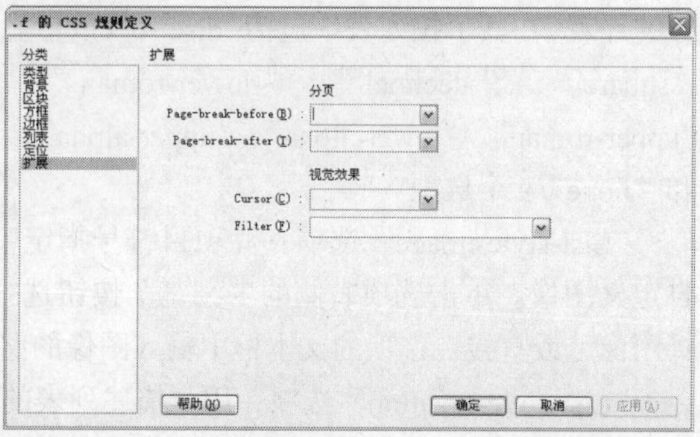

图 8-64

“扩展”面板包括以下几种 CSS 属性。

“分页”选项组：在打印期间为打印的页面设置强行分页，包括“Page-break-before”和“Page-break-after”两个选项。

“Cursor”选项：当鼠标指针位于样式所控制的对象上时改变鼠标指针的形状。IE 浏览器 4.0 版本和更高版本以及 Netscape Navigator 浏览器 6.0 版本支持该属性。

“Filter”选项：对样式控制的对象应用特殊效果，常用对象有图形、表格、图层等。

8.6 过滤器

随着网页设计技术的发展，人们希望能在页面中添加一些多媒体属性，如渐变和过滤效果等，CSS 技术使这些成为可能。Dreamweaver 提供的“CSS 过滤器”属性可以将可视化的过滤器和转换效果添加到一个标准的 HTML 元素上。

8.6.1 课堂案例——有氧运动网

案例学习目标：使用 CSS 样式制作图片波浪效果。

案例知识要点：使用“图像”按钮为网页插入图像，使用“Wave 滤镜”制作图像波浪效果，如图 8-65 所示。

图 8-65

效果所在位置：光盘/Ch08/效果/有氧运动网/index.html。

1．插入图片

Step 01 选择“文件 > 打开”命令，在弹出的菜单中选择“Ch06 > 素材 > 有氧运动网 > index.html”文件，单击“打开”按钮，效果如图 8-66 所示。

Step 02 将光标置入到单元格中，如图 8-67 所示。

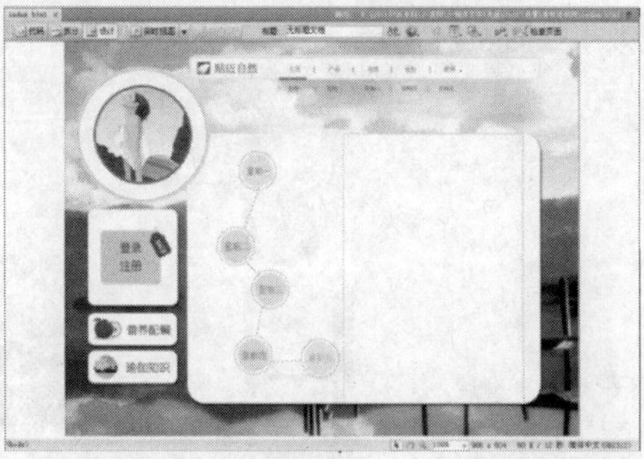

图 8-66

图 8-67

Step 03 单击“插入”面板中“常用”选项卡的“图像”按钮，在弹出的“选择图像源文件”对话框中选择光盘目录下“Ch06 > 素材 > 有氧运动网 > images”文件夹中的“index_07.jpg”，如图 8-68 所示，单击【确定】按钮完成图片的插入，效果如图 8-69 所示。

图 8-68

图 8-69

2．制作图像波浪效果

Step 01 选择“窗口 > CSS 样式”命令，弹出“CSS 样式”控制面板，单击面板下方的“新建 CSS 规则”按钮，弹出“新建 CSS 规则”对话框，在对话框中进行设置，如图 8-70 所示。

Step 02 单击“确定”按钮，弹出“. img02 的 CSS 规则定义”对话框，在左侧的“分类”列表中选择“扩展”选项，在“Filter”选项下拉列表中选择“Wave”，将过滤器各参数值设置为“Wave(Add=0, Freq=4,LightStrength=15, Phase=25, Strength=40)”，如图 8-71 所示，单击“确定”按钮。

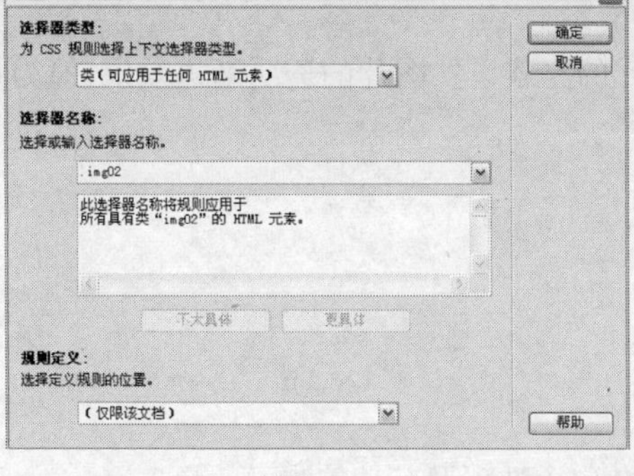

图 8-70

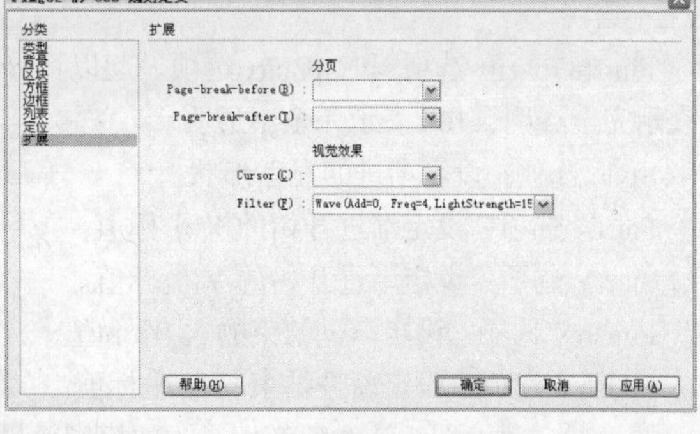

图 8-71

Step 03 选中图像，如图 8-72 所示，在“属性”面板“类”选项下拉列表中选择“img02”，如图 8-73 所示。

Step 04 保存文档，按< F12>键，预览效果如图 8-74 所示。

图 8-72

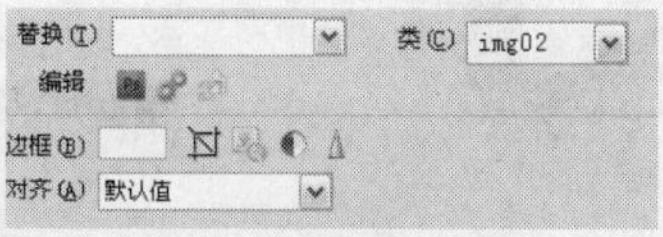

图 8-73

图 8-74

8.6.2 可应用过滤的 HTML 标签

CSS 过滤器不仅可以施加在图像上，而且可以施加在文字、表格、图层等网页元素上，但并不是所有的 HTML 标签都可以施加 CSS 过滤器，只有 BODY（网页主体）、BUTTON（按钮）、DIV（层）、IMG（图像）、INPUT（表单的输入元素）、MARQUEE（滚动）、SPAN（段落内的独立行元素）、TABLE（表格）、TD（表格内单元格）、TEXTAREA（表单的多行输入元素）、TFOOT（当作注脚的表格行）、TH（表格的表头）、THEAD（表格的表头行）、TR（表格的一行）等 HTML 标签上可以施加 CSS 过滤器。

提示： 启用“Table 的 CSS 规则定义”对话框，在“分类”选项列表中选择“扩展”选项，在右侧“滤镜”选项的下拉列表中可以选择静态或动态过滤器。

8.6.3 CSS 的静态过滤器

CSS 中有静态过滤器和动态过滤器两种过滤器。静态过滤器使被施加的对象产生各种静态的特殊效果。IE 浏览器 4.0 版本支持以下 13 种静态过滤器。

（1）Alpha 过滤器：让对象呈现渐变的半透明效果，包含选项及其功能如下。

Opacity 选项：以百分比的方式设置图片的透明程度，值为 0~100，0 表示完全透明，100 表示完全不透明。

FinishOpacity 选项：和 Opacity 选项一起以百分比的方式设置图片的透明渐进效果，值为 0~100，0 表示完全透明，100 表示完全不透明。

Style 选项：设定渐进的显示形状。

StartX 选项：设定渐进开始的 X 坐标值。

StartY 选项：设定渐进开始的 Y 坐标值。

FinishX 选项：设定渐进结束的 X 坐标值。

FinishY 选项：设定渐进结束的 Y 坐标值。

（2）Blur 过滤器：让对象产生风吹的模糊效果，包含选项及其功能如下。

Add 选项：是否在应用 Blur 过滤器的 HTML 元素上显示原对象的模糊方向，0 表示不显示原对象，1 表示显示原对象。

Direction 选项：设定模糊的方向，0 表示向上，90 表示向右，180 表示向下，270 表示向左。

Strength 选项：以像素为单位设定图像模糊的半径大小，默认值是 5，取值范围是自然数。

（3）Chroma 过滤器：将图片中的某个颜色变成透明的，包含 Color 选项，用来指定要变成透明的颜色。

（4）DropShadow 过滤器：让文字或图像产生下落式的阴影效果，包含选项及其功能如下。

Color 选项：设定阴影的颜色。

OffX 选项：设定阴影相对于文字或图像在水平方向上的偏移量。

OffY 选项：设定阴影相对于文字或图像在垂直方向上的偏移量。

Positive 选项：设定阴影的透明程度。

（5）FlipH 和 FlipV 过滤器：在 HTML 元素上产生水平和垂直的翻转效果。

（6）Glow 过滤器：在 HTML 元素的外轮廓上产生光晕效果，包含 Color 和 Strength 两个选项。Color 选项：用于设定光晕的颜色。Strength 选项：用于设定光晕的范围。

（7）Gray 过滤器：让彩色图片产生灰色调效果。

（8）Invert 过滤器：让彩色图片产生照片底片的效果。

（9）Light 过滤器：在 HTML 元素上产生模拟光源的投射效果。

（10）Mask 过滤器：在图片上加上遮罩色，包含 Color 选项，用于设定遮罩的颜色。

（11）Shadow 过滤器：与 DropShadow 过滤器一样，让文字或图像产生下落式的阴影效果，但 Shadow 过滤器生成的阴影有渐进效果。

（12）Wave 过滤器：在 HTML 元素上产生垂直方向的波浪效果，包含选项及其功能如下。

Add 选项：是否在应用 Wave 过滤器的 HTML 元素上显示原对象的模糊方向，0 表示不显示原对象，1 表示显示原对象。

Freq 选项：设定波动的数量。

LightStrength 选项：设定光照效果的光照程度，值为 0~100，0 表示光照最弱，100 表示光照最强。

Phase 选项：以百分数的方式设定波浪的起始相位，值为 0~100。

Strength 选项：设定波浪的摇摆程度。

（13）Xray 过滤器：显示图片的轮廓，如同 X 光片的效果。

8.6.4 CSS 的动态过滤器

动态过滤器也叫转换过滤器。Dreamweaver CS4 提供的动态过滤器可以设定产生翻换图片的效果。

（1）BlendTrans 过滤器：混合转换过滤器，在图片间产生淡入淡出效果，包含 Duration 选项，用于表示淡入淡出的时间。

（2）RevealTrans 过滤器：显示转换过滤器，提供更多的图像转换的效果，包含 Duration 和 Transition 选项。Duration 选项表示转换的时间，Transition 选项表示转换的类型。

8.7 课堂练习——时尚前锋网页

练习知识要点：使用“Blur 滤镜”制作图像的渐变效果，使用“Alpha 滤镜”制作图像的透明效果，如图 8-75 所示。

效果所在位置：光盘/Ch08/效果/时尚前锋网页/index.html。

图 8-75

8.8 课后习题——新车上市资讯

习题知识要点：使用“CSS 样式”命令制作漂亮的图标效果，使用“CSS 样式”命令设置文字的大小、行间距，效果如图 8-76 所示。

效果所在位置：光盘/Ch08/效果/新车上市资讯/index.html。

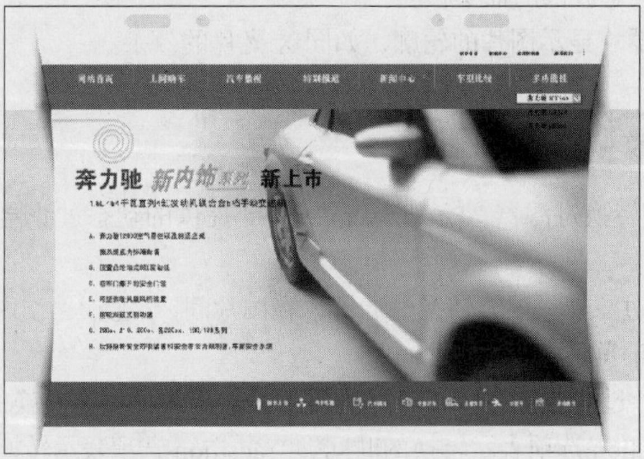

图 8-76

第9章 模板和库

每个网站都是由多个整齐、规范、流畅的网页组成的。为了保持站点中网页风格的统一，需要在每个网页中制作一些相同的内容，如相同栏目下的导航条、各类图标等，因此网站制作者需要花费大量的时间和精力在重复性的工作上。为了减轻网页制作者的工作量，提高他们的工作效率，将他们从大量重复性工作中解脱出来，Dreamweaver CS4 提供了模板和库功能。

【教学目标】

- “资源”控制面板。
- 模板。
- 库。

9.1 “资源”控制面板

“资源”控制面板用于管理和使用制作网站的各种元素，如图像或影片文件等。选择“窗口 > 资源”命令，启用“资源”控制面板，如图 9-1 所示。

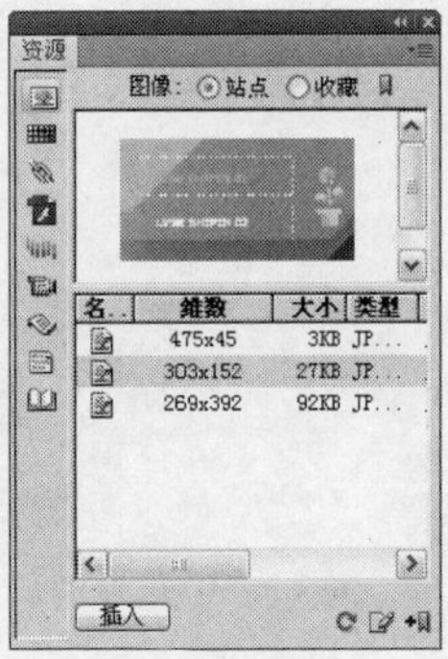

图 9-1

“资源”控制面板提供了“站点”和“收藏”两种查看资源的方式，“站点”列表显示站点的所有资源，“收藏”列表仅显示用户曾明确选择的资源。在这两个列表中，资源被分成图像、颜色、URLs、SWF、Shockwave、影片、脚本、模板、库9 种类别，显示在“资源”控制面板的左侧。“图像”列表中只显示 GIF、JPEG 或 PNG 格式的图像文件；“颜色”列表显示站点的文档和样式表中使用的颜色，包括文本颜色、背景颜色和链接颜色；“链接”列表显示当前站点文档中的外部链接，包括 FTP、gopher、HTTP、HTTPS、JavaScript、电子邮件(mailto)和本地文件(file://)类型的链接；“Flash”列表显示任意版本的“*swf”格式文件，不显示 Flash 源文件；“Shockwave”列表显示的影片是任意版本的“*shockwave”格式文件；“影片”列表显示“*quicktime”或“*mpeg”格式文件；“脚本”列表显示独立的 JavaScript 或 VBScript 文件；“模板”列表显示模板文件，方便用户在多个页面上重复使用同一页面布局；“库”列表显示定义的库项目。

在模板列表中，控制面板底部排列 5 个按钮，分别是“插入”按钮插入、“刷新站点列表”按钮、“编辑”按钮、“添加到收藏夹”按钮、“删除”按钮。“插入”按钮用于将“资源”面板中选定的元素直接插入到文档中；“刷新站点列表”按钮用于刷新站点列表；“新建模板”按钮用于建立新的模板；“编辑”按钮用于编辑当前选定的元素；“删除”按钮用于删除选定的元素。单击控制面板右上方的菜单按钮，弹出一个菜单，菜单中包括“资源”面板中的一些常用命令，如图 9-2 所示。

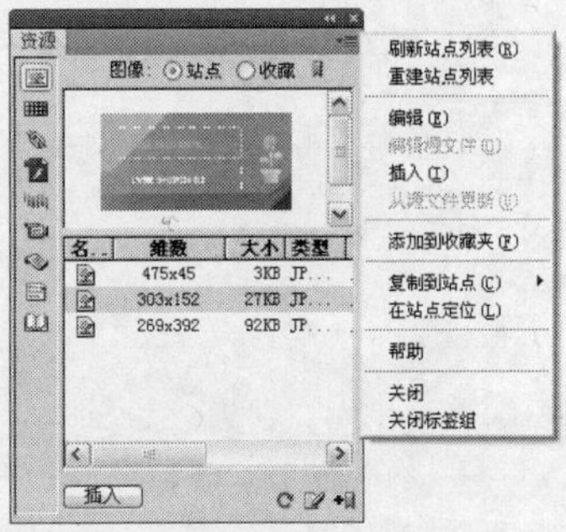

图 9-2

9.2 模板

模板可理解成模具，当需要制作相同的东西时只需将原始素材放入模板即可实现，既省时又省力。Dreamweaver CS4 提供的模板也是基于此目的，如果要制作大量相同或相似的网页时，只需在页面布局设计好之后将它保存为模板页面，然后利用模板创建相同布局的网页，并且在修改模板的同时修改附加该模板的所有页面上的布局。这样，就能大大提高设计者的工作效率。

将文档另存为模板时，Dreamweaver CS4 自动锁定文档的大部分区域。模板创作者需指定模板文档中的哪些区域可编辑，哪些网页元素应长期保留，不可编辑。

Dreamweaver CS4 中共有 4 种类型的模板区域。

可编辑区域：基于模板的文档中的未锁定区域，它是模板用户可以编辑的部分。模板创作者可以将模板的任何区域指定为可编辑的。要让模板生效，它应该至少包含一个可编辑区域，否则，将无法编辑基于该模板的页面。

重复区域：文档中设置为重复的布局部分。例如，可以设置重复一个表格行。通常重复区域是可编辑的，这样模板用户可以编辑重复元素中的内容，同时使设计本身处于模板创作者的控制之下。在基于模板的文档中，模板用户可以根据需要，使用重复区域控制选项添加或删除重复区域的副本。可在模板中插入两种类型的重复区域，即重复区域和重复表格。

可选区域：在模板中指定为可选的部分，用于保存有可能在基于模板的文档中出现的内容，如可选文本或图像。在基于模板的页面上，模板用户通常控制是否显示内容。

可编辑标签属性：在模板中解锁标签属性，以便该属性可以在基于模板的页面中编辑。

9.2.1　课堂案例——热点话题跟踪

案例学习目标：使用“窗口”菜单命令添加库项目并使用注册的项目制作网页文档。

案例知识要点：使用“库”面板添加库项目，使用库中注册的项目制作网页文档，使用“文本颜色”按钮更改文本的颜色，如图 9-3 所示。

效果所在位置：光盘/Ch09/效果/热点话题跟踪/index.html。

1．把经常用的图标注册到库中

Step 01 选择“文件 > 打开”命令，在弹出的对话框中选择“Ch09 > 素材 > 热点话题跟踪 > index.html”文件，单击“打开”按钮，效果如图 9-4 所示。

图 9-3

图 9-4

Step 02 选择“窗口 > 资源”命令，弹出“资源”控制面板，在“资源”控制面板中，单击左侧的“库”按钮，进入“库”面板，选择如图 9-5 所示的图片，按住鼠标左键将其拖曳到“库”面板中，如图 9-6 所示，松开鼠标左键，选定的图像将添加为库项目，如图 9-7 所示。

图 9-5

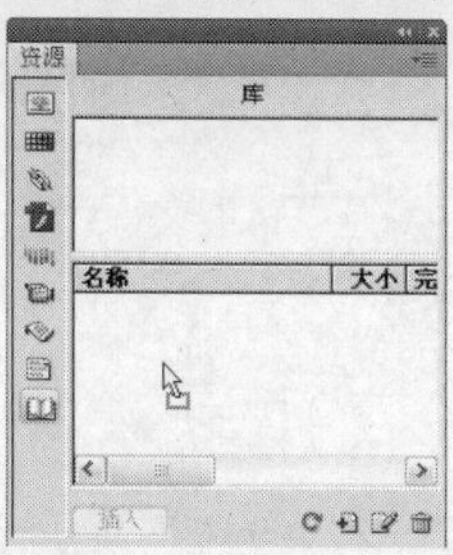

图 9-6

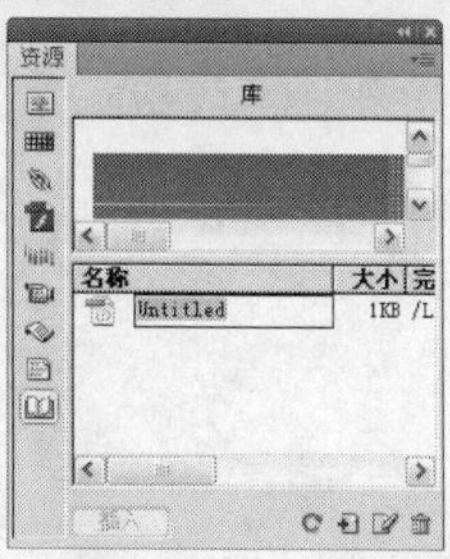

图 9-7

Step 03 在可输入状态下，将其重命名为“logo”，按<Enter>键，如图 9-8 所示。

Step 04 选择如图 9-9 所示的图像，按住鼠标左键将其拖曳到“库”面板中，松开鼠标左键，选定的图像将其添加为库项目，将其重命名为“left”并按<Enter>键，效果如图 9-10 所示。

图 9-8

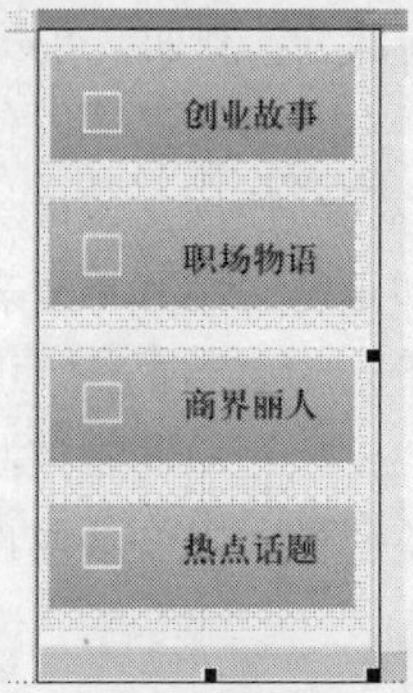

图 9-9

图 9-10

Step 05 选中如图 9-11 所示网页文档上方的导航文字，按住鼠标左键将其拖曳到“库”面板中，松开鼠标左键，选定的文字添加为库项目，将其重命名为“daohangzi”并按<Enter>键，效果如图 9-12 所示。文档窗口中文本的背景变成黄色，效果如图 9-13 所示。

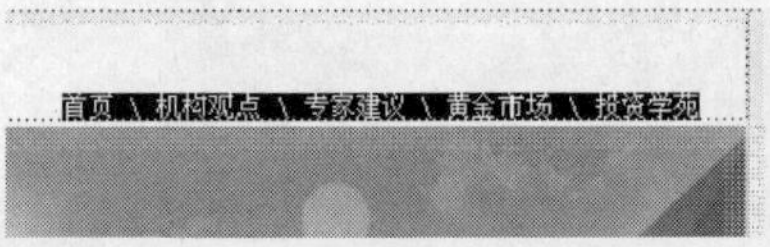

图 9-11

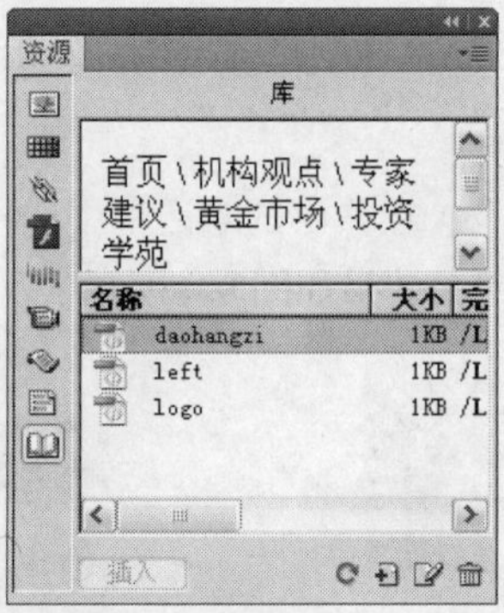

图 9-12

图 9-13

2．利用库中注册的项目制作网页文档

Step 01 选择“文件 > 打开”命令，在弹出的对话框中选择“Ch09 > 素材 > 热点话题跟踪 > index1.html”文件，单击“打开”按钮，效果如图 9-14 所示。

Step 02 将光标置入到上方的导航表格中，如图 9-15 所示。选择“库”面板中的“daohangzi”选项，如图 9-16 所示，按住鼠标左键将其拖曳到单元中，松开鼠标，效果如图 9-17 所示。

图 9-14

图 9-15

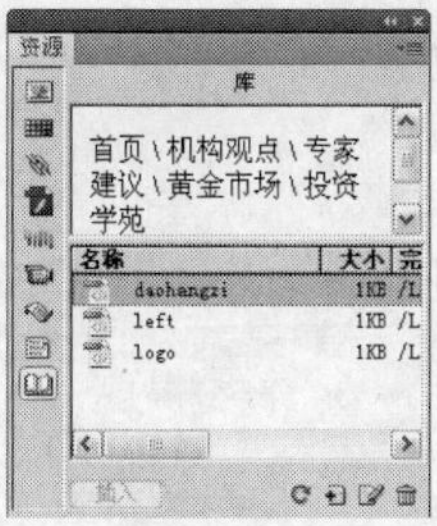

图 9-16

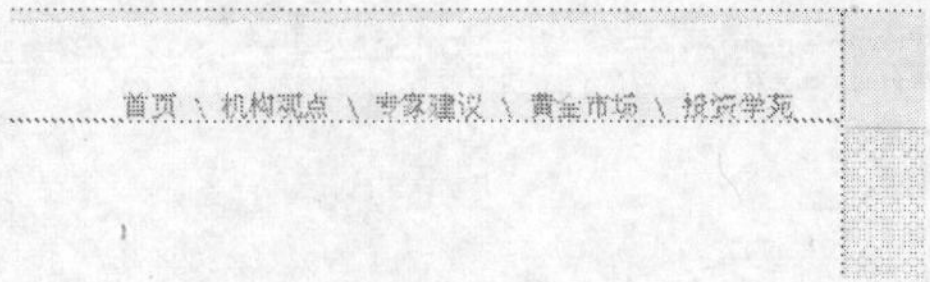

图 9-17

Step 03 选择“库”面板中的“logo”选项，如图 9-18 所示，按住鼠标左键将其拖曳到单元格中，效果如图 9-19 所示。

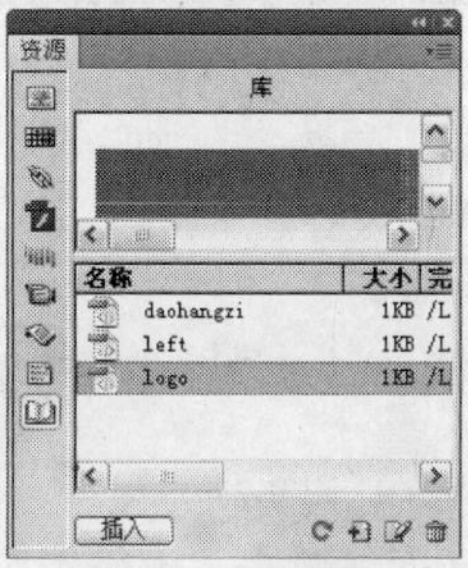

图 9-18

图 9-19

Step 04 选择“库”面板中的“left”选项，如图 9-20 所示，按住鼠标左键将其拖曳到左侧的单元格中，效果如图 9-21 所示。

Step 05 保存文档，按<F12>键，预览效果如图 9-22 所示。

图 9-20

图 9-21

图 9-22

3．修改库中注册的项目

Step 01 返回 Dreamweaver CS4 界面中，在“库”面板中双击“daohangzi”选项，进入到项目的编辑界面中，效果如图 9-23 所示。

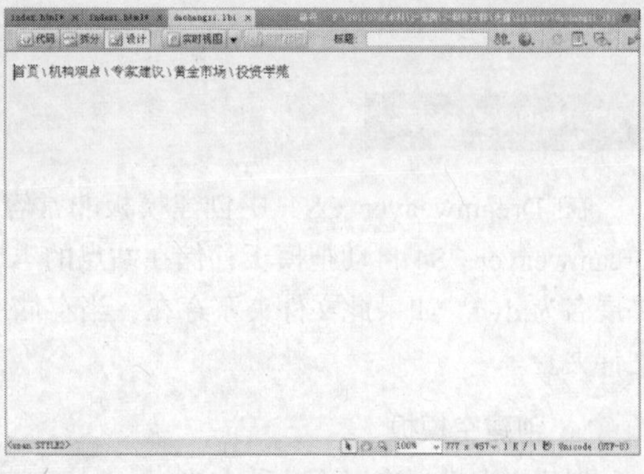

图 9-23

Step 02 选择“窗口 > CSS 样式”命令，弹出“CSS 样式”控制面板，单击面板下方的“新建 CSS 规则”按钮，弹出“新建 CSS 规则”对话框，在对话框中进行设置，如图 9-24 所示。单击两次“确定”按钮。

Step 03 将文字选中，如图 9-25 所示，在“属性”面板“目标规则”下拉列表中选择“.text”，应用样式，单击“文本颜色”按钮 ，将文本颜色设为蓝色（#036），如图 9-26 所示，文本效果如图 9-27 所示。

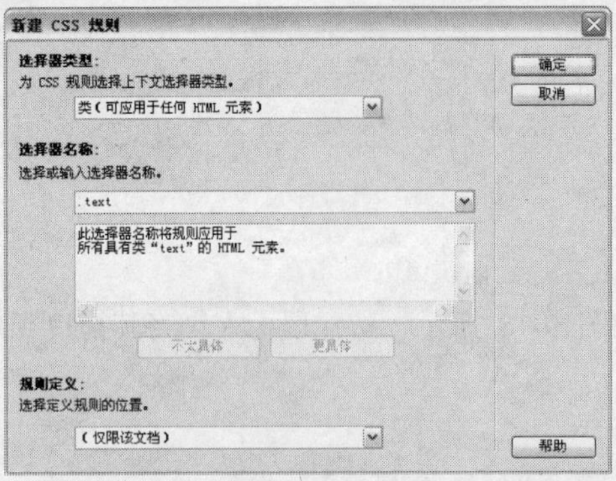

图 9-24

图 9-25

图 9-26

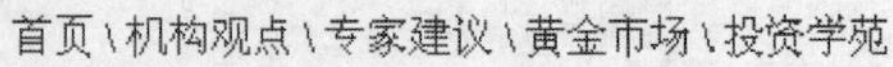

图 9-27

Step 04 选择“文件 > 保存”命令，弹出“更新库项目”对话框，单击“更新”按钮，弹出“更新页面”对话框，如图 9-28 所示，单击“关闭”按钮。

Step 05 返回到“index.html”编辑窗口中，按<F12>键预览效果，可以看到文字的颜色发生改变，如图 9-29 所示。

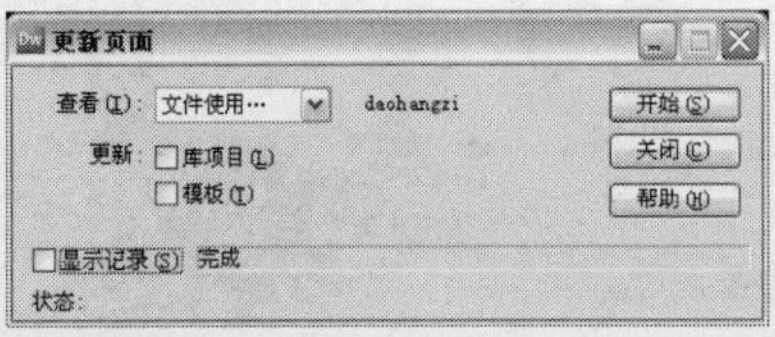

图 9-28

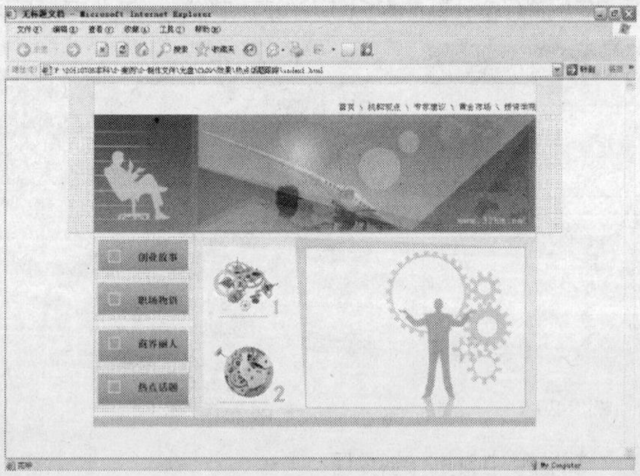

图 9-29

9.2.2 创建模板

在 Dreamweaver CS4 中创建模板非常容易，如同制作网页一样。当用户创建模板之后，Dreamweaver CS4 自动把模板存储在站点的本地根目录下的“Templates”子文件夹中，使用文件扩展名为.dwt。如果此文件夹不存在，当存储一个新模板时，Dreamweaver CS4 将自动生成此子文件夹。

1. 创建空模板

创建空白模板有以下几种方法。

● 在打开的文档窗口中单击“插入”面板“常用”选项卡中的“创建模板”按钮，将当前文档转换为模板文档。

● 在“资源”控制面板中单击“模板”按钮，此时列表为模板列表，如图 9-30 所示。然后单击下方的“新建模板”按钮，创建空模板，此时新的模板添加到“资源”控制面板的“模板”列表中，为该模板输入名称，如图 9-31 所示。

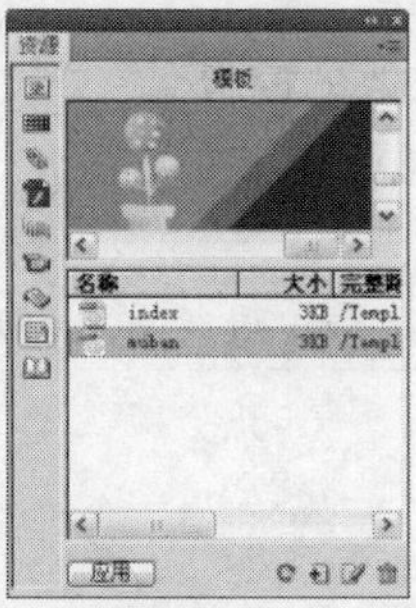

图 9-30

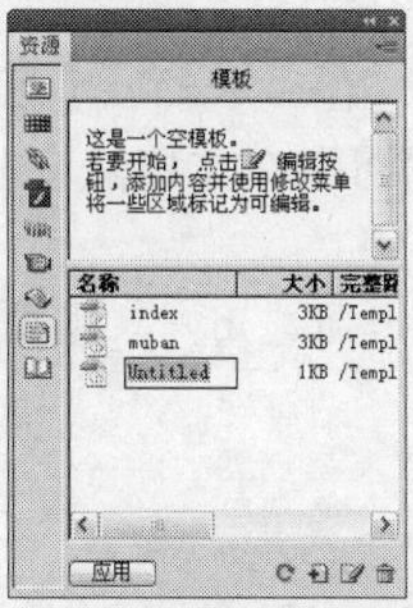

图 9-31

● 在“资源”控制面板的“模板”列表中单击鼠标右键，在弹出的菜单中选择“新建模板”命令。

提示：如果修改新建的空模板，则先在“模板”列表中选中该模板，然后单击“资源”控制面板右下方的“编辑”按钮。如果重命名新建的空模板，则单击“资源”控制面板右上方的菜单按钮，从弹出的菜单中选择“重命名”命令，然后输入新名称。

2．将现有文档存为模板

（1）选择“文件 > 打开”命令，弹出“打开”对话框，如图 9-32 所示，选择要作为模板的网页，然后单击“打开”按钮。

（2）选择“文件 > 另存为模板”命令，弹出“另存为模板”对话框，输入模板名称，如图 9-33 所示。

（3）单击“保存”按钮，当前文档的扩展名为.dwt，如图 9-34 所示，表明当前文档是一个模板文档。

图 9-32

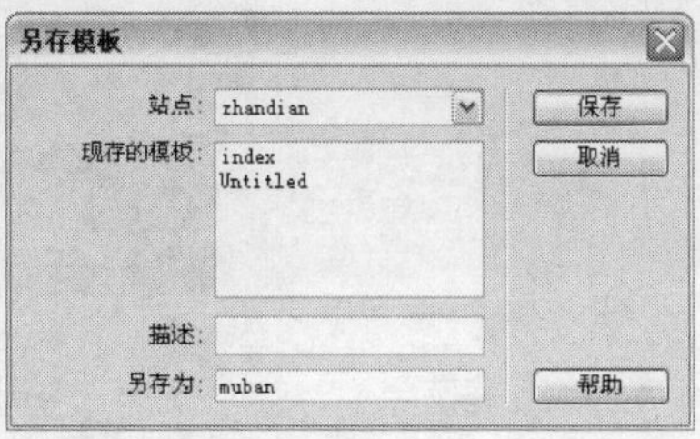

图 9-33

图 9-34

9.2.3　定义和取消可编辑区域

创建模板后，网站设计者需要根据用户的需求对模板的内容进行编辑，指定哪些内容是可以编辑的，哪些内容是不可以编辑的。模板的不可编辑区域是指基于模板创建的网页中固定不变的元素，模板的可编辑模板区域是指基于模板创建的网页中用户可以编辑的区域。当创建一个模板或将一个网页另存为模板时，Dreamweaver CS4 默认将所有区域标志为锁定，因此用户要根据具体要求定义和修改模板的可编辑区域。

1．对已有的模板进行修改

在“资源”控制面板的“模板”列表中选择要修改的模板名，单击控制面板右下方的“编辑”按钮或双击模板名后，就可以在文档窗口中编辑该模板了。

提示： 当模板应用于文档时，用户只能在可编辑区域中进行更改，无法修改锁定区域。

2．定义可编辑区域

（1）选择区域。

选择区域有以下几种方法。

- 在文档窗口中选择要设置为可编辑区域的文本或内容。
- 在文档窗口中将插入点放在要插入可编辑区域的地方。

（2）启用“新建可编辑区域”对话框。

启用“新建可编辑区域”对话框有以下几种方法。

- 在“插入”面板“常用”选项卡中，单击“模板”展开式按钮，选择“可编辑区域”按钮。
- 按<Ctrl + Alt + V>快捷键。
- 选择“插入 > 模板对象 > 可编辑区域”命令。
- 在文档窗口中单击鼠标右键，在弹出的菜单中选择“模板 > 新建可编辑区域”命令。

（3）创建可编辑区域。

在“名称”选项的文本框中为该区域输入唯一的名称，如图 9-35 所示，最后单击“确定”按钮创建可编辑区域，如图 9-36 所示。

可编辑区域在模板中由高亮显示的矩形边框围绕，该边框使用在“首选参数”对话框中设置的高亮颜色，该区域左上角的选项卡显示该区域的名称。

（4）使用可编辑区域的注意事项。

不要在“名称”选项的文本框中使用特殊字符。

图 9-35

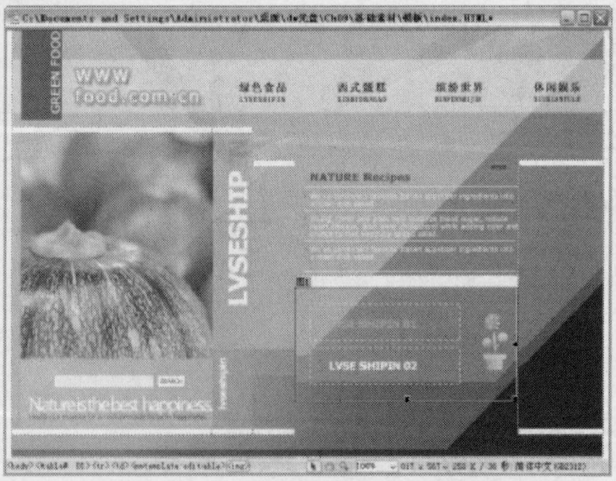

图 9-36

不能对同一模板中的多个可编辑区域使用相同的名称。

可以将整个表格或单独的表格单元格标志为可编辑的，但不能将多个表格单元格标志为单个可编辑区域。如果选定<td>标签，则可编辑区域中包括单元格周围的区域；如果未选定，则可编辑区域将只影响单元格中的内容。

层和层内容是单独的元素。使层可编辑时可以更改层的位置及其内容，而使层的内容可编辑时只能更改层的内容而不能更改其位置。

在普通网页文档中插入一个可编辑区域，Dreamweaver CS4 会警告该文档将自动另存为模板。

可编辑区域不能嵌套插入。

3．定义可编辑的重复区域

重复区域是可以根据需要在基于模板的页面中复制任意次数的模板部分。重复区域通常用于表格，但也可以为其他页面元素定义重复区域。但是重复区域不是可编辑区域，若要使重复区域中的内容可编辑，必须在重复区域内插入可编辑区域。

定义重复区域的具体操作步骤如下。

（1）选择区域。

（2）启用新建重复区域对话框。

启用“新建重复区域”对话框有以下几种方法。

- 在“插入”面板“常用”选项卡中，单击“模板”展开式按钮，选择“重复区域”按钮。
- 选择“插入 > 模板对象 > 重复区域”命令。
- 在文档窗口中单击鼠标右键，在弹出的菜单中选择“模板 > 新建重复区域”命令。

（3）定义重复区域。

在“名称”选项的文本框中为模板区域输入唯一的名称，如图 9-37 所示，单击“确定”按钮，将重复区域插入到模板中。最后选择重复区域或其一部分，如表格、行或单元格，定义可编辑区域，如图 9-38 所示。

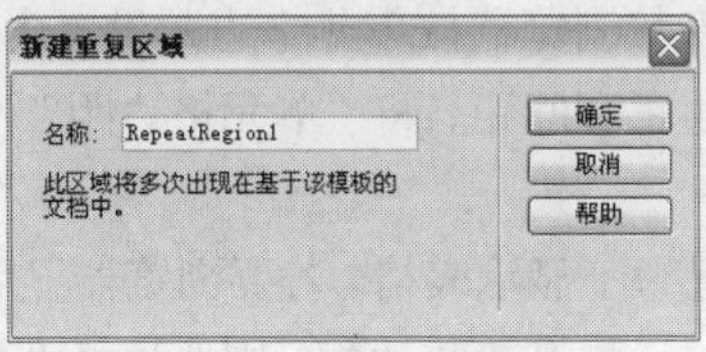

图 9-37

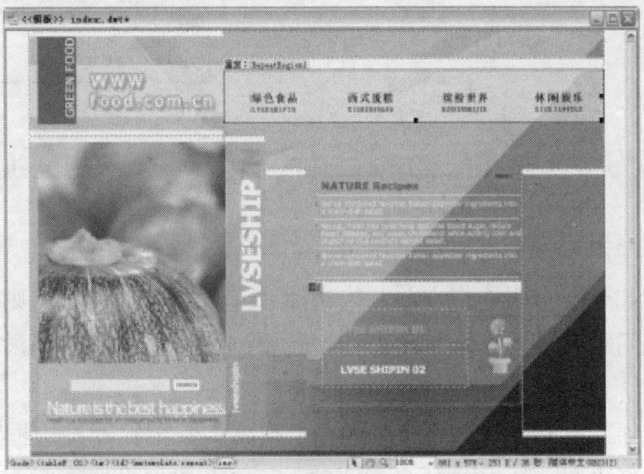

图 9-38

提示： 在一个重复区域内可以继续插入另一个重复区域。

4．定义可编辑的重复表格

有时网页的内容经常变化，此时可使用“重复表格”功能创建模板。利用此模板创建的网页可以方便地增加或减少表格中格式相同的行，满足内容变化的网页布局。要创建包含重复行格式的可编辑区域，使用“重复表格”按钮。可以定义表格属性，并设置哪些表格中的单元格可编辑。

定义重复表格的具体操作步骤如下。

（1）将插入点放在文档窗口中要插入重复表格的位置。

（2）启用“插入重复表格”对话框，如图 9-39 所示。

启用“插入重复表格”对话框有以下几种方法。

- 在“插入”面板“常用”选项卡中，单击“模板”展开式按钮，选择“重复表格”按钮。
- 选择“插入 > 模板对象 > 重复表格”命令。

“插入重复表格”对话框中各选项的作用如下。

“行数”选项：设置表格具有的行的数目。

“列”选项：设置表格具有的列的数目。

“单元格边距”选项：设置单元格内容和单元格边界之间的像素数。

“单元格间距”选项组：设置相邻的表格单元格之间的像素数。

“宽度”选项：以像素为单位或以浏览器窗口宽度的百分比设置表格的宽度。

“边框”选项：以像素为单位设置表格边框的宽度。

“重复表格行”选项：设置表格中的哪些行包括在重复区域中。

“起始行”选项：将输入的行号设置为包括在重复区域中的第一行。

“结束行”选项：将输入的行号设置为包括在重复区域中的最后一行。

“区域名称”选项：为重复区域设置唯一的名称。

（3）按需要输入新值，单击“确定”按钮，重复表格即出现在模板中，如图 9-40 所示。

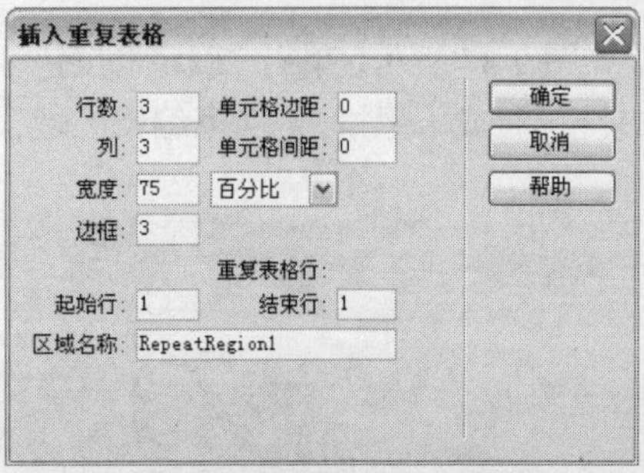

图 9-39

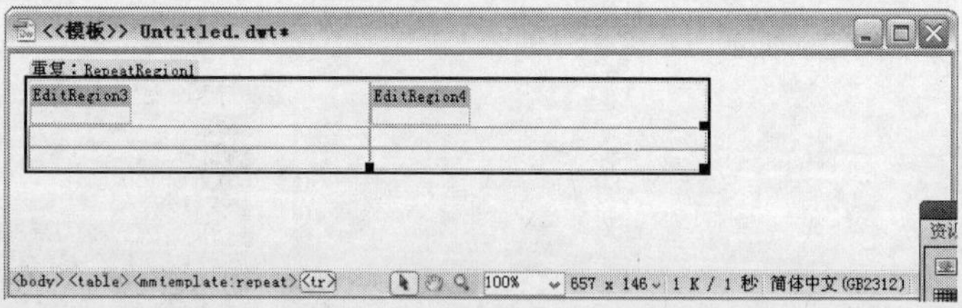

图 9-40

使用重复表格要注意以下几点。

如果没有明确指定单元格边距和单元格间距的值，则大多数浏览器按单元格边距设置为 1、单元格间距设置为 2 来显示表格。若要浏览器显示的表格没有边距和间距，将“单元格边距”选项和“单元格间距”选项设置为 0。

如果没有明确指定边框的值，则大多数浏览器按边框设置为 1 显示表格。若要浏览器显示的表格没有边框，将“边框”设置为 0。若要在边框设置 0 时查看单元格和表格边框，则要选择“查看 > 可视化助理 > 表格边框”命令。

重复表格可以包含在重复区域内，但不能包含在可编辑区域内。

5．取消可编辑区域标记

使用“取消可编辑区域”命令可取消可编辑区域的标记，使之成为不可编辑区域。取消可编辑区域标记有以下几种方法。

● 先选择可编辑区域，然后选择“修改 > 模板 > 删除模板标记”命令，此时该区域变成不可编辑区域。

● 先选择可编辑区域，然后在文档窗口下方的可编辑区域标签上单击鼠标右键，在弹出的菜单中选择“删除标签”命令，如图 9-41 所示，此时该区域变成不可编辑区域。

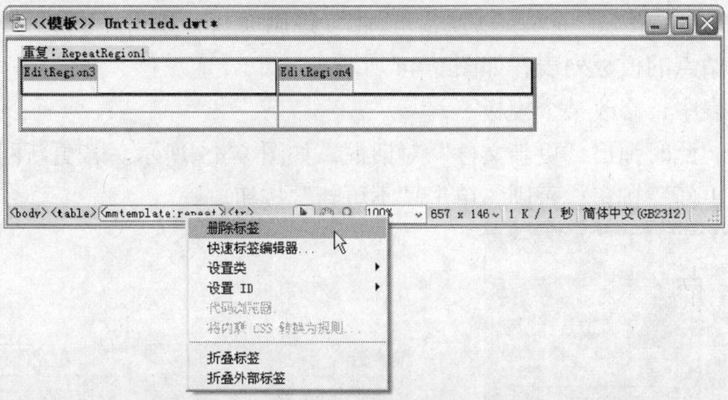

图 9-41

9.2.4 创建基于模板的网页

创建基于模板的网页有两种方法，一是使用“新建”命令创建基于模板的新文档；二是应用“资源”控制面板中的模板来创建基于模板的网页。

1．使用新建命令创建基于模板的新文档

选择“文件 > 新建”命令，打开“新建文档”对话框，单击“模板中的页”标签，切换到“从模板新建”窗口。在“站点”选项框中选择本网站的站点，如“未命名站点 1”，再从右侧的选项框中选择一个模板文件，如图 9-42 所示，单击“创建”按钮，创建基于模板的新文档。编辑完文档后，选择“文件 > 保存”命令，即可保存所创建的文档。

2．应用“资源”控制面板中的模板创建基于模板的网页

新建 HTML 文档，选择“窗口 > 资源”命令，启用“资源”控制面板。在“资源”控制面板中，单击左侧的“模板”按钮，再从模板列表中选择相应的模板，最后单击控制面板下方的“应用”按钮，在文档中应用该模板，如图 9-43 所示。

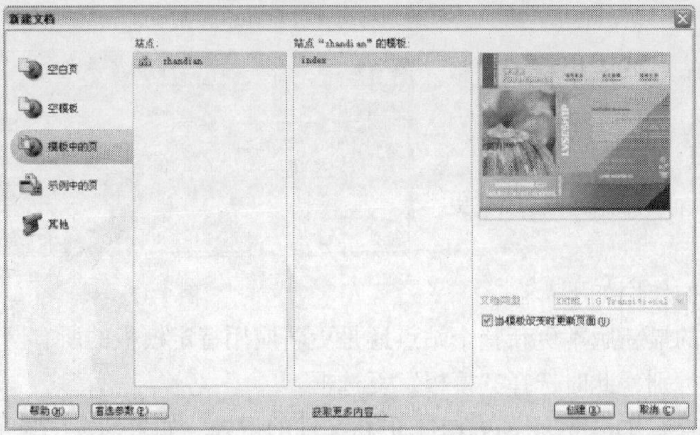

图 9-42

图 9-43

9.2.5 管理模板

创建模板后可以重命名模板文件、修改模板文件和删除模板文件。

1．重命名模板文件

（1）选择“窗口 > 资源”命令，启用“资源”控制面板，单击左侧的“模板”按钮，控制面板右侧显示本站点的模板列表，如图 9-44 所示。

（2）在模板列表中，修改某个模板。

（3）保存模板，此时弹出“更新文件”对话框，如图 9-45 所示。若更新网站中所有基于此模板的网页，单击“更新”按钮；否则，单击“不更新”按钮。

图 9-44

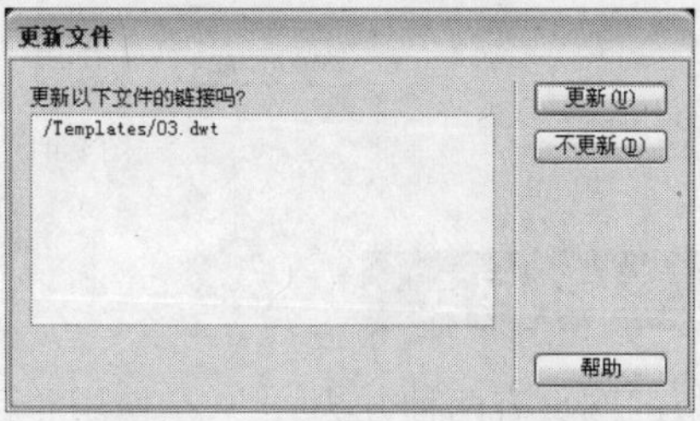

图 9-45

2．修改模板文件

（1）在模板列表中双击要修改的模板文件将其打开，根据需要修改模板内容。例如，将表格首行的背景色由红色变成黄色，如图 9-46 所示。

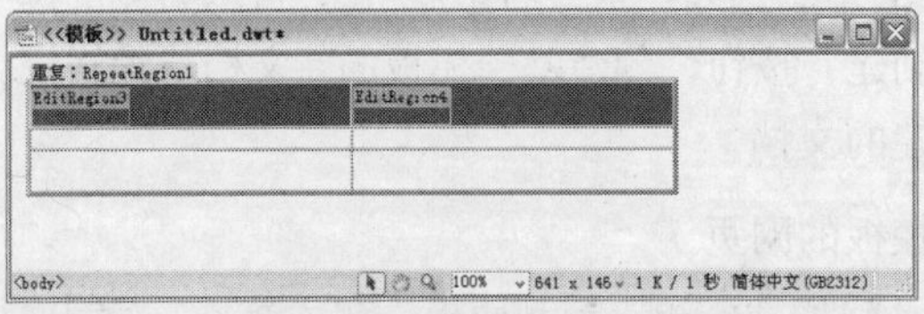

原图

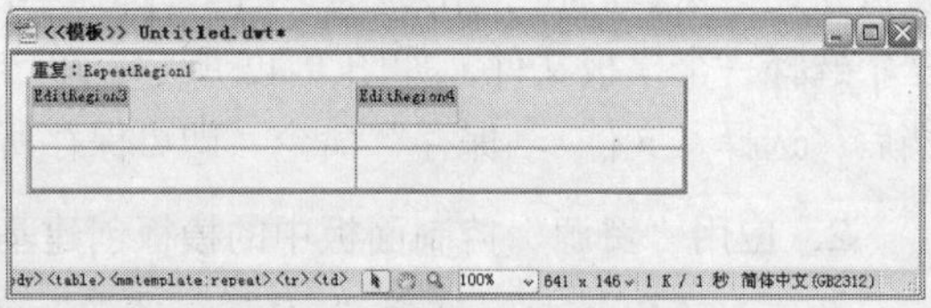

新图

图 9-46

3．更新站点

用模板的最新版本更新整个站点或应用特定模板的所有网页的具体操作步骤如下。

（1）启用“更新页面”对话框。

选择“修改 > 模板 > 更新页面”命令，启用“更新页面”对话框，如图 9-47 所示。

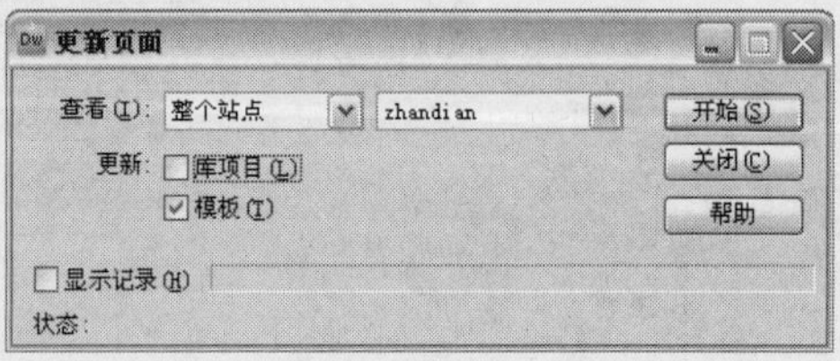

图 9-47

“更新页面”对话框中各选项的作用如下。

“查看”选项：设置是用模板的最新版本更新整个站点还是更新应用特定模板的所有网页。

“更新”选项组：设置更新的类别，此时选择“模板”复选框。

“显示记录”选项：设置是否查看 Dreamweaver CS4 更新文件的记录。如果勾选“显示记录”复选框，则 Dreamweaver CS4 将提供关于其试图更新的文件信息，包括是否成功更新的信息。

“开始”按钮：单击此按钮，Dreamweaver CS4 按照指示更新文件。

“关闭”按钮：单击此按钮，关闭“更新页面”对话框。

（2）若用模板的最新版本更新整个站点，则在“查看”选项右侧的第一个下拉列表中选择“整个站点”，然后在第二个下拉列表中选择站点名称；若更新应用特定模板的所有网页，则在“查看”选项右侧的第一个下拉列表中选择“文件使用……”，然后从第二个下拉列表中选择相应的网页名称。

（3）在“更新”选项组中选择“模板”复选框。

（4）单击“开始”按钮，即可根据选择更新整个站点或应用特定模板的所有网页。

（5）单击“关闭”按钮，关闭“更新页面”对话框。

4．删除模板文件

选择“窗口 > 资源”命令，启用“资源”控制面板。单击左侧的“模板”按钮 ，控制面板右侧显示本站点的模板列表。单击模板的名称选择该模板，单击控制面板下方的“删除”按钮 ，并确认要删除该模板，此时该模板文件从站点中删除。

> **提示：** 删除模板后，基于此模板的网页不会与此模板分离，它们还保留删除模板的结构和可编辑区域。例如网页文件应用模板 02，在删除模板文件“02.DWT”后仍保留删除模板的结构和可编辑区域，如图 9-48 所示。

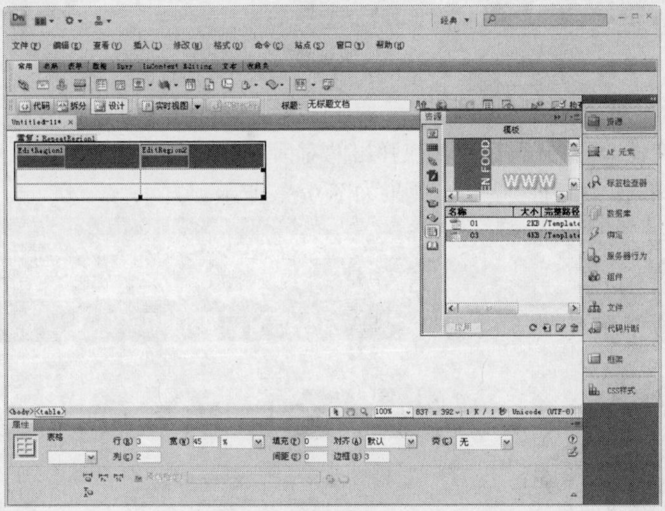

图 9-48

9.3 库

库是存储重复使用的页面元素的集合，是一种特殊的文件，库文件也称为库项目。一般情况下，先将经常重复使用或更新的页面元素创建成库文件，需要时将库文件（即库项目）插入到网页中。当修改库文件时，所有包含该项目的页面都将被更新。因此，使用库文件可大大提高网页制作者的工作效率。

9.3.1 课堂案例——节日礼品购物网

【案例学习目标】使用“可编辑区域”制作模板网页。

【练习知识要点】使用“另存为模板”命令存储模板网页，使用“图像”按钮为页面插入图像，如图 9-49 所示。

【效果所在位置】光盘/Ch09/效果/节日礼品购物网/index.html。

图 9-49

1. 在模板文档中定义可编辑区域

Step 01 选择“文件 > 打开”命令，在弹出的对话框中选择“Ch09 > clip > 节日礼品购物网 > index.html”文件，单击“打开”按钮，效果如图 9-50 所示。

图 9-50

Step 02 将光标置入到右侧的单元格中，在“插入 > 常用”面板中单击“表格”按钮，在弹出的对话框中进行设置，如图 9-51 所示，单击“确定”按钮，效果如图 9-52 所示。

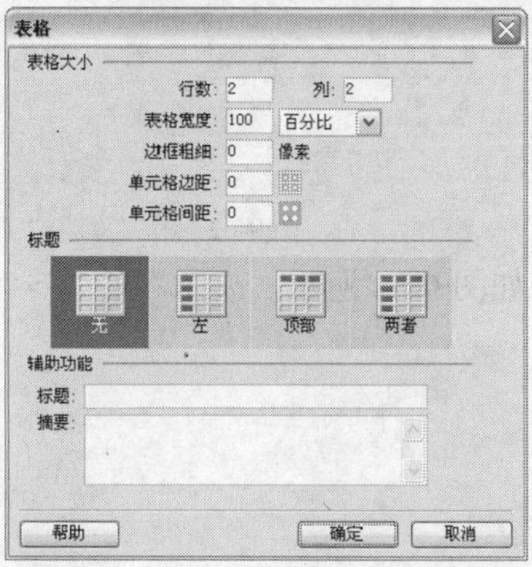

图 9-51

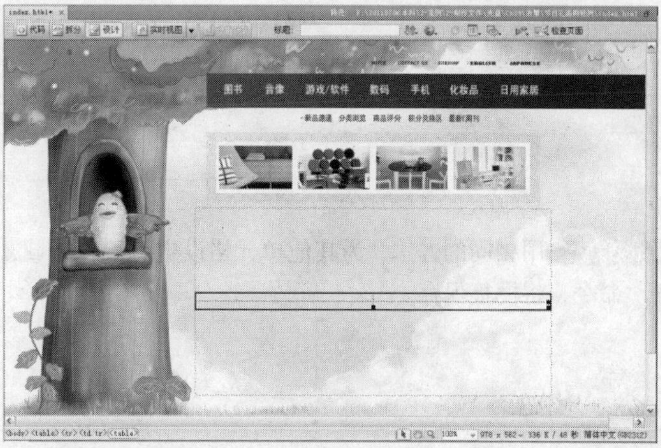

图 9-52

Step 03 选择“文件 > 另保存为模板”命令，在“另存为”对话框中输入“lipin”，如图 9-53 所示，单击“保存”按钮，弹出提示对话框，如图 9-54 所示，单击“是”按钮，切换到模板界面。

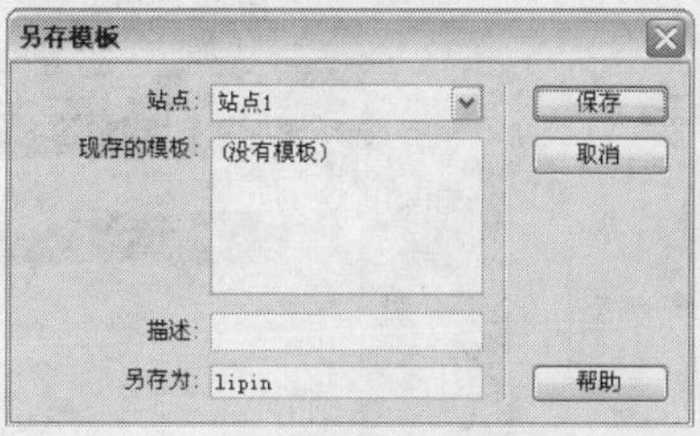

图 9-53

图 9-54

Step 04 将表格的第 1 行第 1 列和第 2 行第 1 列单元格同时选中，如图 9-55 所示，单击“属性”面板中的“合并单元格”按钮，将选中的单元格合并，效果如图 9-56 所示。

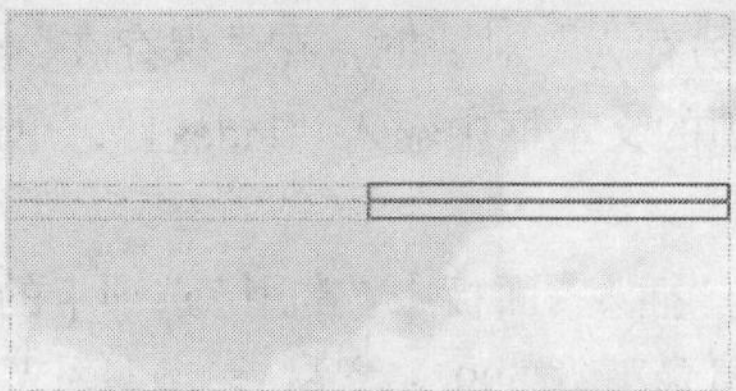

图 9-55

图 9-56

Step 05 将鼠标置入到第 1 行第 1 列单元格中，如图 9-57 所示。在“插入”面板“常用”面板中单击“可编辑区域”按钮，弹出“新建可编辑区域”对话框，在“名称”选项的对话框中输入“biao1”，如图 9-58 所示，单击“确定”按钮，效果如图 9-59 所示。

图 9-57

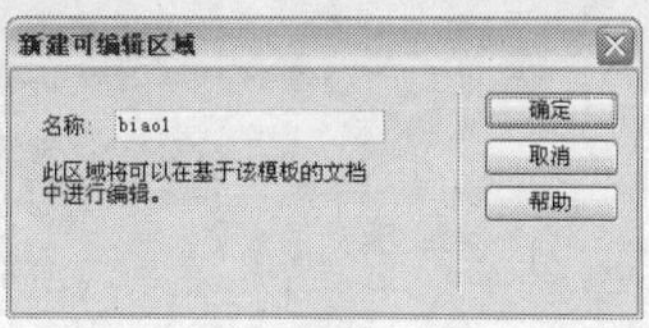

图 9-58

图 9-59

Step 06 将鼠标置入到第 2 列单元格，如图 9-60 所示。选择“插入> 模板对象 > 可编辑区域”命令，弹出“新建可编辑区域”对话框，在“名称”选项的对话框中输入“tu”，如图 9-61 所示，单击“确定”按钮，效果如图 9-62 所示。

图 9-60

图 9-61

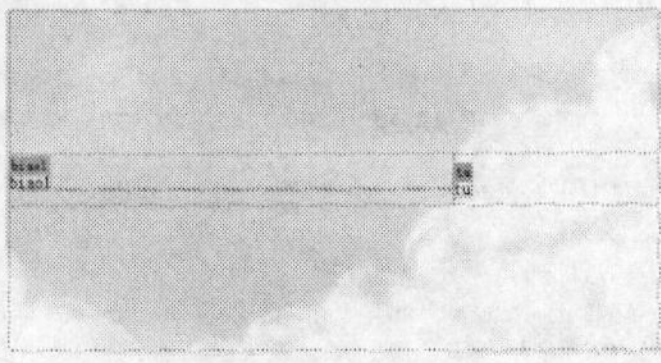

图 9-62

Step 07 用相同的方法，为其他单元格设定可编辑区域，效果如图 9-63 所示。选择“文件 > 保存”命令，将模板保存。

图 9-63

2．使用模板文档制作其他网页文档

Step 01 选择“文件 > 新建”命令，弹出“新建文档”对话框，单击“模板中的页”选项，选择前面制作的模板名称“lipin”，如图 9-64 所示，单击“创建”按钮，如图 9-65 所示。

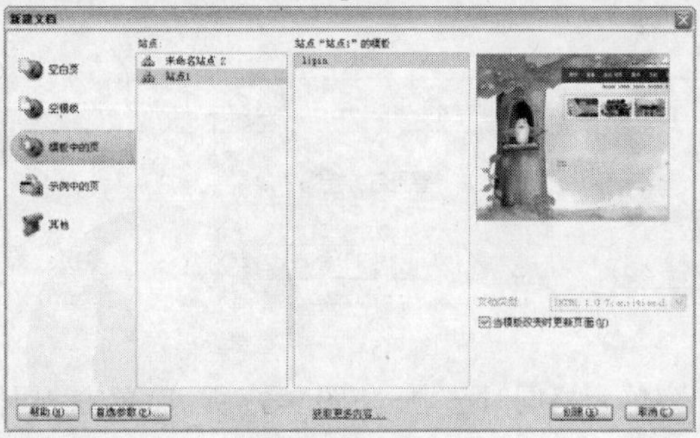

图 9-64

图 9-65

Step 02 选择“文件 > 保存”命令，弹出“另存为”对话框，在“保存在”选项的下拉列表中选择当前站点目录保存路径，在“文件名”选项的文本框中输入“index1”，单击“保存”按钮，返回网页编辑窗口。

Step 03 将第 1 行第 1 列中的内容删除，单击“插入”面板中“常用”选项卡的“图像”按钮，在弹出的“选择图像源文件”对话框中选择光盘目录下“Ch09 > 素材 > 节日礼品购物网 > images”文件夹中的“img_05.jpg”，单击“确定”按钮完成图片的插入，效果如图 9-66 所示。

Step 04 用同样的方法删除其他单元格的内容，将图片“img_07.jpg”插入到第 2 行第 1 列、“img_08.jpg”插入到第 2 行第 2 列中，效果如图 9-67 所示。

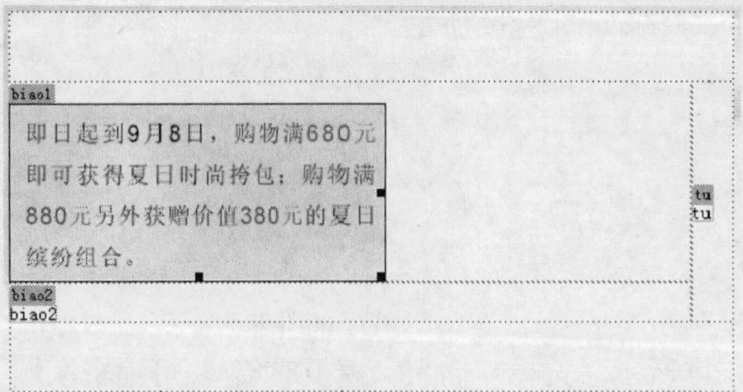

图 9-66

图 9-67

Step 05 保存文档，按<F12>键，预览效果如图 9-68 所示。

图 9-68

3. 修改模板文档

Step 01 调出“资源”面板，单击左侧的“模板”按钮，如图 9-69 所示。

Step 02 双击面板中的模板名称“lipin”，打开模板文档，如图 9-70 所示。

图 9-69

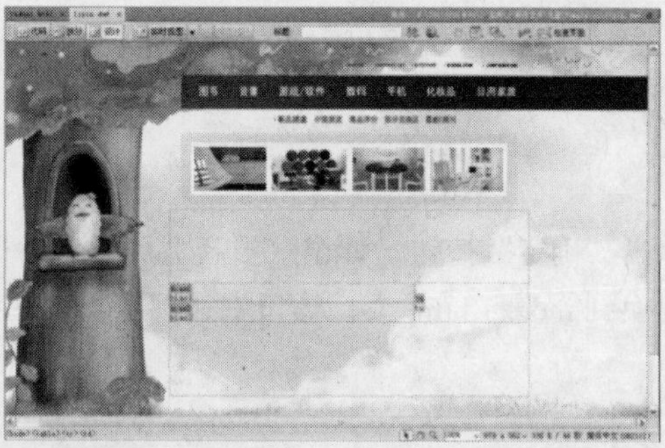

图 9-70

Step 03 分别单击可编辑领域的青色边框，按<Delete>键，将其删除，效果如图 9-71 所示。

Step 04 将光标置入到第 2 列单元格中，单击“插入”面板中“常用”选项卡“表格”按钮，在弹出的“表格”对话框中进行设置，如图 9-72 所示，单击“确定”按钮，效果如图 9-73 所示。

Step 05 跟据上面的制作方法，分别单击“可编辑区域”按钮后，用“neirong1”、“neirong2”、“gouwu”、“tu”设定可编辑区域，如图 9-74 所示。

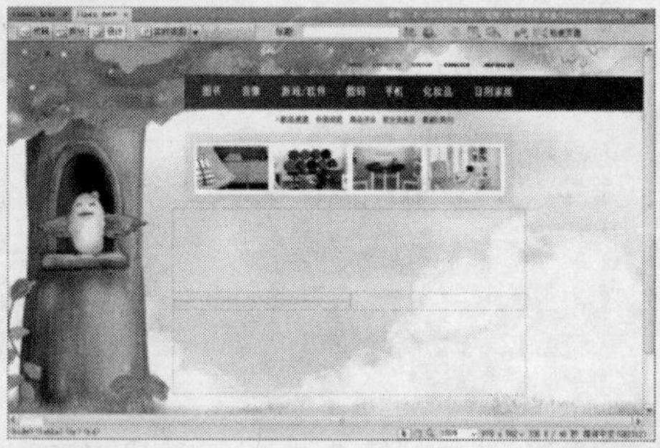

图 9-71

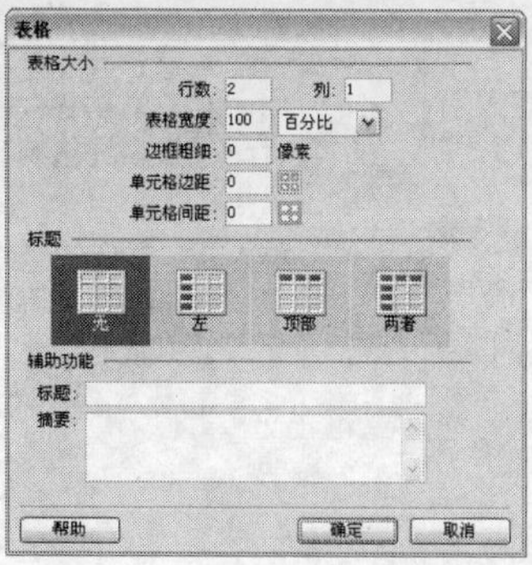

图 9-72

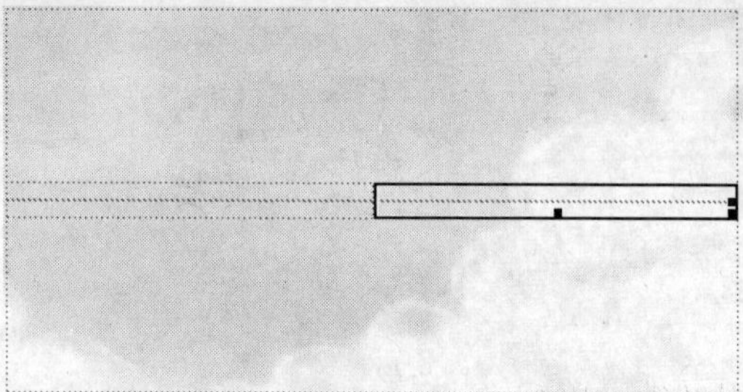

图 9-73

图 9-74

Step 06 选择“文件 > 保存”命令，弹出提示对话框，单击“更新”按钮，弹出对话框，如图 9-75 所示，分别选择“biao1”、“biao2”，在“将内容移到新区域”选项的下拉列表中选择“neirong1”、“neirong2”，如图 9-76 所示。

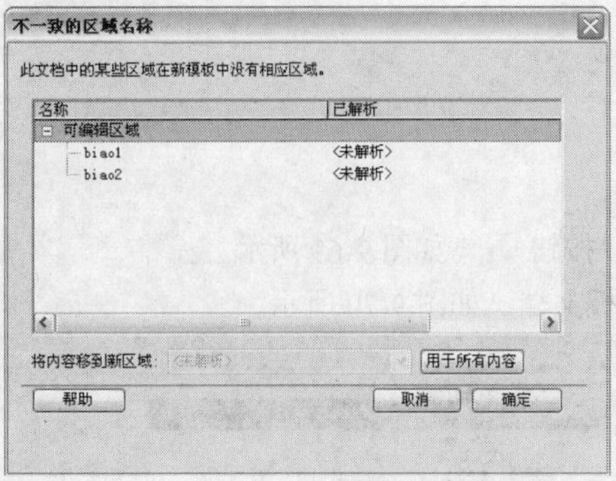

图 9-75

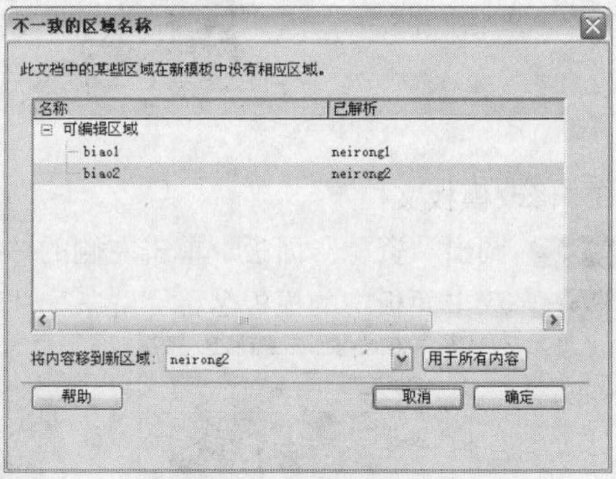

图 9-76

Step 07 单击“确定”按钮，弹出“更新页面”对话框，如图 9-77 所示，单击“关闭”按钮。

Step 08 切换到 index1.html 文档窗口中，网页文档的结构生成变化，如图 9-78 所示。

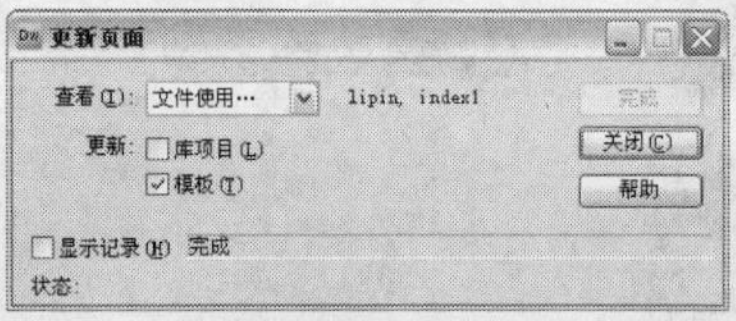

图 9-77

图 9-78

Step 09 选择标签“gouwu”，如图 9-79 所示，将其删除，插入图片“img_06.jpg”，效果如图 9-80 所示。

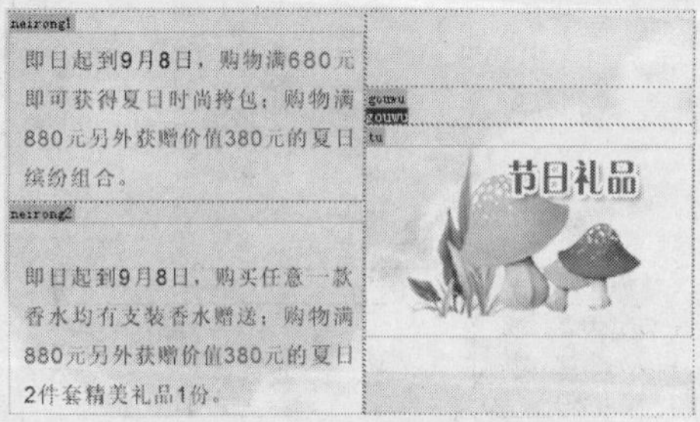

图 9-79

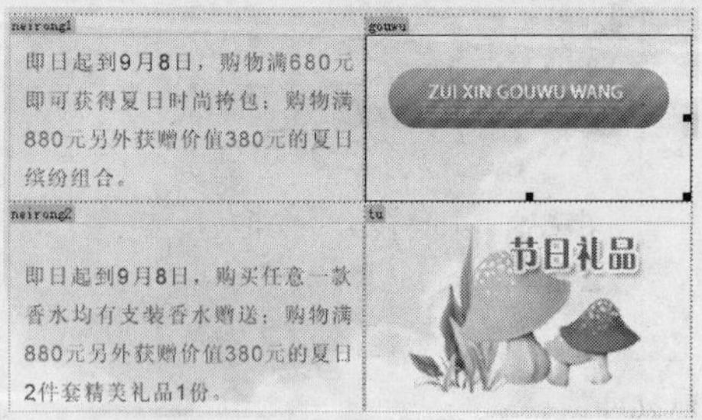

图 9-80

Step 10 保存文档，按<F12>键预览效果，如图 9-81 所示。

图 9-81

9.3.2　创建库文件

库项目可以包含文档<body>部分中的任意元素，包括文本、表格、表单、Java applet、插件、ActiveX 元素、导航条、图像等。库项目只是一个对网页元素的引用，原始文件必须保存在指定的位置。

可以使用文档<body>部分中的任意元素创建库文件，也可新建一个空白库文件。

1．基于选定内容创建库项目

先在文档窗口中选择要创建为库项目的网页元素，然后创建库项目，并为新的库项目输入一个名称。

创建库项目有以下几种方法。

- 选择“窗口 > 资源”命令，启用“资源”控制面板。单击“库”按钮，进入“库”面板，按住鼠标左键将选定的网页元素拖曳到“资源”控制面板中，如图 9-82 所示。

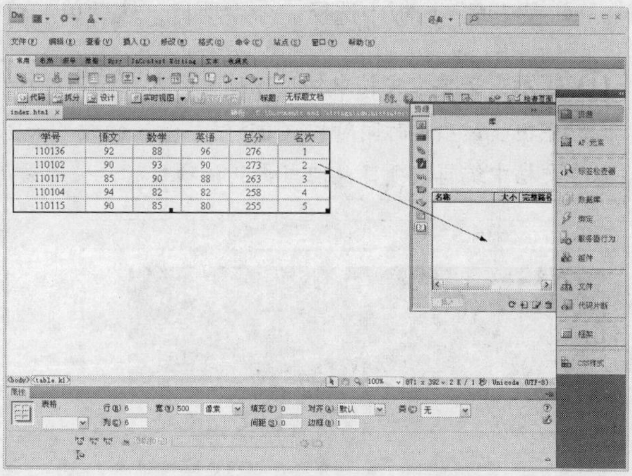

图 9-82

- 单击“库”面板底部的“新建库项目”按钮。
- 在“库”面板中单击鼠标右键，在弹出的菜单中选择“新建库项目”命令。
- 选择“修改 > 库 > 增加对象到库”命令。

提示：Dreamweaver 在站点本地根文件夹的“Library”文件夹中，将每个库项目都保存为一个单独的文件（文件扩展名为.lbi）。

2．创建空白库项目

（1）确保没有在文档窗口中选择任何内容。

（2）选择“窗口 > 资源”命令，启用“资源”控制面板。单击“库”按钮，进入“库”面板。

（3）单击“库”面板底部的“新建库项目”按钮，一个新的无标题的库项目被添加到面板中的列表，如图 9-83 所示。然后为该项目输入一个名称，并按<Enter>键确定。

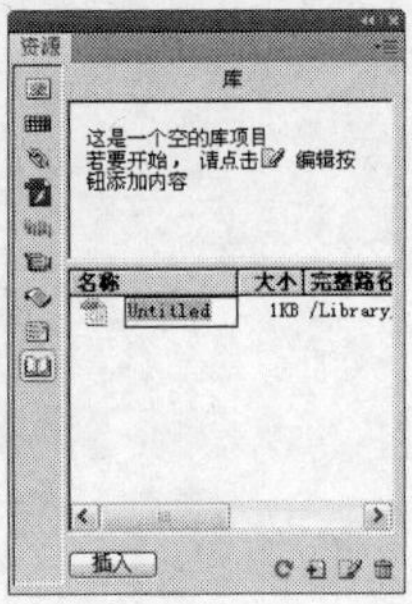

图 9-83

9.3.3 向页面添加库项目

当向页面添加库项目时，将把实际内容以及对该库项目的引用一起插入到文档中。此时，无需提供原项目就可以正常显示。在页面中插入库项目的具体操作步骤如下。

（1）将插入点放在文档窗口中的合适位置。

（2）选择“窗口 > 资源”命令，启用“资源”控制面板。单击“库”按钮，进入“库”面板。将库项目插入到网页中，效果如图 9-84 所示。

将库项目插入到网页中有以下几种方法。

- 将一个库项目从“库”面板拖曳到文档窗口中。
- 在“库”面板中选择一个库项目，然后单击面板底部的“插入”按钮 插入 。

提示： 若要在文档中插入库项目的内容而不包括对该项目的引用，则在从“资源”控制面板向文档中拖曳该项目时同时按<Ctrl>键，插入的效果如图 9-85 所示。如果用这种方法插入项目，则可以在文档中编辑该项目，但当更新该项目时，使用该库项目的文档不会随之更新。

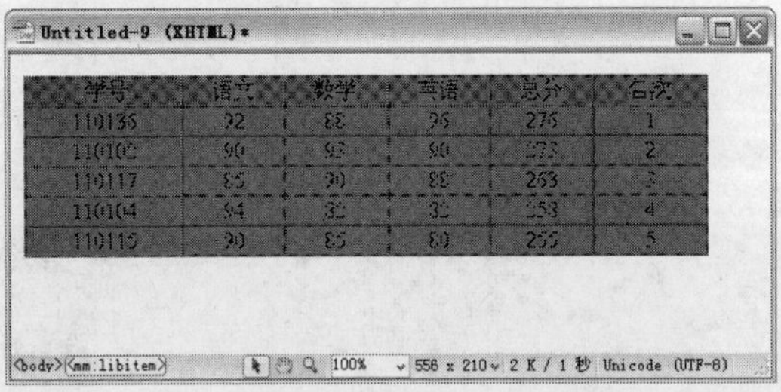

图 9-84

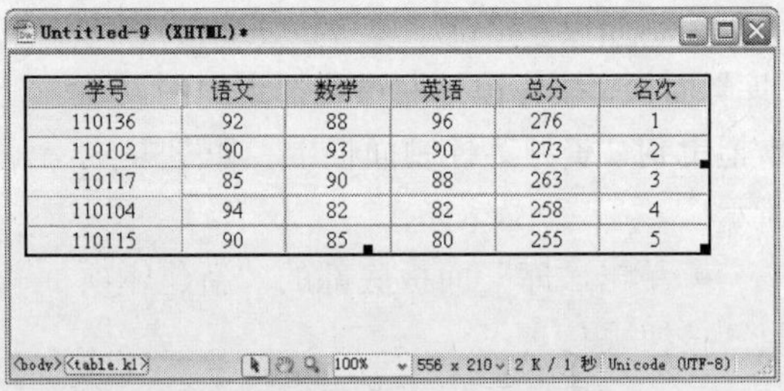

图 9-85

9.3.4 更新库文件

当修改库项目时，会更新使用该项目的所有文档。如果选择不更新，那么文档将保持与库项目的关联，可以在以后进行更新。

对库项目的更改包括重命名项目、删除库项目、重新创建已删除的库项目、修改库项目、更新库项目。

1．重命名库项目

重命名库项目可以断开其与文档或模板的连接。重命名库项目的具体操作步骤如下。

（1）选择“窗口 > 资源”命令，启用“资源”控制面板。单击“库”按钮，进入“库”面板。

（2）在库列表中，修改某个库项目。

（3）保存库文件，此时弹出“更新文件”对话框，如图 9-86 所示。若要更新站点中所有使用该项目的文档，单击“更新”按钮；否则，单击“不更新”按钮。

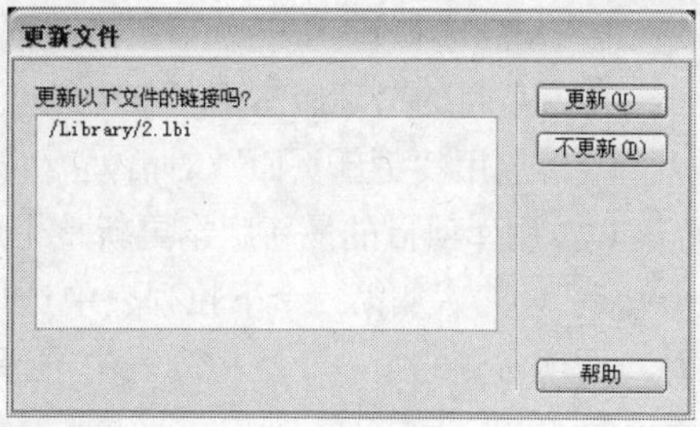

图 9-86

2．删除库项目

先选择“窗口 > 资源”命令，启用“资源”控制面板。单击“库”按钮，进入“库”面板，然后删除选择的库项目。删除库项目有以下几种方法。

- 在“库”面板中单击选择库项目，单击面板底部的“删除”按钮，然后确认要删除该项目。
- 在“库”面板中单击选择库项目，然后按<Delete>键并确认要删除该项目。

提示： 删除一个库项目后，将无法使用“编辑 > 撤销”命令来找回它，只能重新创建。从库中删除库项目后，不会更改任何使用该项目的文档的内容。

3．重新创建已删除的库项目

若网页中已插入了库项目，但该库项目被误删，此时，可以重新创建库项目。重新创建已删除库项目的具体操作步骤如下。

（1）在网页中选择被删除的库项目的一个实例。

（2）选择“窗口 > 属性”命令，启用“属性”面板，如图 9-87 所示，单击“重新创建”按钮，此时，“库”面板中显示该库项目。

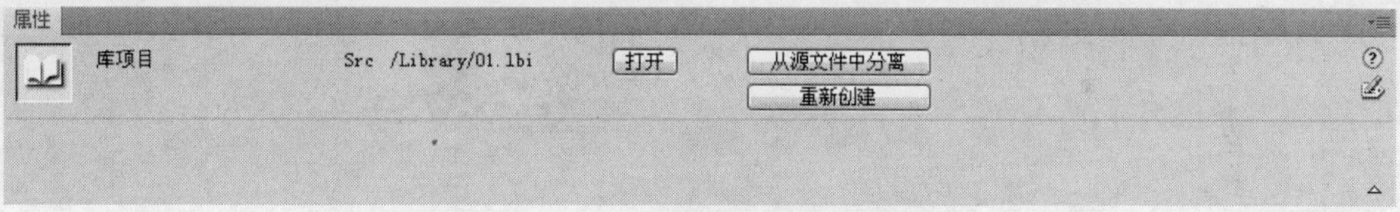

图 9-87

4．修改库项目

（1）选择“窗口 > 资源”命令，启用“资源”控制面板，单击左侧的“库”按钮，面板右侧显示本站点的库列表，如图 9-88 所示。

（2）在库列表中双击要修改的库或单击面板底部的“编辑”按钮来打开库项目，如图 9-89 所示，此时，可以根据需要修改库内容。

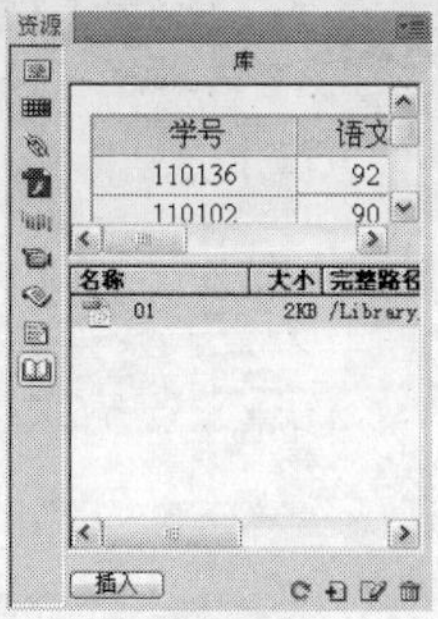

图 9-88

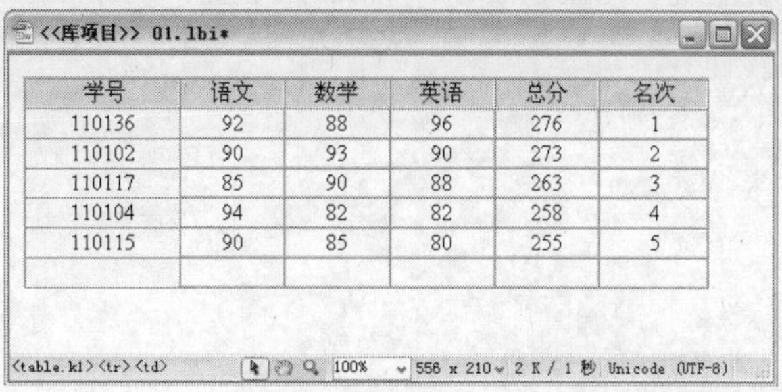

图 9-89

5．更新库项目

用库项目的最新版本更新整个站点或插入该库项目的所有网页的具体操作步骤如下。

（1）启用“更新页面”对话框。

（2）用库项目的最新版本更新整个站点，首先在“查看”选项右侧的第一个下拉列表中选择“整个站点”，然后从第二个下拉列表中选择站点名称。若更新插入该库项目的所有网页，首先在“查看”选项右侧的第一个下拉列表中选择“文件使用……”，然后从第二个下拉列表中选择相应的网页名称。

（3）在“更新”选项组中选择“库项目”复选框。

（4）单击“开始”按钮，即可根据选择更新整个站点或应用特定模板的所有网页。

（5）单击“关闭”按钮关闭“更新页面”对话框。

9.4 课堂练习——啤酒世界

练习知识要点：使用可编辑区域制作可编辑区域，使用模板文档制作其他网页文档效果，如图 9-90 所示。

效果所在位置：光盘/Ch09/效果/啤酒世界/index1.html。

图 9-90

9.5 课后习题——精品汽车网

习题知识要点：使用可编辑区域制作可编辑区域，使用模板文档制作其他网页文档效果。如图 9-91 所示。

效果所在位置：光盘/Ch09/效果/精品汽车网/index.html。

图 9-91

第10章 使用表单

随着网络的普及，越来越多的人在网上拥有自己的个人网站。一般情况下，个人网站的设计者除了想宣传自己外，还希望收到他人的反馈信息。表单为网站设计者提供了通过网络接收用户数据的平台，如注册会员页、网上订货页、检索页等，都是通过表单来收集用户信息的。因此，表单是网站管理者与浏览者间沟通的桥梁。

【教学目标】

- 使用表单。
- 应用复选框和单选按钮。
- 创建列表和菜单。

10.1 使用表单

表单是一个容器对象，用来存放表单对象，并负责将表单对象的值提交给服务器端的某个程序处理，所以在添加文本域、按钮等表单对象之前，要先插入表单。

10.1.1 课堂案例——产品订单

案例学习目标：使用“插入”面板“常用”选项卡中的按钮插入表格，使用“插入”面板“表单”选项卡中的按钮插入文本字段、文本区域并设置相应的属性。

案例知识要点：使用“表单”按钮插入表单，使用“表格”按钮插入表格，使用“文本字段”按钮插入文本字段，使用“文本区域”按钮插入文本区域，使用“属性”面板设置表格、文本字段和文本区域的属性，如图 10-1 所示。

效果所在位置：光盘/Ch10/效果/产品订单/index.html。

图 10-1

Step 01 选择“文件 > 打开”命令，在弹出的对话框中选择“Ch10 > 素材 >产品订单> index.html”文件，单击“打开”按钮，效果如图 10-2 所示。将光标置入到单元格中，如图 10-3 所示。

图 10-2

图 10-3

Step 02 在“插入”面板“表单”选项卡中单击“表单”按钮，如图 10-4 所示。在“插入”面板“常用”选项卡中单击“表格”按钮，弹出“表格”对话框，将“行数”选项设为 4，“列数”选项设为 2，“表格宽度”选项设为 450，在右侧的下拉列表中选择“像素”，“边框粗细”、“单元格边距”和“单元格间距”选项均设为 0，单击“确定”按钮，保持表格的选取状态，在“属性”面板“对齐”选项的下拉列表中选择“居中对齐”选项，效果如图 10-5 所示。

图 10-4

图 10-5

Step 03 选中如图 10-6 所示的单元格。在“属性”面板“水平”选项下拉列表中选择“右对齐”，“垂直”选项下拉列表中选择“居中”，“宽”选项的数值框中输入“100”，“高”选项的数值框中输入“44”，效果如图 10-7 所示。

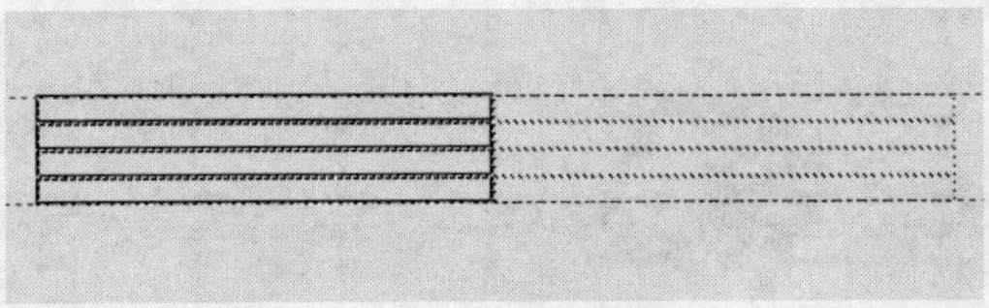

图 10-6

图 10-7

Step 04 分别在第一列所有单元格中输入文字，效果如图 10-8 所示。

图 10-8

Step 05 将光标置入到第 1 行第 2 列单元格中，在“插入”面板“表单”选项卡中单击“文本字段”按钮，在单元格中插入文本字段，如图 10-9 所示，选中文本字段，在“属性”面板中将“字符宽度”选项设为 25，如图 10-10 所示。

图 10-9

图 10-10

Step 06 使用相同的方法，在其他单元格中插入文本字段，设置适当的字符宽度，效果如图 10-11 所示。

图 10-11

Step 07 将光标置入到第 4 行第 2 列单元格中，在“插入”面板“表单”选项卡中单击“文本区域”按钮，在单元格中插入文本区域，如图 10-12 所示，在“属性”面板中将“字符宽度”选项设为 35，“行数”选项设为 3，如图 10-13 所示。

图 10-12

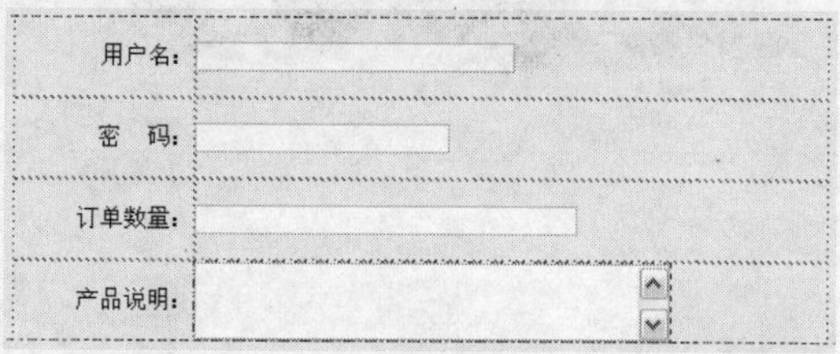

图 10-13

Step 08 保存文档，按<F12>键预览效果，如图 10-14 所示。

图 10-14

10.1.2 创建表单

在文档中插入表单的具体操作步骤如下。

（1）在文档窗口中，将插入点放在希望插入表单的位置。

（2）启用“表单”命令，文档窗口中出现一个红色的虚轮廓线用来指示表单域，如 10-15 所示。启用“表单”命令有以下几种方法。

- 单击“插入”面板“表单”选项卡中的“表单”按钮，或直接拖曳“表单”按钮到文档中。
- 选择“插入 > 表单 > 表单”命令。

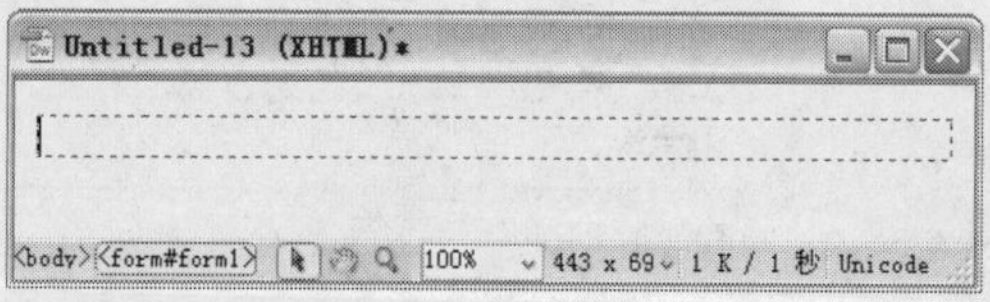

图 10-15

提示：一个页面中包含多个表单，每一个表单都是用<form>和</form>标记来标志的。在插入表单后，如果没有看到表单的轮廓线，可选择“查看 > 可视化助理 > 不可见元素”命令来显示表单的轮廓线。

10.1.3 表单的属性

在文档窗口中选择表单，“属性”面板中出现如图 10-16 所示的表单属性。

图 10-16

表单“属性”面板中各选项的作用如下。

“表单名称”选项：<form>标记的 name 参数，用于标志表单的名称，每个表单的名称都不能相同。命名表单后，用户就可以使用 JavaScript 或 VBScript 等脚本语言引用或控制该表单。

“动作”选项：<form>标记的 action 参数，用于设置处理该表单数据的动态网页路径。用户可以在此选项中直接输入动态网页的完整路径，也可以单击选项右侧的“浏览文件”按钮，选择处理该表单数据的动态网页。

“方法”选项：<form>标记的 method 参数，用于设置将表单数据传输到服务器的方法。可供选择的方法有 POST 方法和 GET 方法两种。POST 方法是在 HTTP 请求中嵌入表单数据，并将其传输到服务器，所以，POST 方法适合于向服务器提交大量数据的情况；GET 方法是将值附加到请求的 URL 中，并将其传输到服务器。GET 方法有 255 个字符的限制，所以适合于向服务器提交少量数据的情况。通常，默认为 POST 方法。

“编码类型”选项：<form>标记的 enctype 参数，用于设置对提交给服务器处理的数据使用的编码类型。编码通常与 POST 方法协同使用。如果要创建文件上传域，则指定为“multipart/form-data MIME”类型。

“目标”选项：<form>标记的 target 参数，用于设置一个窗口，在该窗口中显示处理表单后返回的数据。目标值有以下几种。

“_blank”选项：表示在未命名的新浏览器窗口中打开要链接到的网页。

“_parent”选项：表示在父级框架或包含该链接的框架窗口中打开链接网页。一般使用框架时才选用此选项。如果包含链接的框架不是嵌套的，则链接文件加载到整个浏览器窗口中。

“_self”选项：默认选项，表示在当前窗口中打开要链接到的网页。

“_top”选项：表示在整个浏览器窗口中打开链接网页并删除所有框架。一般使用多级框架时才选用此选项。

提示：一般不使用 GET 方法发送长表单，因为 URL 的长度被限制在 8192 个字符以内。如果发送的数据量太大，数据将被截断，从而导致丢失或失败的处理结果。如果要收集用户名、密码或其他机密信息，虽然 POST 方法看起来比 GET 方法更安全，但是 POST 方法发送的信息是未被加密的，容易被黑客获取。若要确保安全性，则需要通过安全的链接与服务器相连。

10.1.4　单行文本域

通常使用表单的文本域来接收用户输入的信息，文本域包括单行文本域、多行文本域、密码文本域 3 种。一般情况下，当用户输入较少的信息时，使用单行文本域接收；当用户输入较多的信息时，使用多行文本域接收；当用户输入密码等保密信息时，使用密码文本域接收。

1．插入单行文本域

要在表单域中插入单行文本域，先将光标放在表单轮廓内需要插入单行文本域的位置，然后插入单行文本域，如图 10-17 所示。

插入单行文本域有以下几种方法。

- 单击“插入”面板“表单”选项卡中的“文本字段”按钮，在文档窗口的表单中出现一个单行文本域。
- 选择“插入 > 表单 > 文本域”命令，在文档窗口的表单中出现一个单行文本域。

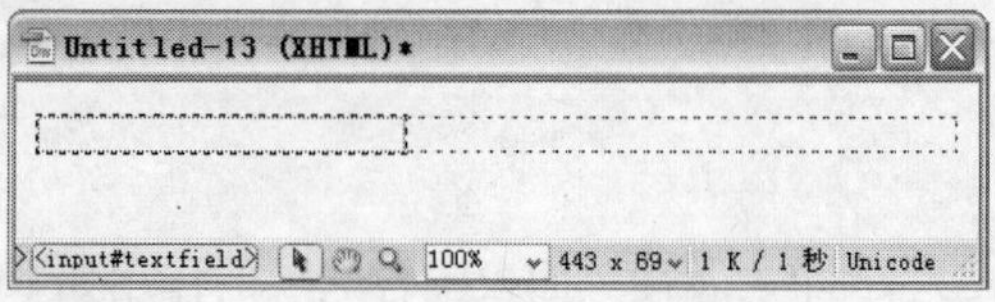

图 10-17

在“属性”面板中显示单行文本域的属性，如图 10-18 所示，用户可根据需要设置该单行文本域的各项属性。

图 10-18

2．插入多行文本域

若要在表单域中插入多行文本域，先将光标放在表单轮廓内需要插入多行文本域的位置，然后插入多行文本域，如图 10-19 所示。

插入多行文本域有以下几种方法。

- 单击“插入”面板“表单”选项卡中的“文本区域”按钮，在文档窗口的表单中出现一个多行文本域。
- 选择“插入 > 表单 > 文本区域”命令，在文档窗口的表单中出现一个多行文本域。

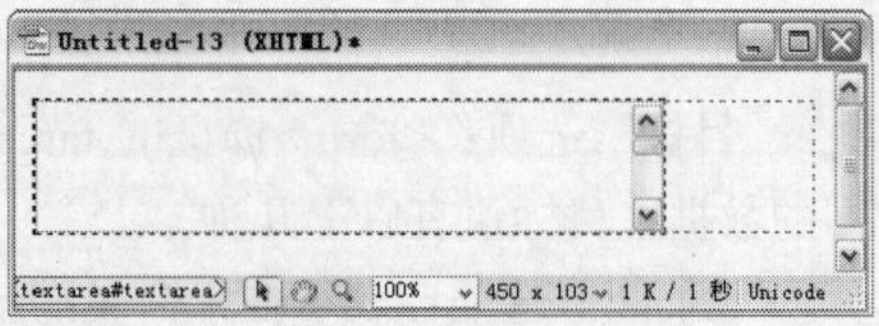

图 10-19

在“属性”面板中显示多行文本域的属性，如图 10-20 所示，用户可根据需要设置该多行文本域的各项属性。

图 10-20

3．插入密码文本域

若要在表单域中插入密码文本域，则只需在表单轮廓内插入一个单行或多行文本域，如图 10-21 所示。

插入密码文本域有以下几种方法。

- 单击“插入”面板“表单”选项卡中的“文本字段”按钮或“文本区域”按钮，在文档窗口的表单中出现一个单行或多行文本域。

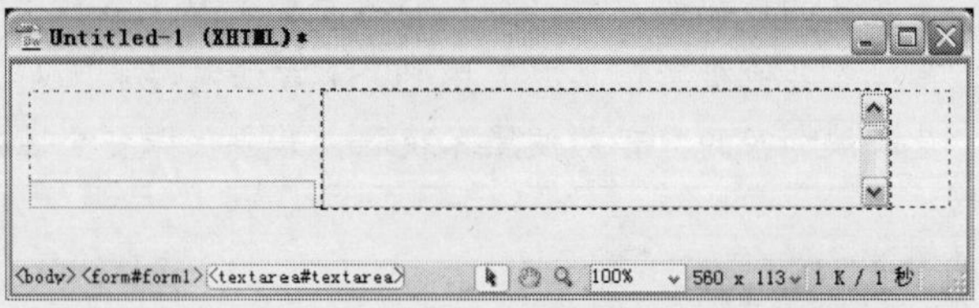

图 10-21

- 选择“插入 > 表单 > 文本域”或“文本区域”命令，在文档窗口的表单中出现一个单行或多行文本域。

在“属性”面板的“类型”选项组中选择“密码”单选项。此时，多行文本域或单行文本域就变成密码文本域，如图 10-22 所示。

图 10-22

4. 文本域属性

选中表单中的文本域，“属性”面板中出现该文本域的属性，当插入的是单行或密码文本域时，“属性”面板如图 10-23 所示；当插入的是多行文本域时，“属性”面板如图 10-24 所示。“属性”面板中各选项的作用如下。

图 10-23

图 10-24

“文本域”选项：用于标志该文本域的名称，每个文本域的名称都不能相同。它相当于表单中的一个变量名，服务器通过这个变量名来处理用户在该文本域中输入的值。

“字符宽度”选项：设置文本域中最多可显示的字符数。当设置“字符宽度”选项后，若是多行文本域，标签中增加 cols 属性，否则标签增加 size 属性。如果用户的输入超过字符宽度，则超出的字符将不被表单指定的处理程序接收。

“最多字符数”选项：设置单行、密码文本域中最多可输入的字符数。当设置“最多字符数”选项后，标签增加 maxlength 属性。如果用户的输入超过最多字符数，则表单产生警告声。

“类型”选项组：设置文本域的类型，可在单行、多行或密码 3 个类型中任选 1 个。

“单行”选项：将产生一个<input>标签，它的 type 属性为 text，这表示此文本域为单行文本域。

“多行”选项：将产生一个<textarea>标签，这表示此文本域为多行文本域。

“密码”选项：将产生一个<input>标签，它的 type 属性为 password，这表示此文本域为密码文本域，即在此文本域中接收的数据均以“*”显示，以保护它不被其他人看到。

“最多字符数”选项：限制密码的字符数量。

“行数”选项：设置文本域的域高度。设置后标签中会增加 rows 属性。

“禁用”选项：设置多行文本域在浏览时的输入状态。

“只读”选项：设置多行文本域在浏览时的修改情况。

“初始值”选项：设置文本域的初始值，即在首次载入表单时文本域中显示的值。

“类”选项：将 CSS 规则应用于文本域对象。

10.1.5 隐藏域

隐藏域在网页中不显示，只是将一些必要的信息存储并提交给服务器。插入隐藏域的操作类似于在高级语言中定义和初始化变量，对于初学者而言，不建议使用隐藏域。

若要在表单域中插入隐藏域，先将光标放在表单轮廓内需要插入隐藏域的位置，然后插入隐藏域，如图 10-25 所示。

插入隐藏域有以下几种方法。

• 单击“插入”面板“表单”选项卡中的“隐藏域”按钮，在文档窗口的表单中出现一个隐藏域。

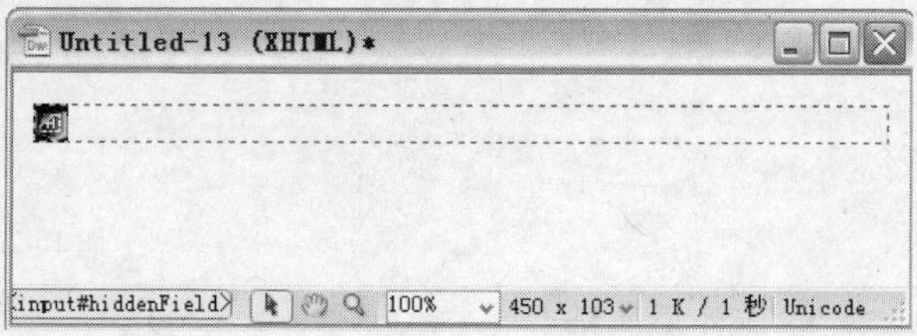

图 10-25

• 选择“插入 > 表单 > 隐藏域”命令，在文档窗口的表单中出现一个隐藏域。

在“属性”面板中显示隐藏域的属性，如图 10-26 所示，用户可以根据需要设置该隐藏域的各属性。

图 10-26

隐藏域“属性”面板中各选项的作用如下。

“隐藏区域”选项：设置变量的名称。每个变量的名称必须是唯一的。

“值”选项：设置变量的值。

10.2 应用复选框和单选按钮

若要从一组选项中选择一个选项，设计时使用单选按钮；若要从一组选项中选择多个选项，设计时使用复选框。

10.2.1 课堂案例——留言板

案例学习目标：使用“表单”面板中的按钮为页面添加单选按钮和复选框。

案例知识要点：使用“单选”按钮插入单选按钮，使用“复选框”按钮插入复选框，如图 10-27 所示。

效果所在位置：光盘/Ch10/效果/留言板/index.html。

Step 01 选择“文件 > 打开”命令，在弹出的对话框中选择“Ch10 > 素材 > 留言板 > index.html”文件，单击“打开”按钮，效果如图 10-28 所示。

图 10-27

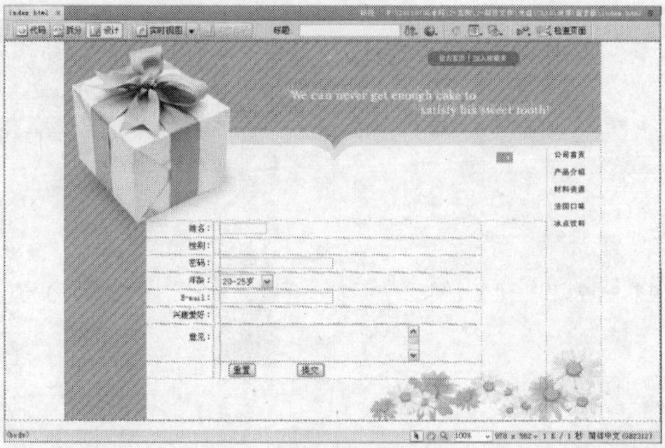

图 10-28

Step 02 将光标置入到单元格中，如图 10-29 所示。在“插入”面板“表单”选项卡中单击“单选按钮”按钮，插入一个单选按钮，效果如图 10-30 所示，在“属性”面板中选择“已勾选”单选项，效果如图 10-31 所示。

Step 03 将光标放置到单选按钮的后面，输入文字“男”，在文字的后面再次插入单选按钮，输入文字“女”，如图 10-32 所示。

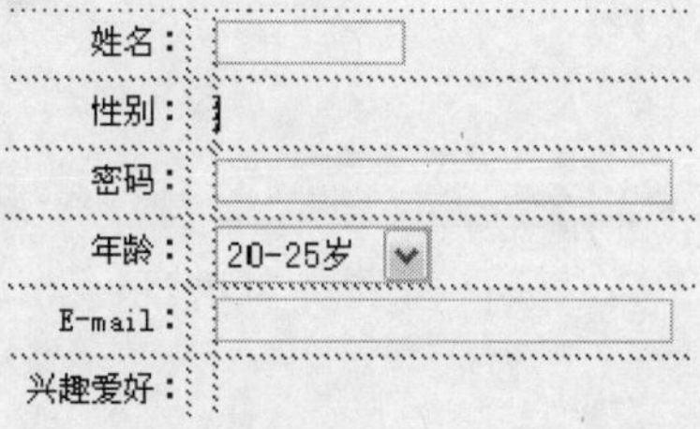

图 10-29

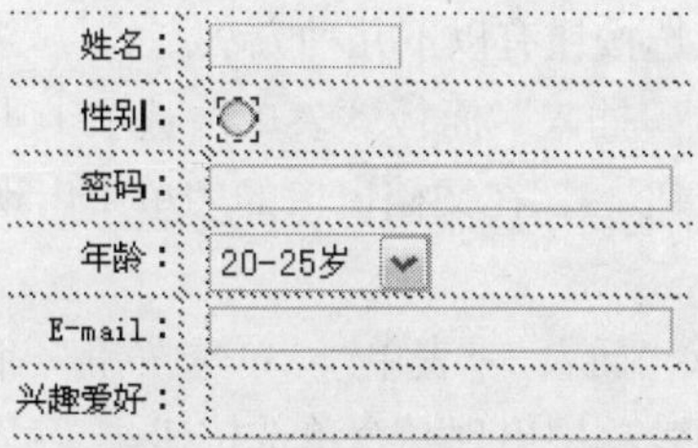

图 10-30

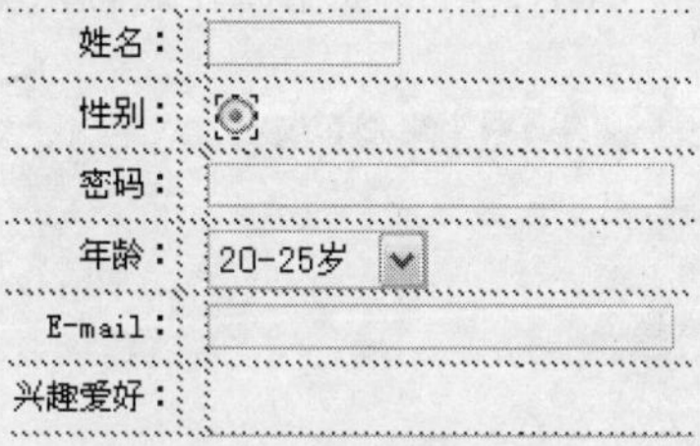

图 10-31

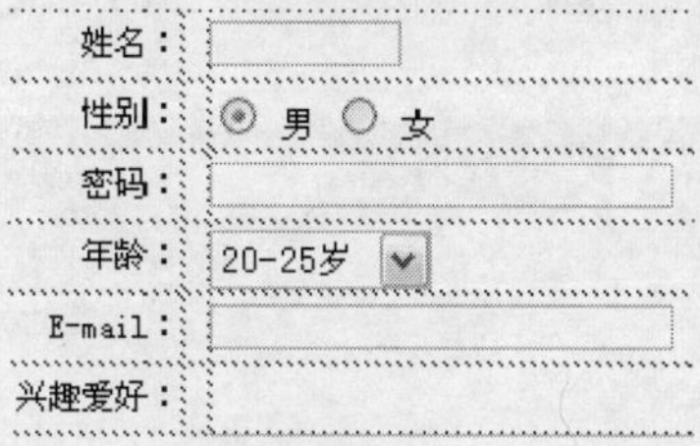

图 10-32

Step 04 将光标置入到“兴趣爱好”后面的单元格中，如图 10-33 所示。在“插入”面板“表单”选项卡中单击“复选框”按钮，在单元格中插入复选框，效果如图 10-34 所示，在复选框的后面输入文字“体育”，如图 10-35 所示。

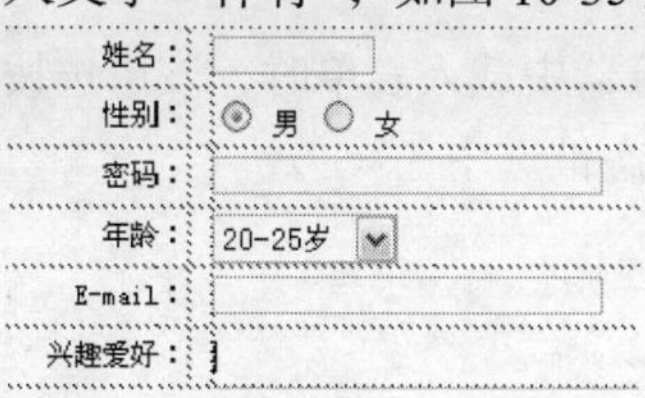

图 10-33

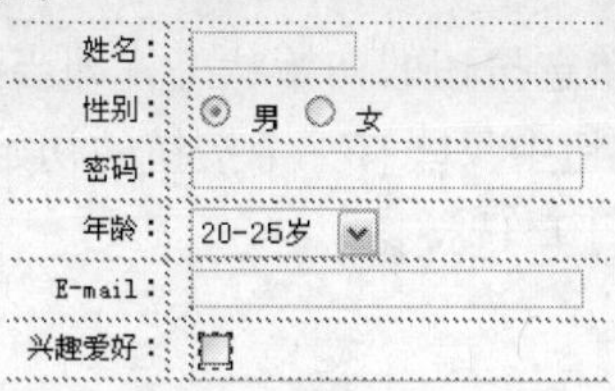

图 10-34

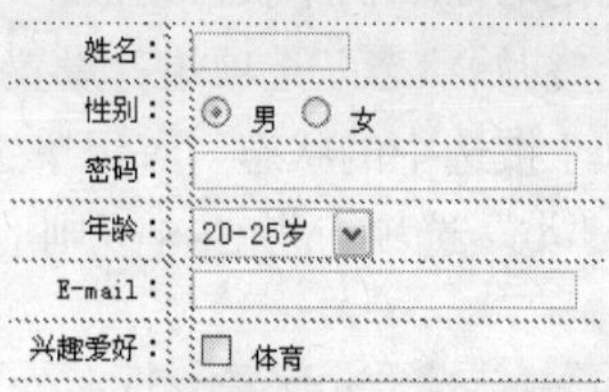

图 10-35

Step 05 使用相同的方法再次插入复选框，输入文字，效果如图 10-36 所示。保存文档，按<F12>键预览效果，如图 10-37 所示。

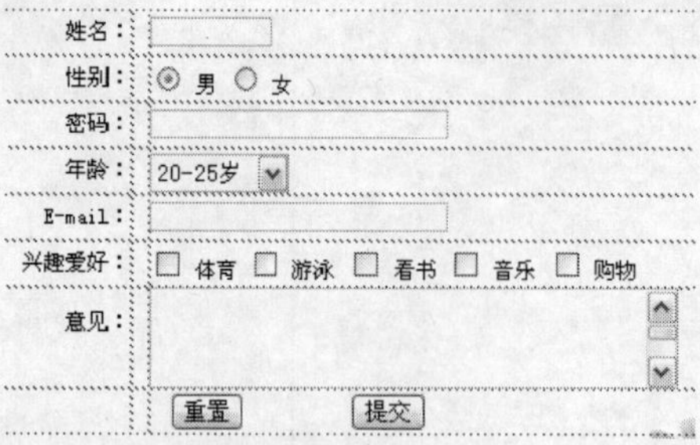

图 10-36

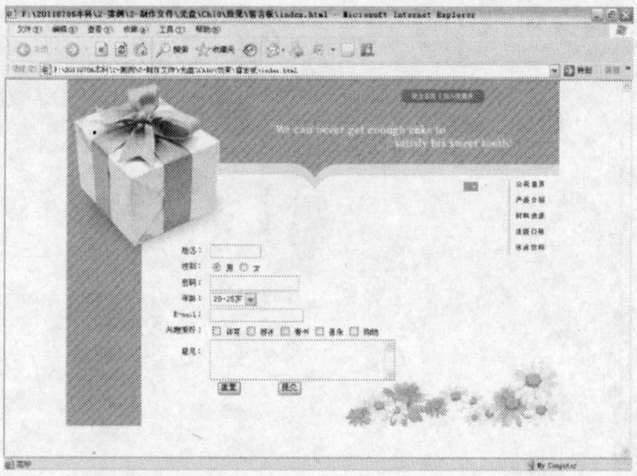

图 10-37

10.2.2 单选按钮

为了单选按钮的布局更加合理，通常采用逐个插入单选按钮的方式。若要在表单域中插入单选按钮，先将光标放在表单轮廓内需要插入单选按钮的位置，然后插入单选按钮，如图 10-38 所示。

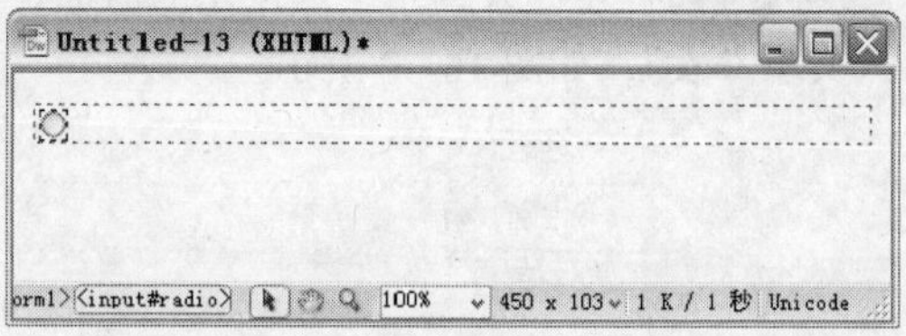

图 10-38

插入单选按钮有以下几种方法。

• 单击“插入”面板“表单”选项卡中的“单选按钮”按钮，在文档窗口的表单中出现一个单选按钮。

• 选择“插入 > 表单 > 单选按钮”命令，在文档窗口的表单中出现一个单选按钮。

在“属性”面板中显示单选按钮的属性，如图 10-39 所示，可以根据需要设置该单选按钮的各项属性。

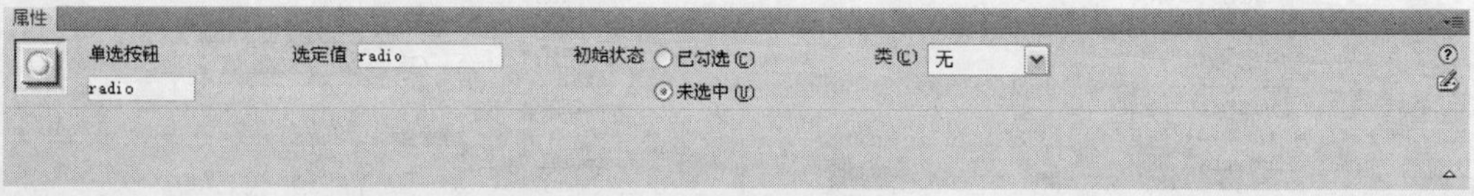

图 10-39

单选按钮“属性”面板中各选项的作用如下。

“单选按钮”选项：用于输入该单选按钮的名称。

“选定值”选项：设置此单选按钮代表的值，一般为字符型数据，即当选定该单选按钮时，表单指定的处理程序获得的值。

“初始状态”选项组：设置该单选按钮的初始状态，即当浏览器中载入表单时，该单选按钮是否处于被选中的状态。一组单选按钮中只能有一个按钮的初始状态被选中。

“类”选项：将 CSS 规则应用于单选按钮。

10.2.3 单选按钮组

先将光标放在表单轮廓内需要插入单选按钮组的位置，然后启用“单选按钮组”对话框，如图 10-40 所示。

启用“单选按钮组”对话框有以下几种方法。

- 单击“插入”面板“表单”选项卡中的“单选按钮组”按钮。
- 选择“插入 > 表单 > 单选按钮组”命令。

“单选按钮组”对话框中的选项作用如下。

“名称”选项：用于输入该单选按钮组的名称，每个单选按钮组的名称都不能相同。

“加号”和“减号”按钮：用于向单选按钮组内添加或删除单选按钮。

“向上”和“向下”按钮：用于重新排序单选按钮。

“标签”选项：设置单选按钮右侧的提示信息。

“值”选项：设置此单选按钮代表的值，一般为字符型数据，即当用户选定该单选按钮时，表单指定的处理程序获得的值。

“换行符”或“表格”选项：使用换行符或表格来设置这些按钮的布局方式。

根据需要设置该按钮组的每个选项，单击“确定”按钮，在文档窗口的表单中出现单选按钮组，如图 10-41 所示。

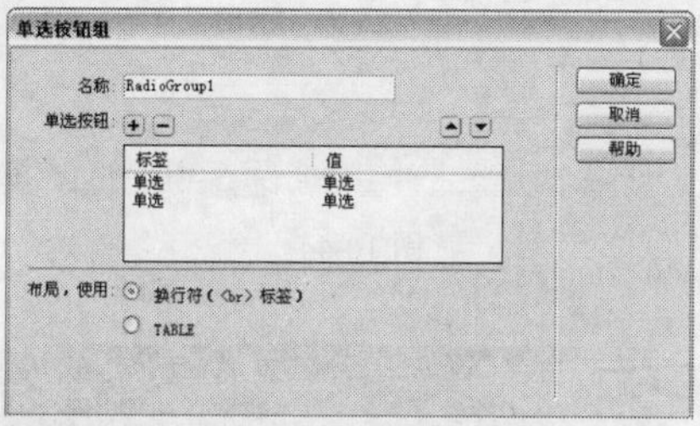

图 10-40

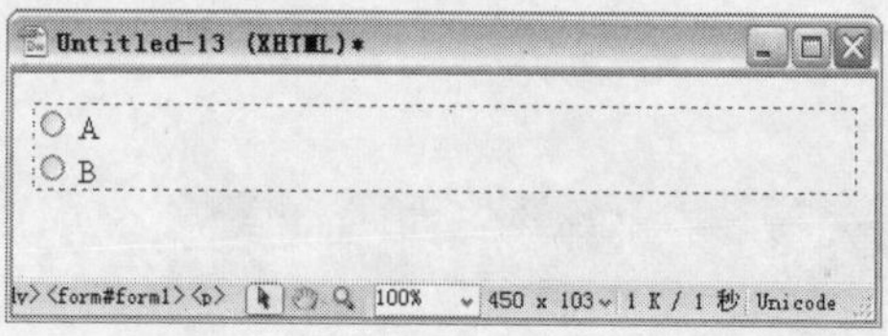

图 10-41

10.2.4 复选框

为了复选框的布局更加合理，通常采用逐个插入复选框的方式。若要在表单域中插入复选框，先将光标放在表单轮廓内需要插入复选框的位置，然后插入复选框，如图 10-42 所示。

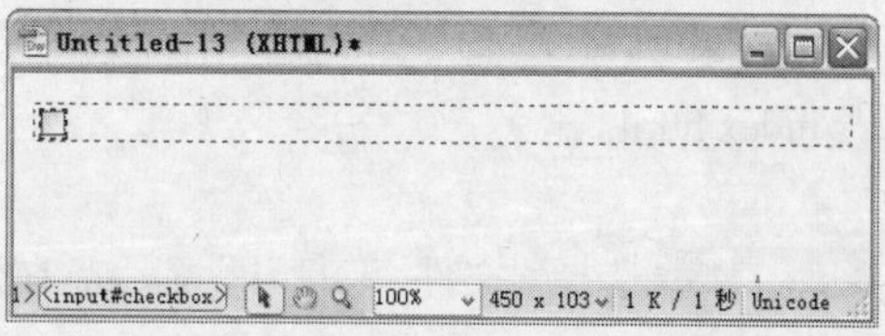

图 10-42

插入复选框有以下几种方法。

- 单击“插入”面板“表单”选项卡中的“复选框”按钮，在文档窗口的表单中出现一个复选框。
- 选择“插入 > 表单 > 复选框”命令，在文档窗口的表单中出现一个复选框。

在“属性”面板中显示复选框的属性，如图 10-43 所示，可以设置该复选框的各项属性。

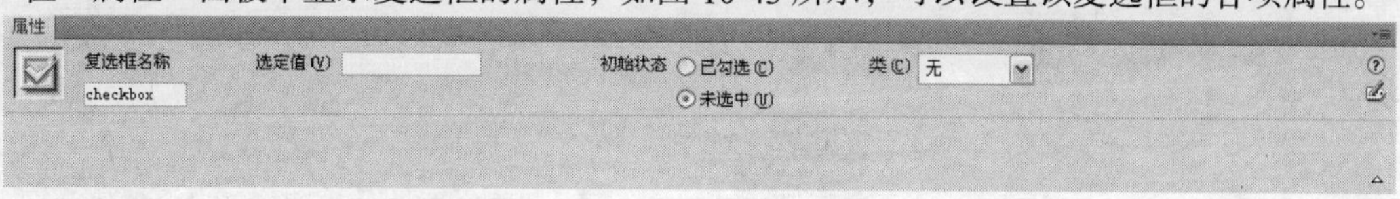

图 10-43

“属性”面板中各选项的作用如下。

“复选框名称”选项：用于输入该复选框组的名称。一组复选框中每个复选框的名称相同。

“选定值”选项：设置此复选框代表的值，一般为字符型数据，即当选定该复选框时，表单指定的处理程序获得的值。

“初始状态”选项组：设置该复选框的初始状态，即当浏览器中载入表单时，该复选框是否处于被选中的状态。一组复选框中可以有多个按钮的初始状态为被选中。

“类”选项：将 CSS 规则应用于复选框。

10.3 创建列表和菜单

在表单中有两种类型的菜单，一个是下拉菜单，一个是滚动列表，如图 10-44 所示，它们都包含一个或多个菜单列表选择项。当需要用户在预先设定的菜单列表选择项中选择一个或多个选项时，可使用“列表与菜单”功能创建下拉菜单或滚动列表。

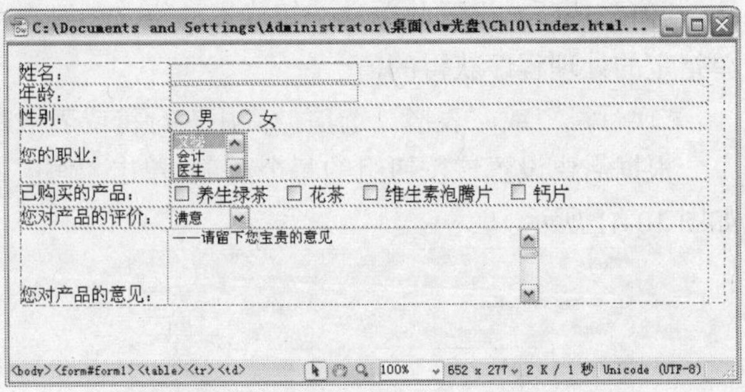

图 10-44

10.3.1 课堂案例——会员注册表

案例学习目标：使用“插入”面板“表单”选项卡中的按钮插入列表。

案例知识要点：使用“列表/菜单”按钮插入列表。使用“属性”面板设置列表属性，如图 10-45 所示。

效果所在位置：光盘/Ch10/效果/会员注册表/index.html。

图 10-45

Step 01 选择“文件 > 打开”命令，在弹出的对话框中选择“Ch10 > 素材 > 会员注册表 > index.html”文件，单击“打开”按钮，效果如图 10-46 所示。

Step 02 将光标置入到单元格中，如图 10-47 所示。

图 10-46

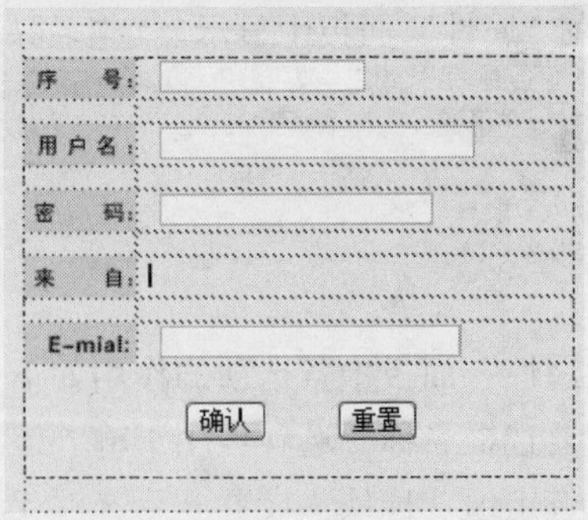

图 10-47

Step 03 在“插入”面板“表单”选项卡中单击“列表/菜单”按钮，插入列表菜单，如图 10-48 所示。在“属性”面板中单击“列表值”按钮，弹出“列表值”对话框，在对话框中添加如图 10-49 所示的内容，添加完成后单击“确定”按钮。

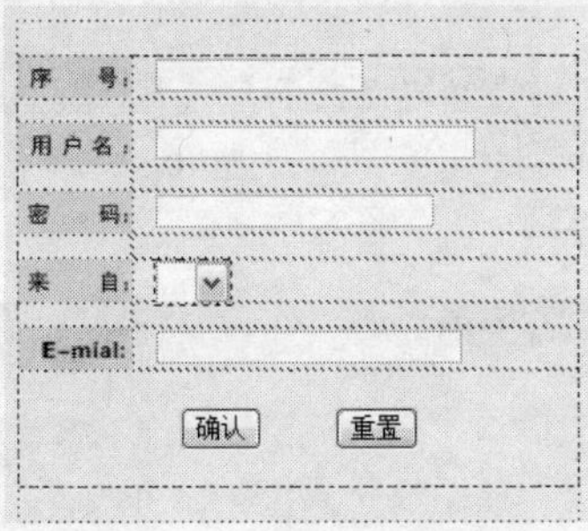

图 10-48

图 10-49

Step 04 在“属性”面板“初始化时选定”选项设为“—”，如图 10-50 所示，效果如图 10-51 所示。

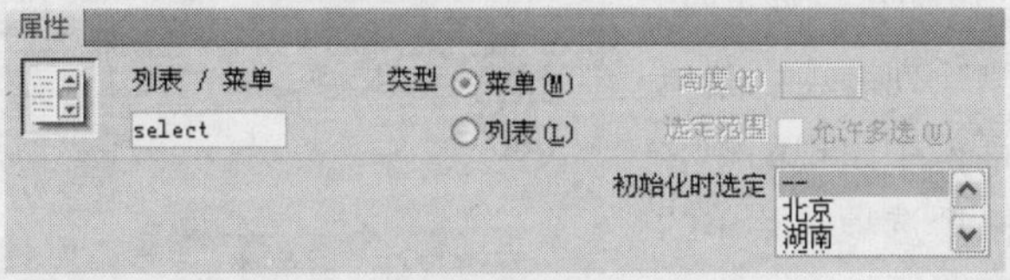

图 10-50

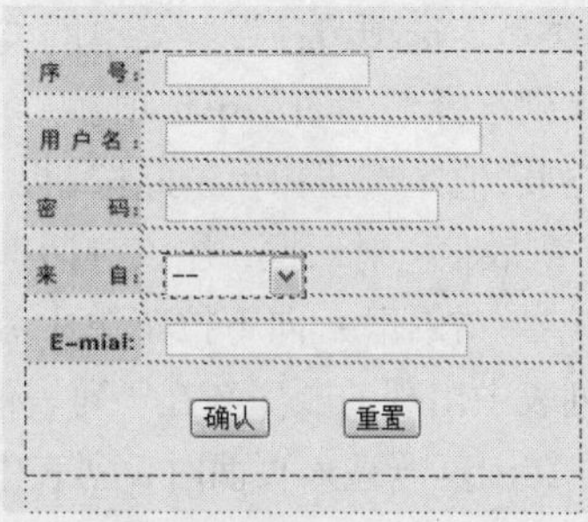

图 10-51

Step 05 保存文档，按<F12>键预览效果，如图 10-52 所示。单击“来自”选项右侧的下拉列表，可以选择任意选项，如图 10-53 所示。

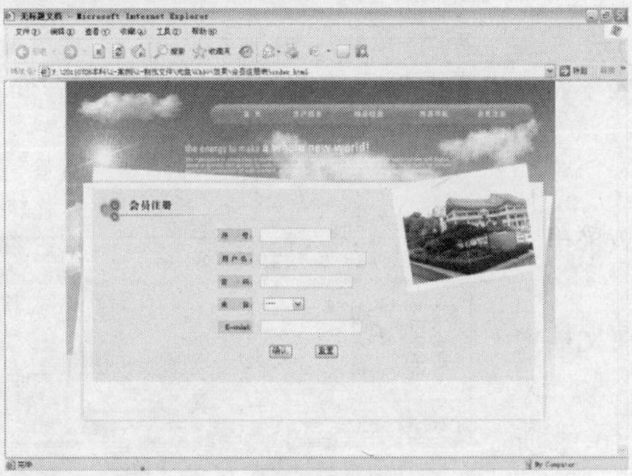

图 10-52

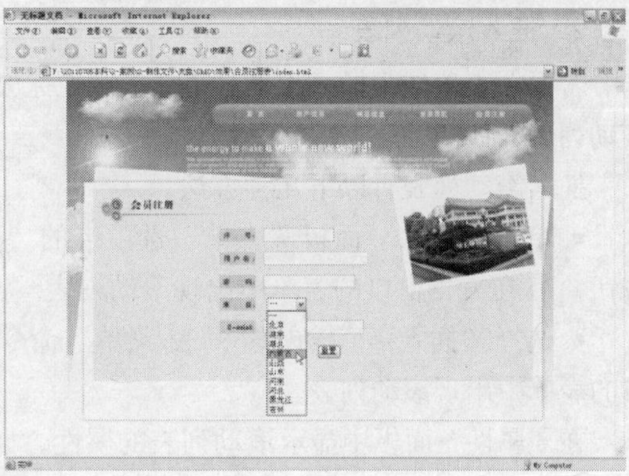

图 10-53

10.3.2 创建列表和菜单

1. 插入下拉菜单

若要在表单域中插入下拉菜单，先将光标放在表单轮廓内需要插入菜单的位置，然后插入下拉菜单，如图 10-54 所示。

插入下拉菜单有以下几种方法。

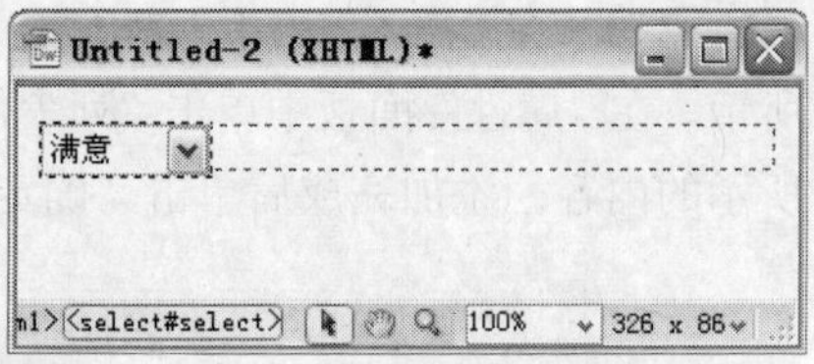

图 10-54

• 单击“插入”面板“表单”选项卡中的“列表/菜单”按钮，在文档窗口的表单中出现下拉菜单。

• 选择“插入 > 表单 > 列表/菜单”命令，在文档窗口的表单中出现下拉菜单。

在“属性”面板中显示下拉菜单的属性，如图 10-55 所示，可以根据需要设置该下拉菜单。

图 10-55

下拉菜单“属性”面板中各选项的作用如下。

“列表/菜单”选项：用于输入该下拉菜单的名称。每个下拉菜单的名称都必须是唯一的。

“类型”选项组：设置菜单的类型。若添加下拉菜单，则选择“菜单”单选项；若添加可滚动列表，则选择“列表”单选项。

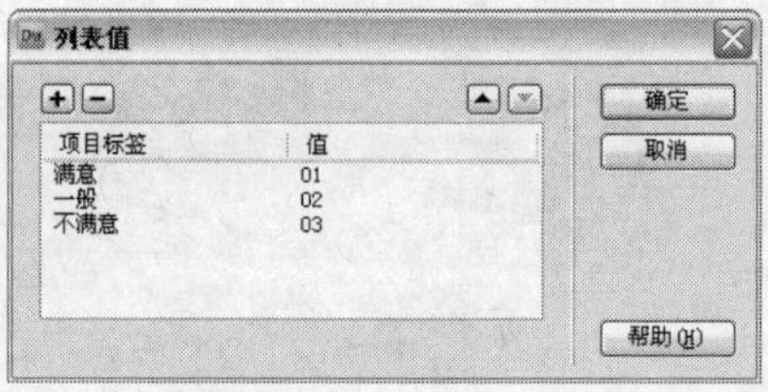

图 10-56

“列表值”按钮：单击此按钮，弹出一个如图 10-56 所示的“列表值”对话框，在该对话框中单击“加号”按钮或“减号”按钮向下拉菜单中添加或删除列表项。菜单项在列表中出现的顺序与在“列表值”对话框中出现的顺序一致。在浏览器载入页面时，列表中的第一个选项是菜单的默认选项。

“初始化时选定”选项：设置下拉菜单中默认选择的菜单项。

2．插入滚动列表

若要在表单域中插入滚动列表，先将光标放在表单轮廓内需要插入滚动列表的位置，然后插入滚动列表，如图 10-57 所示。

插入滚动列表有以下几种方法。

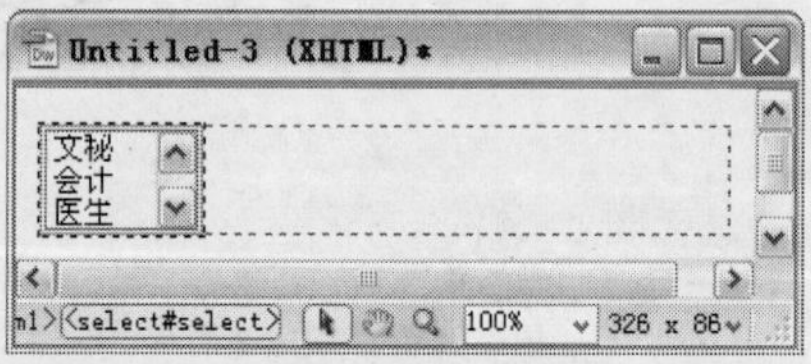

图 10-57

• 单击“插入”面板“表单”选项卡的“列表/菜单”按钮，在文档窗口的表单中出现滚动列表。

• 选择“插入 > 表单 > 列表/菜单”命令，在文档窗口的表单中出现滚动列表。

在“属性”面板中显示滚动列表的属性，如图 10-58 所示，可以根据需要设置该滚动列表。

图 10-58

滚动列表“属性”面板中各选项的作用如下。

“列表/菜单”选项：用于输入该滚动列表的名称。每个滚动列表的名称都必须是唯一的。

“类型”选项组：设置菜单的类型。若添加下拉菜单，则选择“菜单”单选项；若添加滚动列表，则选择“列表”单选项。

“高度”选项：设置滚动列表的高度，即列表中一次最多可显示的项目数。

“选定范围”选项：设置用户是否可以从列表中选择多个项目。

“初始化时选定”选项：设置可滚动列表中默认选择的菜单项。若在“选定范围”选项中选择“允许多选”复选框，则可在按住<Ctrl>键的同时单击选择“初始化时选定”域中的一个或多个初始化选项。

“列表值”按钮：单击此按钮，弹出一个如图 10-59 所示的“列表值”对话框，在该对话框中单击“加号”按钮+或“减号”按钮−向下拉菜单中添加或删除列表项。菜单项在列表中出现的顺序与在“列表值”对话框中出现的顺序一致。在浏览器中载入页面时，列表中的第一个选项是默认选项。

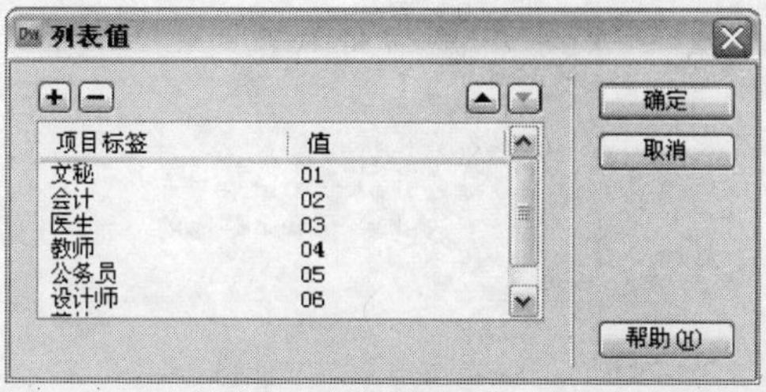

图 10-59

10.3.3 创建跳转菜单

利用跳转菜单，设计者可将某个网页的 URL 地址与菜单列表中的选项建立关联。当用户浏览网页时，只要从跳转菜单列表中选择一菜单项，就会打开相关联的网页。

在网页中插入跳转菜单的具体操作步骤如下。

（1）将光标放在表单轮廓内需要插入跳转菜单的位置。

（2）启用“插入跳转菜单”命令，调出“插入跳转菜单”对话框，如图 10-60 所示。

启用“插入跳转菜单”对话框有以下几种方法。

- 在“插入”面板“表单”选项卡中单击“跳转菜单”按钮。
- 选择“插入 > 表单 > 跳转菜单”命令。

“插入跳转菜单”对话框中各选项的作用如下。

“加号”按钮+和“减号”按钮−：添加或删除菜单项。

“向上”按钮▲和“向下”按钮▼：在菜单项列表中移动当前菜单项，设置该菜单项在菜单列表中的位置。

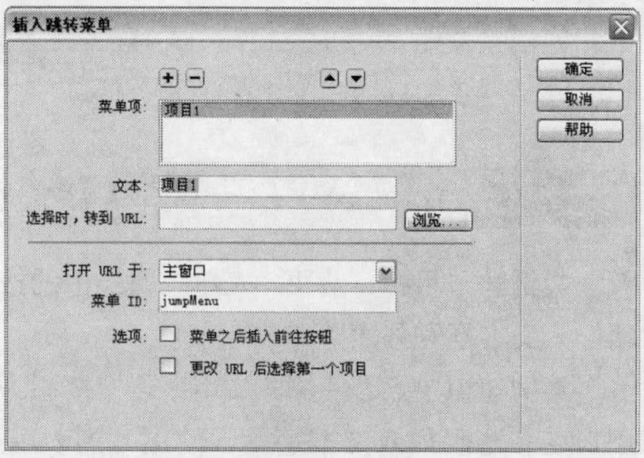

图 10-60

“菜单项”选项：显示所有菜单项。

“文本”选项：设置当前菜单项的显示文字，它会出现在菜单列表中。

“选择时，转到 URL”选项：为当前菜单项设置浏览者单击它时要打开的网页地址。

“打开 URL 于”选项：设置打开浏览网页的窗口，包括“主窗口”和“框架”两个选项。“主窗口”选项表示在同一个窗口中打开文件，“框架”选项表示在所选中的框架中打开文件，但选择“框架”选项前应先给框架命名。

“菜单 ID”选项：设置菜单的名称，每个菜单的名称都不能相同。

“菜单之后插入前往按钮”选项：设置在菜单后是否添加“前往”按钮。

“更改 URL 后选择第一个项目”选项：设置浏览者通过跳转菜单打开网页后，该菜单项是否是第一个菜单项目。

在对话框中进行设置，如图 10-61 所示，单击“确定”按钮完成设置，效果如图 10-62 所示。

（3）保存文档，在 IE 浏览器中单击“前往”按钮，网页就可以跳转到其关联的网页上，效果如图 10-63 所示。

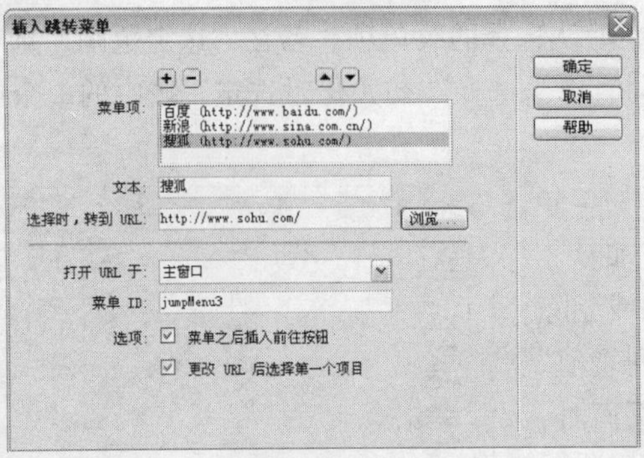

图 10-61

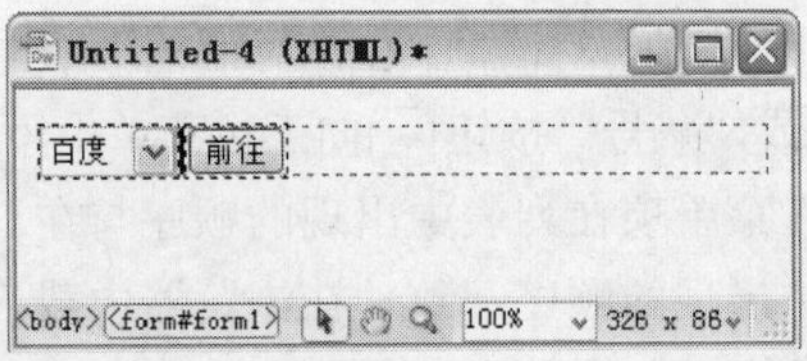

图 10-62

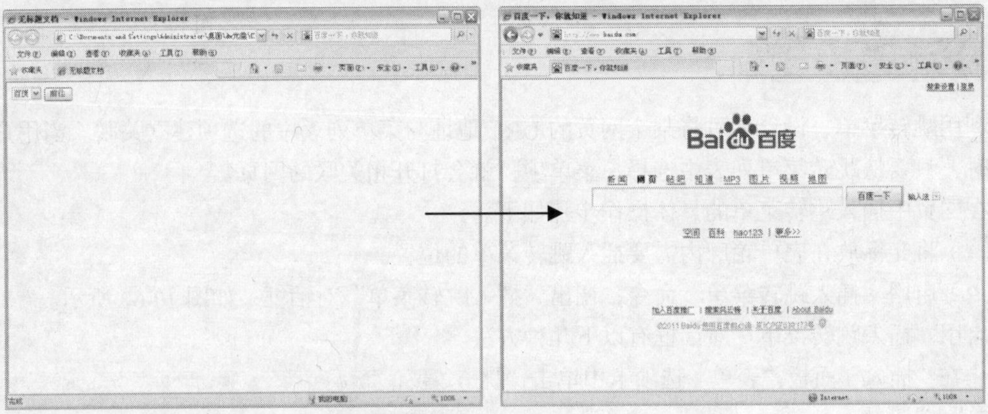

图 10-63

10.3.4 课堂案例——旅游用户登录网页

案例学习目标：使用“表单”面板中的按钮插入文本框和列表菜单。

案例知识要点：使用“文本字段”按钮为用户名和密码插入文本字段，使用“列表/菜单”按钮制作出生日期效果，使用“图像域”按钮为网页添加登录按钮，如图 10-64 所示。

效果所在位置：光盘/Ch10/效果/旅游用户登录网页/index.html。

图 10-64

Step 01 选择“文件 > 打开”命令，在弹出的对话框中选择光盘中的“Ch10 > 素材 > 旅游用户登录网页 > index.html”文件，单击“打开”按钮打开文件，如图 10-65 所示。分别在单元格中输入需要的文字，如图 10-66 所示。

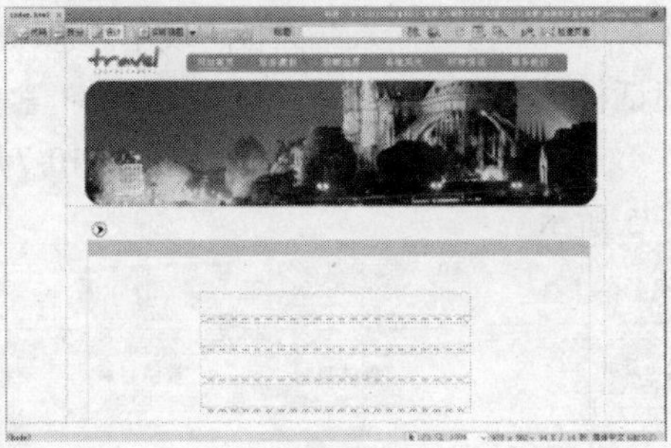

图 10-65

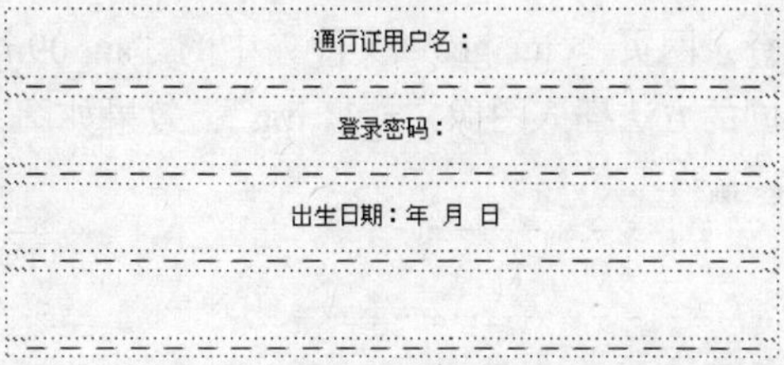

图 10-66

Step 02 将光标置入到文字“通行证用户名：”的右侧，在“插入”面板的“表单”选项卡中单击“文本字段”按钮，在“属性”面板中将“字符宽度”选项设为“20”，效果如图 10-67 所示。

Step 03 将光标置入到文字“登录密码：”的右侧，在“插入”面板的“表单”选项卡中单击“文本字段”按钮，在“属性”面板中将“字符宽度”选项设为“15”，在“类型”选项组中选择“密码”单选项，效果如图 10-68 所示。

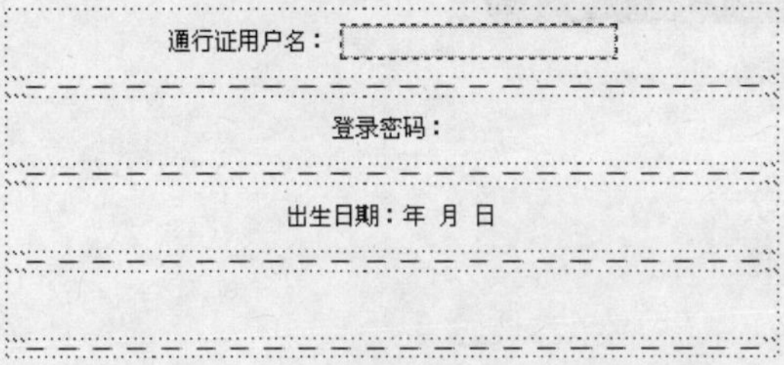

图 10-67

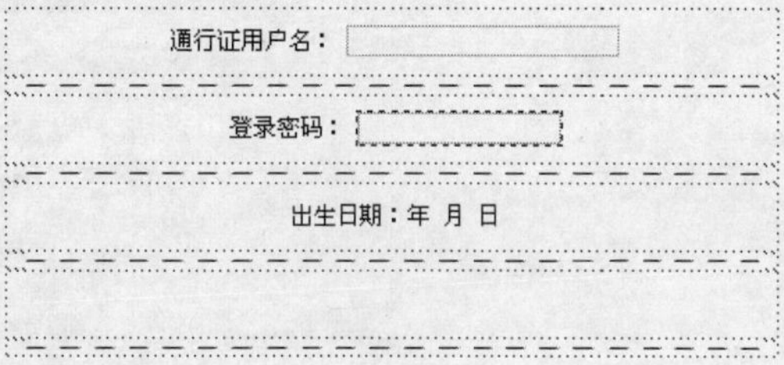

图 10-68

Step 04 将光标置入到文字“出生日期：”的右侧，在“插入”面板的“表单”选项卡中单击“列表/菜单”按钮，插入列表菜单，如图 10-69 所示。在“属性”面板中单击“列表值”按钮，弹出“列表值”对话框，在对话框中添加如图 10-70 所示的内容，添加完成后单击“确定”按钮，效果如图 10-71 所示。

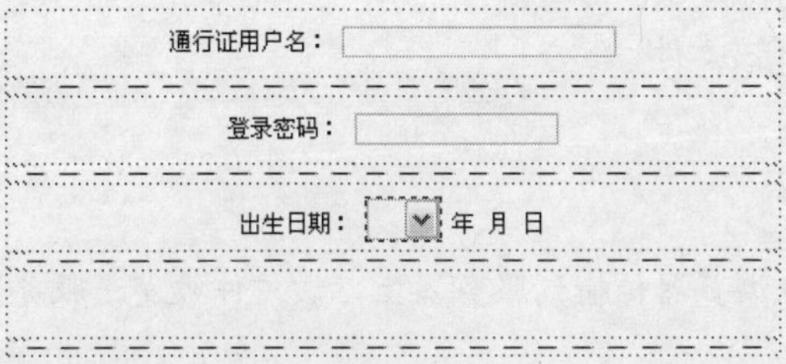

图 10-69

图 10-70

Step 05 使用相同的方法，再次添加两个菜单列表，在“属性”面板中设置月份和日期，效果如图 10-72 所示。

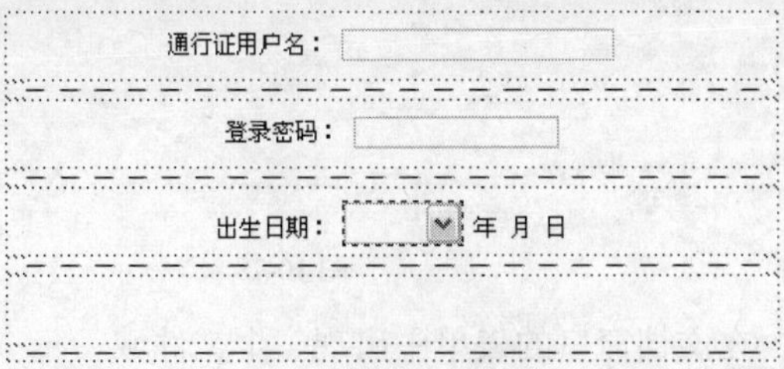

图 10-71

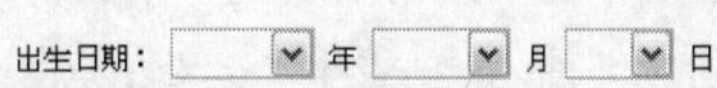

图 10-72

Step 06 将光标置入到空白单元格中，如图 10-73 所示。单击“插入”面板“表单”选项卡中的“图像域”按钮，在弹出的“选择图像源文件”对话框中选择光盘目录下的“Ch10 > 素材 >旅游用户登录网页 > images”文件夹中的“an_09.jpg”文件，单击“确定”按钮，如图 10-74 所示。使用相同的方法插入图像“n_11.jpg”，效果如图 10-75 所示。

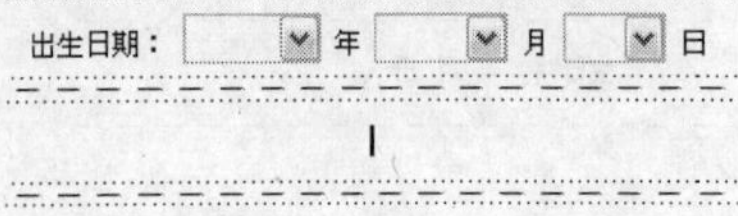

图 10-73

图 10-74

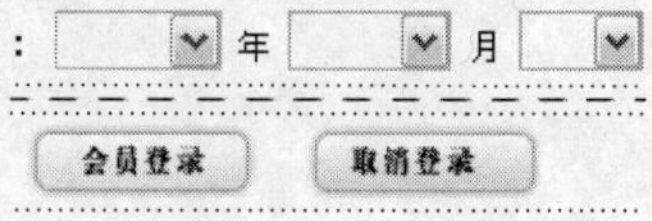

图 10-75

Step 07 保存文档，按<F12>键预览效果，如图 10-76 所示。

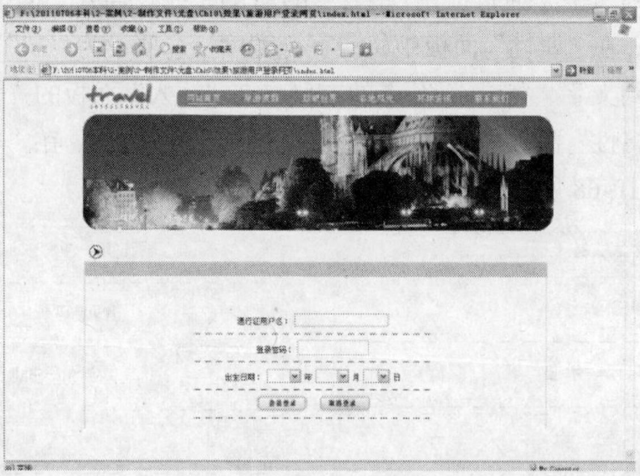

图 10-76

10.3.5 创建文件域

网页中要实现上传文件的功能，需要在表单中插入文件域。文件域的外观与其他文本域类似，只是文件域还包含一个“浏览”按钮，如图 10-77 所示。用户浏览时可以手动输入要上传的文件路径，也可以使用“浏览”按钮定位并选择该文件。

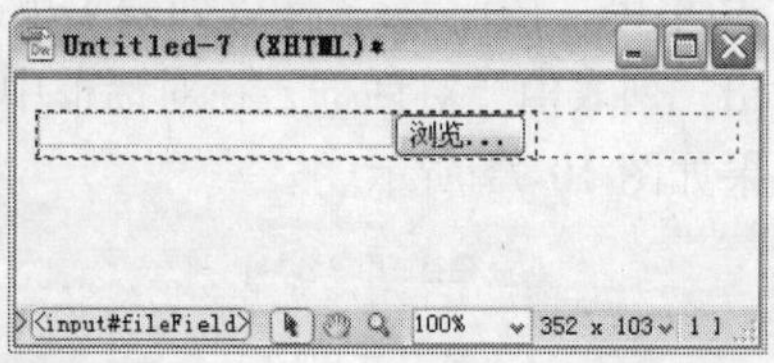

图 10-77

提示：文件域要求使用 POST 方法将文件从浏览器传输到服务器上，该文件被发送服务器的地址由表单的“操作”文本框所指定。

若要在表单域中插入文件域，则先将光标放在表单轮廓内需要插入文件域的位置，然后插入文件域，如图 10-78 所示。

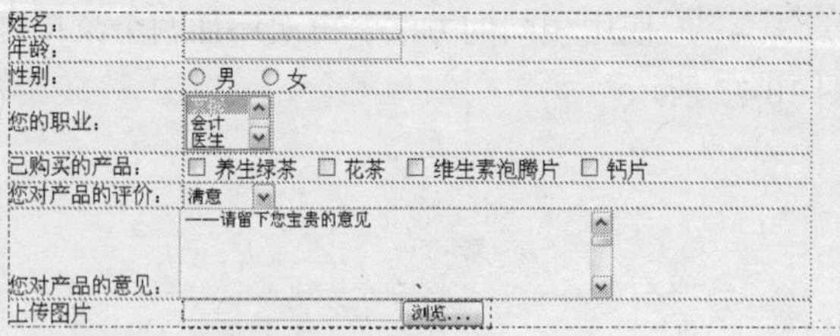

图 10-78

插入文件域有以下几种方法。

- 将光标置于单元格中，单击“插入”面板“表单”选项卡中的“文件域”按钮，在文档窗口中的单元格中出现一个文件域。
- 选择“插入 > 表单 > 文件域”命令，在文档窗口的表单中出现一个文件域。

在“属性”面板中显示文件域的属性，如图 10-79 所示，可以设置该文件域的各项属性。

图 10-79

文件域“属性”面板各选项的作用如下。

“文件域名称”选项：设置文件域对象的名称。

“字符宽度”选项：设置文件域中最多可输入的字符数。

“最多字符数”选项：设置文件域中最多可容纳的字符数。如果用户通过“浏览”按钮来定位文件，则文件名和路径可超过指定的“最多字符数”的值。但是，如果用户手工输入文件名和路径，则文件域仅允许键入“最多字符数”值所指定的字符数。

“类”选项：将 CSS 规则应用于文件域。

提示：在使用文件域之前，要与服务器管理员联系，确认允许使用匿名文件上传，否则此选项无效。

10.3.6　创建图像域

普通的按钮很不美观，为了设计需要，常使用图像代替按钮。通常使用图像按钮来提交数据。

插入图像按钮的具体操作步骤如下。

（1）将光标放在表单轮廓内需要插入的位置。

（2）启用“选择图像源文件”对话框，选择作为按钮的图像文件，如图 10-80 所示。

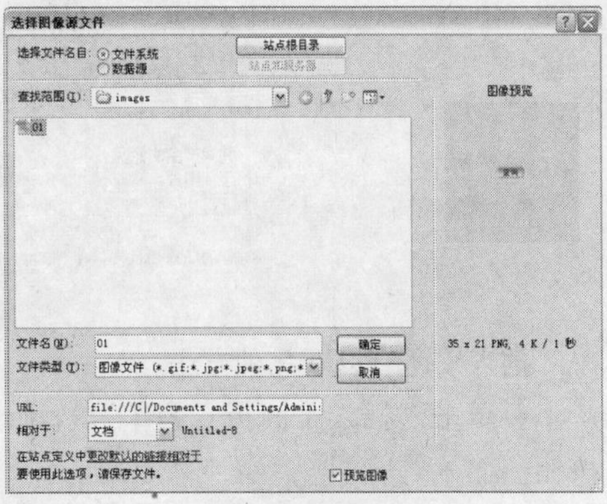

图 10-80

启用“选择图像源文件”对话框有以下几种方法。

• 单击“插入”面板“表单”选项卡中的“图像域”按钮。

• 选择“插入 > 表单 > 图像域”命令。

（3）在“属性”面板中出现如图 10-81 所示的图像按钮的属性，可以根据需要设置该图像按钮的各项属性。

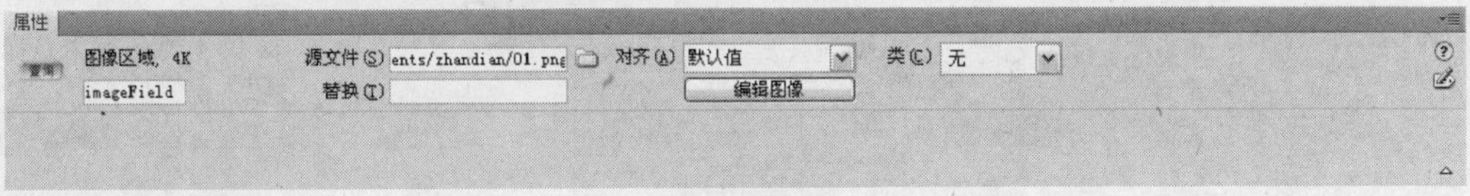

图 10-81

图像按钮“属性”面板中各选项的作用如下。

“图像区域”选项：为图像按钮指定一个名称。“提交”和“重置”是两个保留名称，“提交”是通知表单将表单数据提交给处理程序或脚本，“重置”是将所有表单域重置为其原始值。

“源文件”选项：设置要为按钮使用的图像。

“替换”选项：用于输入描述性文本，一旦图像在浏览器中载入失败，将在图像域的位置显示文本。

“对齐”选项：设置对象的对齐方式。

“编辑图像”按钮：启动默认的图像编辑器并打开该图像文件进行编辑。

“类”选项：将 CSS 规则应用于图像域。

（4）若要将某个 JavaScript 行为附加到该按钮上，则选择该图像，然后在“行为”控制面板中选择相应的行为。

（5）完成设置后保存并预览网页，效果如图 10-82 所示。

图 10-82

10.3.7 提交、无、重置按钮

按钮的作用是控制表单的操作。一般情况下，表单中设有提交按钮、重置按钮和普通按钮 3 种按钮。提交按钮的作用是，将表单数据提交到表单指定的处理程序中进行处理；重置按钮的作用是，将表单的内容还原为初始状态。

若要在表单域中插入按钮，先将光标放在表单轮廓内需要插入按钮的位置，然后插入按钮，如图 10-83 所示。

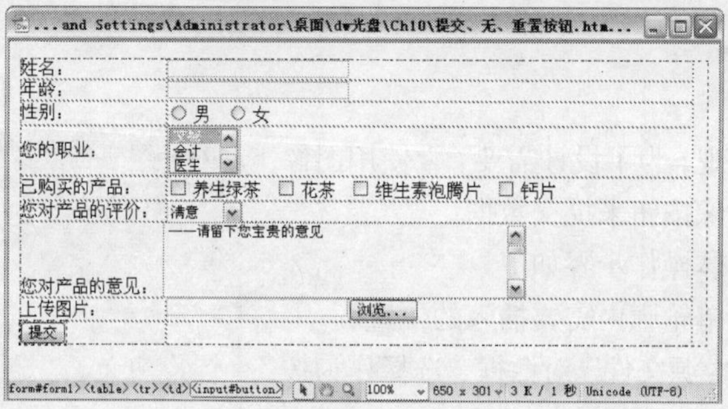

图 10-83

插入按钮有以下几种方法。

• 单击“插入”面板“表单”选项卡中的“按钮”按钮，在文档窗口的表单中出现一个按钮。

• 选择“插入 > 表单 > 按钮”命令，在文档窗口的表单中出现一个按钮。

在“属性”面板中显示按钮的属性，如图 10-84 所示。可以根据需要设置该按钮的各项属性。

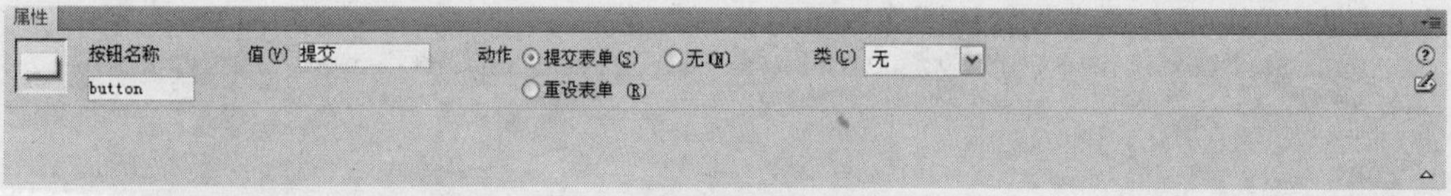

图 10-84

按钮“属性”面板各选项的作用如下。

“按钮名称”选项：用于输入该按钮的名称，每个按钮的名称都不能相同。

“值”选项：设置按钮上显示的文本。

“动作”选项组：设置用户单击按钮时将发生的操作。有以下 3 个选项。

“提交表单”选项：当用户单击按钮时，将表单数据提交到表单指定的处理程序处理。

“重设表单”选项：当用户单击按钮时，将表单域内的各对象值还原为初始值。

“无”选项：当用户单击按钮时，选择为该按钮附加的行为或脚本。

“类”选项：将 CSS 规则应用于按钮。

10.4 课堂练习——星座查询网

练习知识要点：使用“表单”按钮插入表单，使用单选按钮组插入多个单选按钮效果，如图 10-85 所示。

效果所在位置：光盘/Ch10/效果/星座查询网/index.html。

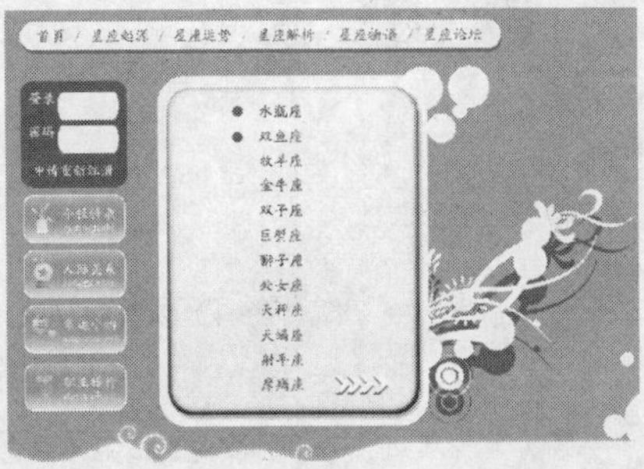

图 10-85

10.5 课后习题——订购单

习题知识要点：使用“文本字段”按钮、“列表/菜单”按钮、单选按钮、复选框及提交按钮制作订购单效果，如图 10-86 所示。

效果所在位置：光盘/Ch10/效果/订购单/index.html。

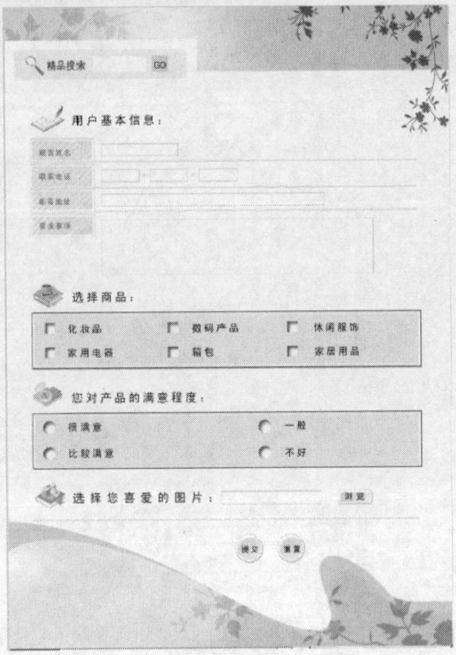

图 10-86

第11章 使用行为

Dreamweaver CS4 的行为是将内置的 JavaScript 代码放置在文档中，以实现 Web 页的动态效果。下面从如何使用行为并为其应用相应的事件来讨论如何实现网页动态的、交互的效果。

【教学目标】

- 行为。
- 动作。

11.1 行为

11.1.1 行为

无论是直接编写代码还是添加 Dreamweaver CS4 行为，都要求用户了解行为、事件驱动和 Vbscript 的基础知识。只有掌握了这些基本知识和原理，才能随心所欲地设计、制作出具有友好的交互界面和吸引用户的网页。

行为可理解成在网页中选择的一系列动作，以实现用户与网页间的交互。行为代码是 Dreamweaver CS4 提供的内置代码，运行于客户端的浏览器中。

简单地说，行为是动作和触发该动作的事件的结合体。动作是 Dreamweaver CS4 系统内置的选择指定任务的 JavaScript 代码。事件是附加在浏览器元素上的特殊过程，每个浏览器都提供一组事件。事件可以与“行为”控制面板的相应动作相关联。这章学习的重点就是将网页元素中的事件与“行为”控制面板中的动作相关联。

实际上，事件是浏览器生成的消息，用以告诉计算机该网页用户选择了哪些操作。当某网页元素的某个事情发生时，Dreamweaver CS4 系统内的事件处理机制会自动选择该对象事件过程中的行为代码，以完成用户指定的操作。

可附加行为的网页元素有整个文档（<body>标签）、链接对象、图像、表单元素或其他 HTML 元素。需要注意的是一定不能将行为直接附加到纯文本上，必须用块标签<div>包含文本后才能将动作附加到该文本上。

11.1.2 事件

事件是附加在浏览器中元素上的特殊过程，每个浏览器都提供一组事件。事件可以与单击“行为”控制面板的“添加行为”按钮 + 后弹出的菜单中列出的动作相关联。实际上，事件是浏览器生成的消息，以通知计算机该网页的访问者选择了某种操作。当某个事情发生时，系统有一个事件处理机制会自动选择事件过程中的行为代码。

行为一定要与相应的事件相关联，因此必须知道每个事件都在哪种情况下触发选择。事件菜单中罗列出许多事件和所支持的浏览器版本，如图 11-1 所示。

下面列出常用的事件，并说明每个事件都适用于哪些网页对象及触发时间。

图 11-1

表 11-1

	事　件	浏览器支持	事件时间触发	适用对象
一般事件	onClick	IE3.0、Netscape2.0	当用户单击鼠标时产生	
	onDblClick	IE4.0、Netscape4.0	当用户在指定元素上双击鼠标时产生	
	onMouseUP	IE4.0、Netscape4.0	当一个被按下的鼠标按键被释放时产生	

续表

	事　件	浏览器支持	事件时间触发	适用对象
一般事件	onMouseDown	IE4.0、Netscape4.0	当用户按下鼠标按键时产生	与绝大多数 HTML 标签一起使用
	onMouseOver	IE3.0、Netscape2.0	当鼠标指针首次指向特定元素时产生	
	onMouseMove	IE4.0、Netscape4.0	当用户在指向一个特定元素并移走鼠标指针时产生	
	onMouseOut	IE4.0、Netscape3.0	当鼠标指针从特定元素移走时产生	
	onKeyDown	IE4.0、Netscape4.0	当用户按下任意键时产生	
	onKeyUp	IE4.0、Netscape4.0	当用户按下一个键后并释放它时产生	
	onKeyPress	IE4.0、Netscape4.0	当用户按下或释放任意键时产生	
页面相关事件	onAbort	IE4.0、Netscape3.0	当用户终止一个完整图像下载时产生	一般与整个文档（BODY）或框架（FRAMESET）一起使用
	onLoad	IE3.0、Netscape2.0	当图像或页面结束载入时产生	
	onUnload	IE3.0、Netscape2.0	当用户离开页面时产生	
	onError	IE4.0、Netscape3.0	当图像或页面载入发生错误时产生	
	onMove	IE4.0、Netscape4.0	当一个窗口或一个框架移动时产生	与绝大多数 HTML 标签一起使用
	onResize	IE4.0、Netscape4.0	当用户调整浏览器窗口或框架时产生	一般与整个文档（BODY）或框架（FRAMESET）一起使用
	onScroll	IE4.0、Netscape	当浏览器滚动条上移或下移时产生	
	onStop	IE5.0、Netscape		
	onBeforeUnload	IE4.0、Netscape		
表单相关事件	OnChange	IE3.0、Netscape2.0	当指定元素的内容被用户改变时产生	一般与文本（INPUT 或 TEXTAREA）、列表/菜单（SELECT）一起使用
	onFocus	IE3.0、Netscape2.0	当指定的元素成为用户的交互中心时产生	
	onBlur	IE3.0、Netscape2.0	当前指定元素不再是用户的交互中心时产生	一般与整个文档（BODY）或框架（FRAMESET）一起使用
	onSubmit	IE3.0、Netscape2.0	当用户离开提交表单时产生	一般与表单（FORM）一起使用
	onReset	IE4.0、Netscape3.0	当一个提交表单的内容被重置到默认值时产生	
滚动字幕事件	onBounce	IE4.0、Netscape	当一个 MARQUEE 内的内容到达 MARQUEE 显示范围之外时产生	一般与 MARQUEE 标签一起使用
	onStart	IE4.0、Netscape	当 MARQUEE 元素开始显示内容时产生	
	onFinish	IE4.0、Netscape	当 MARQUEE 元素完成要显示的内容时产生	
编辑事件	OnBeforeCopy	IE5.0、Netscape	当选择内容要复制到浏览者系统的剪贴板前产生	
	OnBeforeCut	IE5.0、Netscape	当选择内容要剪切到浏览者系统的剪贴板前产生	
	OnBeforeEditFocus	IE5.0、Netscape	当元素要进入编辑状态时产生	

续表

	事　件	浏览器支持	事件时间触发	适用对象
编辑事件	OnBeforePaste	IE5.0、Netscape	当剪贴板的内容要粘贴到页面时产生	一般与常用的 HTML 标签一起使用
	OnBeforeUpdate	IE5.0、Netscape	当粘贴剪贴板的内容时通知目标对象	
	OnContextMenu	IE5.0、Netscape	当选择下拉菜单或快捷菜单时产生	
	OnCopy	IE5.0、Netscape	当选择内容被复制时产生	
	OnCut	IE5.0、Netscape	当选择内容被剪切时产生	
	OnDrag	IE5.0、Netscape	当某个对象被拖曳时产生	
	OnDragDrop	IE5.0、Netscape4.0	一个外部对象被拖进当前窗口时产生	
	OnDragEnd	IE4.0、Netscape	当鼠标按钮被释放时产生	
	OnDragEnter	IE5.0、Netscape	当对象被拖进它的容器范围内时产生	
	OnDragLeave	IE5.0、Netscape	当对象从它的容器范围内被脱离时产生	
	OnDragOver	IE5.0、Netscape	当对象被拖到其他的容器范围内时产生	
	OnDragStart	IE4.0、Netscape	当对象被拖动时产生	
	OnDrop	IE5.0、Netscape	在拖曳过程结束释放鼠标键时产生	
	OnLoseCapture	IE5.0、Netscape	当对象失去焦点时产生	
	OnPaste	IE5.0、Netscape	当内容被粘贴时产生	
	OnSelect	IE4.0、Netscape	当内容被选择时产生	
	OnSelectStart	IE4.0、Netscape	当内容选择开始时产生	
事件	OnAfterPrint	IE5.0、Netscape	当文件打印后产生	
	OnBeforePrint	IE5.0、Netscape	当文件即将打印时产生	
	OnFilterChange	IE4.0、Netscape	当某个对象的滤镜效果发生变化时产生	
	OnHelp	IE4.0、Netscape	当浏览者按下 F1 或选帮助菜单时产生	
	OnPropertyChange	IE5.0、Netscape	当对象的属性之一发生变化时产生	
	OnReadyStateChange	IE5.0、Netscape	当对象的初始化属性发生变化时产生	

11.1.3 “行为”控制面板

用户习惯于使用“行为”控制面板为网页元素指定动作和事件。在文档窗口中，选择“窗口 > 行为”命令，启用“行为”控制面板，如图 11-2 所示。

1. “行为”控制面板的组成

图 11-2

“行为”控制面板由以下几部分组成。

“添加行为”按钮 +：单击此按钮会弹出菜单，在菜单中选择所需的动作。此时，动作附加到当前选择的网页元素中。菜单中灰色的选项说明当前选择的元素不能产生该动作。

“删除事件”按钮 -：在控制面板中删除所选的事件和动作。

“增加事件值”按钮 ▲、“降低事件值”按钮 ▼：控制在面板中通过上、下移动所选择的动作来调整动作的顺序。在“行为”控制面板中，所有事件和动作按照它们在控制面板中的显示顺序选择，设计时要根据实际情况调整动作的顺序。

“显示设置事件”按钮：显示所选动作及其相关事件。可在列表左侧修改所选事件。

“显示所有事件”按钮：显示所有事件和已选的相关动作。可在列表左侧修改所选事件。

“事件”和“动作”列表：显示用户为某网页元素指定的动作及与该动作相关的事件。如果同一个事件有多个动作，则通过在列表上出现的顺序选择这些动作。如果行为列表中没有显示任何行为，则没有行为附加到当前所选的网页元素上。当用户通过“添加行为”按钮为某网页元素指定动作后，可在“行为”面板中单击该动作前的事件列表选择相应的事件。

2．修改浏览器版本

较早版本的浏览器比较新版本的浏览器所支持的事件少。因此，在设计网页前要选择合适的浏览器版本以应用更多的行为。用户只需在“行为”控制面板中单击“添加行为”按钮，在弹出的菜单中选择合适的浏览器版本即可实现，如图 11-3 所示。

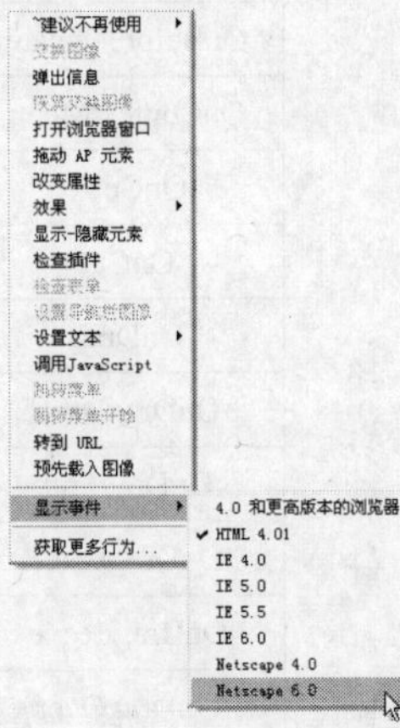

图 11-3

提示：菜单中某些灰色的动作只能在较高版本的浏览器版本中使用。

11.1.4　应用行为

通常情况下，选择某网页元素，然后在“行为”控制面板中选择一个动作，再将它与一个事件关联，行为便附加到页面元素上。行为运行于浏览器中，而不是服务器上。一个事件可以选择多个动作，在实际动作中，系统根据设置的次序逐次选择动作。

1．将行为附加到网页元素上

（1）在文档窗口中选择一个元素，例如一个图像或一个链接。若要将行为附加到整个页，则单击文档窗口左下侧的标签选择器的 <body> 标签。

（2）选择“窗口 > 行为”命令，启用“行为”控制面板。

（3）单击“添加行为”按钮并从弹出的菜单中选择一个动作，如图 11-4 所示，将弹出相应的参数设置对话框，在其中进行设置后，单击“确定”按钮。

（4）在“行为”面板的“事件”列表中显示动作的默认事件，单击该事件，会出现箭头按钮，单击按钮，弹出包含全部事件的事件列表，如图 11-5 所示，用户可根据需要选择相应的事件。

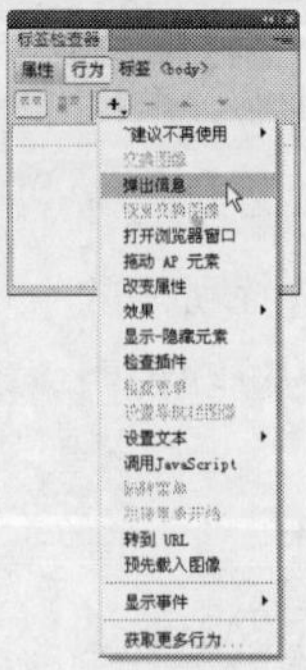

图 11-4

图 11-5

> **提示**：Dreamweaver CS4 提供的所有动作都可以用于 4.0 和更高版本的浏览器中。某些动作不能用于较早版本的浏览器中。

2. 将行为附加到文本上

一般情况下，不能将行为直接附加到纯文本上，因为它不是一个 HTML 对象。若要将行为附加到文本上，最简单的方法就是向文本添加一个空链接，然后将行为附加到该链接上。

添加空链接有以下几种方法。

- 在“属性”面板的“链接”文本框中输入“javascript:;”，如图 11-6 所示。

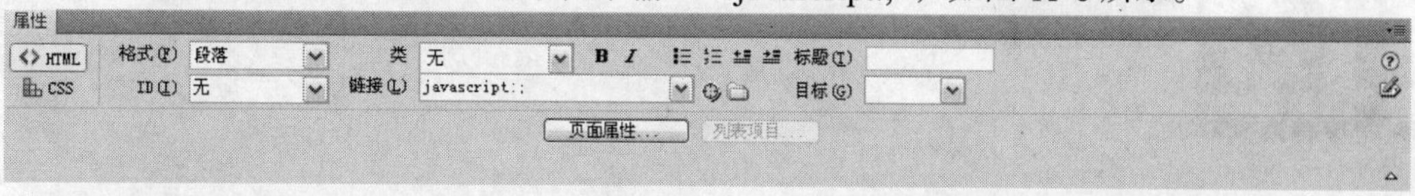

图 11-6

- 在“属性”面板的“链接”文本框中输入“#”，如图 11-7 所示。

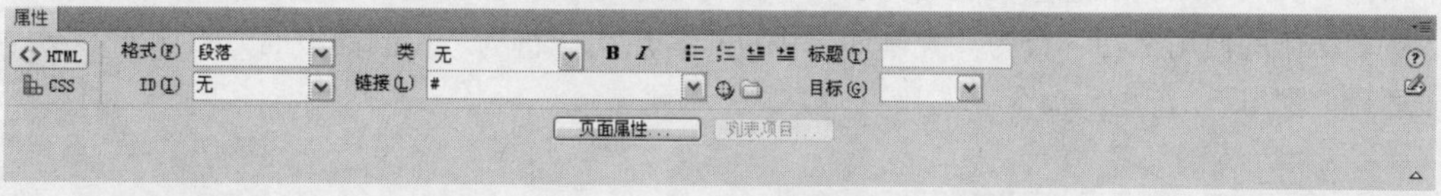

图 11-7

将某个行为附加到所选的文本上，具体操作步骤如下。

（1）为文本添加一个空链接。

（2）选择“窗口 > 行为”命令，启用“行为”控制面板。

（3）选中链接文本，单击“添加行为”按钮 +，从弹出的菜单中选择一个动作，如选择“弹出信息”动作，并在弹出的对话框中设置该动作的参数，如图 11-8 所示。

（4）在“行为”控制面板的“事件”列表中显示动作的默认事件，单击该事件，会出现箭头按钮 ，单击 按钮，弹出包含全部事件的事件列表，如图 11-9 所示。用户可根据需要选择相应的事件。

图 11-8

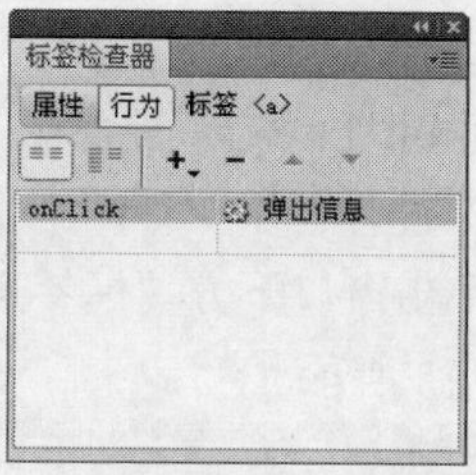

图 11-9

如果不想让附加行为的文本显示为链接状态，可以更改链接颜色并删除下划线，但这样站点访问者就无法知道该文本是可以点击的。更改链接文本外观的具体操作步骤如下。

（1）选择“查看 > 代码”命令，切换到“代码”视图。

（2）查找该文本的链接，并在该链接的<a href>标签中，插入以下属性：style="text-decoration: none; color:black"，如图 11-10 所示。这些属性设置的含义是禁用下划线并将文本的颜色设置为黑色。

例如，当单击“动态文字”文字时弹出问候的消息框。设置相应的行为和事件并改变文字的外观后，效果如图 11-11 所示。

```
<body onclick="MM_popupMsg('您好')">
<a href="#" onclick="MM_popupMsg('您好')"style="text-decoration:none; color:black">点击
</a>
</body>
</html>
```

图 11-10

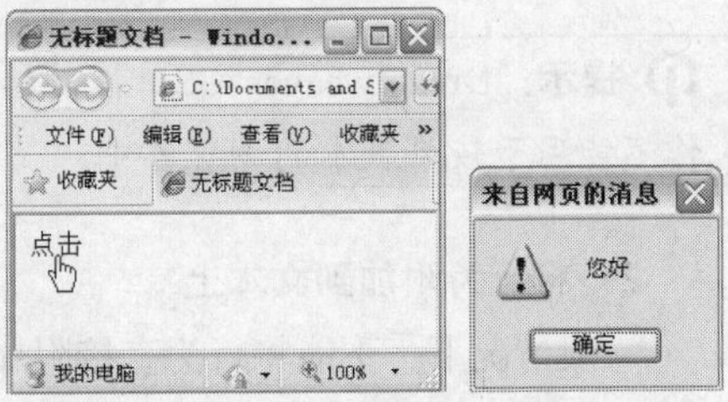

图 11-11

11.2 动作

动作是系统预先定义好的选择指定任务的代码。因此，用户需要了解系统所提供的动作，掌握每个动作的功能以及实现这些功能的方法。下面将介绍常用动作。

所有动作的使用都在“行为”控制面板中进行，启用“行为”控制面板的方法如下。

选择“窗口 > 行为”命令。

11.2.1 课堂案例——快乐儿童玩具网

案例学习目标：使用“窗口”菜单命令制作在网页中显示指定大小的弹出窗口。

案例知识要点：使用“打开浏览器窗口”命令制作在网页中显示指定大小的弹出窗口，如图 11-12 所示。

效果所在位置：光盘/Ch11/效果/快乐儿童玩具网/index.html。

图 11-12

1. 在网页中显示指定大小的弹出窗口

Step 01 选择“文件 > 打开”命令，在弹出的对话框中选择“Ch11 > 素材 > 快乐儿童玩具网 > index.html”文件，单击“打开”按钮，如图 11-13 所示。

Step 02 单击窗口下方“标签选择器”中的<body>标签，如图 11-14 所示，选择整个网页文档，效果如图 11-15 所示。

图 11-13

图 11-14

图 11-15

Step 03 按<Shift+F4>快捷键，弹出“行为”控制面板，单击控制面板中的“添加行为”按钮 +，在弹出的菜单中选择“打开浏览器窗口”命令，弹出“检查浏览器”对话框。

Step 04 单击“要显示的 URL”选项右侧的“浏览”按钮，在弹出的“选择文件”对话框中选择光盘目录下“Ch11 > 素材 > 快乐儿童玩具网”文件夹中的“youhui.html”文件，如图 11-16 所示。

Step 05 单击“确定”按钮，返回到对话框中，其他选项的设置如图 11-17 所示，单击“确定”按钮，“行为”控制面板中如图 11-18 所示。

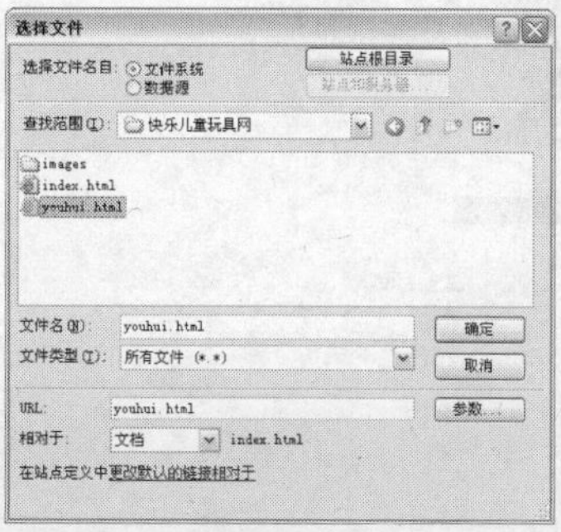

图 11-16

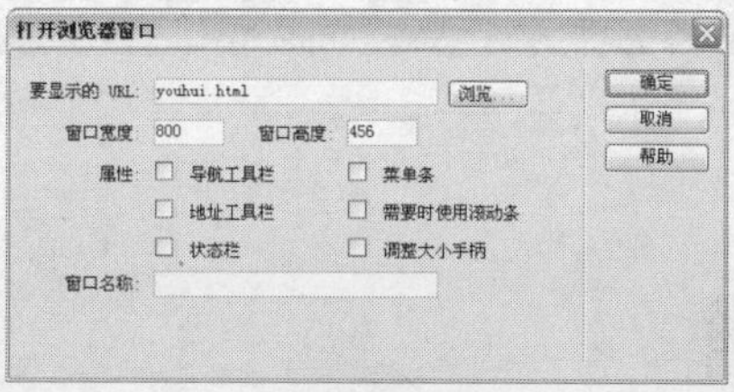

图 11-17

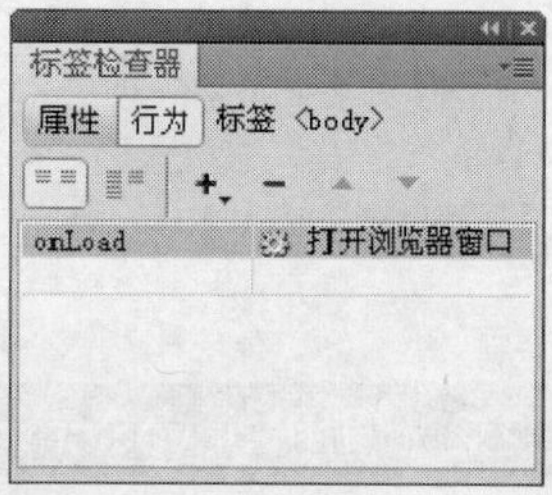

图 11-18

Step 06 保存文档，按<F12>键预览效果，加载网页文档的同时会弹出窗口，如图 11-19 所示。

图 11-19

2．添加导航条和菜单栏

Step 01 返回到 Dreamweaver CS4 界面中，双击动作“打开浏览器窗口”，弹出“打开浏览器窗口”对话框，选择“导航工具栏”和“菜单条”复选框，如图 11-20 所示，单击“确定”按钮完成设置。

Step 02 保存文档，按<F12>键预览效果，在弹出的窗口中显示所选的导航条和菜单栏，如图 11-21 所示。

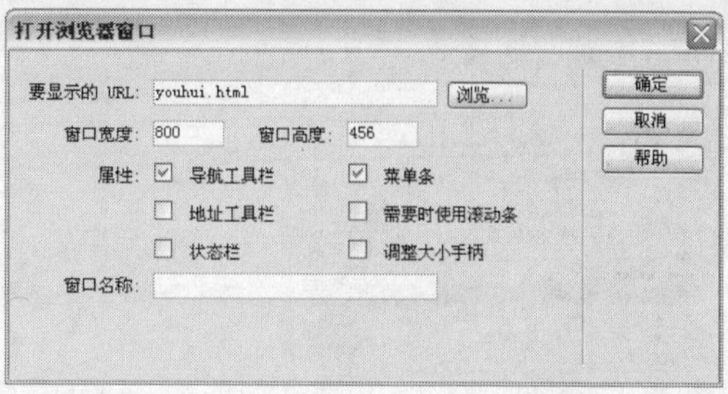

图 11-20

图 11-21

11.2.2 调用 JavaScript

“调用 JavaScript”动作的功能是当发生某个事件时选择自定义函数或 JavaScript 代码行。

使用“调用 JavaScript”动作的具体操作步骤如下。

（1）选择一个网页元素对象，如“刷新”按钮，如图 11-22 所示。启用“行为”控制面板。

（2）在“行为”控制面板中，单击“添加行为”按钮 +，从弹出的菜单中选择“调用 JavaScript”动作，弹出“调用 JavaScript”对话框，如图 11-23 所示，在文本框中输入 JavaScript 代码或用户想要触发的函数名。例如，当用户单击“刷新”按钮时刷新网页，用户可以输入“window.location.reload()”；例如，当用户单击“关闭”按钮时关闭网页，用户可以输入“window.close()”。单击“确定”按钮完成设置。

图 11-22

图 11-23

（3）如果不是默认事件，则单击该事件，会出现箭头按钮，单击按钮，弹出包含全部事件的事件列表，用户可根据需要选择相应的事件，如图 11-24 所示。

（4）按<F12>键浏览网页，当单击“关闭”按钮时，用户看到的效果如图 11-25 所示。

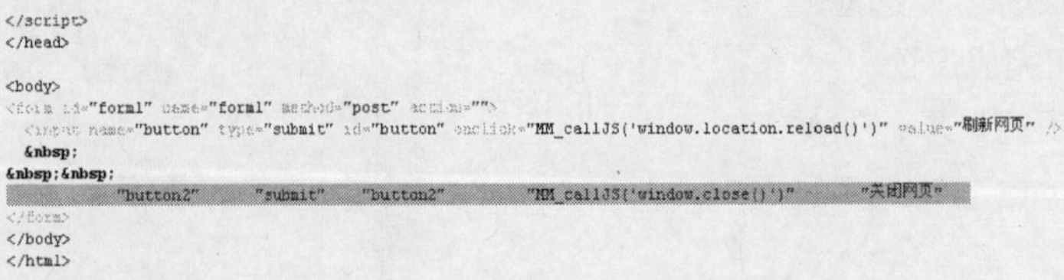

图 11-24

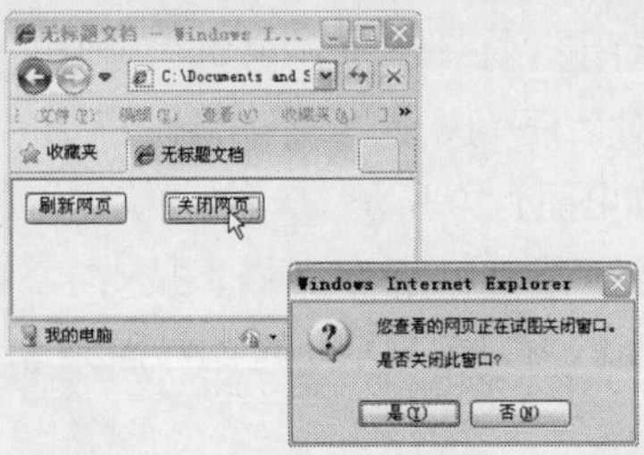

图 11-25

11.2.3　打开浏览器窗口

“打开浏览器窗口”动作的功能是在一个新的窗口中打开指定网页。此行为可以指定新窗口的属性、特性和名称，是否可以调整窗口大小、是否具有菜单栏等。

使用“打开浏览器窗口”动作的具体操作步骤如下。

提示：由于浏览器的类型和版本决定了支持的行为事件的种类，因此首先要选择浏览器的类型和版本。单击动作菜单中的“显示事件”菜单命令，打开下一级菜单，如图 11-26 所示。由于当前的很多系统浏览器都使用 IE6.0，因此在此选择 IE6.0。

（1）打开一个网页文件，如图 11-27 所示。选择一张图片，如图 11-28 所示。

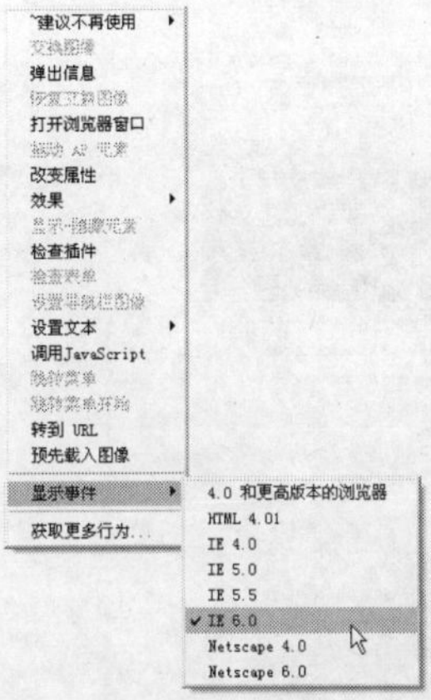

图 12-26

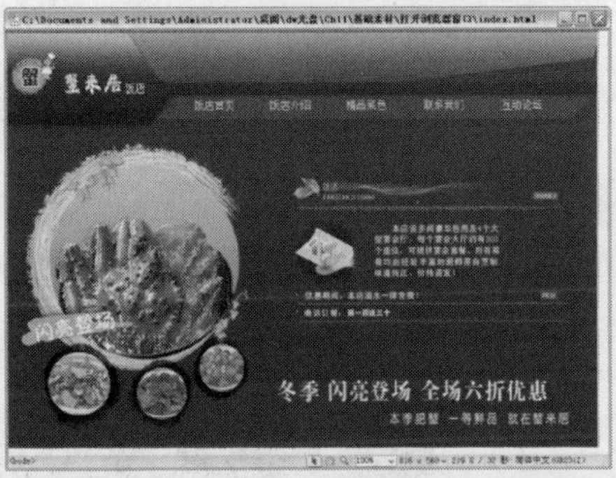

图 11-27

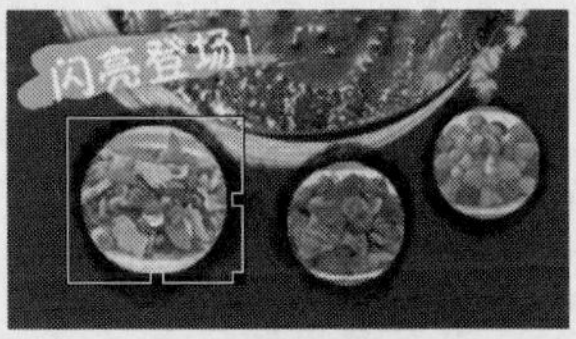

图 11-28

（2）启用“行为”控制面板，单击“添加行为”按钮 +，并从弹出的菜单中选择“打开浏览器窗口”动作，弹出“打开浏览器窗口”对话框，在对话框中根据需要设置相应参数，如图 11-29 所示，单击“确定”按钮完成设置。

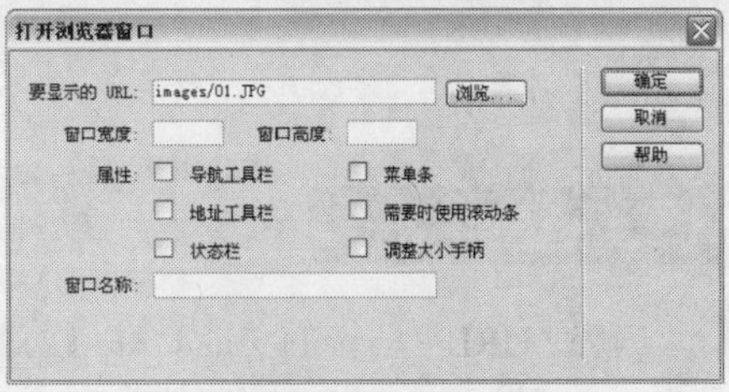

图 11-29

对话框中各选项的作用如下。

“要显示的 URL”选项：必选项，用于设置要显示网页的地址。

“窗口宽度”和“窗口高度”选项：以像素为单位设置窗口的宽度和高度。

“属性”选项组：根据需要选择下列复选框以设定窗口的外观。

“导航工具栏”复选框：设置是否在浏览器顶部显示导航工具栏。导航工具栏包括“后退”、“前进”、“主页”和“重新载入”等一组按钮。

“地址工具栏”复选框：设置是否在浏览器顶部显示地址栏。

“状态栏”复选框：设置是否在浏览器窗口底部显示状态栏，用以显示提示、状态等信息。

“菜单条”复选框：设置是否在浏览器顶部显示菜单，包括“文件”、“编辑”、“查看”、“转到”和“帮助”等菜单项。

“需要时使用滚动条”复选框：设置在浏览器的内容超出可视区域时，是否显示滚动条。

“调整大小手柄”复选框：设置是否能够调整窗口的大小。

“窗口名称”选项：输入新窗口的名称。因为通过 JavaScript 使用链接指向新窗口或控制新窗口，所以应该对新窗口进行命名。

提示：如果不指定该窗口的任何属性，在打开时它的大小和属性与打开它的窗口相同。

（3）添加行为时，系统自动为用户选择了事件“onBeforeUnload”。需要调整事件，单击该事件，会出现箭头按钮，单击按钮，选择“onMouseOver（鼠标指针经过）”选项，“行为”控制面板中事件立即改变，如图 11-30 所示。

（4）使用相同的方法，为其他图片添加行为。

（5）按<F12>键浏览网页，当鼠标指针经过小图片时，会弹出一个窗口，显示大图片，如图 11-31 所示。

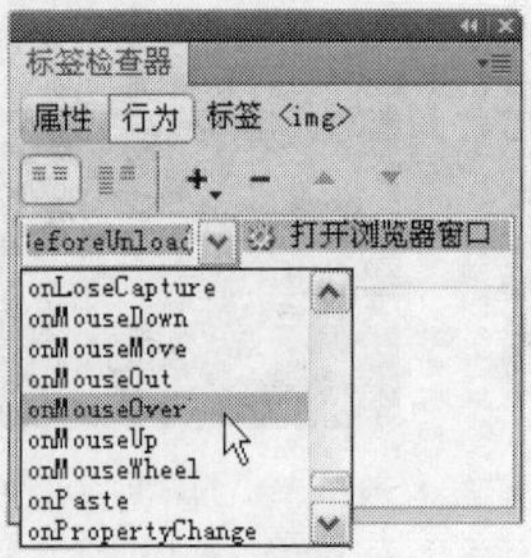

图 11-30

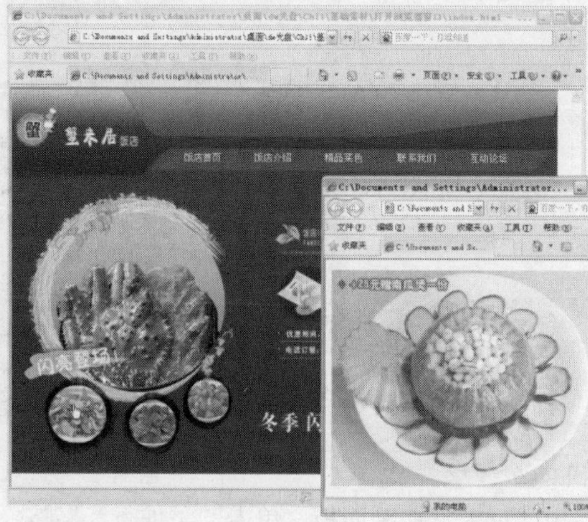

图 11-31

11.2.4 转到 URL

“转到 URL”动作的功能是在当前窗口或指定的框架中打开一个新页。此操作尤其适用于通过一次单击操作更改两个或多个框架的内容。

使用“转到 URL”动作的具体操作步骤如下。

（1）选择一个网页元素对象并启用“行为”控制面板。

（2）单击“添加行为”按钮，并从弹出的菜单中选择“转到 URL”动作，弹出“转到 URL”对话框，如图 11-32 所示。在对话框中根据需要设置相应选项，单击“确定”按钮完成设置。

图 11-32

对话框中各选项的作用如下。

“打开在”选项：列表自动列出当前框架集中所有框架的名称以及主窗口。如果没有任何框架，则主窗口是唯一的选项。

“URL”选项：单击“浏览”按钮选择要打开的文档，或输入网页文件的地址。

（3）如果不是默认事件，则单击该事件，会出现箭头按钮，单击按钮，弹出包含全部事件的事件列表，用户可根据需要选择相应的事件。

（4）按<F12>键浏览网页。

11.2.5　播放声音

“播放声音”动作的功能是在完全加载网页后播放声音或当鼠标指针对某个网页元素操作时播放声音。

使用“播放声音”动作的具体操作步骤如下。

（1）选择一个网页元素对象并启用“行为”控制面板。

（2）在“行为”控制面板中单击“添加行为”按钮，并从弹出的菜单中选择“建议不再使用 > 播放声音”动作，弹出“播放声音”对话框，如图 11-33 所示。在对话框的“播放声音”选项中设置声音文件的路径和文件名，单击“确定”按钮完成设置。

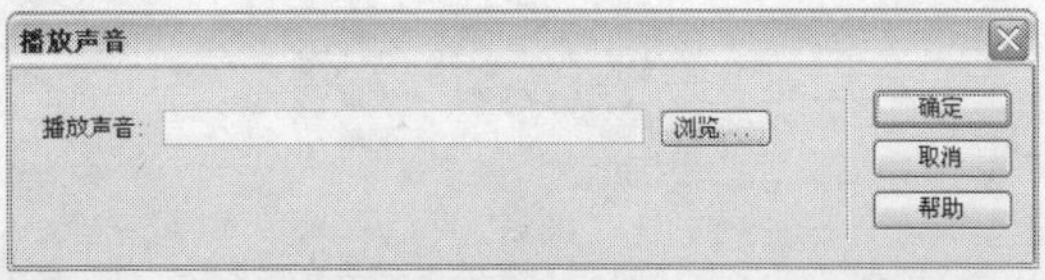

图 11-33

（3）如果不是默认事件，则单击该事件，会出现箭头按钮，单击按钮，弹出包含全部事件的事件列表，用户可根据需要选择相应的事件。

（4）按<F12>键浏览网页。

11.2.6　课堂案例——魅力前沿

案例学习目标：使用行为设置浏览器并设置图像的预先载入效果。

案例知识要点：应用行为设置浏览器并设置图像的预先载入，如图 11-34 所示。

效果所在位置：光盘/Ch11/效果/魅力前沿/index.html。

图 11-34

1. 显示合适的网页文档

Step 01　选择“文件 > 打开”命令，在弹出的对话框中选择“Ch11 > 素材 > 魅力前沿 > index.html”文件，单击“打开”按钮，如图 11-35 所示。

Step 02　单击窗口下方“标签选择器”中的<body>标签，如图 11-36 所示，选择整个网页文档，效果如图 11-37 所示。

图 11-35

图 11-36

图 11-37

Step 03 选择“窗口 > 行为”命令，弹出“行为”控制面板，单击控制面板中的“添加行为”按钮 +，在弹出的菜单中选择“~建议不再使用 > 检查浏览器”命令，弹出“检查浏览器”对话框。

Step 04 单击“URL”选项右侧的“浏览”按钮，弹出“选择文件”对话框，选择在光盘目录下的“Ch11 > 素材 > 魅力前沿 > explorer.html”文件，单击“确定”按钮，当浏览器为 IE 时，则显示此网页文档，如图 11-38 所示。

Step 05 单击“代替 URL”选项右侧的“浏览”按钮，弹出“选择文件”对话框，选择在光盘目录下的“Ch11 > 素材 > 魅力前沿 > netscape.html”文件，单击“确定”按钮，当浏览器为 Netscape 时，则显示此网页文档，如图 11-39 所示。

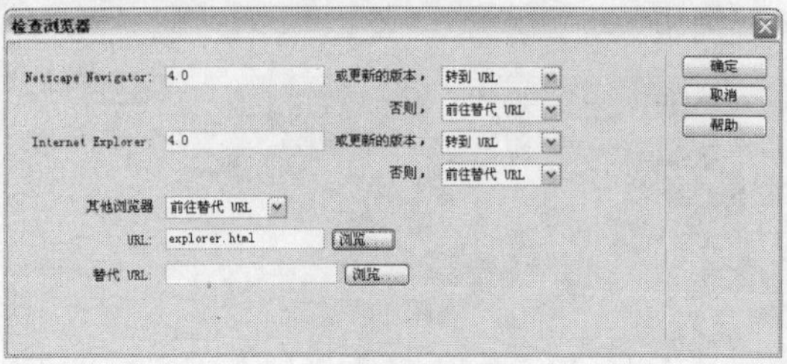

图 11-38

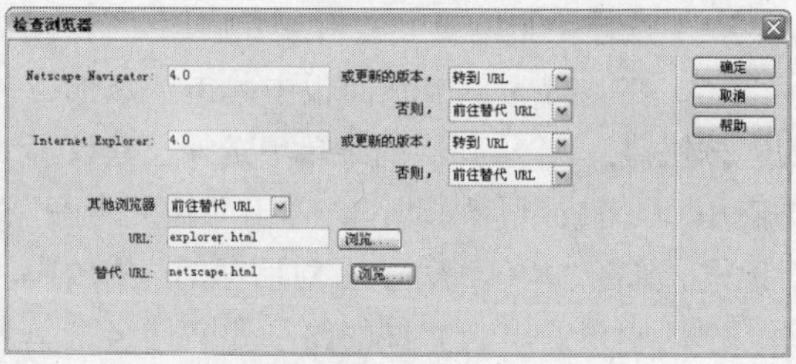

图 11-39

Step 06 在“或更新的版本，”选项右侧的下拉列表中选择“前往替代 URL”，当访问者的浏览器为 Netscape 时，跳转到 Netscape 专用页面文档，在“其他浏览器”选项右侧的下拉列表中选择“留在此页”，当访问者的浏览器为其他种类时，当前的网页文档为“index.html”，如图 11-40 所示，单击“确定”按钮，“行为”控制面板中如图 11-41 所示。

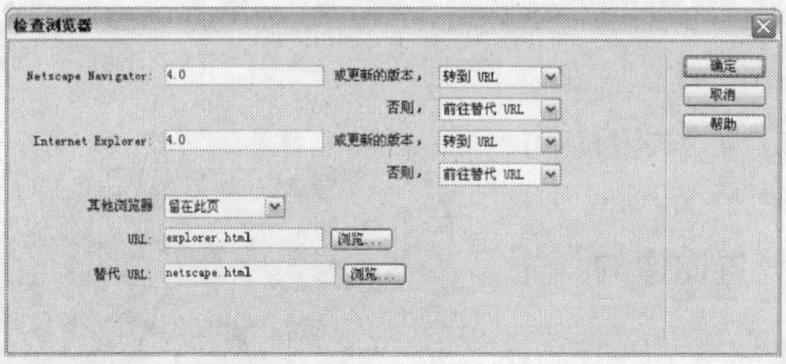

图 11-40

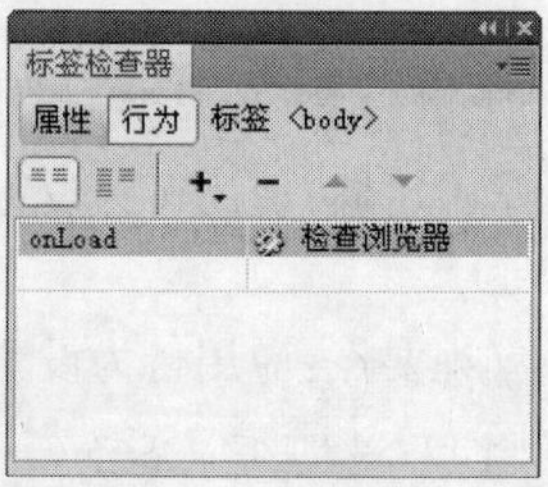

图 11-41

Step 07 保存文档，按<F12>键预览效果。如果 IE 被指定为默认浏览器，则显示如图 11-42 所示的 IE 专用页面。

Step 08 如果 Netscape 被指定为默认浏览器，则显示如图 11-43 所示的 Netscape 专用页面。

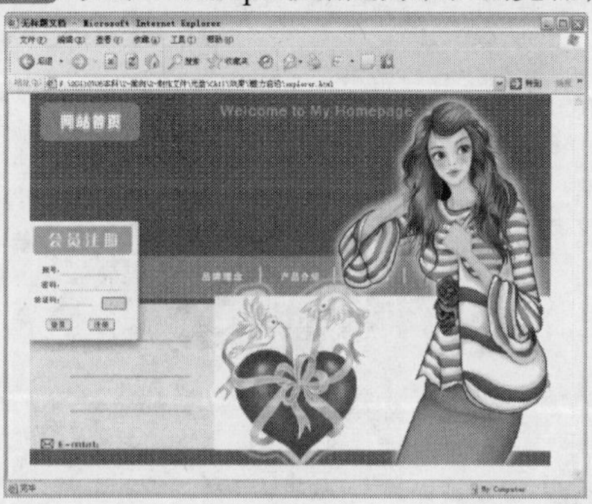

图 11-42

图 11-43

2．加载大容量图像

Step 01 单击窗口下方“标签选择器”中的<body>标签，选择整个网页文档，效果如图 11-44 所示。

图 11-44

Step 02 单击控制面板中的“添加行为”按钮 +，在弹出的菜单中选择“预先载入图像”命令，弹出“预先载入图像”对话框，单击“图像源文件”选项右侧的“浏览”按钮，弹出“选择图像源文件”对话框，在光盘目录下的“Ch11 > 素材 > 魅力前沿 > images”文件夹中选择图片“02.jpg”，如图 11-45 所示，单击“确定”按钮，返回到“预先载入图像”对话框中，如图 11-46 所示。

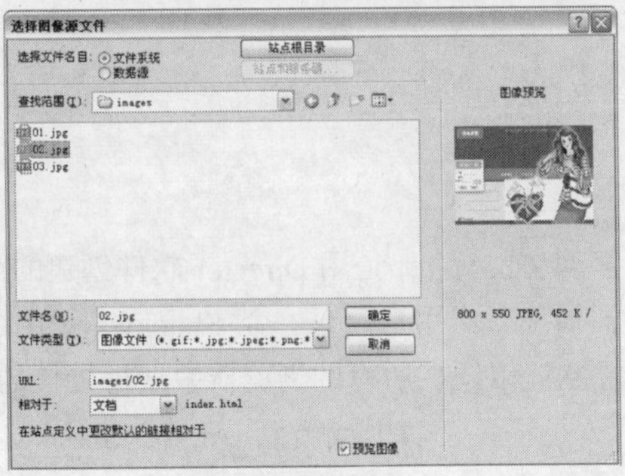

图 11-45

图 11-46

Step 03 单击对话框上方的“加号”按钮 +，添加图像，再次单击“图像源文件”选项右侧的“浏览”按钮，弹出“选择图像源文件”对话框，在光盘目录下的“Ch11 > 素材 > 魅力前沿 > images”文件夹中选择“03.jpg”文件，如图 11-47 所示，单击“确定”按钮，返回到“预先载入图像”对话框中，如图 11-48 所示，单击“确定”按钮，“行为”控制面板中如图 11-49 所示。

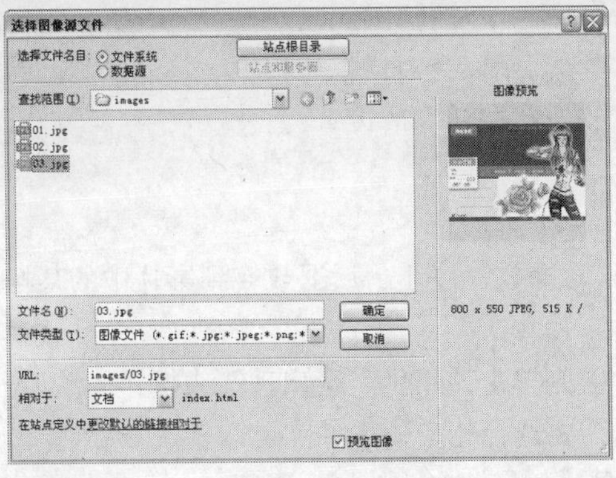

图 11-47

图 11-48

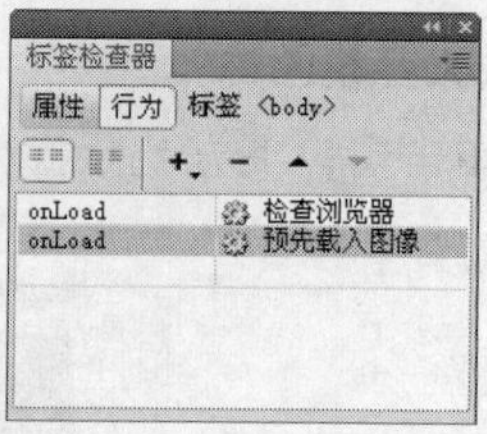

图 11-49

Step 04 在“行为”控制面板中添加“预选载入图像”行为后，单击“增加事件值”按钮▲，把该行为移到上部使之在浏览器中先运行，效果如图 11-50 所示。

Step 05 保存文档，按<F12>键预览效果，如图 11-51 所示。

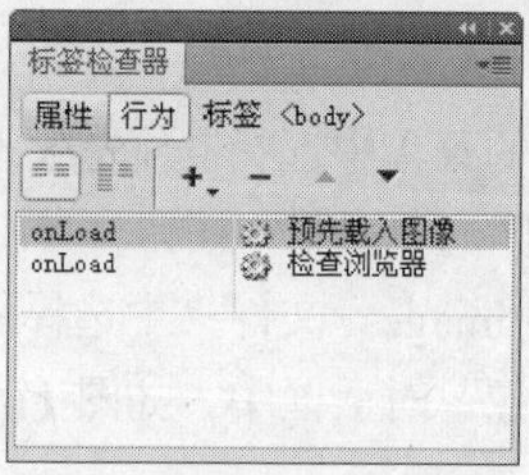

图 11-50

图 11-51

11.2.7 控制 Shockwave 或 Flash

Shockwave 电影是 Adobe 公司开发的网上交互多媒体的标准，是用 Director 软件创建的交互式多媒体文件，能够快速地下载并能被大多流行浏览器播放。当用户插入一个 Shockwave 电影时，Dreamweaver CS4 将同时使用 object 标签和 embed 标签，以便在所有的浏览器中获得最佳的效果。

“控制 Shockwave 或 Flash”动作的功能是播放、停止、后退或转到 Adobe Shockwave 或 Adobe Flash SWF 文件中的帧。

使用“控制 Shockwave 或 Flash”动作的具体操作步骤如下。

（1）选择一个 Flash 对象或 Shockwave 对象并启用“行为”控制面板。

（2）在“行为”控制面板中单击“添加行为”按钮+，并从弹出的菜单中选择“建议不再使用 > 控制 Shockwave 或 Flash”动作，弹出“控制 Shockwave 或 SWF”对话框，如图 11-52 所示。在对话框中根据需要设置相应选项，单击“确定”按钮完成设置。

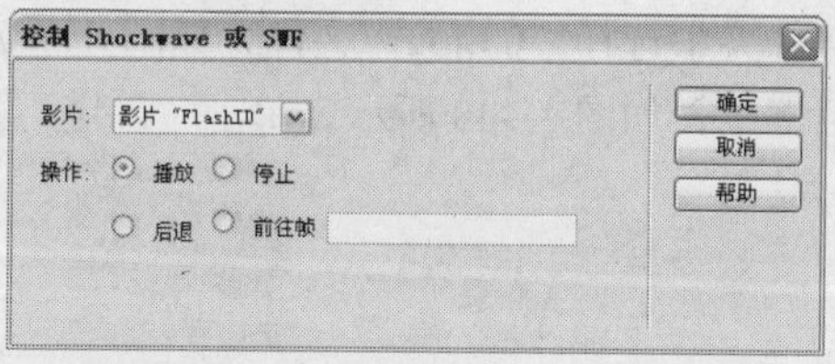

图 11-52

对话框中各选项的作用如下。

“影片”选项：用于选择一个影片。

“操作”选项组：设置是否播放、停止、后退或转到影片中的某帧。若选择“播放”单选项，则从动作发生的帧开始播放影片。

（3）如果不是默认事件，则单击该事件，会出现箭头按钮，单击按钮，弹出包含全部事件的事件列表，用户可根据需要选择相应的事件。

（4）按<F12>键浏览网页。

11.2.8　检查浏览器

“检查浏览器”动作的功能是根据访问者浏览器类型和版本的不同将它们转到不同的页。例如，使用 IE 4.0 浏览器浏览的用户访问一个网页，使用 Netscape Navigator 4.0 浏览器浏览的用户访问另一个网页。

使用“检查浏览器”动作的具体操作步骤如下。

（1）选择一个网页元素对象并启用“行为”控制面板。

（2）在“行为”控制面板中单击“添加行为”按钮 +，并从弹出的菜单中选择“建议不再使用 >检查浏览器”动作，弹出“检查浏览器”对话框，如图 11-53 所示。在对话框中根据需要设置相应选项，单击“确定”按钮完成设置。

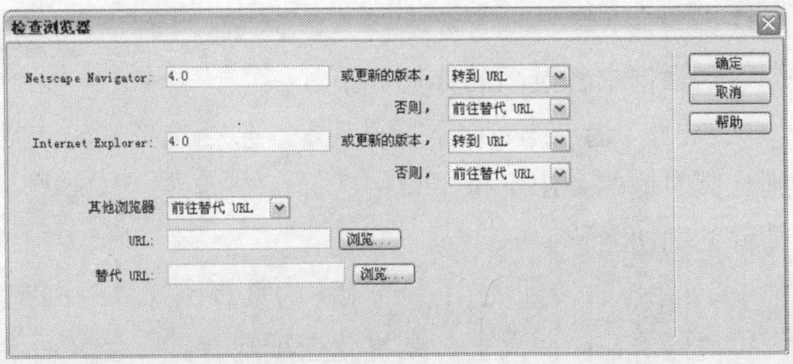

图 11-53

对话框中各选项的作用如下。

“Netscape Navigator”选项组：设置一个 Netscape Navigator 版本。在相邻的弹出菜单中选择选项，用以设置如果客户浏览器是 Netscape Navigator 版本或更高版本时应该进行的操作，如果是其他情况时应该进行的操作，其选项包括“转到 URL”、“前往替代 URL”和“留在此页”。

“Internet Explorer”选项组：设置一个 Internet Explorer 版本。在相邻的弹出菜单中选择选项，用以设置如果客户浏览器是 Internet Explorer 版本或更高版本时应该进行的操作，如果是其他情况时应该进行的操作，其选项值包括“转到 URL”、“前往替代 URL”和“留在此页”。

“其他浏览器”选项：设置如果浏览器既不是 Netscape Navigator 也不是 Internet Explorer 时应该进行的操作。当用户使用 Netscape Navigator 和 Internet Explorer 之外的浏览器时，选择“留在此页”选项。

“URL”选项：设置一个网页地址，当浏览器检查正确时跳转到该网页。

“替代 URL”选项：设置一个网页地址，当浏览器检查不正确时跳转到该网页。

（3）如果不是默认事件，则单击该事件，会出现箭头按钮 ⌄，单击 ⌄ 按钮，弹出包含全部事件的事件列表，用户可根据需要选择相应的事件。

（4）按<F12>键浏览网页。

> **提示：** 当浏览者访问使用“检查浏览器”行为的网页时，若浏览者的浏览器已关闭 JavaScript 功能，在不合要求的浏览器上仍可以访问该网页时，则可通过以下两种方法实现。将此行为附加到任何浏览器都兼容的网页的<body>标签，或将此行为附加到一个空链接（<a href="javascript:;">）并让该动作根据访问者浏览器的类型和版本确定链接的目标。

11.2.9　检查插件

“检查插件”动作的功能是根据用户是否安装了指定的插件这一情况，将它们转到不同的页。

使用“检查插件”动作的具体操作步骤如下。

（1）选择一个网页元素对象并启用“行为”控制面板。

（2）在“行为”控制面板中单击“添加行为”按钮，并从弹出的菜单中选择“检查插件”动作，弹出“检查插件”对话框，如图 11-54 所示。在对话框中根据需要设置相应选项，单击“确定”按钮完成设置。

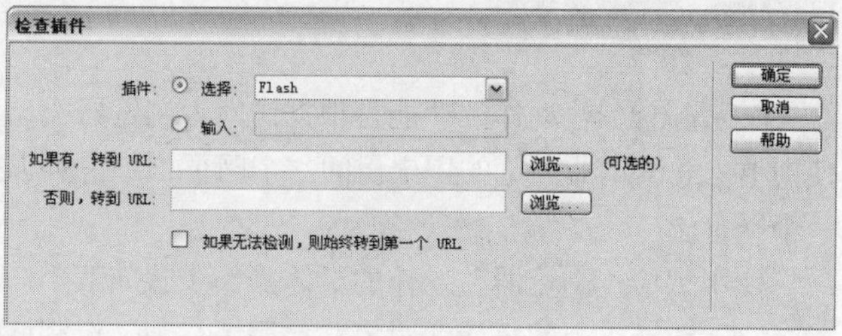

图 11-54

对话框中各选项的作用如下。

“插件”选项组：设置插件对象，包括选择和输入插件名称两种方式。若选择“选择”单选项，则从其右侧的弹出下拉菜单中选择一个插件。若选择“输入”单选项，则在其右侧的文本框中输入插件的确切名称。

“如果有，转到 URL”选项：为具有该插件的浏览者指定一个网页地址。若要让具有该插件的浏览者停留在同一页上，则将此选项空着。

“否则，转到 URL”选项：为不具有该插件的浏览者指定一个替代网页地址。若要让具有和不具有该插件的浏览者停留在同一网页上，则将此选项空着。在 Windows 上的 IE 浏览器检测不到大多数插件。默认情况下，当不能实现检测时，浏览者被发送到“否则，转到 URL”文本框中列出的 URL。

“如果无法检测，则始终转到第一个 URL”选项：当不能实现检测时，想让浏览者被发送到“如果有，转到 URL”选项指定的网页，则选择此复选框。通常，若插件内容对于用户的网页而言是不必要的，则保留此复选框的未选中状态。

（3）如果不是默认事件，则单击该事件，会出现箭头按钮，单击按钮，弹出包含全部事件的事件列表，用户可根据需要选择相应的事件。

（4）按<F12>键浏览网页。

11.2.10 检查表单

“检查表单”动作的功能是检查指定文本域的内容以确保用户输入了正确的数据类型。若使用 onBlur 事件将“检查表单”动作分别附加到各文本域，则在用户填写表单时对域进行检查。若使用 onSubmit 事件将“检查表单”动作附加到表单，则在用户单击“提交”按钮时，同时对多个文本域进行检查。将“检查表单”动作附加到表单，能防止将表单中任何指定文本域内的无效数据提交到服务器。

使用“检查表单”动作的操作步骤如下。

（1）选择文档窗口下部的表单<form>标签，启用“行为”控制面板。

（2）在“行为”控制面板中单击“添加行为”按钮，并从弹出的菜单中选择“检查表单”动作，弹出“检查表单”对话框，如图 11-55 所示。

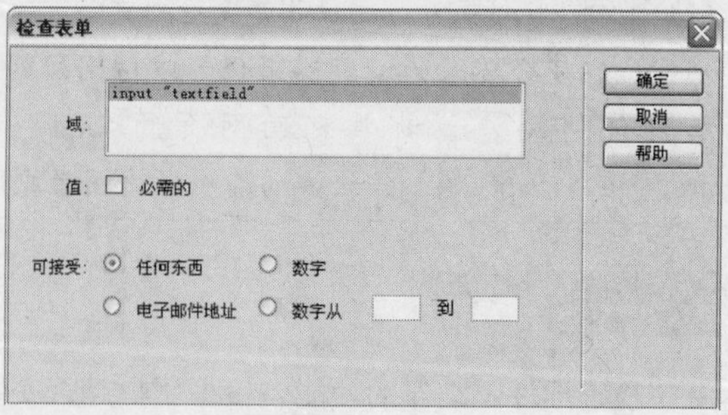

图 11-55

对话框中各选项的作用如下。

“域”选项：在列表框中选择表单内需要进行检查的其他对象。

“值”选项：设置在“域”选项中选择的表单对象的值是否在用户浏览表单时必须设置。

“可接受”选项组：设置“域”选项中选择的表单对象允许接受的值。允许接受的值包含以下几种类型。

“任何东西”单选项：设置检查的表单对象中可以包含任何特定类型的数据。

“电子邮件地址”单选项：设置检查的表单对象中可以包含一个“@”符号。

“数字”单选项：设置检查的表单对象中只包含数字。

“数字从…到…”单选项：设置检查的表单对象中只包含特定范围内的数字。

在对话框中根据需要设置相应选项，先在“域”选项中选择要检查的表单对象，然后在“值”选项中设置是否必须检查该表单对象，再在“可接受”选项组中设置表单对象允许接受的值，最后单击“确定”按钮完成设置。

（3）如果不是默认事件，则单击该事件，会出现箭头按钮，单击按钮，弹出包含全部事件的事件列表，用户可根据需要选择相应的事件。

（4）按<F12>键浏览网页。

提示：在用户提交表单时，如果要检查多个表单对象，则 onSubmit 事件自动出现在“行为”面板控制的“事件”弹出菜单中。如果要分别检查各个表单对象，则需检查默认事件是否是 onBlur 或 onChange 事件。当用户从要检查的表单对象移开鼠标指针时，这两个事件都触发“检查表单”动作。它们之间的区别是 onBlur 事件不管用户是否在该表单对象中输入内容都会发生，而 onChange 事件只有在用户更改了该表单对象的内容时才发生。检查表单对象时，最好使用 onBlur 事件。

11.2.11　设置导航栏图像

“设置导航栏图像”动作的功能是将某个图像设置为导航栏图像，当单击导航栏按钮时显示的 URL 所指网页。

使用“设置导航栏图像”动作的具体操作步骤如下。

（1）在文档窗口选择图像并启用“行为”控制面板。

（2）在“行为”控制面板中单击“添加行为”按钮，并从弹出的菜单中选择“设置导航栏图像”动作，弹出“设置导航栏图像”对话框，如图 11-56 所示。

对话框中各选项的作用如下。

“基本”选项卡的内容如图 11-56 所示，主要设置图像编辑选项。

“项目名称”选项：设置导航栏项目的唯一名称。

“状态图像”选项：必选项，设置最初显示的图像。可在文本框中输入图像文件名，也可单击文本框右侧“浏览”按钮选择相应的图像文件。

“鼠标经过图像”选项：设置当一般图像显示时如果用户鼠标指针滑过项目所显示的图像。可在文本框中输入图像文件名，也可单击“浏览”按钮选择相应的图像文件。

“按下图像”选项：设置用户单击项目后显示的图像。可在文本框中输入图像文件名，也可单击文本框右侧“浏览”按钮选择相应的图像文件。

“按下时鼠标经过图像”选项：设置当用户将鼠标指针滑过并按下图像时所显示的图像。可在文本框中输入图像文件名，也可单击文本框右侧“浏览”按钮选择相应的图像文件。

“替换文本”选项：输入项目的描述性文字。在纯文本浏览器或设为手动下载图像的浏览器中，替代文本出现在应显示图像的位置。

“按下时，前往的 URL”选项：设置要打开的链接文件。可在文本框中输入跳转的 URL 地址，也可单击文本框右侧“浏览”按钮选择相应的文件。

“选项”选项组：用以提高图像的显示速度。包括“预先载入图像”和“初始时显示‘鼠标按下图像’”两个复选框。若选择“预先载入图像”复选框，则可提高图像的显示速度；若选择“初始时显示‘鼠标按下图像’”复选框，则当页面加载时，默认显示“按下图像”中设置的图像。

“高级”选项卡的内容如图 11-57 所示，主要用来为某个导航栏按钮设置多个图像。

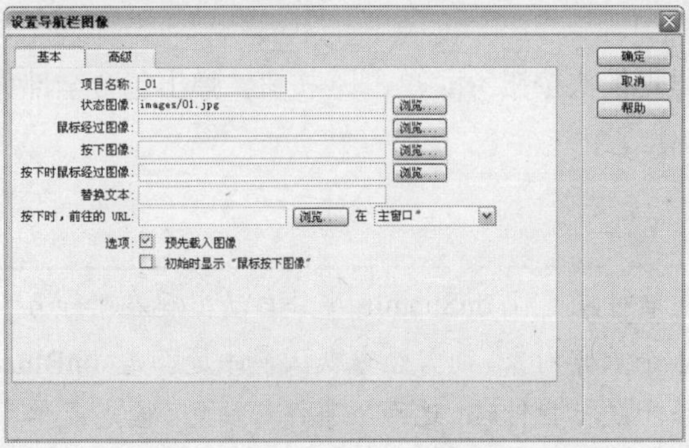

图 12-56

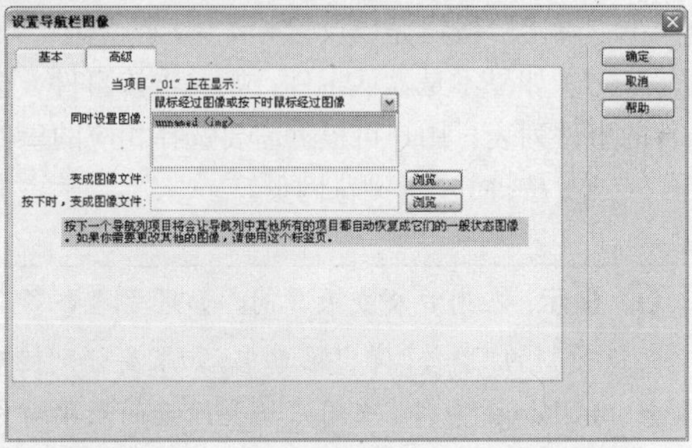

图 12-57

“当项目‘XXX’正在显示”选项：在下拉列表中选择设置当图像翻转时文档中其他图像（在“同时设置图像”列表中）的对应翻转图像。包括“点击图像”和“鼠标经过图像或按下时鼠标经过图像”两个选项。

“点击图像”选项：若在一个用户单击了所选的图像之后要显示为另一个图像，则选择该选项。

“鼠标经过图像或按下时鼠标经过图像”选项：若在鼠标指针滑过所选的图像时显示为另一个图像，则选择该选项。

“同时设置图像”选项：在列表选项中，选择页面上要设置的另一个图像。

“变成图像文件”选项：设置图像按钮要显示的图像文件。

“按下时，变成图像文件”选项：设置鼠标指针滑过图像按钮时显示的图像文件。

在对话框中根据需要设置相应选项，在“基本”选项卡中设置图像编辑选项，在“高级”选项卡中为导航条按钮设置多个图像，单击“确定”按钮完成设置。

（3）如果不是默认事件，则单击该事件，会出现箭头按钮▾，单击▾按钮，弹出包含全部事件的事件列表，用户可根据需要选择相应的事件。

（4）按<F12>键浏览网页。

11.2.12 交换图像

“交换图像”动作通过更改<img>标签的 src 属性将一个图像和另一个图像进行交换。“交换图像”动作主要用于创建当鼠标指针经过时产生动态变化的按钮。

使用“交换图像”行为的具体操作步骤如下。

（1）若文档中没有图像，则选择“插入 > 图像”命令或单击“插入”面板“常用”选项卡中的“图像”按钮 来插入一个图像。若当鼠标指针经过一个图像要使多个图像同时变换成相同的图像时，则需要插入多个图像。

（2）选择一个将交换的图像对象，并启用“行为”控制面板。

（3）在“行为”控制面板中单击“添加行为”按钮 ，并从弹出的菜单中选择“交换图像”动作，弹出“交换图像”对话框，如图 11-58 所示。

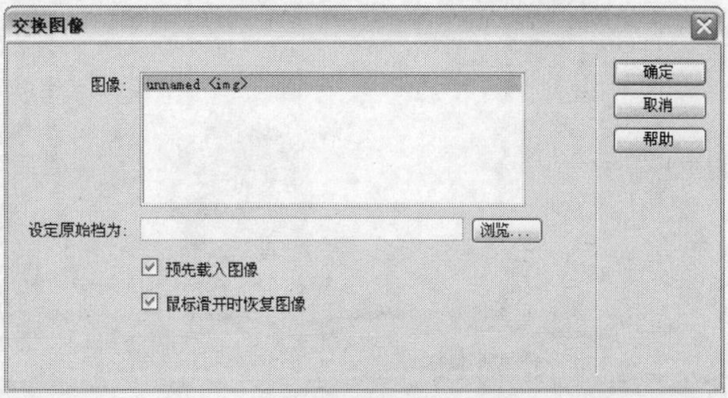

图 11-58

在对话框中各选项的作用如下。

“图像”选项：选择要更改其源的图像。

“设定原始档为”复选框：输入新图像的路径和文件名或单击“浏览”按钮选择新图像文件。

“预先载入图像”选项：设置是否在载入网页时将新图像载入到浏览器的缓存中。若选择此复选框，则防止由于下载而导致图像出现的延迟。

“鼠标滑开时恢复图像”复选框：设置是否在鼠标指针滑开时恢复图像。若选择此复选框，则会自动添加“恢复交换图像”动作，将最后一组交换的图像恢复为它们以前的源文件，这样，就会出现连续的动态效果。

根据需要从“图像”选项框中，选择要更改其源的图像；在“设定原始档为”文本框中输入新图像的路径和文件名或单击“浏览”按钮选择新图像文件；选择“预先载入图像”和“鼠标滑开时恢复图像”复选框，然后单击“确定”按钮完成设置。

（4）如果不是默认事件，则单击该事件，会出现箭头按钮 ，单击 按钮，弹出包含全部事件的事件列表，用户可根据需要选择相应的事件。

（5）按<F12>键浏览网页。

提示：因为只有 src 属性受此动作的影响，所以用户应该换入一个与原图像具有相同高度和宽度的图像。否则，换入的图像显示时会被压缩或扩展，以使其适应原图像的尺寸。

11.2.13　课堂案例——游戏网页

案例学习目标：使用“行为”面板制作可移动的层。

案例知识要点：使用“绘制 AP Div”按钮绘制层，使用“图像”按钮为层插入图像，使用“拖动 AP 元素”制作组合“西瓜人”效果，如图 11-59 所示。

图 11-59

效果所在位置：光盘/Ch11/效果/游戏网页/index.html。

1．绘制层并插入图像

Step 01 选择“文件 > 打开”命令，在弹出的菜单中选择“Ch11 > 素材 > 游戏网页 > index.html”文件，单击“打开”按钮，打开文件，如图 11-60 所示。

Step 02 单击“插入”面板中“布局”选项卡的“绘制 AP Div”按钮，在页面左侧拖动鼠标绘制出一个矩形层，如图 11-61 所示。

图 11-60

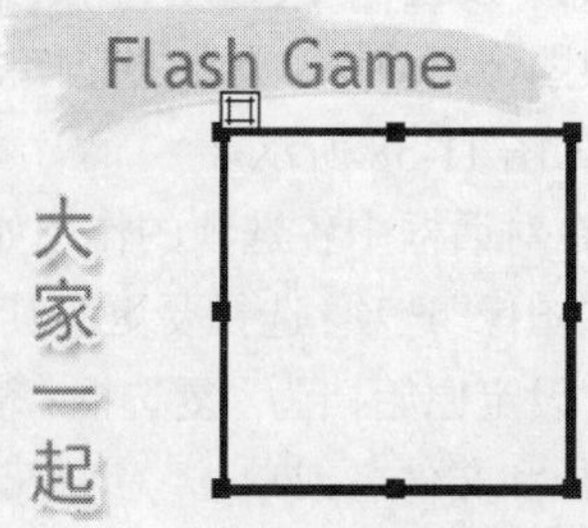

图 11-61

Step 03 将光标置入到层内，单击“插入”面板中“常用”选项卡的“图像”按钮，在弹出的“选择图像源文件”对话框中选择光盘目录下“Ch11 > 素材 > 游戏网页> images”文件夹中的“ing_03.jpg”，如图 11-62 所示，单击“确定”按钮完成图片的插入，效果如图 11-63 所示。

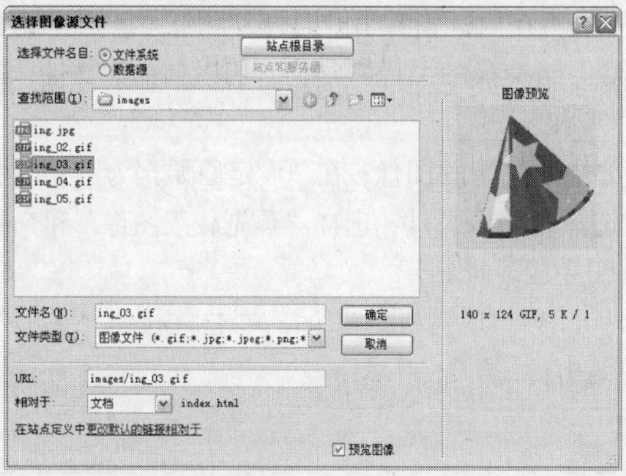

图 11-62

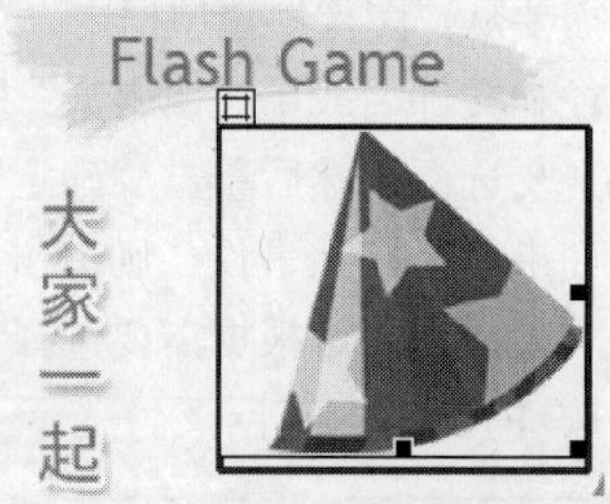

图 11-63

Step 04 按住< Ctrl>键的同时，在界面中再绘制 3 个层，分别将图像“ing_02.gif”、“ing_04.gif”、“ing_05.gif”插入到层中，效果如图 11-64 所示。

Step 05 分别选择层，将其移动到“西瓜”图像适当的位置组合成“西瓜人”效果，如图 11-65 所示。

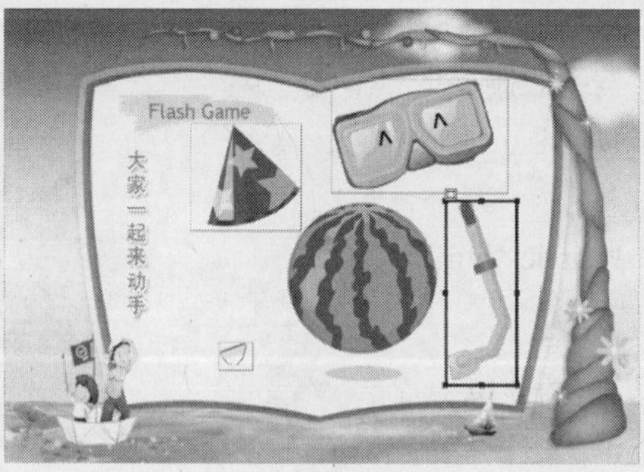

图 11-64

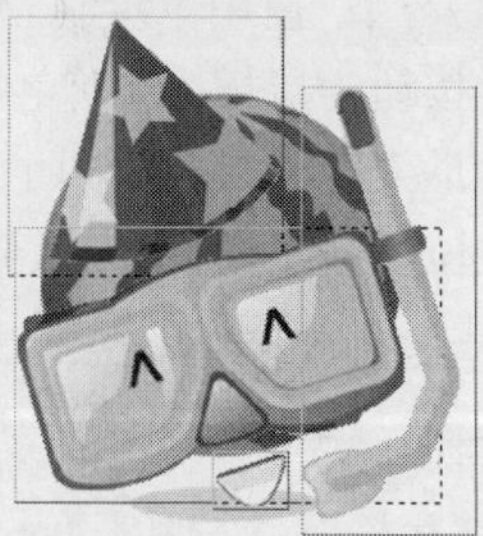

图 11-65

Step 06 保存文档，按<F12>键预览效果，如图 11-66 所示。

2. 在浏览器中组合“西瓜人”

Step 01 返回到 Dreamweaver 界面中，分别选中层，将其拖曳到适当的位置，如图 11-67 所示。

图 11-66

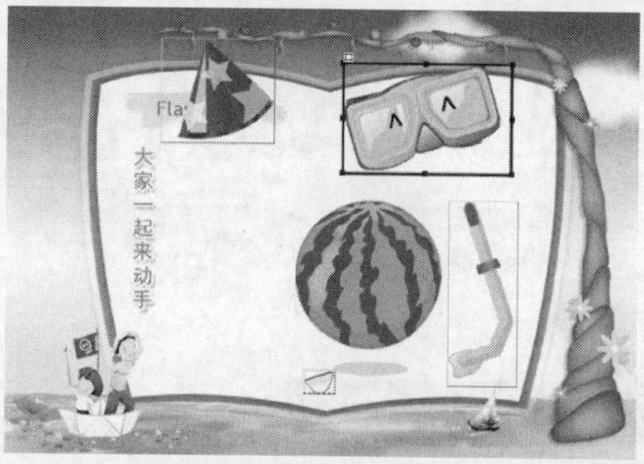

图 11-67

Step 02 选择“窗口 > 行为”命令，弹出“行为”面板，单击面板中的“添加行为”按钮 +，在弹出的菜单中选择“拖动 AP 元素”命令，弹出“拖动 AP 元素”对话框。

Step 03 在“AP 元素”选项右侧下拉列表中选择“div "apDiv1"”，“移动”选项右侧下拉列表中选择“不限制”，单击“取得目前位置”按钮，“靠齐距离”选项自动显示为 50，如图 11-68 所示，单击“确定”按钮。

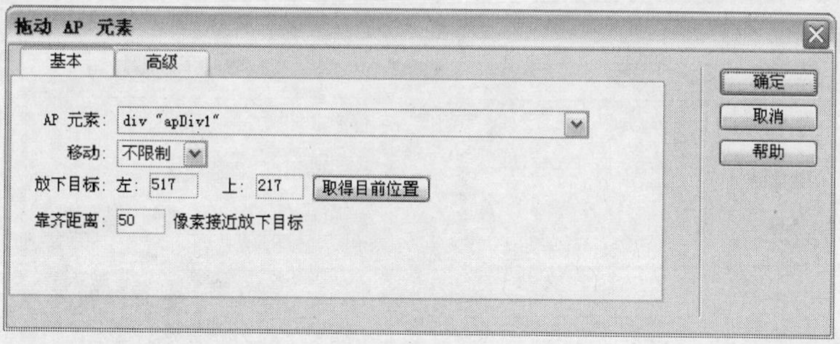

图 11-68

Step 04 “行为”面板显示“onLoad”事件，如图 11-69 所示，在面板中单击“事件”中的下拉按钮，选择“onMouseOver”事件，如图 11-70 所示。

Step 05 使用相同的方法，为其他层添加行为，“行为”面板如图 11-71 所示。

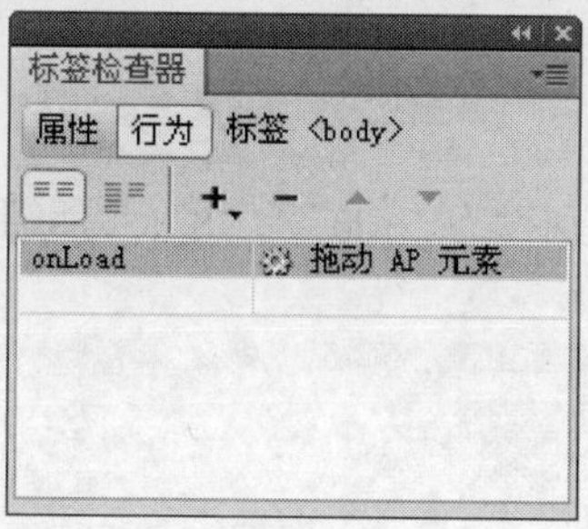

图 11-69

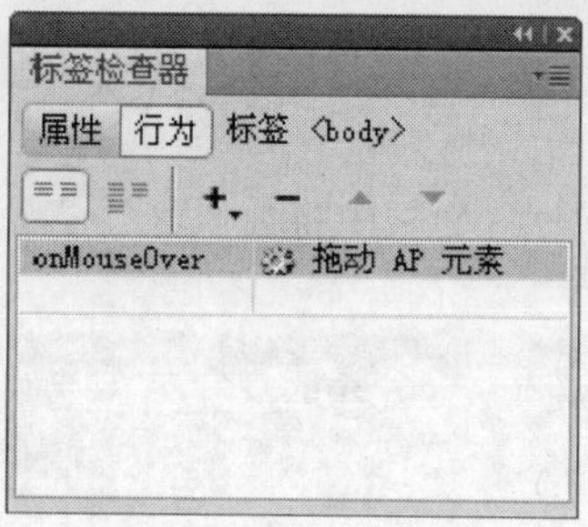

图 11-70

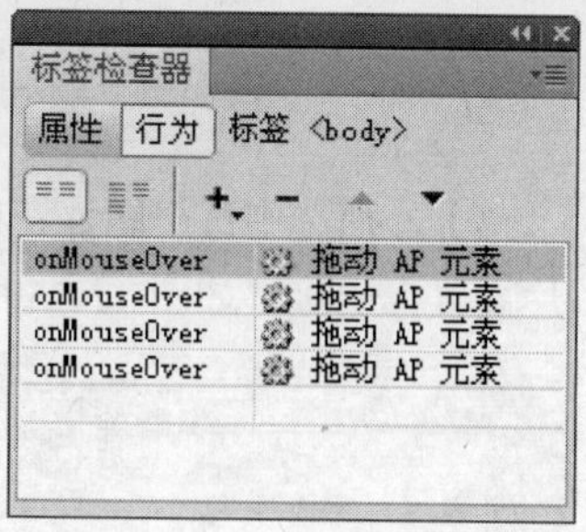

图 11-71

Step 06 保存文档，按“F12”键预览效果，如图 11-72 所示。拖动图像组合成“西瓜人”，如图 11-73 所示。

图 11-72

图 11-73

11.2.14 显示隐藏元素

“显示-隐藏元素”动作的功能是显示、隐藏或恢复一个或多个元素的默认可见性。利用此动作可制作下拉菜单等特殊效果。

使用“显示-隐藏元素”动作的具体操作步骤如下。

（1）新建一个空白页面。

（2）在页面中插入一个 1 列 3 行的表格，将插入点放在单元格中。单击“插入”面板“常用”选项卡中的“图像”按钮，弹出如图 11-74 所示的“选择图像源文件”对话框，然后在每个单元格中插入一幅图片。

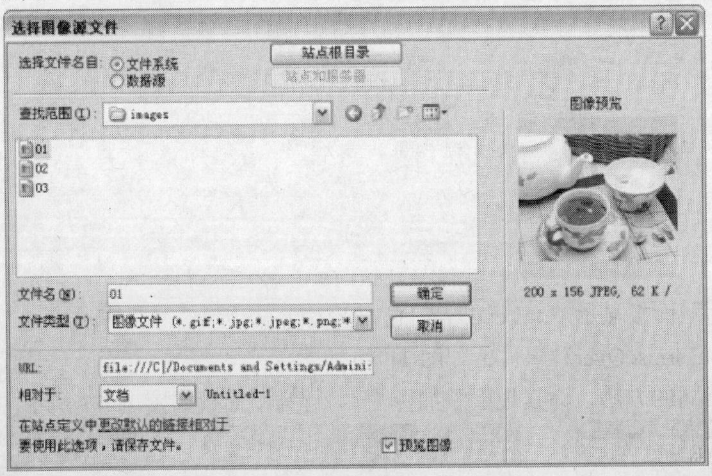

图 11-74

（3）分别选中每个图片，在“属性”面板中将其“宽”、“高”分别设为“100”、“78”，为每张图片设置空链接，如图 11-75 所示。

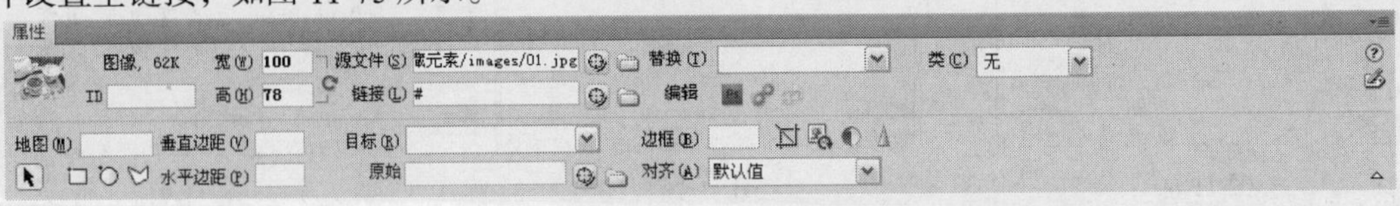

图 11-75

（4）选中表格，在“属性”面板中设置表格的“间距”为“10”，如图 11-76 所示，设置完成后表格及页面效果如图 11-77 所示。

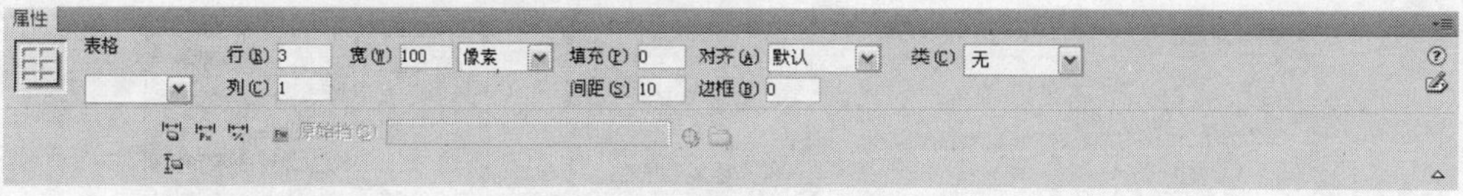

图 11-76

（5）在“插入”面板“布局”选项卡中选择“绘制 AP Div”按钮，在文档窗口右侧创建一个层，并插入第一幅图片的原图像，如图 11-78 所示。

图 11-77

图 11-78

（6）使用相同的方法，在第一个层的位置上再插入 3 个层，然后分别在这 3 个层中插入左侧小图的原图像并调整其位置，如图 11-79 所示。

（7）选择左侧表格中的第一幅图片，在“行为”面板中单击“添加行为”按钮，并从弹出的菜单中选择“显示-隐藏层”动作，弹出“显示-隐藏元素”对话框，如图 11-80 所示。

对话框中各选项的作用如下。

“元素”选项框：显示和选择要更改其可见性的层。

“显示”按钮：单击此按钮以显示在“元素”选项中选择的层。

“隐藏”按钮：单击此按钮以隐藏在“元素”选项中选择的层。

“默认”按钮：单击此按钮以恢复层的默认可见性。

图 11-79

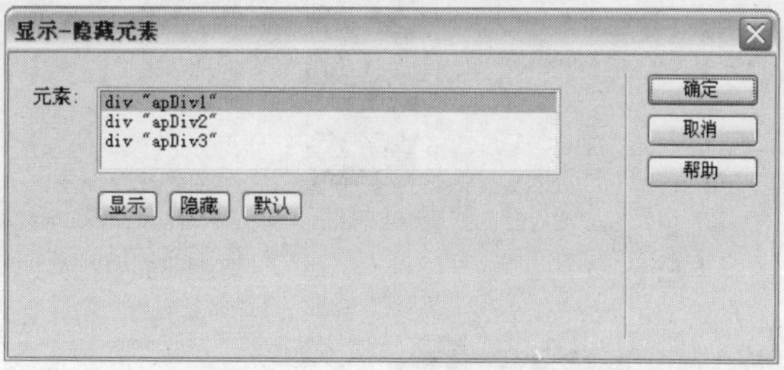

图 11-80

（8）选择第一幅图片的大图所在的层，单击“显示”按钮，然后分别选择其他不显示的层并单击“隐藏”按钮将它们设为隐藏状态，如图 11-81 所示。

（9）单击“确定”按钮后，在“行为”控制面板中即可显示“显示-隐藏元素”行为“onClick”事件，如图 11-82 所示。

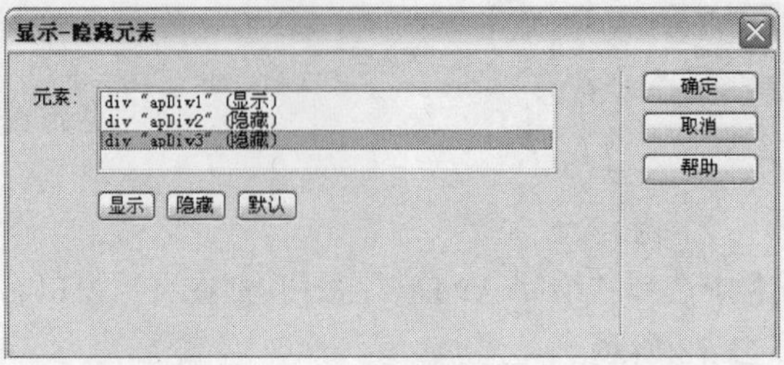

图 11-81

图 11-82

（10）重复步骤（7）~（9），将左侧小图片对应的大图片所在的层设置为“显示”，而将其他层“隐藏”，并设置其行为事件。

（11）为了在预览网页时显示基本图片，可选定<body>标记，如图 11-83 所示。

（12）在“行为”控制面板中打开“显示-隐藏元素”对话框，将“apDiv1”层指定为显示状态，将其他层隐藏，如图 11-84 所示，单击“确定”按钮完成设置。

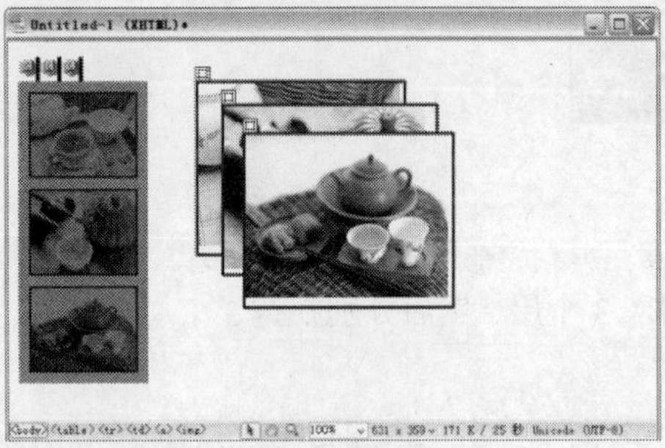

图 11-83

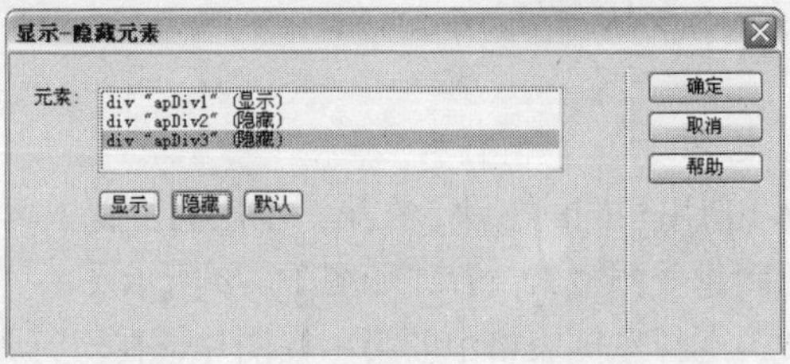

图 11-84

（13）在“行为”控制面板中的事件为“onload”，如图 11-85 所示。

（14）按<F12>键，可预览效果，这时，在浏览器中会显示“apDiv1”层的图片，如图 11-86 所示。单击其他小图片则可显示相应的大图片，如图 11-87 所示。

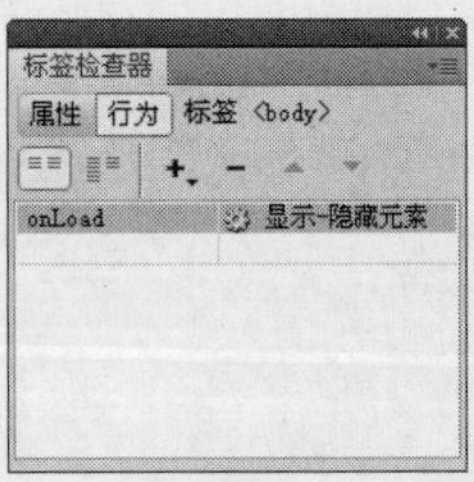

图 11-85

图 11-86

图 11-87

11.2.15 拖动 AP 元素

“拖动 AP 元素”动作的功能是允许访问者的拖曳层操作，使用此动作可以创建拼板游戏、滑块控件和其他可移动的界面元素。此动作可以指定浏览者拖曳层的方向（水平、垂直或任意方向），将层拖曳到的目标，层在距目标一定数目的像素范围内是否靠齐到目标，当层接触到目标时应该选择的操作等。

使用“拖动 AP 元素”动作的具体操作步骤如下。

（1）在“行为”控制面板中单击“添加行为”按钮，并从弹出的菜单中选择“拖动 AP 元素”动作，弹出“拖动 AP 元素”对话框。

“基本”选项卡各选项如下。

“AP 元素”选项：选择可拖曳的层。

“移动”选项：包括“限制”和“不限制”两个选项。若选择“限制”选项，则右侧出现限制移动的 4 个文本框，如图 11-88 所示。在“上”、“下”、“左”和“右”文本框中输入值（以像素为单位），以确定限制移动的矩形区域范围。“不限制”选项表示不限制图层的移动，适用于拼板游戏和其他拖放游戏。一般情况下，对于滑块控件和可移动的布景等，如文件抽屉、窗帘和小百叶窗，通常选择限制移动。

“放下目标”选项：设置用户将图层自动放下的位置坐标。

“靠齐距离”选项：设置图层自动靠齐到目标时与目标的最小距离。

“高级”选项卡各选项如下。

“高级”选项卡的内容如图 11-89 所示，主要用于定义层的拖动控制点，在拖动层时跟踪层的移动以及当放下层时触发的动作。

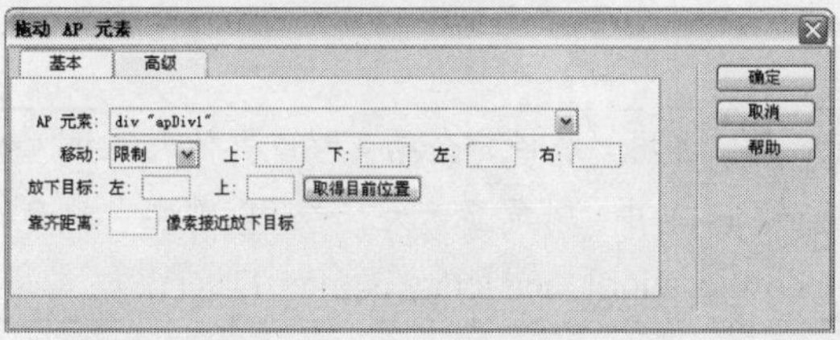

图 11-88

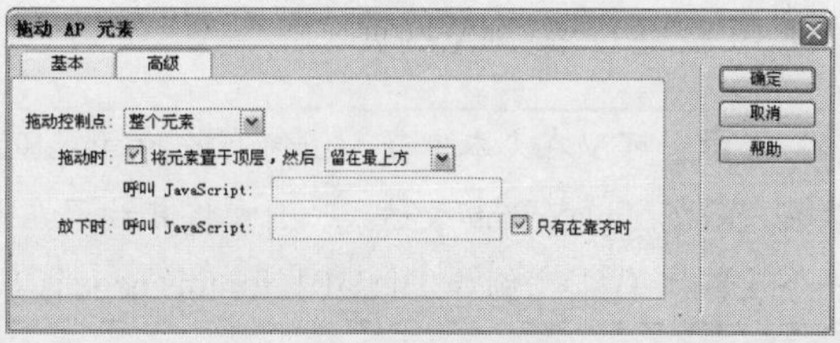

图 11-89

“拖动控制点”选项：设置浏览者是否必须单击层的特定区域才能拖动层。

“拖动时”选项组：设置层拖动后的堆叠顺序。

“呼叫 JavaScript”选项：输入在拖动层时重复选择的 JavaScript 代码或函数名称。

“放下时，呼叫 JavaScript”选项：输入在放下层时重复选择的 JavaScript 代码或函数名称。如果只有在层到达拖曳目标时才选择该 JavaScript，则选择“只有在靠齐时”复选框。

在对话框中根据需要设置相应选项，单击“确定”按钮完成设置。

（2）如果不是默认事件，则单击该事件，会出现箭头按钮，单击按钮，弹出包含全部事件的事件列表，用户可根据需要选择相应的事件。

（3）按<F12>键浏览网页。

提示： 一般将“拖动层”动作与 onLoad 事件相关联并加在 body 对象上。

11.2.16 设置容器的文本

“设置容器的文本”动作的功能是用指定的内容替换网页上现有层的内容和格式。该内容可以包括任何有效的 HTML 源代码。虽然“设置容器的文本”将替换层的内容和格式设置，但保留层的属性，包括颜色。通过在“设置容器的文本”对话框的“新建 HTML”选项的文本框中包括 HTML 标签，可对内容进行格式设置。

使用“设置容器的文本”动作的具体操作步骤如下。

（1）选择“插入”面板“布局”选项卡中的“绘制 AP Div”按钮，在“设计”视图中拖曳出一个图层。

（2）在文档窗口中选择一个对象，如文字、图像、按钮等，并启用“行为”控制面板。

（3）在“行为”控制面板中单击“添加行为”按钮，并从弹出的菜单中选择“设置文本 > 设置容器的文本”动作，弹出“设置容器的文本”对话框，如图 11-90 所示。

图 11-90

对话框中各选项的作用如下。

“容器”选项：选择目标层。

“新建 HTML”选项：输入层内显示的消息或相应的 JavaScript 代码。

在对话框中根据需要选择相应的层，并在“新建 HTML”选项中输入层内显示的消息，单击“确定”按钮完成设置。

（4）如果不是默认事件，则单击该事件，会出现箭头按钮，单击按钮，弹出包含全部事件的事件列表，用户可根据需要选择相应的事件。

（5）按<F12>键浏览网页。

提示：可以在文本中嵌入任何有效的 JavaScript 函数调用、属性、全局变量或其他表达式，但要嵌入一个 JavaScript 表达式，则需将其放置在大括号 ({}) 中。若要显示大括号，则需在它前面加一个反斜杠 (\{})。例如 The URL for this page is {window.location}, and today is {new Date()}..

11.2.17 设置状态栏文本

“设置状态栏文本”动作的功能是设置在浏览器窗口底部左侧的状态栏中显示的消息。访问者常常会忽略或注意不到状态栏中的消息，如果消息非常重要，还是考虑将其显示为弹出式消息或层文本。可以在文本中嵌入任何有效的 JavaScript 函数调用、属性、全局变量或其他表达式。若要嵌入一个 JavaScript 表达式，需将其放置在大括号 ({}) 中。

使用“设置状态栏文本”动作的具体操作步骤如下。

（1）选择一个对象，如文字、图像、按钮等，并启用“行为”控制面板。

（2）在“行为”控制面板中单击“添加行为”按钮，并从弹出的菜单中选择“设置文本 > 设置状态栏文本”动作，弹出“设置状态栏文本”对话框，如图 11-91 所示。对话框中只有一个“消息”选项，其含义是在文本框中输入要在状态栏中显示的消息。消息要简明扼要，否则，浏览器将把溢出的消息截断。

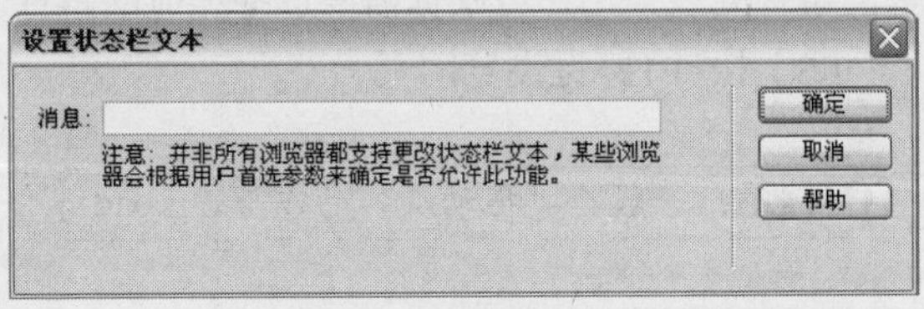

图 11-91

在对话框中根据需要输入状态栏消息或相应的 JavaScript 代码，单击“确定”按钮完成设置。

（3）如果不是默认事件，在“行为”控制面板中单击该动作前的事件列表，选择相应的事件。

（4）按<F12>键浏览网页。

11.2.18　设置文本域文字

“设置文本域文字”动作的功能是用指定的内容替换表单文本域的内容。可以在文本中嵌入任何有效的 JavaScript 函数调用、属性、全局变量或其他表达式。若要嵌入一个 JavaScript 表达式，将其放置在大括号 ({}) 中。若要显示大括号，在它前面加一个反斜杠 (\{})。

使用“设置文本域文字”动作的具体操作步骤如下。

（1）若文档中没有“文本域”对象，则要创建命名的文本域，先选择“插入 > 表单 > 文本域”命令，在表单中创建文本域。

（2）选择文本域并启用“行为”控制面板。

（3）在“行为”控制面板中单击“添加行为”按钮，并从弹出的菜单中选择“设置文本 > 设置文本域文字”动作，弹出“设置文本域文字”对话框，如图 11-92 所示。

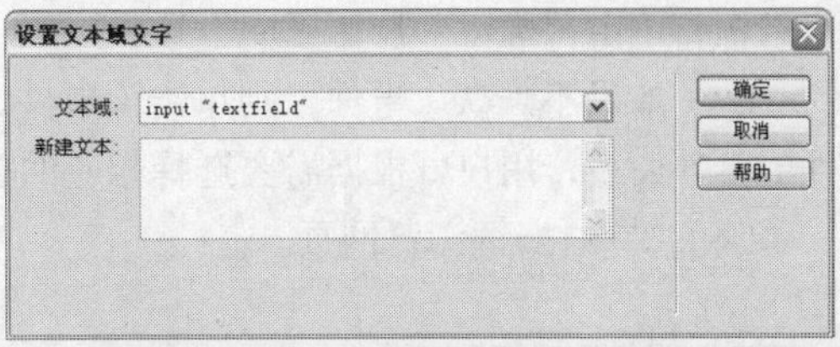

图 11-92

对话框中各选项的作用如下。

“文本域”选项：选择目标文本域。

“新建文本”选项：输入要替换的文本信息或相应的 JavaScript 代码。如要在表单文本域中显示网页的地址和当前日期，则在“新建文本”选项中输入“The URL for this page is {window.location}, and today is {new Date()}.”。

在对话框中根据需要选择相应的文本域，并在“新建文本”选项中输入要替换的文本信息或相应的 JavaScript 代码，单击“确定”按钮完成设置。

（4）如果不是默认事件，则单击该事件，会出现箭头按钮，单击按钮，弹出包含全部事件的事件列表，用户可根据需要选择相应的事件。

（5）按<F12>键浏览网页。

11.2.19　设置框架文本

“设置框架文本”动作的功能是用指定的内容替换框架的内容和格式设置。该内容可以是文本，也可以是嵌入任何有效的放置在大括号 ({}) 中的 JavaScript 表达式，如 JavaScript 函数调用、属性、全局变量或其他表达式。

使用“设置框架文本”动作的具体操作步骤如下。

（1）若网页不包含框架，则选择“修改 > 框架集”命令，在其子菜单中选择一个命令，如“拆分左框架”、“拆分右框架”、“拆分上框架”或“拆分下框架”，创建框架集。

（2）启用“行为”控制面板。在“行为”控制面板中单击“添加行为”按钮，并从弹出的菜单中选择“设置文本 > 设置框架文本”动作，弹出“设置框架文本”对话框，如图 11-93 所示。

图 11-93

对话框中各选项的作用如下。

“框架”选项：在其弹出菜单中选择目标框架。

“新建 HTML”选项：输入替换的文本信息或相应的 JavaScript 代码。如表单文本域中显示网页的地址和当前日期，则在“新建 HTML”选项中输入“The URL for this page is {window.location}, and today is {new Date()}.”。

“获取当前 HTML”按钮：复制当前目标框架的 body 部分的内容。

“保留背景色”复选框：选择此复选框，则保留网页背景和文本的颜色属性，而不替换框架的格式。

在对话框中根据需要，从“框架”选项的弹出菜单中选择目标框架，并在“新建 HTML”选项的文本框中输入消息、要替换的文本信息或相应的 JavaScript 代码，单击“获取当前 HTML”按钮复制当前目标框架的 body 部分的内容。若保留网页背景和文本颜色属性，则选择“保留背景色”复选框，单击“确定”按钮完成设置。

（3）如果不是默认事件，则单击该事件，会出现箭头按钮，单击按钮，弹出包含全部事件的事件列表，用户可根据需要选择相应的事件。

（4）按<F12>键浏览网页。

11.2.20 跳转菜单

当使用“插入 > 表单 > 跳转菜单”命令创建跳转菜单时，Dreamweaver CS4 会创建一个菜单对象并向其附加一个“跳转菜单”或“跳转菜单转到”行为。通常不需要手动将“跳转菜单”动作附加到对象上，但若要修改现有的跳转菜单，则需要使用“跳转菜单”行为。因此，“行为”控制面板中的“跳转菜单”行为的作用是修改现有的跳转菜单，即编辑和重新排列菜单项、更改要跳转到的文件，以及更改这些文件打开的窗口。

使用“跳转菜单”动作的具体操作步骤如下。

（1）若文档中尚无跳转菜单对象，则创建一个跳转菜单对象。

（2）在“行为”控制面板中单击“添加行为”按钮，并从弹出的菜单中选择“跳转菜单”动作，弹出“跳转菜单”对话框，如图 11-94 所示。

图 11-94

对话框中各选项的作用如下。

“添加项”按钮和“移除项”按钮：添加或删除菜单项。

“在列表中下移项”按钮和“在列表中上移项”按钮：在菜单项列表中移动当前菜单项，设置该菜单项在菜单列表中的位置。

“菜单项”选项：显示所有菜单项。

“文本”选项：设置当前菜单项的显示文字，它会出现在菜单列表中。

“选择时，转到 URL”选项：为当前菜单项设置当浏览者单击它时要打开的网页地址。

“打开 URL 于”选项：设置打开浏览网页的窗口类型，包括“主窗口”和“框架”两个选项。“主窗口”选项表示在同一个窗口中打开文件；“框架”选项表示在所选中的框架中打开文件，但选择该选项前应先给框架命名。

“更改 URL 后选择第一个项目”选项：设置浏览者通过跳转菜单打开网页后，该菜单项是否是第一个菜单项目。

在对话框中根据需要更改和重新排列菜单项、更改要跳转到的文件以及更改这些文件在其中打开的窗口，然后单击“确定”按钮完成设置。

（3）如果不是默认事件，则单击该事件，会出现箭头按钮，单击按钮，弹出包含全部事件的事件列表，用户可根据需要选择相应的事件。

（4）按<F12>键浏览网页。

11.2.21　跳转菜单开始

“跳转菜单开始”动作与“跳转菜单”动作密切关联。“跳转菜单开始”将一个“前往”按钮和一个跳转菜单关联起来，单击“前往”按钮打开在该跳转菜单中选择的链接。通常情况下，跳转菜单不需要一个“前往”按钮。但是如果跳转菜单出现在一个框架中，而跳转菜单项链接到其他框架中的页，则通常需要使用“前往”按钮，以允许访问者重新选择已在跳转菜单中选择的项。

使用“跳转菜单开始”动作的具体操作步骤如下。

（1）选择表单中的“前往”按钮，或选择一个对象用作“前往”按钮，这个对象通常是一个按钮图像。

（2）启用“行为”控制面板。在“行为”控制面板中单击“添加行为”按钮，并从弹出的菜单中选择“跳转菜单开始”动作，弹出“跳转菜单开始”对话框，如图 11-95 所示。在“选择跳转菜单”选项的下拉列表中，选择“前往”按钮要激活的菜单，然后单击“确定”按钮完成设置。

图 11-95

（3）如果不是默认事件，则单击该事件，会出现箭头按钮，单击按钮，弹出包含全部事件的事件列表，用户可根据需要选择相应的事件。

（4）按<F12>键浏览网页。

11.3 课堂练习——相机宝贝世界

练习知识要点：使用“显示-隐藏元素”命令制作鼠标指针经过图像显示图像效果，如图 11-96 所示。

效果所在位置：光盘/Ch11/效果/相机宝贝世界/index.html。

图 11-96

11.4 课后习题——结界社区

习题知识要点：使用“拖动 AP Div”命令移动图像效果，使用“检查表单”命令制作检查表单，如图 11-97 所示。

效果所在位置：光盘/Ch11/效果/结界社区/index.html。

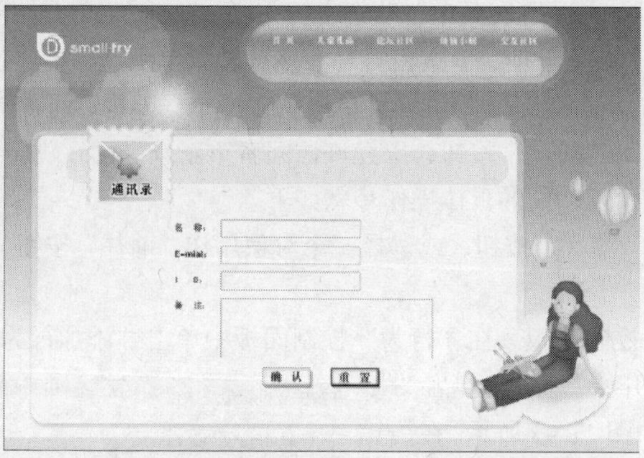

图 11-97

第12章 网页代码

Dreamweaver CS4提供代码编辑工具，方便用户直接编写或修改代码，实现 Web 页的交互效果。在 Dreamweaver CS4 中插入的网页内容及动作都会自动转换为代码，因此，只有熟悉查看和编写代码的环境，了解源代码才能真正懂得网页的内涵。

【教学目标】

- 网页代码。
- 编辑代码。
- 常用的 HTML 标签。
- 脚本语言。
- 响应 HTML 事件。

12.1 网页代码

虽然可以直接切换到“代码”视图查看和修改代码，但代码中很小的错误都会导致致命的错误，使网页无法正常地浏览。Dreamweaver CS4 提供了标签库编辑器来有效地创建源代码。

12.1.1 课堂案例——精品购物网页

案例学习目标：使用“修改”菜单命令改变网页背景图像，使用“插入标签”命令制作浮动框架效果。

案例知识要点：使用“页面属性”命令改变页面的颜色，使用“插入标签”命令制作浮动框架效果，如图 12-1 所示。

效果所在位置：光盘/Ch12/效果/精品购物网页/index1.html。

图 12-1

Step 01 打开 Dreamweaver CS4 后，新建一个空白文档。新建页面的初始名称为“Untitled-1”。选择“文件 > 保存”命令，弹出“另存为”对话框。在“保存在”选项的下拉列表中选择当前站点目录保存路径；在“文件名”选项的文本框中输入“index”，单击“保存”按钮，返回网页编辑窗口。

Step 02 选择“修改 > 页面属性”命令，弹出“页面属性”对话框，如图 12-2 所示。单击“背景图像”右侧的“浏览”按钮，在弹出的对话框中选择“Ch12 > 素材 > 精品购物网页 > images”文件夹中的“bg.jpg”文件，如图 12-13 所示。

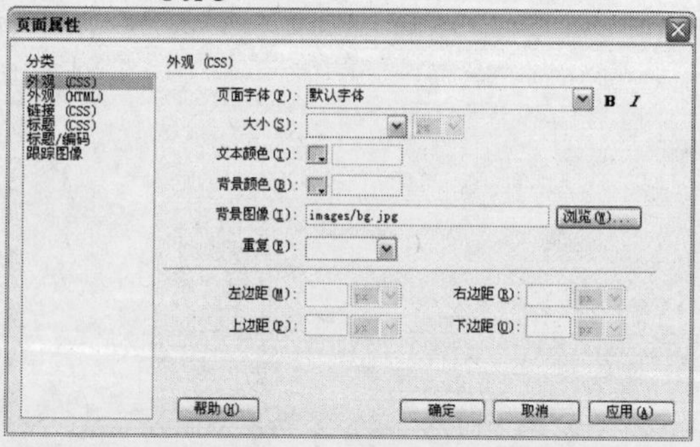

图 12-2

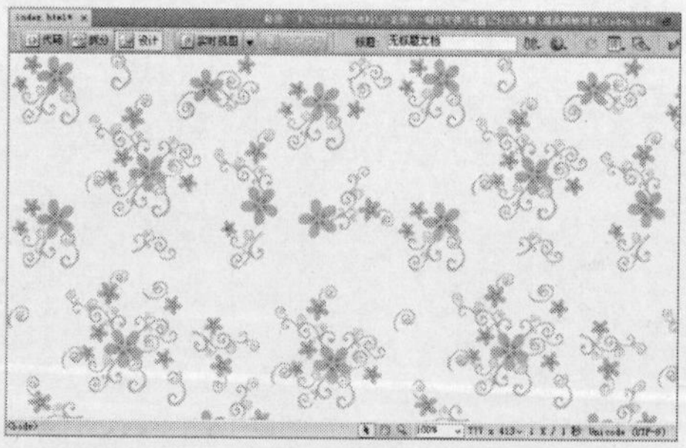

图 12-3

Step 03 切换至“代码”视图窗口中，在标签<body>后面置入光标，如图 12-4 所示，单击鼠标右键，在弹出的菜单中选择“插入标签”命令，弹出“标签选择器”对话框，在对话框中选择“HTML 标签 > 浏览器特定 > iframe”选项，如图 12-5 所示。

Step 04 单击“插入”按钮，弹出“标签选择器-iframe”对话框，单击“源”选项右侧的“浏览”按钮，在弹出的“选择文件”对话框中选择光盘目录下“Ch12 > 素材 > 精品购物网页”文件夹中的“01.html”，如图 12-6 所示。

```
<body>
</body>
</html>
```

图 12-4

图 12-5

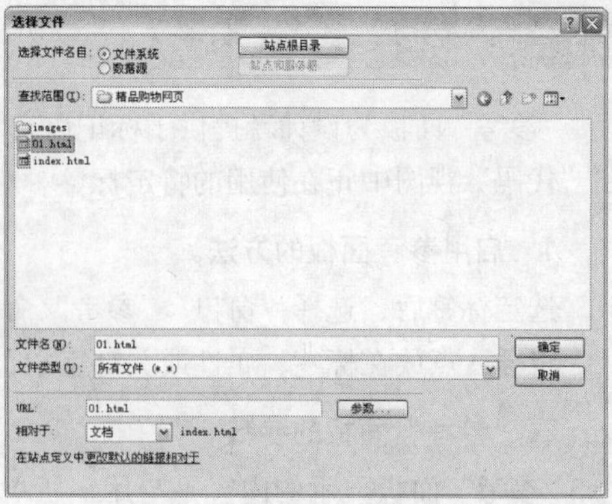

图 12-6

Step 05 单击“确定”按钮，返回到对话框中，其他选项的设置如图 12-7 所示，在左侧的列表中选择“浏览器特定的”选项，对话框中的设置如图 12-8 所示，单击“确定”按钮，单击“关闭”按钮，代码视图窗口中的效果如图 12-9 所示。

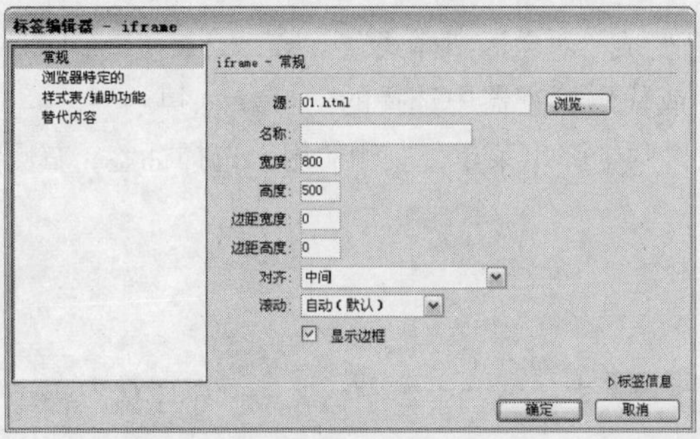

图 12-7

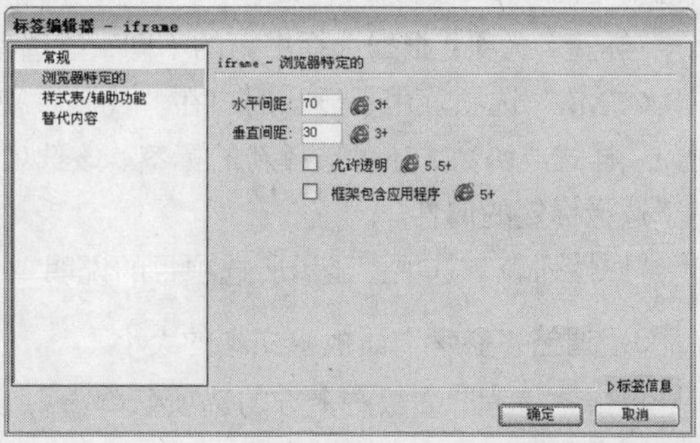

图 12-8

```
<body><iframe src="01.html" width="800" marginwidth="0" height="500" marginheight="0" align=
"middle" scrolling="auto" hspace="70" vspace="30"></iframe>
</body>
```

图 12-9

Step 06 切换至“设计”视图窗口中，如图 12-10 所示。保存文档，按<F12>键，预览效果如图 12-11 所示。

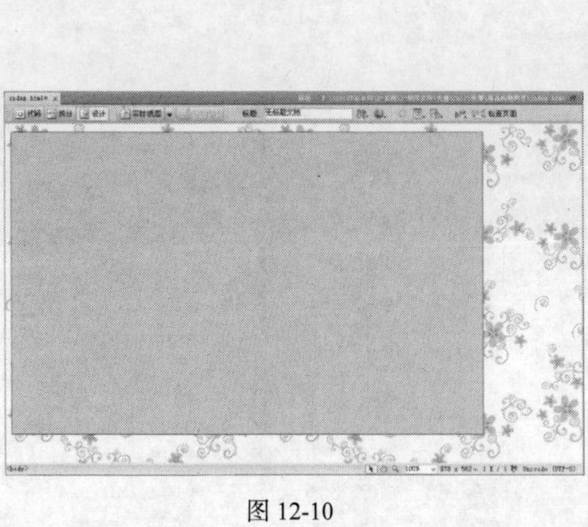

图 12-10

图 12-11

12.1.2 使用“参考”面板

“参考”面板为设计者提供了标记语言、编程语言和 CSS 样式的快速参考工具，它提供了有关在“代码”视图中正在使用的特定标签、对象或样式的信息。

1．启用参考面板的方法。

选定标签后，选择“窗口 > 参考”命令，启用“参考”面板。

将插入点放在标签、属性或关键字中，然后按<Shift+F1>快捷键。

2．“参考”面板的参数

“参考”面板显示的内容是与用户所单击的标签、属性或关键字有关的信息，如图 12-12 所示。

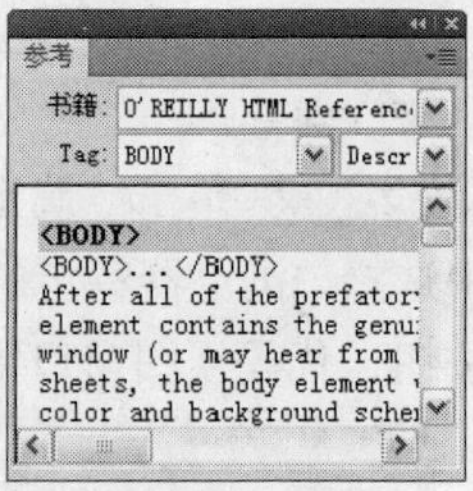

图 12-12

“参考”面板中各选项的作用如下。

“书籍”选项：显示或选择参考材料出自的书籍名称。参考材料包括其他书籍的标签、对象或样式等。

“标签”选项：根据选择书籍的不同，该选项可变成“对象”、“样式”或“CFML”选项。用于显示用户在“代码”视图或代码检查器中选择的对象、样式或函数，还可选择新的标签。该选项包含两个弹出菜单，左侧的用于选择标签，右侧的用于选择标签的属性。

“属性列表”选项：显示所选项目的说明。

3．调整“参考”面板中文本的大小

单击“参考”面板右上方的选项菜单▾☰，选择“大字体”、“中等字体”或“小字体”命令，调整“参考”面板中文本的大小。

12.1.3 代码提示功能

代码提示是网页制作者在代码窗口中编写或修改代码的有效工具。只要在“代码”视图的相应标签间按下<space>键，即会出现关于该标签常用属性、方法、事件的代码提示下拉列表，如图 12-13 所示。

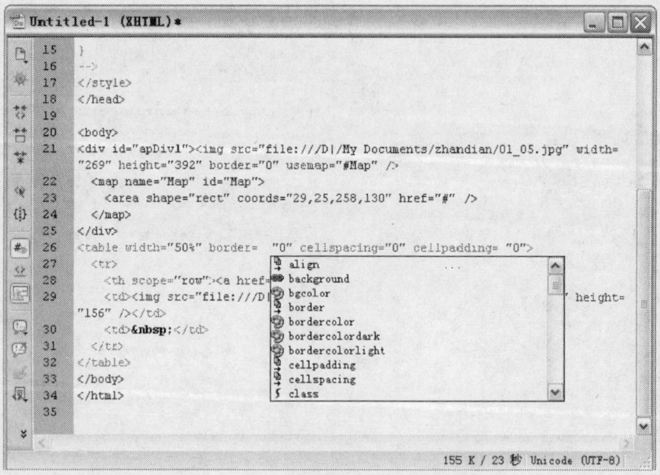

图 12-13

在标签检查器中不能列出所有参数，如 onResize 等，但在代码提示列表中可以一一列出。因此，代码提示功能是网页制作者编写或修改代码的一个方便有效的工具。

12.1.4　使用标签库插入标签

在 Dreamweaver CS4 中，标签库中有一组特定类型的标签，其中还包含 Dreamweaver CS4 应如何设置标签格式的信息。标签库提供了 Dreamweaver CS4 用于代码提示、目标浏览器检查、标签选择器和其他代码功能的标签信息。使用标签库编辑器，可以添加和删除标签库、标签和属性，设置标签库的属性以及编辑标签和属性。

选择“编辑 > 标签库”命令，启用“标签库编辑器”对话框，如图 12-14 所示。标签库中列出了绝大部分各种语言所用到的标签及其属性参数，设计者可以轻松地添加和删除标签库、标签和属性。

1．新建标签库

启用“标签库编辑器”对话框，单击“加号”按钮，在弹出的菜单中选择“新建标签库”命令，弹出“新建标签库”对话框，在“库名称”选项的文本框中输入一个名称，如图 12-15 所示，单击“确定”按钮完成设置。

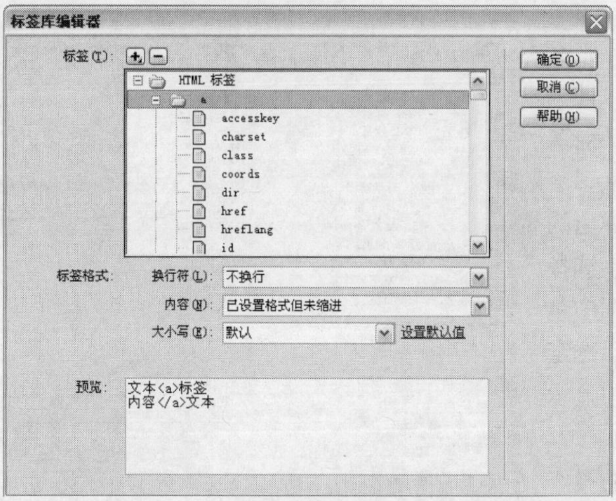

图 12-14

图 12-15

2．新建标签

启用“标签库编辑器”对话框，单击“加号”按钮，在弹出的菜单中选择“新建标签”命令，弹出“新建标签”对话框，如图 12-16 所示。先在“标签库”选项的下拉列表中选择一个标签库，然后在“标签名称”选项的文本框中输入新标签的名称。若要添加多个标签，则输入这些标签的名称，中间以逗号和空格来分隔标签的名称，如“First Tags, Second Tags”。如果新的标签具有相应的结束标签 (</...>)，则选择“具有匹配的结束标签”复选框，最后单击“确定”按钮完成设置。

3．新建属性

“新建属性”命令为标签库中的标签添加新的属性。启用“标签库编辑器”对话框，单击“加号”按钮，在弹出的菜单中选择“新建属性”命令，弹出“新建属性”对话框，如图 12-17 所示，设置对话框中的选项。一般情况下，在“标签库”选项的下拉列表中选择一个标签库，在“标签”选项的下拉列表中选择一个标签，在“属性名称”选项的文本框中输入新属性的名称。若要添加多个属性，则输入这些属性的名称，中间以逗号和空格来分隔标签的名称，如“width，height”，最后单击“确定”按钮完成设置。

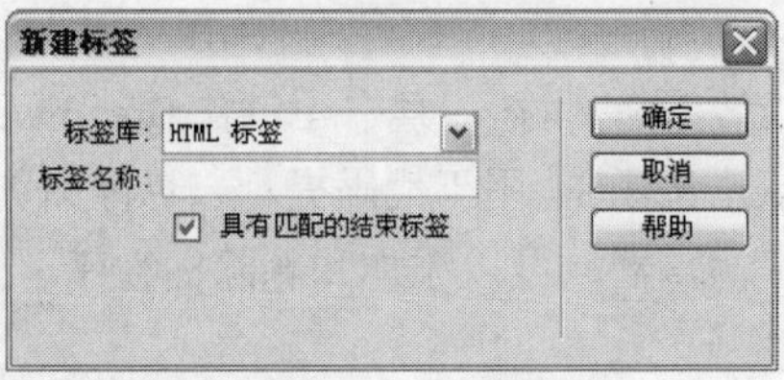

图 12-16

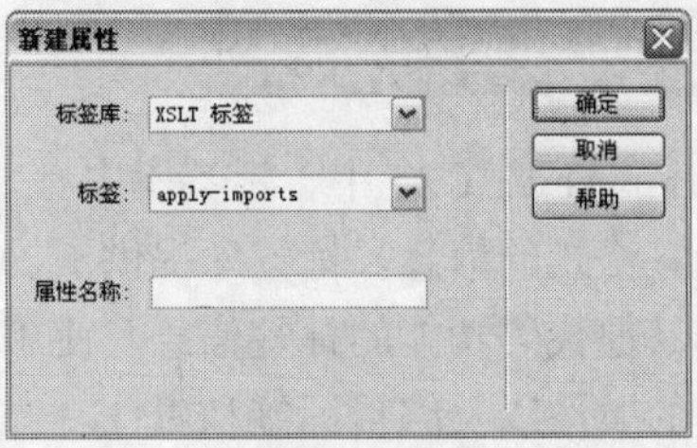

图 12-17

4．删除标签库、标签或属性

启用“标签库编辑器”对话框。先在“标签”选项框中选择一个标签库、标签或属性，再单击“减号”按钮，则将选中的项从“标签”选项框中删除，单击“确定”按钮关闭“标签库编辑器”对话框。

12.1.5 用标签选择器插入标签

如果网页制作者对代码不是很熟，那么 Dreamweaver CS4 提供了另一个实用工具，即标签选择器。标签选择器不仅按类别显示所有标签，还提供该标签格式及功能的解释信息。

在“代码”视图中单击鼠标右键，在弹出的菜单中选择“插入标签”命令，启用“标签选择器”对话框，如图 12-18 所示。左侧选项框中包含支持的标签库的列表，右侧选项框中显示选定标签库文件夹中的单独标签，下方选项框中显示选定标签的详细信息。

图 12-18

使用“标签选择器”对话框插入标签的操作步骤如下。

（1）启用“标签选择器”对话框。在左侧选项框中展开标签库，即从标签库中选择标签类别，或者展开该类别并选择一个子类别，从右侧选项框中选择一个标签。

（2）若要在“标签选择器”对话框中查看该标签的语法和用法信息，则单击“标签信息”按钮 标签信息 。如果有可用信息，则会显示关于该标签的信息。

（3）若要在“参考”面板中查看该标签的相同信息，单击图标，若有可用信息，会显示关于该标签的信息。

（4）若要将选定标签插入代码中，则单击“插入”按钮 插入(I) ，弹出“标签编辑器”对话框。如果该标签出现在右侧选项框中并带有尖括号（例如<title></title>），那么它不会要求其他信息就立即插入到文档的插入点，如果该标签不要求其他信息，则会出现标签编辑器。

（5）单击“确定”按钮回到“标签选择器”对话框，单击“关闭”按钮则关闭“标签选择器”对话框。

12.2 编辑代码

呆板的表格容易使人疲劳，当用表格承载一些相关数据时，常常通过采用不同的字体、文字颜色、背景颜色等方式，对不同类别的数据加以区分或突出显示某些内容。

12.2.1　使用标签检查器编辑代码

标签检查器列出所选标签的属性表，方便设计者查看和编辑选择的标签对象的各项属性。选择“窗口 > 标签检查器”命令，启用“标签检查器”控制面板。若想查看或修改某标签的属性，只需先在文档窗口中用鼠标指针选择对象或选择文档窗口下方要选择对象相应的标签，再选择“窗口 > 标签检查器”命令，启用“标签检查器”控制面板，此时，控制面板将列出该标签的属性，如图 12-19 所示。设计者可以根据需要轻松地找到各属性参数，并方便地修改属性值。

在“标签检查器”控制面板的“属性”选项卡中，显示所选对象的属性及其当前值。若要查看其中的属性，有以下几种方法。

若要查看按类别组织的属性，则单击“显示类别视图”按钮。

若要在按字母排序的列表中查看属性，则单击“显示列表视图”按钮。

若要更改属性值，则选择该值并进行编辑，具体操作方法如下。

在属性值列（属性名称的右侧）中为该属性输入一个新的值。若要删除一个属性值，则选择该值，然后按<Backspace>键。

如果要更改属性的名称，则选择该属性名称，然后进行编辑。

如果该属性采用预定义的值，则从属性值列右侧的弹出菜单（或颜色选择器）中选择一个值。

如果属性采用 URL 值作为属性值，则单击“属性”面板中的“浏览文件”按钮或使用“指向文件”图标选择一个文件，或者在文本框中输入 URL。

如果该属性采用来自动态内容来源（如数据库）的值，则单击属性值列右侧的“动态数据”按钮，然后选择一个来源，如图 12-20 所示。

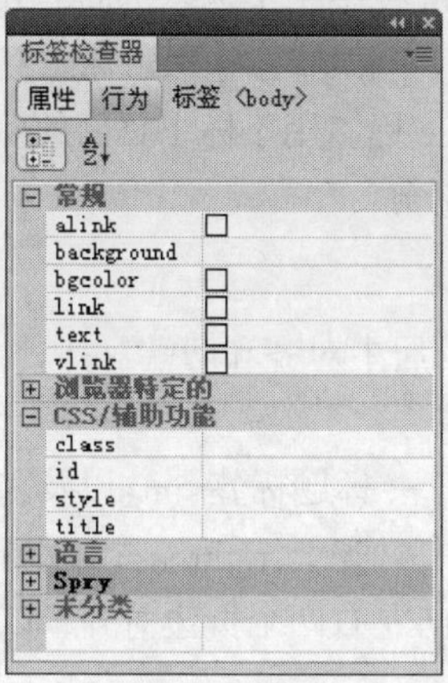

图 12-19

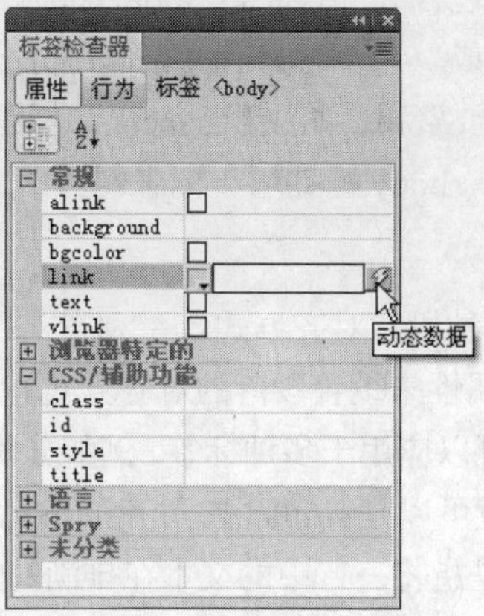

图 12-20

12.2.2 使用标签编辑器编辑代码

标签编辑器是另一个编辑标签的方式。先在文档窗口中选择特定的标签，然后单击“标签检查器”控制面板右上角的选项菜单，在弹出的菜单中选择“编辑标签”命令，打开“标签编辑器”对话框，如图 12-21 所示。

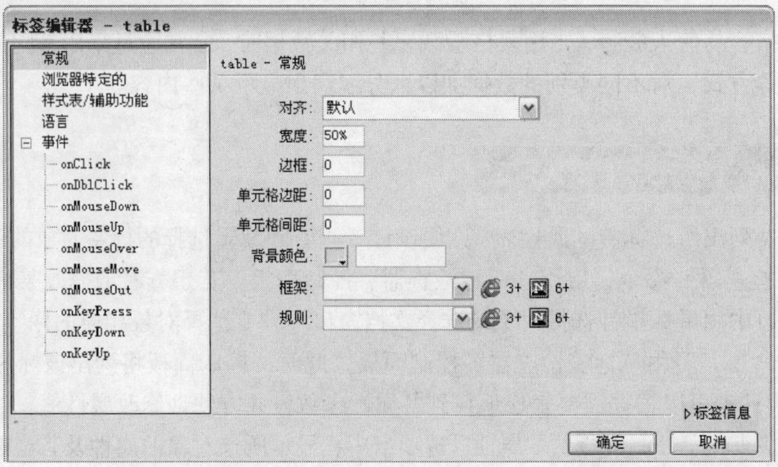

图 12-21

“标签编辑器”对话框列出被不同浏览器版本支持的特殊属性、事件和关于该标签的说明信息，用户可以方便地指定或编辑该标签的属性。

12.3 常用的 HTML 标签

HTML 是一种超文本标志语言，HTML 文件是被网络浏览器读取并产生网页的文件。常用的 HTML 标签有以下几种。

1．文件结构标签

文件结构标签包含 html、head、title、body 等。html 标签用于标志页面的开始，它由文档头部分和文档体部分组成。浏览时只有文档体部分会被显示。head 标签用于标志网页的开头部分，开头部分用以存载重要资讯，如注释、meta 和标题等。title 标签用于标志页面的标题，浏览时在浏览器的标题栏上显示。body 标签用于标志网页的文档体部分。

2．排版标签

在网页中有 4 种段落对齐方式：左对齐、右对齐、居中对齐和两端对齐。在 HTML 语言中，可以使用 ALIGN 属性来设置段落的对齐方式。

ALIGN 属性可以应用于多种标签，例如分段标签<p>、标题标签<hn>以及水平线标签<hr>等。ALIGN 属性的取值可以是：left（左对齐）、center（居中对齐）、right（右对齐）以及 justify（两边对齐）。两边对齐是指将一行中的文本在排满的情况下向左右两个页边对齐，以避免在左右页边出现锯齿状。

对于不同的标签，ALIGN 属性的默认值是有所不同的。对于分段标签和各个标题标签，ALIGN

属性的默认值为 left；对于水平线标签<hr>，ALIGN 属性的默认值为 center。若要将文档中的多个段落设置成相同的对齐方式，可将这些段落置于<div>和</div>标签之间组成一个节，并使用 ALIGN 属性来设置该节的对齐方式。如果要将部分文档内容设置为居中对齐，也可以将这部分内容置于<center>和</center>标签之间。

3．列表标签

列表分为无序列表、有序列表两种。li 标签标志无序列表，如项目符号；ol 标签标志有序列表。

4．表格标签

表格标签包括表格标签<table>、表格标题标签<caption>、表格行标签<tr>、表格字段名标签<th>、列标签<td>等几个标签。

5．框架

框架网页将浏览器上的视窗分成不同区域，在每个区域中都可以独立显示一个网页。框架网页通过一个或多个 frmaeset 和 frame 标签来定义。框架集包含如何组织各个框架的信息，可以通过 frmaeset 标签来定义。框架集 frmaeset 标签置于 head 之后，以取代 body 的位置，还可以使用 noframes 标签给出框架不能被显示时的替换内容。框架集 frmaeset 标签中包含多个 frame 标签，用以设置框架的属性。

6．图形标签

图形的标签为<img>，其常用参数是<src>和<alt>属性，用于设置图像的位置和替换文本。SRC 属性给出图像文件的 URL 地址，图像可以是 JPEG 文件、GIF 文件或 PNG 文件。ALT 属性给出图像的简单文本说明，这段文本在浏览器不能显示图像时显示出来，或图像加载时间过长时先显示出来。

<img>标签不仅用于在网页中插入图像，也可以用于播放 Video for Windows 的多媒体文件（*.avi）。若要在网页中播放多媒体文件，应在<img>标签中设置 dynsrc、start、loop、Controls 和 loopdelay 属性。

例如，将影片循环播放 3 次，中间延时 250ms。

```
<img src="SAMPLE-S.GIF" dynsrc="SAMPLE-S.AVI" loop=3 loopdelay=250>
```

例如，在鼠标指针移到 AVI 播放区域之上时才开始播放 SAMPLE-S.AVI 影片。

```
<img src="SAMPLE-S.GIF" dynsrc="SAMPLE-S.AVI" start=mouseover>
```

7．链接标签

链接标签为<a>，其常用参数有：href 标志目标端点的 URL 地址，target 显示链接文件的一个窗口或框架，title 显示链接文件的标题文字。

8．表单标签

表单在 HTML 页面中起着重要作用，它是与用户交互信息的主要手段。一个表单至少应该包括说明性文字、用户填写的表格、提交和重填按钮等内容。用户填写了所需的资料之后，按下“提交”按钮，所填资料就会通过专门的 CGI 接口传到 Web 服务器上。网页的设计者随后就能在 Web 服务器上看到用户填写的资料，从而完成了从用户到作者之间的反馈和交流。

表单中主要包括下列元素：普通按钮、单选按钮、复选框、下拉式菜单、单行文本框、多行文本框、提交按钮、重填按钮。

9．滚动标签

滚动标签是 marquee，它会将其文字和图像进行滚动，形成滚动字幕的页面效果。

10．载入网页的背景音乐标签

载入网页的背景音乐标签是 bgsound，它可设定页面载入时的背景音乐。

12.4 脚本语言

脚本是一个包含源代码的文件，一次只有一行被解释或翻译成为机器语言。在脚本处理过程中，翻译每个代码行，并一次选择一行代码，直到脚本中所有代码都被处理完成。Web 应用程序经常使用客户端脚本，以及服务器端的脚本，本章讨论的是客户端脚本。

用脚本创建的应用程序有代码行数的限制，一般小于 100 行。脚本程序较小，一般用“记事本”或在 Dreamweaver CS4 的“代码”视图中编辑创建。

使用脚本语言主要有两个原因，一是创建脚本比创建编译程序快，二是用户可以使用文本编辑器快速、容易地修改脚本。而修改编译程序，必须有程序的源代码，而且修改了源代码以后，必须重新编译它，所有这些使得修改编译程序比脚本更加复杂而且耗时。

脚本语言主要包含接收用户数据、处理数据和显示输出结果数据 3 部分语句。计算机中最基本的操作是输入和输出，Dreamweaver CS4 提供了输入和输出函数。InputBox 函数是实现输入效果的函数，它会弹出一个对话框来接收浏览者输入的信息。MsgBox 函数是实现输出效果的函数，它会弹出一个对话框显示输出信息。

有的操作要在一定条件下才能选择，这要用条件语句实现。对于需要重复选择的操作，应该使用循环语句实现。

12.5 响应 HTML 事件

前面已经介绍了基本的事件及其触发条件，现在讨论在代码中调用事件过程的方法。调用事件过程有 3 种方法，下面以在按钮上单击鼠标左键弹出欢迎对话框为例介绍调用事件过程的方法。

1．通过名称调用事件过程

```
<HTML>
    <HEAD>
    <TITLE>事件过程调用的实例</TITLE>
    <SCRIPT LANGUAGE=vbscript>
    <!--
    sub bt1_onClick()
       msgbox "欢迎使用代码实现浏览器的动态效果！"
```

```
    end sub
    -->
    </SCRIPT>
    </HEAD>
    <BODY>
      <INPUT name=bt1 type="button" value="单击这里">
    </BODY>
</HTML>
```

2．通过 FOR/EVENT 属性调用事件过程

```
<HTML>
<HEAD>
<TITLE>事件过程调用的实例</TITLE>
<SCRIPT LANGUAGE=vbscript for="bt1" event="onclick">
<!--
  msgbox "欢迎使用代码实现浏览器的动态效果！"
-->
</SCRIPT>
</HEAD>
<BODY>
  <INPUT name=bt1 type="button" value="单击这里">
</BODY>
</HTML>
```

3．通过控件属性调用事件过程

```
    <HTML>
    <HEAD>
<TITLE>事件过程调用的实例</TITLE>
<SCRIPT LANGUAGE=vbscript >
<!--
  sub msg()
  msgbox "欢迎使用代码实现浏览器的动态效果！"
end sub
-->
</SCRIPT>
</HEAD>
<BODY>
 <INPUT name=bt1 type="button" value="单击这里" onclick="msg">
</BODY>
</HTML>
```

```
<HTML>
<HEAD>
<TITLE>事件过程调用的实例</TITLE>
</HEAD>
<BODY>
    <INPUT name=bt1 type="button" value="单击这里" onclick='msgbox "欢迎使用代码实现浏览器的动态效果！"' language="vbscript">
</BODY>
</HTML>
```

12.6 课后习题——在线电影网页

习题知识要点：使用“修改”菜单命令改变页面的颜色，使用“插入标签”命令制作浮动框架效果，如图 12-22 所示。

效果所在位置：光盘/Ch12/效果/在线电影网页/index1.html。

图 12-22

第13章 ASP

ASP（Active Server Pages）是微软公司1996年底推出的Web应用程序开发技术，其主要功能是为生成动态交互的Web服务器应用程序提供功能强大的方法和技术。ASP既不是一种语言也不是一种开发工具，而是一种技术框架，是位于服务器端的脚本运行环境。

本章主要介绍ASP动态网页基础和内置对象，包括ASP服务器的安装、ASP语法基础、数组的创建与应用及流程控制语句等，通过对本章的学习，读者可以掌握ASP的基本操作。

【教学目标】

- ASP动态网页基础。
- ASP内置对象。

13.1 ASP 动态网页基础

本节主要讲解 ASP 服务器的安装与站点设置、ASP 语法基础、数组的创建与应用及流程控制语句等。

13.1.1 课堂案例——户外运动网页

案例学习目标：使用日期函数显示当前系统时间。

案例知识要点：使用“拆分视图”按钮和“设计视图”按钮切换视图窗口。使用函数“Now()”显示当前系统日期和时间，如图 13-1 所示。

效果所在位置：光盘/Ch13/效果/户外运动网页/index.asp。

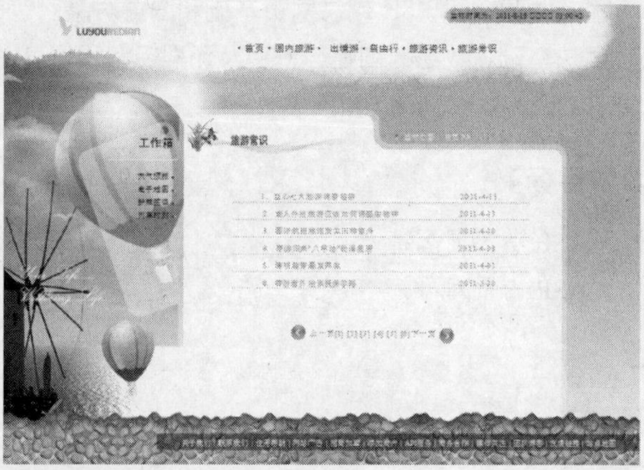

图 13-1

Step 01 选择“文件 > 打开”命令，在弹出的对话框中选择“Ch13 > 素材 > 户外运动网页 > index.asp”文件，单击“打开”按钮，效果如图 13-2 所示。

Step 02 将光标置入到右上方的单元格中，如图 13-3 所示。

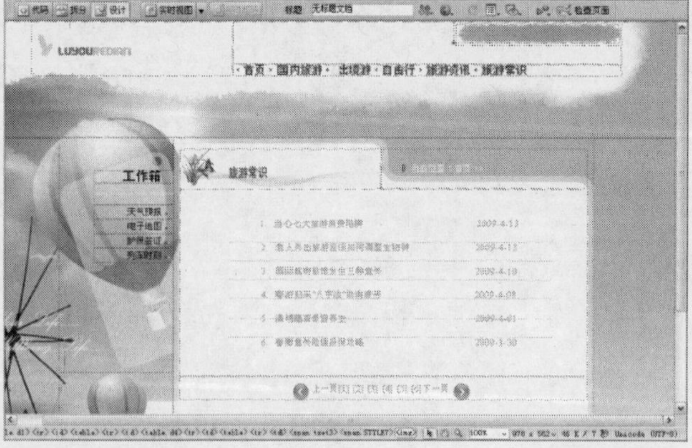

图 13-2

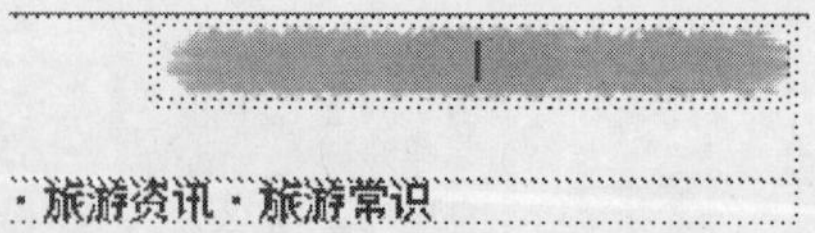

图 13-3

Step 03 单击“拆分视图”按钮 拆分，切换到拆分视图，选中该单元格中的标签“ ”，将其删除，如图 13-4 所示。输入文字和代码：当前时间为：<%=Now()%>，如图 13-5 所示。

```
<tr>
  <td height="28" align="center" class="d2"></td>
</tr>
```

图 13-4

```
<tr>
  <td height="28" align="center" class="d2">当前时间为：<%=Now()%></td>
</tr>
```

图 13-5

Step 04 单击“设计视图”按钮 设计，切换到设计视图窗口，单元格效果如图 13-6 所示。

Step 05 保存文档，在 IIS 中浏览页面，效果如图 13-7 所示。

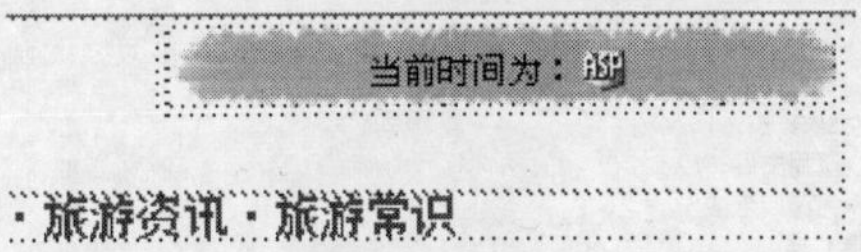

图 13-6

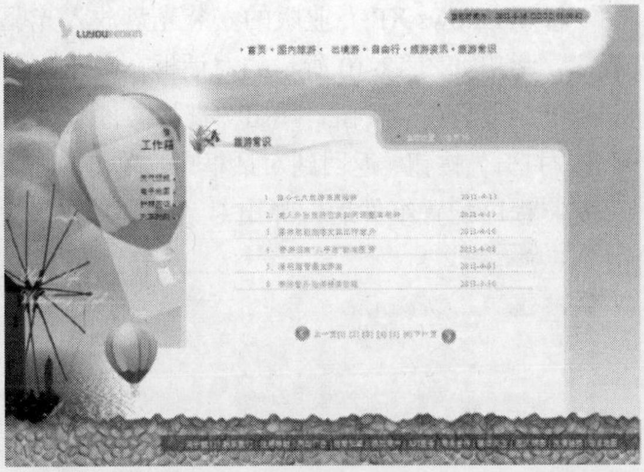

图 13-7

13.1.2　ASP 服务器的安装

ASP 是一种服务器端脚本编写环境，其主要功能是把脚本语言、HTML、组件和 Web 数据库访问功能有机地结合在一起，形成一个能在服务器端运行的应用程序，该应用程序可根据来自浏览器端的请求生成相应的 HTML 文档并回送给浏览器。使用 ASP 可以创建以 HTML 网页作为用户界面，并能够对数据库进行交互的 Web 应用程序。

1．ASP 的运行环境

ASP 程序是在服务器端执行的，因此必须在服务器上安装相应的 Web 服务器软件。下面介绍不同 Windows 操作系统下 ASP 的运行环境。

（1）Windows 2000 Server / Professional 操作系统。

在 Windows 2000 Server / Professional 操作系统下安装并运行 IIS 5.0。

（2）Windows XP Professional 操作系统。

在 Windows XP Professional 操作系统下安装并运行 IIS 5.1。

（3）Windows 2003 Server 操作系统。

在 Windows 2003 Server 操作系统下安装并运行 IIS 6.0。

（4）Windows Vista / Windows Server 2008s@bkIIS / Windows 7 操作系统。

在 Windows Vista / Windows Server 2008s@bkIIS / Windows 7 操作系统下安装并运行 IIS 7.0。

2. 安装 IIS

IIS 是微软公司提供的一种互联网基本服务，已经被作为组件集成在 Widows 操作系统中。如果用户安装 Windows Server 2000 或 Windows Server 2003 等操作系统，则在安装时会自动安装相应版本的 IIS。如果安装的是 Windows Professional 2000 等操作系统，默认情况下不会安装 IIS，这时，需要进行手动安装。

（1）选择“开始 > 控制面板”菜单命令，打开“控制面板”窗口，双击“添加或删除程序”图标，单击“添加/删除 Windows 组件”按钮，弹出“Windows 组件向导”对话框，在对话框中勾选“Internet 信息服务（IIS）”复选框，如图 13-8 所示。

（2）单击“详细信息”按钮，弹出“Internet 信息服务（IIS）”对话框，勾选“文件传输协议（FTP）服务”复选框，如图 13-9 所示，单击“确定”按钮，将 FTP 安装在计算机中。

（3）将 Windows XP 专业版的安装光盘放入光驱中，单击对话框底部的“下一步”按钮，运行安装程序，弹出如图 13-10 所示的对话框，要求提供 Windows XP 的安装文件。

（4）单击“浏览”按钮，弹出“查找文件”对话框，找到存放安装文件的位置，选中需要的文件，单击“打开”按钮，返回到对话框中，单击“确定”按钮，即可继续安装 IIS 的安装，如图 13-11 所示，安装程序配置组件后，弹出对话框，单击“完成”按钮，完成操作。

图 13-8

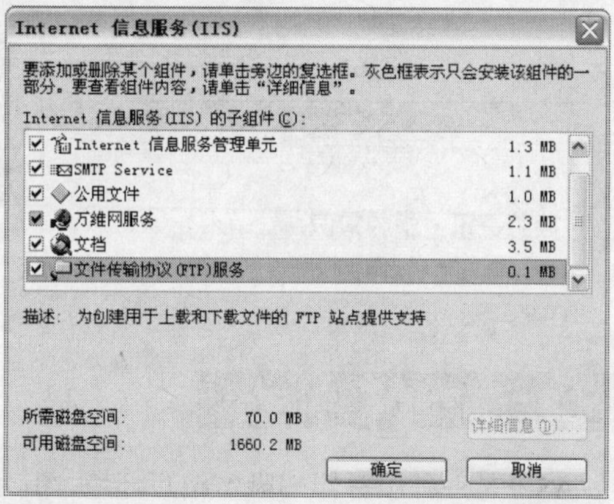

图 13-9

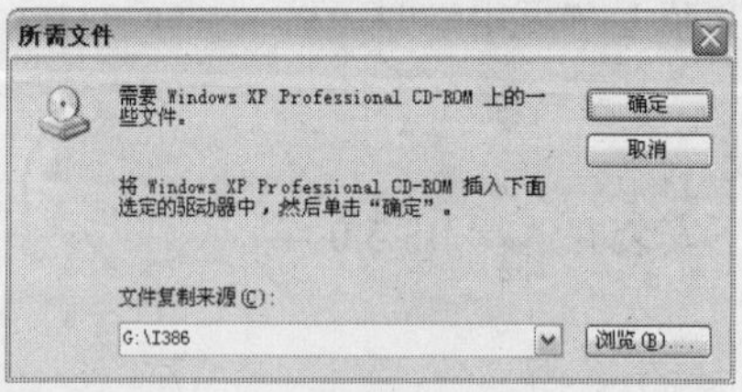

图 13-10

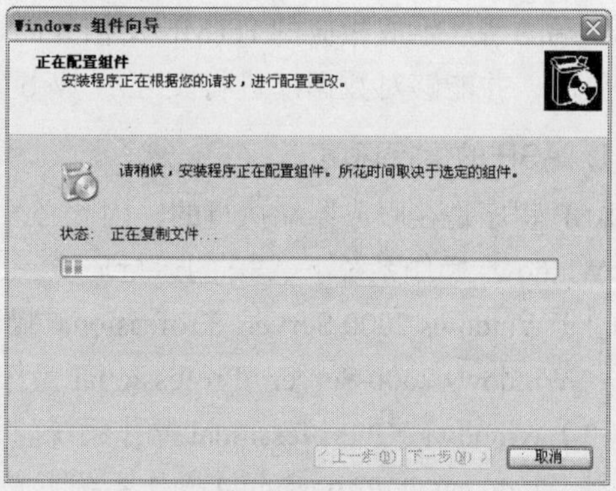

图 13-11

（5）安装完成后，需要对 IIS 进行简单的设置。双击控制面板中的“管理工具”图标，打开“管理工具”窗口，双击“Internet 信息服务”图标，打开“Internet 信息服务”窗口，展开窗口左侧“默认网站”选项，如图 13-12 所示。

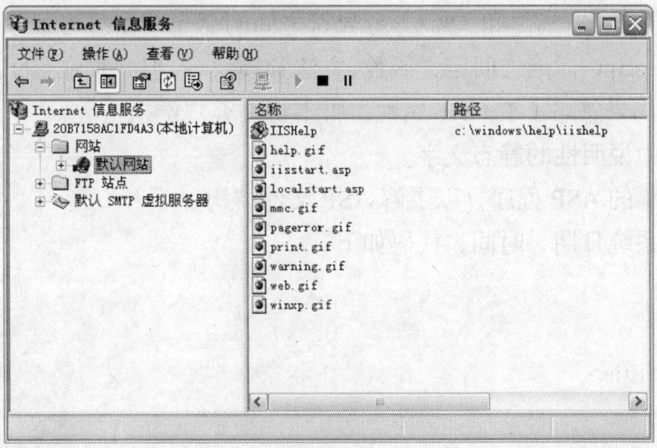

图 13-12

（6）单击“Internet 信息服务”窗口上方的“属性”按钮，弹出“默认网站 属性”对话框，单击“主目录”选项卡，切换到相应的面板中，如图 13-13 所示。在对话框中可以单击“本地路径”选项右侧的“浏览”按钮，选择网站程序所在的路径（也可以在文本框中直接输入路径）。

（7）单击“文档”选项卡，切换到相应的面板中，在该选项卡中可以设置站点的默认文档，IIS 的默认文档为“Default.htm”和“Default.asp”。单击“添加”按钮可以添加默认文档，如图 13-14 所示。选中一个默认文档，单击“上移”按钮和“下移”按钮可以移动位置，调整默认文档的优先级。

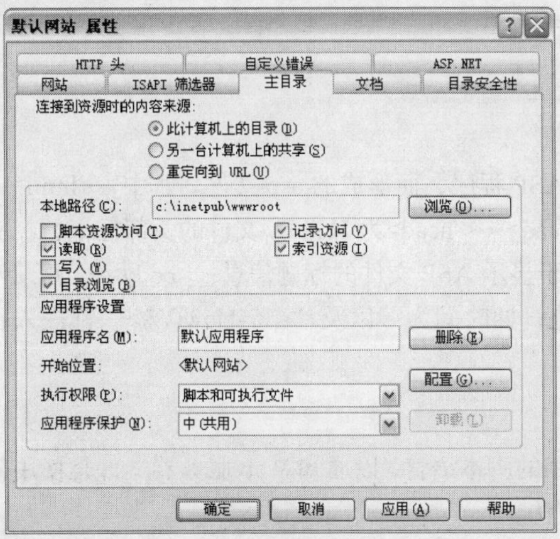

图 13-13

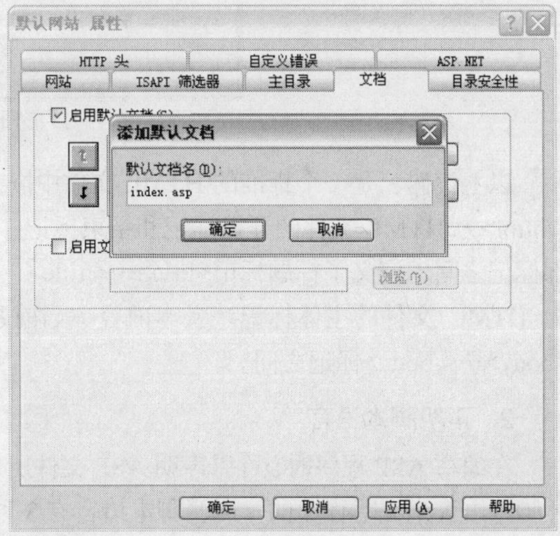

图 13-14

（8）对各选项卡中的项目进行设置后，在对话框中单击“确定”按钮完成 IIS 的配置。

13.1.3 ASP 语法基础

1. ASP 文件结构

ASP 文件是以.asp 为扩展名的。在 ASP 文件中，可以包含以下内容。

（1）HTML 标记：HTML 标记语言包含的标记。

（2）脚本命令：包括 VBScript 或 JavaScript 脚本。

（3）ASP 代码：位于“<%”和“%>”分界符之间的命令。在编写服务器端的 ASP 脚本时，也可以在<script>和</script>标记之间定义函数、方法和模块等，但必须在<script>标记内指定 RunAT 属性值为“Server”。如果忽略了 RunAT 属性，脚本将在客户端执行。

（4）文本：网页中说明性的静态文字。

下面给出一个简单的 ASP 程序，以了解 ASP 文件结构。

例如，输出当前系统日期、时间，代码如下。

```
<html>
<head>
<title>ASP 程序</title>
</head>
<body>
当前系统日期时间为：<%=Now()%>
</body>
</html>
```

运行以上程序代码，在浏览器中显示如图 13-15 所示内容。

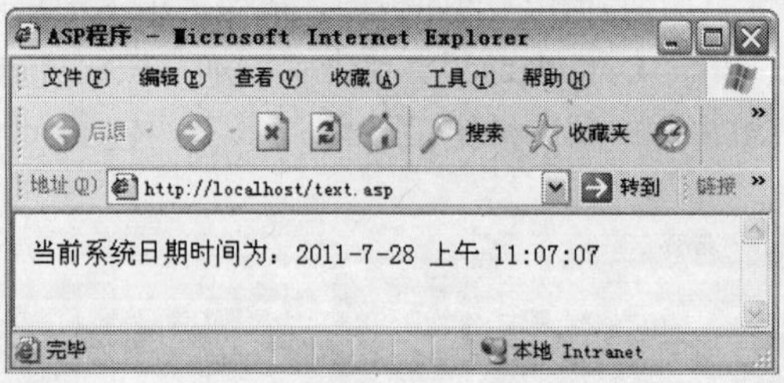

图 13-15

以上代码，是一个标准的 HTML 文件中嵌入 ASP 程序，而形成的.asp 文件。其中，<html>…</html>为 HTML 文件的开始标记和结束标记；<head>…</head>为 HTML 文件的头部标记，在头部标记之间，定义了标题标记<title>…</title>，用于显示 ASP 文件的标题信息；<body>…</body>为 HTML 文件的主体标记。文本内容“当前系统日期时间为”以及“<%=Now()%>”都嵌入在<body>…</body>标记之间。

2．声明脚本语言

在编写 ASP 程序时，可以声明 ASP 文件所使用的脚本语言，以通知 Web 服务器文件是使用何种脚本语言来编写程序的。声明脚本语言有 3 种方法。

- 在 IIS 中设定默认 ASP 语言。

（1）打开 Internet 信息服务（IIS）管理器，展开“网站”选项，用鼠标右键单击“默认网站”选项，在弹出的菜单中选择“属性”命令，弹出“默认网站 属性”对话框，单击“主目录”选项卡，切换到相应的对话框中，单击“配置”按钮，如图 13-16 所示。

（2）弹出“应用程序配置”对话框，单击“选项”选项卡，切换到相应的对话框中，在“默认 ASP 语言”文本框中输入“VBScript”，如图 13-17 所示，完成设置后单击“确定”按钮即可。

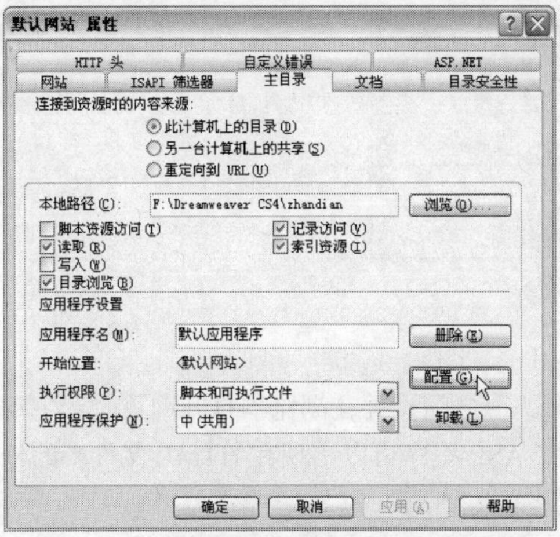

图 13-16

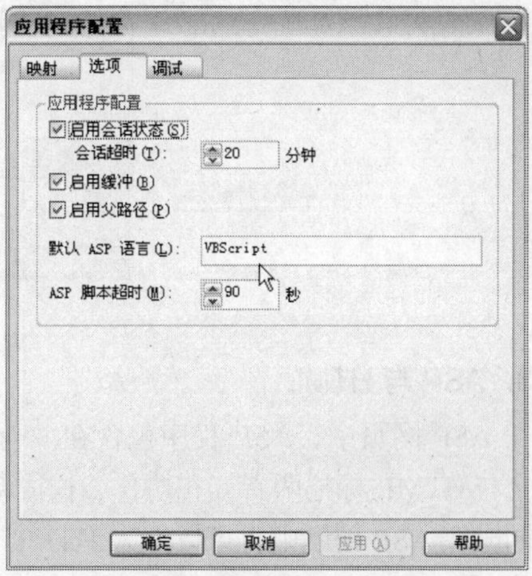

图 13-17

- 使用@LANGUAGE 声明脚本语言。

在 ASP 处理指令中，可以使用 LANGUAGE 关键字在 ASP 文件的开始，设置使用的脚本语言。使用这种方法声明的脚本语言，只作用于该文件，对其他文件不会产生影响。

语法：

```
<%@LANGUAGE=scriptengine%>
```

其中，scriptengine 表示编译脚本的脚本引擎名称。Internet 信息服务（IIS）管理器中包含两个脚本引擎，分别为 VBScript 和 JavaScript。默认情况下，文件中的脚本将由 VBScript 引擎进行解释。

例如，在 ASP 文件的第一行设定页面使用的脚本语言为 VBScript，代码如下。

```
<%@language="VBScript"%>
```

这里需要注意的是，如果在 IIS 服务器中设置的默认 ASP 语言为 VBScript，且文件中使用的也是 VBScript，则在 ASP 文件中可以不用声明脚本语言；如果文件中使用的脚本语言与 IIS 服务器中设置的默认 ASP 语言不同，则需使用@LANGUAGE 处理指令声明脚本语言。

- 通过<script>标记声明脚本语言。

通过设置<script>标记中的 language 属性值，可以声明脚本语言。需要注意的是，此声明只作用于<script>标记。

语法：

```
<script language=scriptengine runat="server">
//脚本代码
</script>
```

其中，scriptengine 表示编译脚本的脚本引擎名称；runat 属性值设置为 server，表示脚本运行在服务器端。

例如，在<script>标记中声明脚本语言为 javascript，并编写程序用于向客户端浏览器输出指定的字符串，代码如下。

```
<script language="javascript" runat="server">
Response.write("Hello World!");            //调用 Response 对象的 write 方法输出指定字符串
</script>
```

运行程序，效果如图 13-18 所示。

图 13-18

3．ASP 与 HTML

在 ASP 网页中，ASP 程序包含在“<%”和“%>”之间，并在浏览器打开网页时产生动态内容。它与 HTML 标记两者互相协作，构成动态网页。ASP 程序可以出现在 HTML 文件中的任意位置，同时在 ASP 程序中也可以嵌入 HTML 标记。

编写 ASP 程序，通过 Date()函数输出当天日期，并应用于<font>标记定义日期显示颜色，代码如下。

```
<html>
<head>
<meta http-equiv="Content-Type" content="text/html; charset=gb2312"/>
<title>ASP 程序</title>
</head>
<body>
今天是：
<%
    Response.Write("<font color=red>")
    Response.Write(Date())
    Response.Write("</font>")
%>
</body>
</html>
```

以上代码，通过 Response 对象的 Write 方法向浏览器端输出<font></font>标记以及当前系统日期。在 IIS 中浏览该文件，运行结果如图 13-19 所示。

图 13-19

13.1.4 数组的创建与应用

数组是有序数据的集合。数组中的每一个元素都属于同一个数据类型，用一个统一的数组名和下标可以唯一地确定数组中的元素，下标放在紧跟在数组名之后的括号中。有一个下标的数组称为一维数组，有两个下标的数组称为二维数组，以此类推。数组的最大维数为 60。

1．创建数组。

在 VBScript 中，数组有两种类型：固定数组和动态数组。

- 固定数组。

固定数组是指数组大小在程序运行时不可改变的数组。数组在使用前必须先声明，使用 Dim 语句可以声明数组。

声明数组的语法格式如下：

```
Dim array(i)
```

在 VBScript 中，数组的下标是从 0 开始计数的，所以数组的长度应用“i+1”。

例如：

```
Dim ary(3)
Dim db_array(5,10)
```

声明数组后，就可以对数组元素进行每个元素赋值。在对数组进行赋值时，必须通过数组的下标指明赋值元素的位置。

例如，在数组中使用下标为数组的每个元素赋值，代码如下。

```
Dim ary(3)
ary(0)="数学"
ary(1)="语文"
ary(2)="英语"
```

- 动态数组。

声明数组时也可能不指明它的下标，这样的数组叫做变长数组，也称为动态数组。动态数组的声明方法与固定数组声明的方法一样，唯一不同的是没有指明下标，格式如下：

```
Dim array()
```

虽然动态数组声明时无需指明下标，但在使用它之前必须使用 ReDim 语句确定数组的维数。对动态数组重新声明的语法格式如下：

```
Dim array()
Redim array(i)
```

2．应用数组函数

数组函数用于数组的操作。数组函数主要包括 LBound 函数、UBound 函数、Split 函数和 Erase 函数。

- LBound 函数。

LBound 函数用于返回一个 Long 型数据，其值为指定数组维可用的最小下标。

语法：

```
LBound (arrayname[, dimension])
```

arrayname：必需的，表示数组变量的名称，遵循标准的变量命名约定。

dimension：可选的，类型为 Variant (Long)。

指定返回下界的维度。1 表示第一维，2 表示第二维，如此类推。如省略 dimension，则默认为 1。

例如，返回数据组 MyArray 第二维的最小可用下标，代码如下：

```
<%
Dim MyArray(5,10)
Response.Write(LBound(MyArray,12))
%>
```

结果为：0

• UBound 函数。

UBound 函数用于返回一个 Long 型数据，其值为指定的数组维可用的最大下标。

语法：

UBound(arrayname[, dimension])

arrayname：必需的。数组变量的名称，遵循标准变量命名约定。

dimension：可选的，Variant (Long)。

指定返回上界的维度。1 表示第一维，2 表示第二维，以此类推。如果省略 dimension，则默认为 1。

UBound 函数与 LBound 函数一起使用，用来确定一个数组的大小。LBound 用来确定数组某一维的上界。

例如，返回数组 MyArray 第二维的最大可用下标，代码如下。

```
<%
Dim MyArray(5,10)
Response.Write(UBound(MyArray,2))
%>
```

结果为：10

• Split 函数。

Split 函数用于返回一个下标从零开始的一维数组，它包含指定数目的子字符串。

语法：

Split(expression[, delimiter[, count[, compare]]])

expression：必需的，包含子字符串和分隔符的字符串表达式。如果 expression 是一个长度为零的字符串("")，Split 则返回一个空数组，即没有元素和数据的数组。

delimiter：可选的，用于标识子字符串边界的字符串字符。如果忽略，则使用空格字符(" ")作为分隔符。如果 delimiter 是一个长度为零的字符串，则返回的数组仅包含一个元素，即完整的 expression 字符串。

count：可选的，要返回的子字符串数，-1 表示返回所有的子字符串。

compare：可选的，数字值，表示判别子字符串时使用的比较方式。关于其值，请参阅“设置值”部分。

例如，读取字符串 str 中以符号“/”分隔的各子字符串，代码如下。

```
<%
Dim str,str_sub,i
str="ASP 程开发/VB 程序开发/ASP.NET 程序开发"
str_sub=Split(str,"/")
For i=0 to Ubound(str_sub)
  Respone.Write(i+1&"."&str_sub(i)&"<br>")
Next
%>
```

结果为：

① ASP 程序开发

② VB 程序开发

③ ASP.NET 程序开发

- Erase 函数。

Erase 函数用于重新初始化大小固定的数组的元素，以及释放动态数组的存储空间。

语法：

```
Erase arraylist
```

所需的 arraylist 参数是一个或多个用逗号隔开的需要清除的数组变量。

Erase 根据是固定大小（常规的）数组还是动态数组，来采取完全不同的行为。Erase 无需为固定大小的数组恢复内存。

例如，定义数组元素内容后，利用 Erase 函数释放数组的存储空间，代码如下。

```
<%
Dim MyArray(1)
MyArray(0)="网络编程"
Erase MyArray
If MyArray(0)= "" Then
  Response.Write("数组资源已释放！")
Else
  Response.Write(MyArray(0))
End If
%>
```

结果为：数组资源已释放！

13.1.5　流程控制语句

在 VBScript 语言中，有顺序结构、选择结构和循环结构 3 种基本程序控制结构。顺序结构是程序设计中最基本的结构，在程序运行时，编译器总是按照先后顺序执行程序中的所有命令。通过选择结构和循环结构可以改变代码的执行顺序。本节介绍 VBScript 选择语句和循环语句。

1.运用 VBScript 选择语句

- 使用 if 语句实现单分支选择结构。

if…then…end if 语句称为单分支选择语句，可用于实现程序的单分支选择结构。该语句根据表达式结果是否为真，决定是否执行指定的命令序列。在 VBScript 中，if…then…end if 语句的基本格式如下：

```
if 条件语句 then
    …命令序列
end if
```

通常情况下，条件语句是使用比较运算符对数值或变量进行比较的表达式。执行该格式的命令时，首先对条件进行判断，若条件取值为真 true，则执行命令序列。否则跳过命令序列，执行 end if 后的语句。

例如，判断给定变量的值是否为数字，如果为数字则输出指定的字符串信息，代码如下。

```
<%
Dim Num
Num=105
If IsNumeric(Num) then
  Response.Write（"变量 Num 的值是数字！"）
end if
%>
```

- 使用 if…then…else 语句实现双分支选择结构。

if…then…else 语句称为双分支选择语句，可用于实现程序的双分支选择结构。该语句根据条件语句的取值，执行相应的命令序列。基本格式如下：

```
if 条件语句 then
    …命令序列 1
else
    …命令序列 2
end if
```

执行该格式命令时，若条件语句为 true，则执行命令序列 1，否则执行命令序列 2。

- 使用 select case 语句实现多分支选择结构。

select case 语句称为多分支选择语句，该语句可以根据条件表达式的值，决定执行的命令序列。应用 select case 语句实现的功能，相当于嵌套使用 if 语句实现的功能。select case 语句的基本格式如下：

```
select case 变量或表达式
    case 结果 1
        命令序列 1
    case 结果 2
        命令序列 2
        …
```

```
case 结果 n
    命令序列 n
case else 结果 n
    命令序列 n+1
end select
```

在 select case 语句中，首先对表达式进行计算，可以进行数学计算或字符串运算；然后将运算结果依次与结果 1 到结果 n 作比较，如果找到相等的结果，则执行对应的 case 语句中的命令序列，如果未找到相同的结果，则执行 case else 语句后面的命令序列；执行命令序列后，退出 select case 语句。

2．运用 VBScript 循环语句

（1）do…loop 循环控制语句。

do…loop 语句当条件为 true 或条件变为 true 之前重复执行某语句块。根据循环条件出现的位置，do…loop 语句的语法格式分以下两条形式。

- 循环条件出现在语句的开始部分。

```
do while 条件表达式
    循环体
Loop
```

或者

```
do until 条件表达式
    循环体
Loop
```

- 循环条件出现在语句的结尾部分。

```
do
    循环体
loop until 条件表达式
```

其中的 while 和 until 关键字的作用正好相反，while 是当条件为 true 时，执行循环体，而 until 是条件为 false 时，执行循环体。

在 do…loop 语句中，条件表达式在前与在后的区别是：当条件表达式在前时，表示在循环条件为真时，才能执行循环体；而条件表达式在后时，表示无论条件是否满足都至少执行一次循环体。

在 do…loop 语句中，还可以使用强行退出循环的指令 exit do，此语句可以放在 do…loop 语句中的任意位置，它的作用与 for 语句中的 exit for 相同。

（2）while…wend 循环控制语句。

while…wend 语句是当前指定的条件为 true 时执行一系列的语句。该语句与 do…loop 循环语句相似。while…wend 语句的语法格式如下：

```
while condition
 [statements]
Wend
```

condition：数值或字符串表达式，其计算结果为 true 或 false。如果 condition 为 null，则 condition 返回 false。

statements：在条件为 true 时执行的一条或多条语句。

在 while…wend 语句中，如果 condition 为 true，则 statements 中所有 wend 语句之前的语句都将被执行，然后控制权将返回到 while 语句，并且重新检查 condition。如果 condition 仍为 true，则重复执行上面的过程；如果为 false，则从 wend 语句之后的语句继续执行程序。

（3）for…next 循环控制语句。

for…next 语句是一种强制型的循环语句，它指定次数重复执行一组语句。其语法格式如下：

```
for counter=start to end [step number]
    statement
      [exit for]
Next
```

counter：用作循环计数器的数值变量。start 和 end 分别是 counter 的初始值和终止值。Number 为 counter 的步长，决定循环的执行情况，可以是正数或负数，其默认值为 1。

statement：表示循环体。

exit for：为 for…next 提供了另一种退出循环的方法，可以在 for…next 语句的任意位置放置 exit for。exit for 语句经常和条件语句一起使用。

exit for 语句可以嵌套使用，即可以把一个 for…next 循环放置在另一个 for…next 循环中，此时每个循环中的 counter 要使用不同的变量名。例如：

```
for i =0 to 10
    for j=0 to 10
      …
    next
      …
Next
```

（4）for each…next 循环控制语句。

for each…next 语句主要针对数组或集合中的每个元素重复执行一组语句。虽然也可以用 for each…next 语句完成任务，但是如果不知道一个数组或集合中有多少个元素，使用 for each…next 语句循环语句则是较好的选择。其语法格式如下：

```
for each 元素 in 集合或数组
    循环体
    [exit for]
Next
```

（5）exit 退出循环语句。

exit 语句主要用于退出 do…loop、for…next、function 或 sub 代码块。其语法格式如下：

```
exit do
exit for
exit function
exit sub
```

exit do：提供一种退出 Do…Loop 循环的方法，并且只能在 Do…Loop 循环中使用。

exit for：提供一种退出 for 循环的方法，并且只能在 For…Next 或 For Each…Next 循环中使用。

exit function：立即从包含该语句的 Function 过程中退出。程序会从调用 Function 的语句之后的语句继续执行。

exit property：立即从包含该语句的 Property 过程中退出。程序会从调用 Property 过程的语句之后的语句继续执行。

exit sub：立即从包含该语句的 Sub 过程中退出。程序会从调用 Sub 过程的语句之后的语句继续执行。

13.2 ASP 内置对象

为了实现网站的常见功能，ASP 提供了内置对象。内置对象的特点是：不需要事先声明或者创建一个例，可以直接使用。常见的内置对象主要内容包括 Request 对象、Response 对象、Application、Session 对象、Server 对象和 ObjectContext 对象。

13.2.1 课堂案例——体育运动网页

案例学习目标：使用 Request 对象获取表单数据。

案例知识要点：使用“代码显示器”窗口输出代码。使用 Request 对象获取表单数据，如图 13-20 所示。

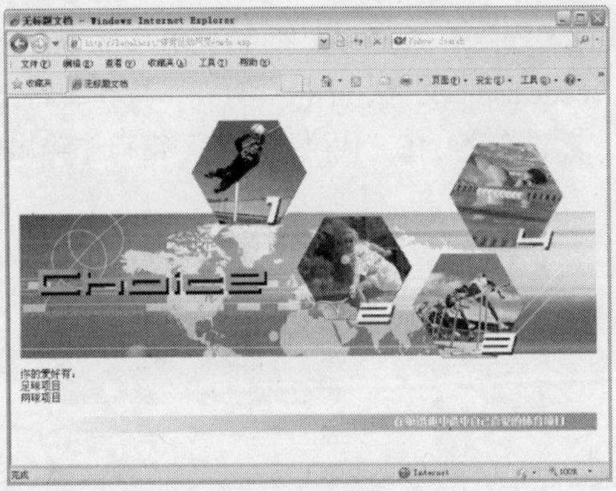

图 13-20

效果所在位置：光盘/Ch13/效果/体育运动网页/code.asp。

Step 01 选择“文件 > 打开”命令，在弹出的对话框中选择“Ch13 > 素材 > 体育运动网页 > index.asp”文件，单击“打开”按钮，效果如图 13-21 所示。

Step 02 将光标置入到下方的单元格中，如图 13-22 所示。

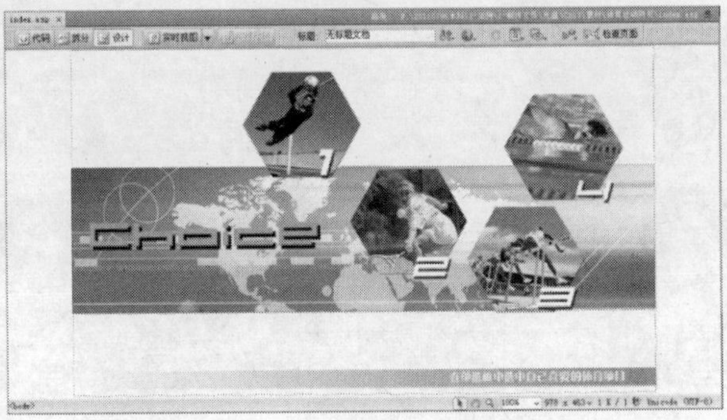

图 13-21

图 13-22

Step 03 按<F10>键，弹出“代码显示器”窗口，在光标所在的位置输入代码，如图 13-23 所示，文档窗口如图 13-24 所示。

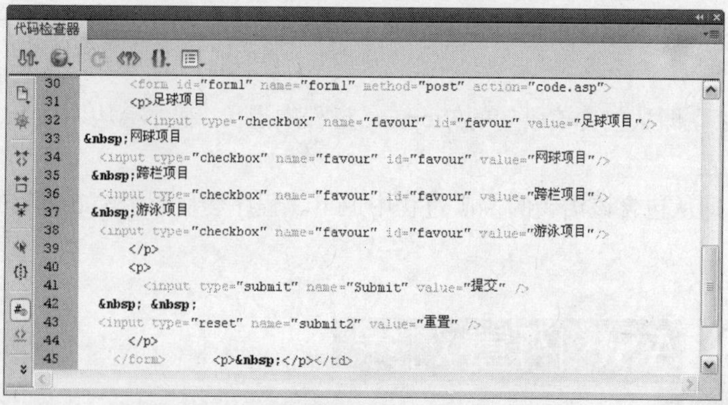

图 13-23

图 13-24

Step 04 选择“文件 > 打开”命令，在弹出的对话框中选择“Ch13 > 素材 > 体育运动网页 > code.asp”文件，单击“打开”按钮，将光标置入到下方的单元格中，如图 13-25 所示。

Step 05 在“代码显示器”窗口中输出代码，如图 13-26 所示。

图 13-25

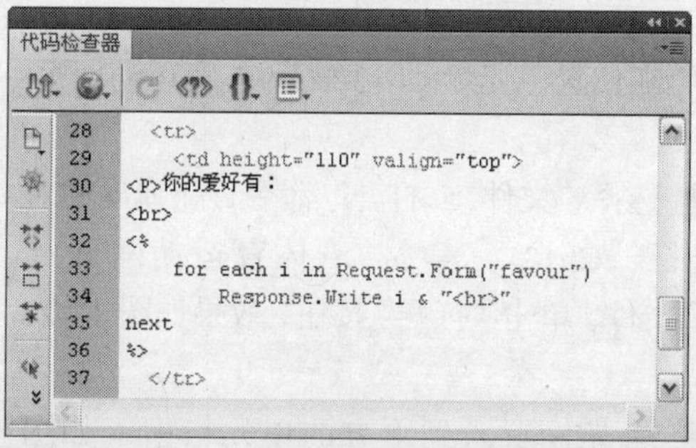

图 13-26

Step 06 保存文档，在 IIS 浏览 index.asp 文件，如图 13-27、图 13-28 所示。

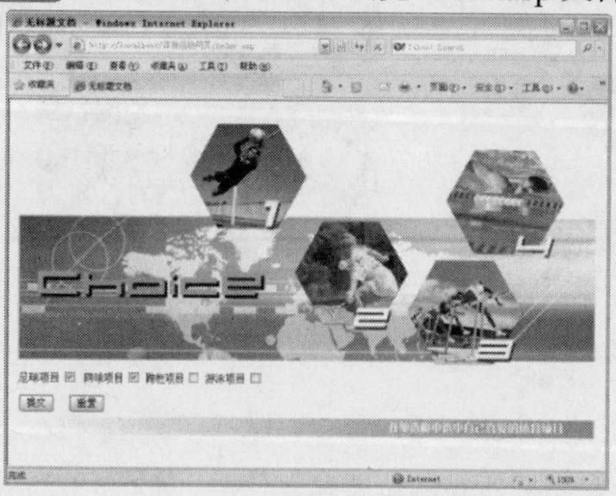

图 13-27

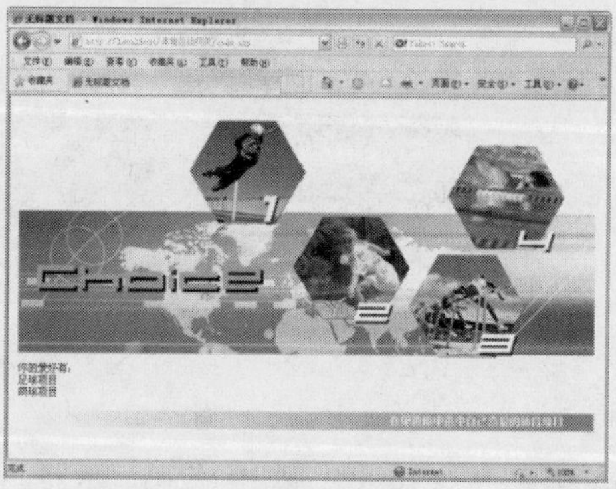

图 13-28

13.2.2 Request 请求对象

在客户端/服务器结构中，当客户端 Web 页面向网站服务器传递信息时，ASP 通过 Request 对象能够获取客户提交的全部信息。信息包括客户端用户的 HTTP 变量在网站服务器端存放的客户端浏览器的 Cookie 数据、附于 URL 之后的字符串信息、页面中表单传送的数据以及客户端的认证等。

Request 对象语法：

Request [.collection | property | method](variable)

Collection：数据集合。

Property：属性。

Method：方法。

Variable：是由字符串定义的变量参数，指定要从集合中检索的项目或者作为方法和属性的输入。

使用 request 对象时，collection、property 和 method 可选 1 或者 3 个都不选，此时按一下顺序搜索集合：QueryString、form、cookie、Servervariable 和 ClientCertificate。

例如，使用 request 对象的 querystring 数据集合取得传递值参数 parameter 值并赋给变量 id。

```
<%
        dim id
        id=request.querystring("parameter")
%>
```

Request 对象包括 5 个数据集合、1 个属性和 1 个方法，如表 13-1 所示。

表 13-1

成员	描述
数据集合 form	读取 HTML 表单域控件的值，即读取客户浏览器上以 post 方法提交的数据
数据集合 querystring	读取附于 URL 地址后的字符串值，获取 get 方式提交的数据
数据集合 cookies	读取存放在客户端浏览器 Cookies 的内容
数据集合 servervariable	读取客户端请求发出的 HTTP 报头值以及 Web 服务器的环境变量值
数据集合 clientcertificate	读取客户端的验证字段
属性 totalbytes	返回客户端发出请求的字节数量
方法 binaryread	以二进制方式读取客户端使用 post 方法所传递的数据，并返回一个变量数组

1．获取表单数据

检索表单数据：表单是 html 文件的一部分，提交输入的数据。

在含有 ASP 动态代码的 Web 页面中，使用 request 对象的 form 集合收集来自客户端的以表单形式发送到服务器的信息。

语法：

Request.form(element)[(index)|.count]

Element：集合要检索的表单元素的名称。

Index：用来取得表单中名称相同的元素值。

Count：集合中相同名称元素的个数。

一般情况下，传递大量数据使用 post 方法，通过 form 集合来获得表单数据。用 get 方法传递数据时，通过 request 对象的 querystring 集合来获得数据。

数据和读取数据的对应关系如表 13-2 所示。

表 13-2

提交方式	读取方式
Method=Post	Request.Form()
Method=Get	Request.QueryString()

在 index.asp 文件中建立表单，在表单中插入文本框以及按钮。当用户在文本框中输入数据并单击提交按钮时，在 code.asp 页面中通过 Request 对象的 Form 集合获取表单传递的数据并输出。

文件 index.asp 中代码如下。

```
<form id="form1" name="form1" method="post" action="code.asp">
    <p>用户名:
        <input type="text" name="txt_username" id="txt_username" />
    </p>
    <p>密码:
        <input type="password" name="txt_pwd" id="txt_pwd" />
    </p>
    <p>
        <input type="submit" name="Submit" id="button" value="提交" />
           
        <input type="reset" name="Submit2" id="button2" value="重置" />
    </p>
  </form>
```

文件 code.asp 中的代码如下。

```
<p>用户名为：<%=Request.Form("txt_username")%>
<P>密码为：<%=Request.Form("txt_pwd")%>
```

在 IIS 浏览器中查看 index.asp 文件，运行结果如图 13-29、图 13-30 所示。

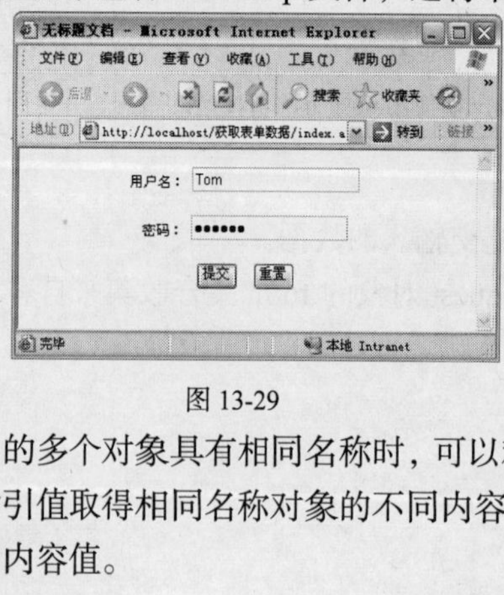

图 13-29

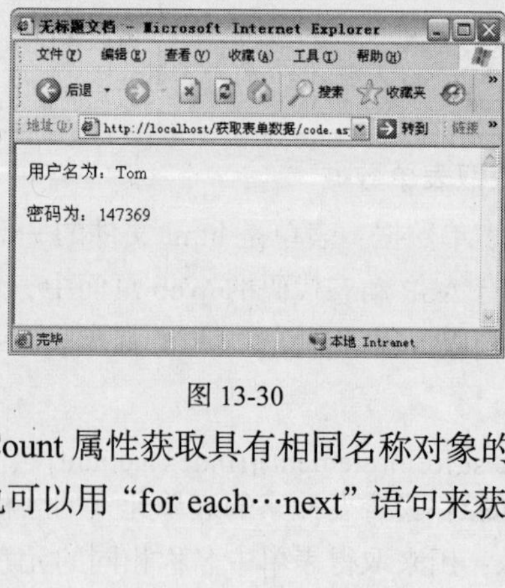

图 13-30

当表单中的多个对象具有相同名称时，可以利用 Count 属性获取具有相同名称对象的总数，然后加上一个索引值取得相同名称对象的不同内容值。也可以用“for each…next”语句来获取相同名称对象的不同内容值。

2．检索查询字符串

利用 querystring 可以检索 HTTP 查询字符串中变量的值。http 查询字符串中的变量可以直接定义在超链接的 url 地址中的“？”字符之后。

例如，http://www.canon.com/?name=wang。

如果传递多个参数变量，用“&”作为分隔符隔开。

语法：request.querystring(varible)[(index)|.count]。

variable：指定要检索的 http 查询字符串中的变量名。

index：用来取得 http 查询字符串中相同变量名的变量值。

count：http 查询字符串中的相同名称变量的个数。

有两种情况需要在服务器端指定利用 querystring 数据集合取得客户端传送的数据。

- 在表单中通过 get 方式提交的数据。

据此方法提交的数据与 form 数据集合相似，利用 querystring 数据集合可以取得在表单中以 get 方式提交的数据。

- 利用超链接标记<a>传递的参数。

取得标记<a>所传递的参数值。

3．获取服务器端环境变量

利用 Request 对象的 ServerVariables 数据集合可以取得服务器端的环境变量信息。这些信息包括：发出请求的浏览器信息、构成请求的 HTTP 方法、用户登录 Windows NT 的账号、客户端的 IP 地址等。服务器端环境变量对 ASP 程序有很大的帮助，使程序能够根据不同情况进行判断，提高了程序的健壮性。服务器环境变量是只读变量，只能查看，不能设置。

语法：

Request.ServerVariables(server_environment_variable)

server_environment_variable：服务器环境变量。

服务器环境变量列表如表 13-3 所示。

表 13-3

服务器环境变量	描述
ALL_HTTP	客户端发送的所有 HTTP 标题文件
ALL_RAW	检索未处理表格中所有的标题。ALL_RAW 和 ALL_HTTP 不同，ALL_HTTP 在标题文件名前面放置 HTTP_ prefix，并且标题名称总是大写的。使用 ALL_RAW 时，标题名称和值只在客户端发送时才出现
APPL_MD_PATH	检索 ISAPI DLL 的 (WAM) Application 的元数据库路径
APPL_PHYSICAL_PATH	检索与元数据库路径相应的物理路径。IIS 通过将 APPL_MD_PATH 转换为物理（目录）路径以返回值
AUTH_PASSWORD	该值输入到客户端的鉴定对话中。只有使用基本鉴定时，该变量才可用
AUTH_TYPE	这是用户访问受保护的脚本时，服务器用于检验用户的验证方法
AUTH_USER	未被鉴定的用户名
CERT_COOKIE	客户端验证的唯一 ID，以字符串方式返回。可作为整个客户端验证的签字
CERT_FLAGS	如有客户端验证，则 bit 0 为 1。 如果客户端验证的验证人无效（不在服务器承认的 CA 列表中），bit1 被设置为 1
CERT_ISSUER	用户验证中的颁布者字段（O=MS，OU=IAS，CN=user name，C=USA）

续表

服务器环境变量	描述
CERT_KEYSIZE	安全套接字层连接关键字的位数，如 128
CERT_SECRETKEYSIZE	服务器验证私人关键字的位数，如 1024
CERT_SERIALNUMBER	用户验证的序列号字段
CERT_SERVER_ISSUER	服务器验证的颁发者字段
CERT_SERVER_SUBJECT	服务器验证的主字段
CERT_SUBJECT	客户端验证的主字段
CONTENT_LENGTH	客户端发出内容的长度
CONTENT_TYPE	内容的数据类型。同附加信息的查询一起使用，如 HTTP 查询 GET、POST 和 PUT
GATEWAY_INTERFACE	服务器使用的 CGI 规格的修订，格式为 CGI/revision
HTTP_<HeaderName>	存储在标题文件中的值。未列入该表的标题文件必须以 HTTP_ 作为前缀，以使 ServerVariables 集合检索其值。 注意，服务器将 HeaderName 中的下划线（_）解释为实际标题中的破折号。例如，如果用户指定 HTTP_MY_HEADER，服务器将搜索以 MY-HEADER 为名发送的标题文件
HTTPS	如果请求穿过安全通道（SSL），则返回 ON。如果请求来自非安全通道，则返回 OFF
HTTPS_KEYSIZE	安全套接字层连接关键字的位数，如 128
HTTPS_SECRETKEYSIZE	服务器验证私人关键字的位数，如 1024
HTTPS_SERVER_ISSUER	服务器验证的颁发者字段
HTTPS_SERVER_SUBJECT	服务器验证的主字段
INSTANCE_ID	文本格式 IIS 实例的 ID。如果实例 ID 为 1，则以字符形式出现。使用该变量可以检索请求所属的（元数据库中）Web 服务器实例的 ID
INSTANCE_META_PATH	响应请求的 IIS 实例的元数据库路径
LOCAL_ADDR	返回接受请求的服务器地址。如果在绑定多个 IP 地址的多宿主机器上查找请求所使用的地址时，这条变量非常重要
LOGON_USER	用户登录 Windows NT® 的账号
PATH_INFO	客户端提供的额外路径信息。可以使用这些虚拟路径和 PATH_INFO 服务器变量访问脚本。如果该信息来自 URL，在到达 CGI 脚本前就已经由服务器解码了
PATH_TRANSLATED	PATH_INFO 转换后的版本，该变量获取路径并进行必要的由虚拟至物理的映射
QUERY_STRING	查询 HTTP 请求中问号（?）后的信息
REMOTE_ADDR	发出请求的远程主机的 IP 地址
REMOTE_HOST	发出请求的主机名称。如果服务器无此信息，它将设置为空的 MOTE_ADDR 变量
REMOTE_USER	用户发送的未映射的用户名字符串。该名称是用户实际发送的名称，与服务器上验证过滤器修改过后的名称相对
REQUEST_METHOD	该方法用于提出请求。相当于用于 HTTP 的 GET、HEAD、POST 等
SCRIPT_NAME	执行脚本的虚拟路径。用于自引用的 URL
SERVER_NAME	出现在自引用 URL 中的服务器主机名、DNS 化名或 IP 地址
SERVER_PORT	发送请求的端口号
SERVER_PORT_SECURE	包含 0 或 1 的字符串。如果安全端口处理了请求，则为 1，否则为 0
SERVER_PROTOCOL	请求信息协议的名称和修订，格式为 protocol/revision
SERVER_SOFTWARE	应答请求并运行网关的服务器软件的名称和版本，格式为 name/version
URL	提供 URL 的基本部分

4．以二进制码方式读取数据

Request 对象提供一个 BinaryRead 方法，用于以二进制码方式读取客户端使用 Post 方法所传递的数据。

（1）Request 对象的 TotalBytes 属性。

Request 对象的 TotalBytes 属性，为只读属性，用于取得客户端响应的数据字节数。

语法：

Counter=Request.TotalBytes

Counter：用于存放客户端送回的数据字节大小的变量。

（2）Request 对象的 BinaryRead 方法。

Request 对象提供一个 BinaryRead 方法，用于以二进制码方式读取客户端使用 Post 方式进行传递数据。

语法：

Variant 数据=Request.BinaryRead(Count)

Count：是一个整型数据，用以表示每次读取数据的字节大小，范围介于 0 到 TotalBytes 属性取回的客户端送回的数据字节大小。

BinaryRead 方法的返回值是通用变量数组（Variant Array）。

BinaryRead 方法一般与 TotalBytes 属性配合使用，以读取提交的二进制数据。

例如，以二进制码方式读取数据，代码如下。

```
<%
    Dim Counter,arrays(2)
    Counter=Request.TotalBytes              '获得客户端发送的数据字节数
    arrays(0)=Request.BinaryRead(Counter)   '以二进制码方式读取数据
%>
```

13.2.3 Response 响应对象

Response 对象用来访问所创建并返回客户端的响应。可以使用 Response 对象控制发送给用户的信息，包括直接发送信息给浏览器，重定向浏览器到另一个 URL 或设置 Cookie 的值。Response 对象提供了标识服务器和性能的 HTTP 变量，发送给浏览器的信息内容和任何将在 Cookies 中存储的信息。

Response 对象只有一个集合——Cookies，该集合用于设置希望放置在客户系统上 Cookies 的值。Response 对象的 Cookies 集合用于在当前响应中，将 Cookies 值发送到客户端，该集合访问方式为只写。

Response 对象的语法如下：

Response.collection | property | method

Collection：response 对象的数据集合。

Property：response 对象的属性。

Method：response 对象的方法。

例如，使用 Response 对象的 Cookies 数据集合设置客户端的 Cookies 关键字并赋值，代码如下：

```
<%
    response.cookies("user")="编程"
%>
```

Response 对象与一个 http 响应对应，通过设置其属性和方法可以控制如何将服务器端的数据发送到客户端浏览器。Response 对象成员如表 13-4 所示。

表 13-4

成员	描述
数据集合 cookies	设置客户端浏览器的 cookie 值
属性 buffer	输出页是否被缓冲
属性 cachecontrol	代理服务器是否能缓存 asp 生成的页
属性 status	服务器返回的状态行的值
属性 contenttype	指定响应的 http 内容类型
属性 charset	将字符集名称添加到内容类型标题中
属性 expires	浏览器缓存页面超时前，指定缓存时间
属性 expiresabsolute	指定浏览器上缓存页面超过的日期和时间
属性 Isclientconneted	表明客户端是否跟服务器断开
属性 PICS	将 pics 标记的值添加到响应的标题的 pics 标记字段中
方法 write	直接向客户端浏览器输出数据
方法 end	停止处理.asp 文件并返回当前结果
方法 redirect	重定向当前页面，连接另一个 url
方法 clear	清除服务器缓存的 html 信息
方法 flush	立即输出缓冲区的内容
方法 binarywrite	按字节格式向客户端浏览器输出数据，不进行任何字符集的转换
方法 addheader	设置 html 标题
方法 appendtolog	在 Web 服务器的日志文件中记录日志

1. 将信息从服务器端直接发送给客户端

Write 方法是 response 对象常用的响应方法，将指定的字符串信息从 server 端直接输送给 client 端，实现在 client 端动态的显示内容。

语法：

response.write variant

variant：输出到浏览器的变量数据或者字符串。

在页面中插入一个简单的输出语句时，可以用简化写法，代码如下：

- <%="输出语句"%>

- <%response.write"输出语句"%>

2．利用缓冲输出数据

Web 服务器响应客户端浏览器的请求时，是以信息流的方式将响应的数据发送给客户浏览器，发送过程是先返回响应头，再返回正式的面页。在处量 ASP 页面时，信息流的发送方式则是生成一段页面就立即发出一段信息流返回给浏览器。

ASP 提供了另一种发送数据的方式，即利用缓存输出。缓存输出 Web 服务器生成 ASP 页面时，等 ASP 页面全部处理完成之后，再返回用户请求。

（1）使用缓冲输出。

- Buffer 属性。
- Flush 方法。
- Clear 方法。

（2）设置缓冲的有效期限。

- CacheControl 属性。
- Expires 属性。
- ExpiresAbsolute 属性。

3．重定向网页

网页重定向是指从一个网页跳转到其他页面。应用 Response 对象的 Redirect 方法可以将客户端浏览器重定向到另一个 Web 页面。如果需要在当前网页转移到一个新的 URL，而不用经过用户单击超链接或者搜索 URL，此时可以使用该方法使用浏览器直接重定向到新的 URL。

语法：

Response.Redirect URL

URL：资源定位符，表示浏览器重定向的目标页面。

调用 Redirect 方法，将会忽略当前页面所有的输出而直接定向到被指定的页面，即在页面中显示设置的响应正文内容都被忽略。

4．向客户端输出二进制数据

利用 binarywrite 可以直接发送二进制数据，不需要进行任何字符集转换。

语法：

response.binarywrite variable

Variable：是一个变量，它的值是要输出的二进制数据，一般是非文字资料，比如图像文件和声音文件等。

5．使用 cookies 在客户端保存信息

Cookies 是一种将数据传送到客户端浏览器的文本句式，从而将数据保存在客户端硬盘上，实现与某个 Web 站点持久的保持会话。Response 对象跟 request 对象都包含。Request.cookies 是一系列 cookies 数据，同客户端 http request 一起发给 Web 服务器；而 response.cookies 则是把 Web 服务器的 cookies 发送到客户端。

（1）写入 cookies。

向客户端发送 cookies 的语法：

Response.cookies(“cookies 名称”)[(“键名值”).属性]=内容（数据）

必须放在发送给浏览器的 html 文件的<html>标记之前。

（2）读取 cookies。

读取时，必须使用 request 对象的 cookies 集合。

语法：<% =request.cookies("cookies 名称")%>。

13.2.4 Session 会话对象

用户可以使用 Session 对象存储特定会话所需的信息。这样，当用户在应用程序的 Web 页之间跳转时，存储在 Session 对象中的变量将不会丢失，而是在整个用户会话中一直存在下去。

当用户请求来自应用程序的 Web 页时，如果该用户还没有会话，则 Web 服务器将自动创建一个 Session 对象。当会话过期或被放弃后，服务器将终止该会话。

语法：

Session.collection|property|method

collection：session 对象的集合。

property：session 对象的属性。

method：session 对象的方法。

Session 对象可以定义会话级变量。会话级变量是一种对象级的变量，隶属于 session 对象，它的作用域等同于 session 对象的作用域。

例如，<% session("username")="userli" %>。

Session 对象的成员如表 13-5 所示。

表 13-5

成员	描述
集合 contents	包含通过脚本命令添加到应用程序中的变量、对象
集合 staticobjects	包含由<object>标记添加到会话中的对象
属性 sessionID	存储用户的 SessionID 信息
属性 timeout	Session 的有效期，以分钟为单位
属性 codepage	用于符号映射的代码页
属性 LCID	现场标识符
方法 abandon	释放 session 对象占用的资源
事件 session_onstart	尚未建立会话的用户请求访问页面时，触发该事件
事件 session_onend	会话超时或会话被放弃时，触发该事件

提示：使用 session 对象前，必须确认浏览器的 cookie 功能已启用。可以通过浏览器设置来开启。

1．返回当前会话的唯一标识符

SessionID 自动为每一个 session 对象分配不同的编号，返回用户的会话标识。

语法：

Session.sessionID

此属性返回一个不重复的长整型数字。

例如，返回用户会话标识，代码如下。

```
<% Response.Write Session.SessionID %>
```

2．控制会话的结束时间

Timeout 用于会话定义有效访问时间，以分种为单位。如果用户在前效的时间没有进行刷新或请求一个网页，该会话结束，在网页中可以根据需要修改。代码如下。

```
<%
Session.Timeout=10
Response.Write "设置会话超时为：" & Session.Timeout & "分钟"
%>
```

3．应用 Abandon 方法清除 session 变量

用户结束使用 session 变量时，应当清除 session 对象。

语法：

```
session.abandon
```

如果程序中没有使用 abandon，session 对象在 timeout 规定时间到达后，将被自动清除。

13.2.5　Application 应用程序对象

ASP 程序是在 Web 服务器上执行的，在 Web 站点中创建一个基于 ASP 的应用程序之后，可以通过 Application 对象在 ASP 应用程序的所有用户之间共享信息。也就是说，Application 对象中包含的数据可以在整个 Web 站点中被所有用户使用，并且可以在网站运行期间持久保存数据。一度用 Application 对象可以完成统计网站的在线人数，创建多用户游戏以及多用户聊天室等功能。

语法：

```
Application.collection | method
```

collection：Application 对象的数据集合。

method：Application 对象的方法。

Application 对象可以定义应用级变量。应用级变量是一种对象级的变量，隶属于 Application 对象，它的作用域等同于 Application 对象的作用域。

例如，<%application("username")="manager"%>。

Application 对象的主要功能是为 Web 应用程序提供全局性变量。

Application 的对象成员如表 13-6 所示。

表 13-6

成员	描述
集合 contents	Application 层次的所有可用的变量集合，不包括<object>标记建立的变量
集合 staticobjects	在 global.asa 文件中通过<object>建立的变量集合
方法 contents.remove	从 Application 对象的 contents 集合中删除一个项目
方法 contents.removeall	从 Application 对象的 contents 集合中删除所有项目
方法 lock	锁定 Application 变量
方法 unlock	解除 Application 变量的锁定状态

续表

成员	描述
事件 session_onstart	当应用程序的第一个页面被请求时，触发该事件
事件 session_onend	当 Web 服务器关闭时这个事件中的代码被触发

1．锁定和解锁 Application 对象

可以利用 Application 对象的 Lock 和 Unlock 方法确保在同一时刻只有一个用户可以修改和存取 Application 对象集合中的变量值。前者用来避免其他用户修改 Application 对象的任何变量，而后者则是允许其他用户对 Application 对象的变量进行修改，如表 13-7 所示。

表 13-7

方法	用途
Lock	禁止非锁定用户修改 Application 对象集合中的变量值
Unlock	允许非锁定用户修改 Application 对象集合中的变量值

2．制作网站计数器

Global.asa 文件是用来存放执行任何 ASP 应用程序期间的 Application、Session 事件程序，当 Application 或者 Session 对象被第一次调用或者结束时，就会执行该 Global.asa 文件内的对应程序。一个应用程序只能对应一个 Global.asa 文件，该文件只有存放在网站的根目录下才能正常运行。

Global.asa 文件的基本结构如下。

```
<Script Language="VBScript" Runat="Server">
Sub Application_OnStart
    …
End Sub
Sub Session_OnStart
    …
End Sub
Sub Session_OnEnd
    …
End Sub
Sub Application_OnEnd
    …
End Sub
</Script>
```

Application_OnStart 事件：是在 ASP 应用程序中的 ASP 页面第一次被访问时引发的。

Session_OnStart 事件：是在创建 Session 对象时触发的。

Session_OnEnd 事件：是在结束 Session 对象时触发，即会话时超时或者是会话被放弃时引发该事件。

Application_OnEnd 事件：是在 Web 服务器被关闭时触发，即结束 Application 对象时引发该事件。

在 Global.asa 文件中，用户必须使用 ASP 所支持的脚本语言并且定义在<Script>标记之内，不能定义非 Application 对象或者 Session 对象的模板，否则将产生执行上的错误。

通过在 Global.asa 文件的 Application_OnStart 事件中定义 Application 变量，可以统计网站的访问量。

13.2.6 Server 服务对象

Server 对象提供对服务器上访问的方法和属性，大多数方法和属性是作为实用程序的功能提供的。

语法：

server.property|method

property：Server 对象的属性。

Method：Server 对象的方法。

例如，通过 Server 对象创建一个名为 Conn 的 ADO 的 Connection 对象实例，代码如下。

```
<%
    Dim Conn
Set Conn=Server.CreateObject("ADODB.Connection")
%>
```

Server 对象的成员如表 13-8 所示。

表 13-8

成员	描述
属性 ScriptTimeOut	该属性用来规定脚本文件执行的最长时间。如果超出最长时间还没有执行完毕，就自动停止执行，并显示超时错误
方法 CreateObject	用于创建组件、应用程序或脚本对象的实例，利用它就可以调用其他外部程序或组件的功能
方法 HTMLEncode	可以将字符串中的特殊字符（<、>和空格等）自动转换为字符实体
方法 URLEncode	是用来转化字符串，不过它是按照 URL 规则对字符串进行转换的。按照该规则的规定，URL 字符串中如果出现“空格、?、&”等特殊字符，则接收端有可能接收不到准确的字符，因此就需要进行相应的转换
方法 MapPath	可以将虚拟路径转化为物理路径
方法 Execute	用来停止执行当前网页，转到执行新的网页，执行完毕后返回原网页，继续执行 Execute 方法后面的语句
方法 Transfer	该方法和 Execute 方法非常相似，唯一的区别是执行完新的网页后，并不返回原网页，而是停止执行过程

1．设置 ASP 脚本的执行时间

Server 对象提供了一个 ScriptTimeOut 属性，ScriptTimeOut 属性用于获取和设置请求超时。ScriptTimeOut 属性是指脚本在结束前最大可运行多长时间，该属性可用于设置程序能够运行的最长时间。当处理服务器组件时，超时限制将不再生效，代码如下。

```
Server.ScriptTimeout=NumSeconds
```

NumSeconds 用于指定脚本在服务器结束前最大可运行的秒数，默认值为 90 秒。可以在 Internet 信息服务器管理单元的“应用程序配置”对话框中更改这个默认值，如果将其设置为-1，则脚本将永远不会超时。

2．创建服务器组件实例

调用 Server 对象的 CreateObject 方法可以创建服务器组件的实例，CreateObject 方法可以用来创建已注册到服务器上的 ActiveX 组件实例，这样可以通过使用 ActiveX 服务器组件扩展 ASP 的功能，实现一些仅依赖脚本语言所无法实现的功能。建立在组件对象模型上的对象，ASP

有标准和函数调用接口，只要在操作系统上登记注册了组件程序，COM 就会在系统注册表里维护这些资源，以供程序员调用。

语法：

Server.CreateObject(progID)

progID：指定要创建的对象的类型，其格式如下。

[Vendor.] component[.Version]。

Vendor：表示拥有该对象的应用名。

component：表示该对象组件的名字。

Version：表示版本号。

例如，创建一个名为 FSO 的 FileSyestemObject 对象实例，并将其保存在 Session 对象变量中，代码如下。

```
<%
    Dim FSO=Server.CreateObject("Scripting.FilleSystemObject")
    Session("ofile")=FSO
%>
```

CreateObject 方法仅能用来创建外置对象的实例，不能用来创建系统的内置对象实例。用该方法建立的对象实例仅在创建它的页面中是有效的，即当处理完该页面程序后，创建的对象会自动消失，若想在其他页面引用该对象，可以将对象实例存储在 Session 对象或者 Application 对象中。

3．获取文件的真实物理路径

Server 对象的 MapPath 方法将指定的相对、虚拟路径映射到服务器上相应的物理目录。

语法：

Server.MapPath(string)

String：用于指定虚拟路径的字符串。

虚拟路径如果是以“\”或者“/”开始表示，MapPath 方法将返回服务器端的宿主目录。如果虚似路径以其他字符开头，MapPath 方法将把这个虚拟路径视为相对路径，相对于当前调用 MapPath 方法的页面，返回其他物理路径。

若想取得当前运行的 ASP 文件所在的真实路径，可以使用 Request 对象的服务器变量 PATH_INFO 来映射当前文件的物理路径。

4．输出 HTML 源代码

HTMLEncode 方法用于对指定的字符串采用 HTML 编码。

语法：

Server.HTMLEncode(string)

string：指定要编码的字符串。

当服务器端向浏览器输出 HTML 标记时，浏览器将其解释为 HTML 标记，并按照标记指定的格式显示在浏览器上。使用 HTMLEncode 方法可以实现在浏览器中原样输出 HTML 标记字符，即浏览器不对这些标记进行解释。

HTMLEncode 方法可以将定的字符串进行 HTML 编码，将字符串中的 HTML 标记字符转换为实体。例如，HTML 标记字符“<”和“>”编码转化为“>”和“<”。

13.2.7 ObjectContext 事务处理对象

ObjectContext 对象是一个以组件为主的事务处理系统，可以保证事务的成功完成。使用 ObjectContext 对象，允许程序在网页中直接配合 Microsoft Transaction Server(MTS)使用，从而可以管理或开发高效率的 Web 服务器应用程序。

事务是一个操作序列，这些序列可以视为一个整体。如果其中的某一个步骤没有完成，所有与该操作相关的内容都应该取消。

事务用于提供对数据库进行可靠的操作。

在 ASP 中使用@TRANSACTION 关键字来标识正在运行的页面要以 MTS 事务服务器来处理。

语法：

```
<%@TRANSACTION=value%>
```

其中@TRANSACTION 的取值有 4 个，如表 13-9 所示。

表 13-9

值	描述
Required	开始一个新的事务或加入一个已经存在的事务处理中
Required_New	每次都是一个新的事务
Supported	加入到一个现有的事务处理中，但不开始一个新的事务
Not_Supported	既不加入也不开始一个新的事务

ObjectContext 对象提供了两个方法和两个事件控制 ASP 的事务处理。ObjectContext 对象的成员如表 13-10 所示。

表 13-10

成员	描述
方法 SetAbort	终止当前网页所启动的事务处理，将事务先前所做的处理撤销到初始状态
方法 etComplete	成功提交事务，完成事务处理
事件 OnTransactionAbort	事务终止时触发的事件
事件 OnTransactionCommit	事务成功提交时触发的事件

SetAbort 方法将终止目前这个网页所启动的事务处理，而且将此事务先前所做的处理撤销到初始状态，即事务“回滚”，SetComplete 方法将终止目前这个网页所启动的事务处理，而且将成功地完成事务的提交。

语法：

```
'SetComplete 方法
ObjectContext.SetComplete
'SetAbort 方法
ObjectContext.SetAbort
```

ObjectContext 对象提供了 OnTransactionCommit 和 OnTransactionAbort 两个事件处理程序，前者是在事务完成时被激活，后者是在事务失败时被激活。

语法：

```
Sub OnTransactionCommit()
'处理程序
End Sub
Sub OnTransactionAbort()
'处理程序
End Sub
```

13.3 课后练习——灯具购物网页

练习知识要点：使用Response对象的Write方法向浏览器端输出标记显示日期，如图13-31所示。

效果所在位置：光盘/Ch13/效果/灯具购物网页/index.asp。

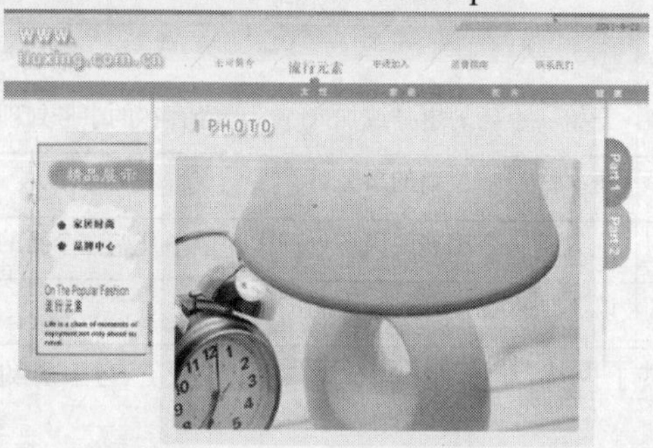

图 13-31

13.4 课后习题——咖啡订购网页

习题知识要点：使用 Form 集合获取表单数据，如图 13-32 所示。

效果所在位置：光盘/Ch13/咖啡订购网页/ code.asp。

图 13-32

第14章 综合实训案例

本章通过多个商业应用案例，进一步讲解 Dreamweaver 网页设计与制作的方法和技巧，让读者能够快速地掌握软件功能和知识要点，创作出满意的网页作品。

14.1 个人网页效果

案例知识要点：使用“导航条”按钮制作导航条效果。在代码视图窗口中输入代码制作显示日期效果。使用“CSS 样式”命令制作文字竖排效果。使用绘制“AP Div”按钮制作文字阴影效果，如图 14-1 所示。

效果所在位置：光盘/Ch14/效果/个人网页效果/index.html。

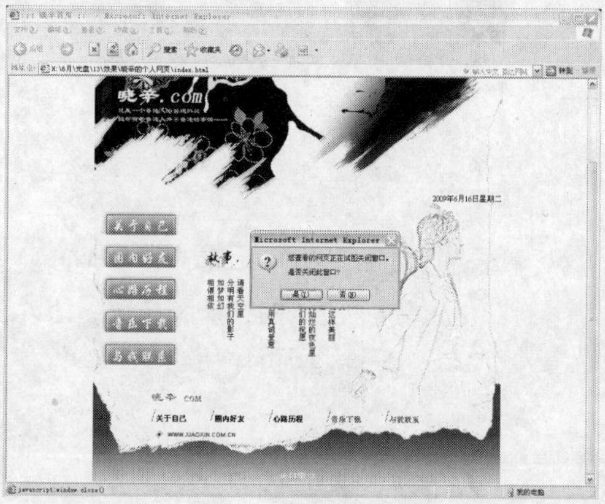

图 14-1

14.1.1 创建并设置页面属性

Step 01 选择“文件 > 新建”命令，新建空白文档。选择“文件 > 保存”命令，弹出“另存为”对话框。在“保存在”选项的下拉列表中选择当前站点目录保存路径，在“文件名”选项的文本框中输入“index”，单击“保存”按钮，返回网页编辑窗口。

Step 02 选择“修改 > 页面属性”命令，在弹出的“页面属性”对话框中进行设置，如图 14-2 所示。选择“分类”选项列表中的“链接”选项，在右侧的对话框中进行设置，如图 14-3 所示。

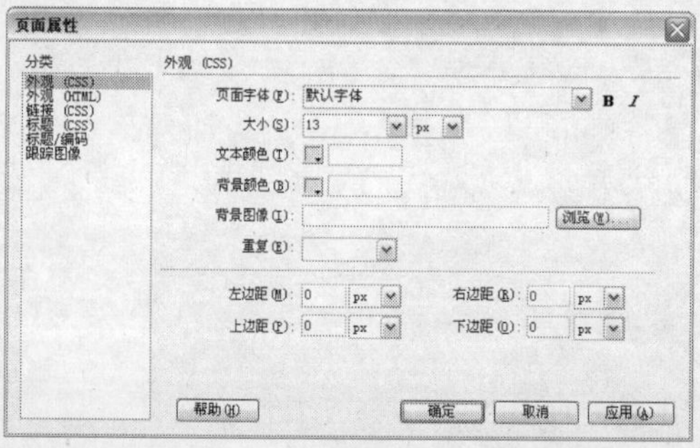

图 14-2

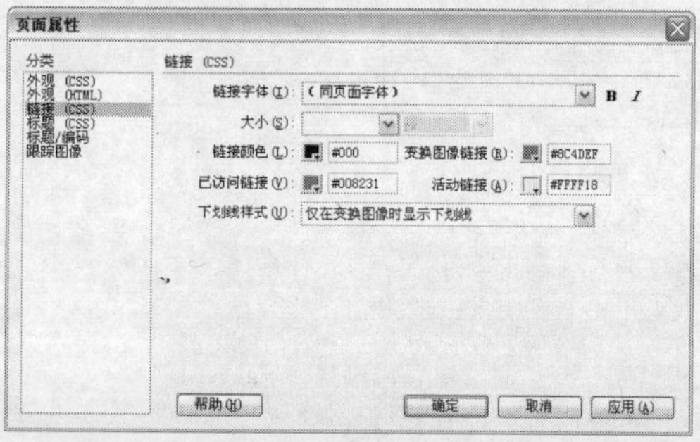

图 14-3

Step 03 选择“分类”选项列表中的“标题/编码”选项，在右侧的对话框中进行设置，如图 14-4 所示，单击“确定”按钮完成网页属性的设置。

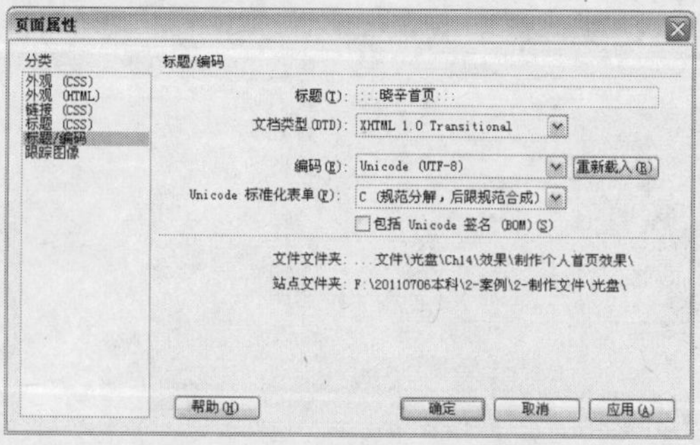

图 14-4

14.1.2 设置背景图像添加日期

Step 01 在“插入”面板“常用”选项卡中单击“表格”按钮，在弹出的“表格”对话框中进行设置，如图 14-5 所示，单击“确定”按钮，在“属性”面板“对齐”选项的下拉列表中选择“居中对齐”选项，使表格居中显示，如图 14-6 所示。

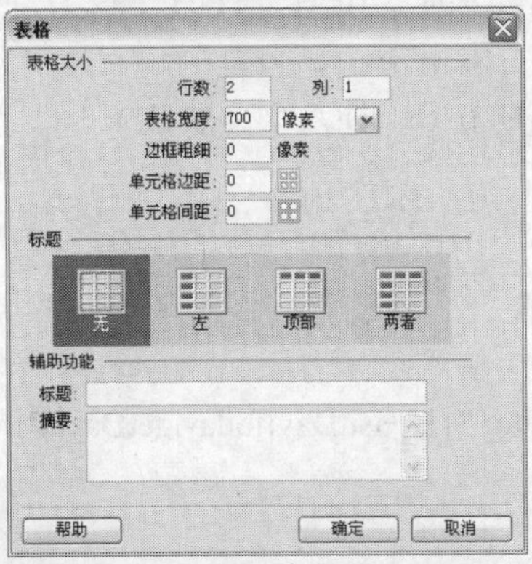

图 14-5

图 14-6

Step 02 选择“窗口 > CSS 样式”命令，弹出“CSS 样式”控制面板，单击面板下方的“新建 CSS 规则”按钮，弹出“新建 CSS 规则”对话框，在对话框中进行设置，如图 14-7 所示。单击“确定”按钮，弹出“t1 的 CSS 规则定义”对话框，在“分类”列表框中选择“背景”选项，单击“浏览”按钮，弹出“选择图像源文件”对话框，选择光盘目录下的“Ch13 > 素材 > 个人首页效果 > images”文件夹中的“top.jpg”文件，单击“确定”按钮，返回到对话框中，如图 14-8 所示，单击“确定”按钮。

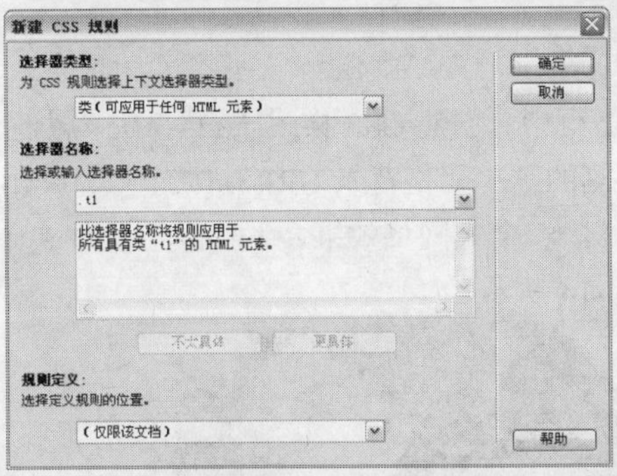

图 14-7

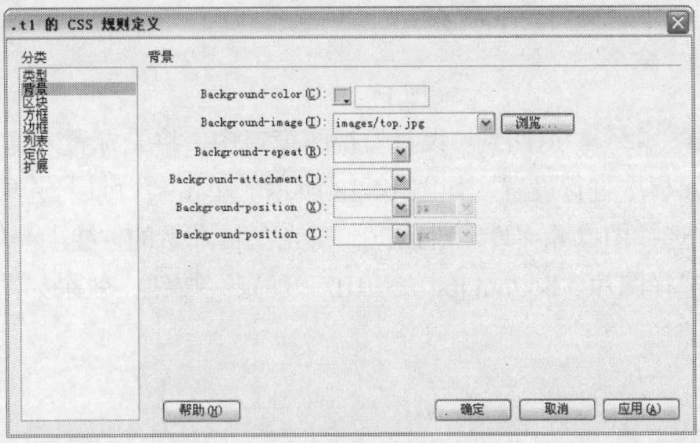

图 14-8

Step 03 将光标置入到第 1 行中，在“属性”面板“目标规则”下拉列表中选择“.t1”，在“水平”选项下拉列表中选择“右对齐”，“垂直”选项下拉列表中选择“底部”，“高”选项设为 369，如图 14-9 所示，表格效果如图 14-10 所示。

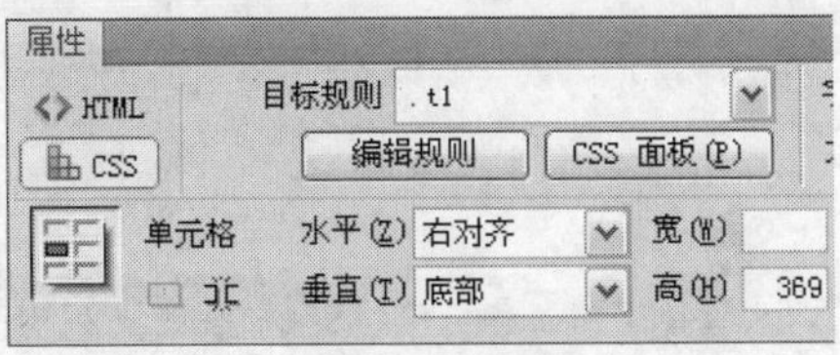

图 14-9

图 14-10

Step 04 在“拆分”视图窗口中选中该行的“ ”标签，如图 14-11 所示，按 Delete 键，删除该标签，输入以下代码：

```
<script language=JavaScript1.2>
var isnMonth = new
Array("1 月","2 月","3 月","4 月","5 月","6 月","7 月","8 月","9 月","10 月","11 月","12 月");
var isnDay = new
Array("星期日","星期一","星期二","星期三","星期四","星期五","星期六","星期日");
today = new Date () ;
Year=today.getYear();
Date=today.getDate();
if (document.all)
document.write(Year+"年"+isnMonth[today.getMonth()]+Date+"日"+isnDay[today.getDay()])
</script>
```

代码效果如图 14-12 所示。

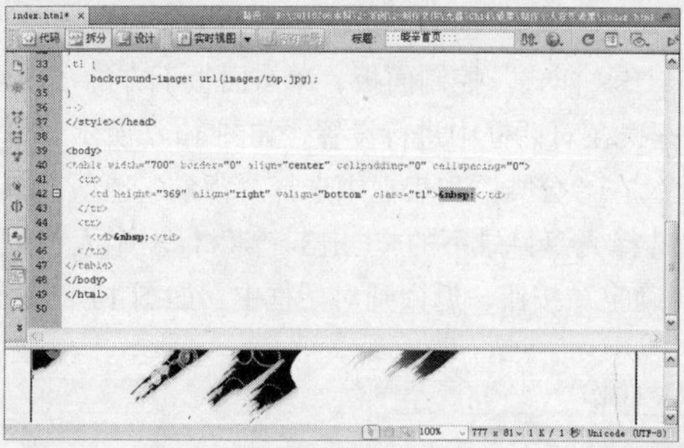

图 14-11

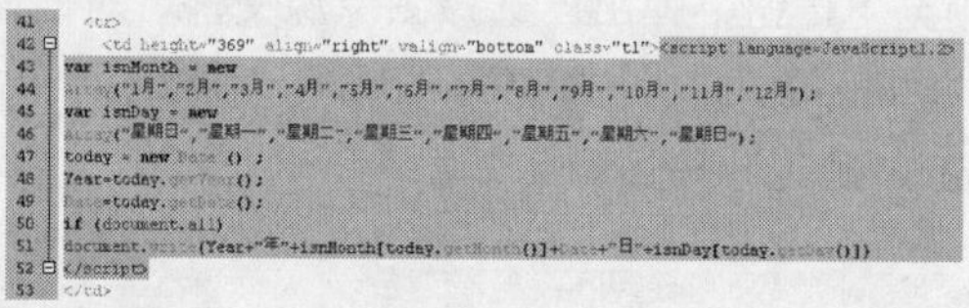

图 14-12

Step 05 返回到“设计”视图窗口中，将光标置入到第 2 行中，创建 CSS 样式“.t2”，在“属性”面板中进行设置，如图 14-13 所示。单击“背景”选项右侧的“单元格背景 URL”按钮，弹出“选择图像源文件”对话框，在光盘目录下的“Ch13 > 素材 > 个人网页效果 > images”文件夹中选择图片“bottom.jpg”，单击“确定”按钮，效果如图 14-14 所示。

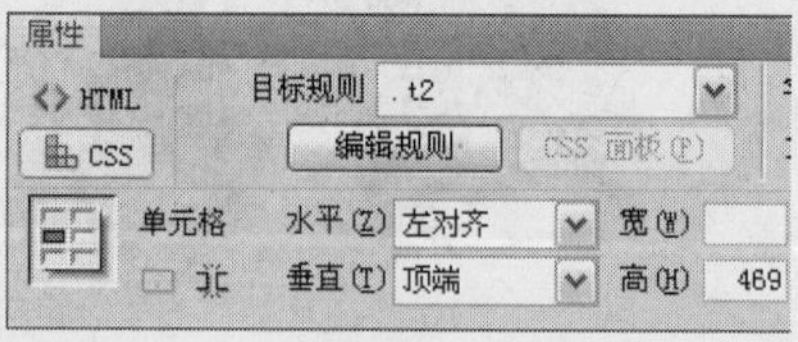

图 14-13

图 14-14

14.1.3　制作导航条

Step 01 在“插入”面板“常用”选项卡中单击“导航条”按钮，弹出“插入导航条”对话框，单击“状态图像”选项右侧的“浏览”按钮，弹出“选择图像源文件”对话框，在光盘目录下的“Ch13 > 素材 > 个人网页效果 > images”文件夹中选择图片“01a.jpg”，单击“确定”按钮，如图 14-15 所示。

Step 02 单击“鼠标经过图像”选项右侧的“浏览”按钮，弹出“选择图像源文件”对话框，在光盘目录下的“Ch13 > 素材 > 个人网页效果 > images”文件夹中选择图片“01b.jpg”，单击“确定”按钮，返回“插入导航条”对话框，如图 14-16 所示。

图 14-15

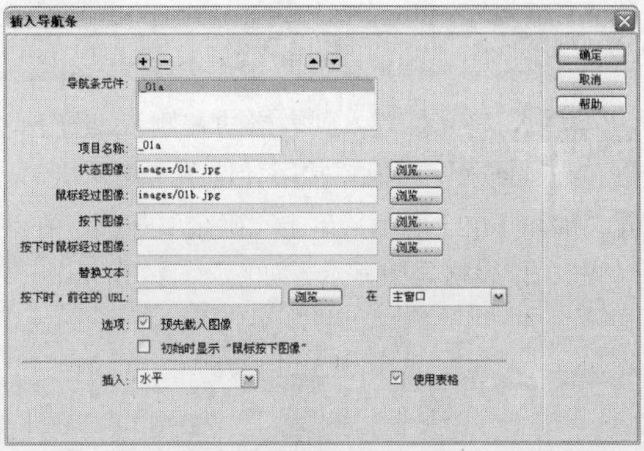

图 14-16

Step 03 单击“添加项”按钮，将“状态图像”选项设为“02a.jpg”，“鼠标经过图像”选项设为“02b.jpg”，如图 14-17 所示。

Step 04 单击“添加项”按钮，将“状态图像”选项设为“03a.jpg”，“鼠标经过图像”选项设为“03b.jpg”，如图 14-18 所示。

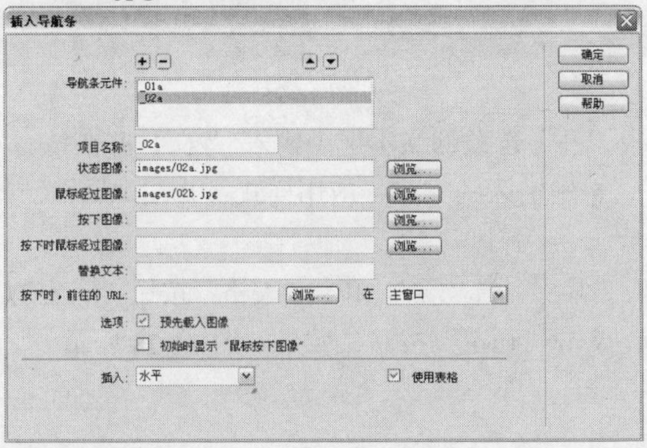

图 14-17

图 14-18

Step 05 单击“添加项”按钮，将“状态图像”选项设为“04a.jpg”，“鼠标经过图像”选项设为“04b.jpg”，如图 14-19 所示。

Step 06 再次单击“添加项”按钮，将“状态图像”选项设为“05a.jpg”，“鼠标经过图像”选项设为“05b.jpg”，在“插入”选项的下拉列表中选择“垂直”选项，如图 14-20 所示，单击“确定”按钮，效果如图 14-21 所示。

Step 07 保持表格的选取状态，在“属性”面板中将“间距”选项设为“13”，表格效果如图 14-22 所示。

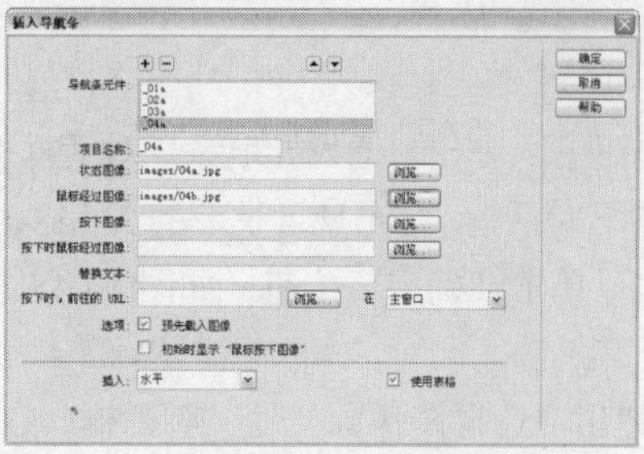

图 14-19

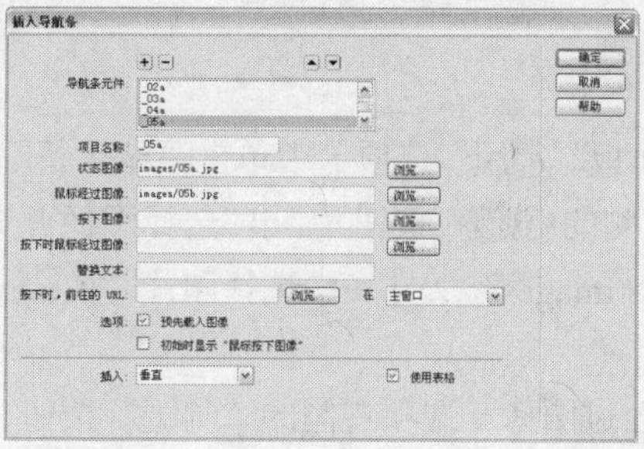

图 14-20

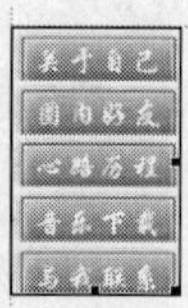

图 14-21

图 14-22

14.1.4 创建 E-mail 链接和下载链接效果

Step 01 将光标置入到表格的右侧，如图 14-23 所示，按两次 Shift+Enter 键，将光标置于下一段落，在“插入”面板“常用”选项卡中单击“表格”按钮，在弹出的“表格”对话框中进行设置，如图 14-24 所示，单击“确定”按钮，在“属性”面板“对齐”选项的下拉列表中选择“居中对齐”，使表格居中显示，如图 14-25 所示。

图 14-23

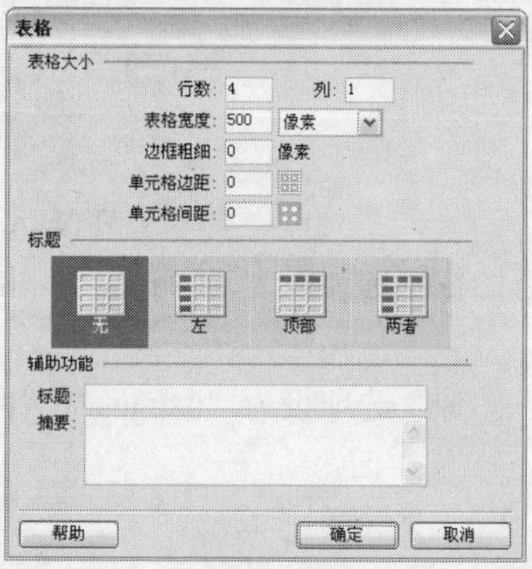

图 14-24

图 14-25

Step 02 将光标置入到第 1 行中，在“属性”面板“高”选项的文本框中输入“25”，并在该行中输入文字“晓辛.COM”。创建 CSS 样式“.text1”，选中输入的文字，应用样式，并在“属性”面板中选择适当的字体和大小，效果如图 14-26 所示。

Step 03 将光标置入到第 2 行中，在“插入”面板“常用”选项卡中单击“表格”按钮，在弹出的“表格”对话框中进行设置，如图 14-27 所示，单击“确定”按钮，效果如图 14-28 所示。

图 14-26

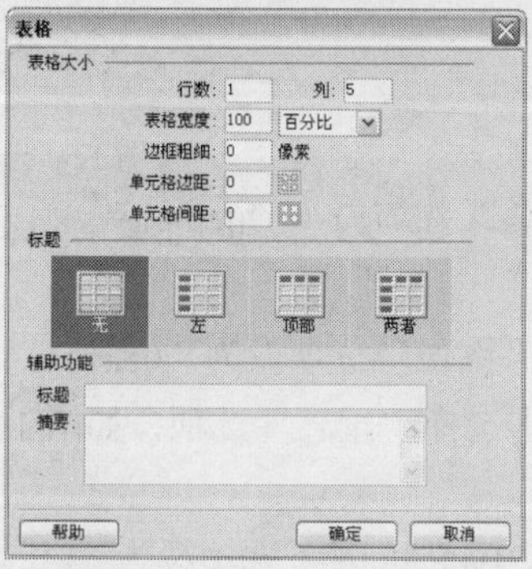

图 14-27

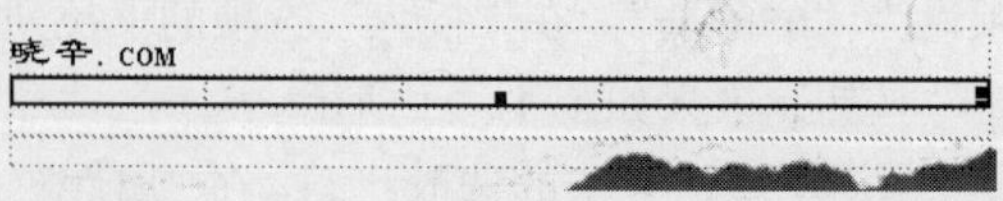

图 14-28

Step 04 创建 CSS 样式并应用样式，分别在单元格中输入文字，单击“加粗”按钮**B**，效果如图 14-29 所示。在文字“关于自己”前面置入光标，输入灰色（#999999）符号“/”，选中符号，并设置大小，单击“加粗”按钮**B**，效果如图 14-30 所示。

图 14-29

图 14-30

Step 05 用相同的方法，在其他文字前面输入相同的符号，并设置相同的属性，效果如图 14-31 所示。

图 14-31

Step 06 选中文字“音乐下载”，如图 14-32 所示。在“属性”面板中单击“链接”选项右侧的“浏览文件”按钮，弹出“选择文件”对话框，在光盘目录下的“Ch13 > 素材 > 个人网页效果> images”文件夹中选择文件“音乐.rar”，单击“确定”按钮，链接选项如图 14-33 所示。

图 14-32

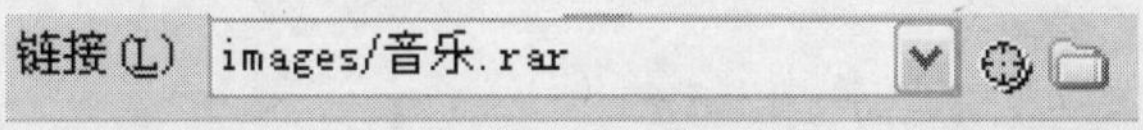

图 14-33

Step 07 选中文字“与我联系”，如图 14-34 所示。在“插入”面板“常用”选项卡中单击“电子邮件链接”按钮，在弹出的对话框中进行设置，如图 14-35 所示，单击“确定”按钮，链接选项如图 14-36 所示。

图 13-34

Step 08 将鼠标置入到第 3 行中，将光盘目录下“Ch13 > 素材 > 个人网页效果 > images”文件夹中的图片“hao.jpg”插入到该行，效果如图 14-37 所示。

图 14-35

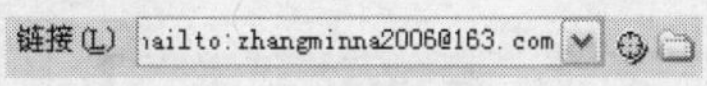

图 14-36

图 14-37

Step 09 选中插入的图像，在“属性”面板中进行设置，如图 14-38 所示。在该图像的后面中输入网址，效果如图 14-39 所示。

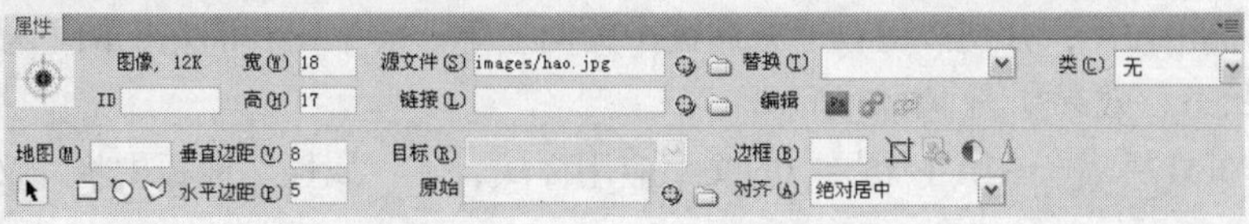

图 14-38

图 14-39

Step 10 将鼠标置入到最后一行中，在“属性”面板中进行设置，如图 14-40 所示，在该行中输入白色文字，效果如图 14-41 所示。

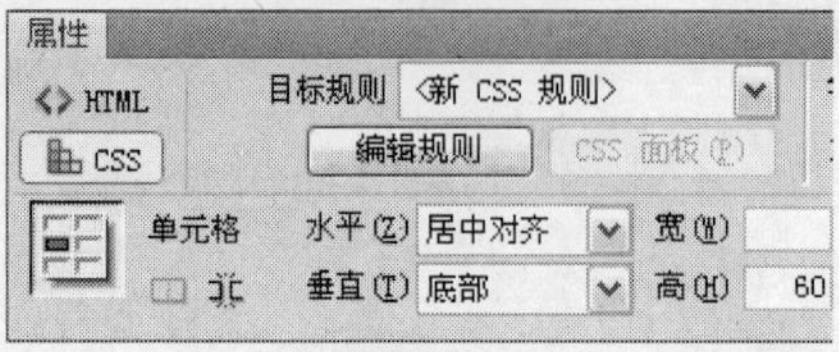

图 14-40

图 14-41

Step 11 选中文字“关闭窗口”，如图 14-42 所示。在“属性”面板“链接”文本框中输入“javascript:window.close()”，效果如图 14-43 所示。

图 14-42

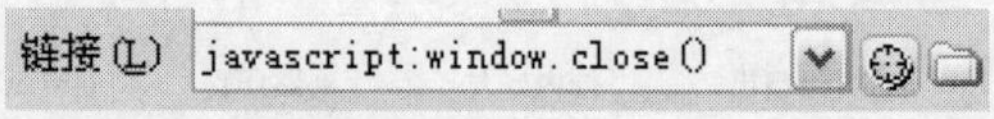

图 14-43

14.1.5 制作阴影文字和文字竖排效果

Step 01 单击“插入”面板“布局”选项卡中的“绘制 AP Div”按钮，在页面中拖曳鼠标绘制出一个矩形层，如图 14-44 所示。将光标置入到层内，输入文字，创建 CSS 样式“.text6”，选中文字并在“属性”面板中设置字体和大小，效果如图 14-45 所示。

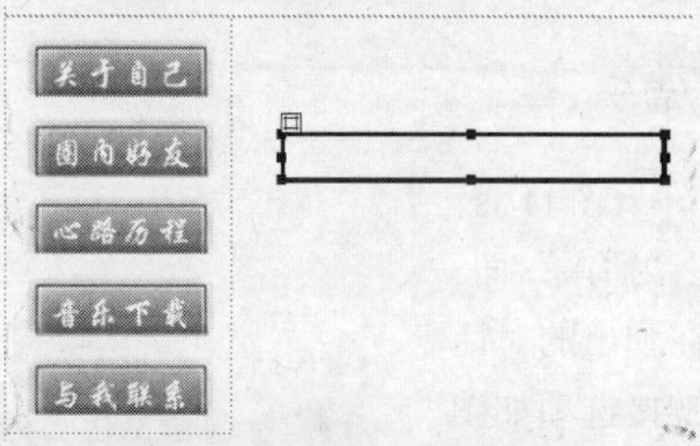

图 14-44

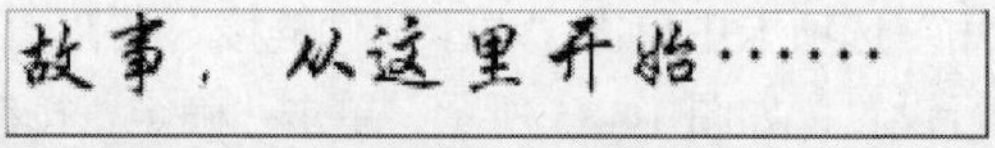

图 14-45

Step 02 选中层，如图 14-46 所示。选择“编辑 > 拷贝”命令，在页面的空白处单击鼠标，取消对层的选取状态，选择“编辑 > 粘贴”命令，“AP 元素”面板如图 14-47 所示。

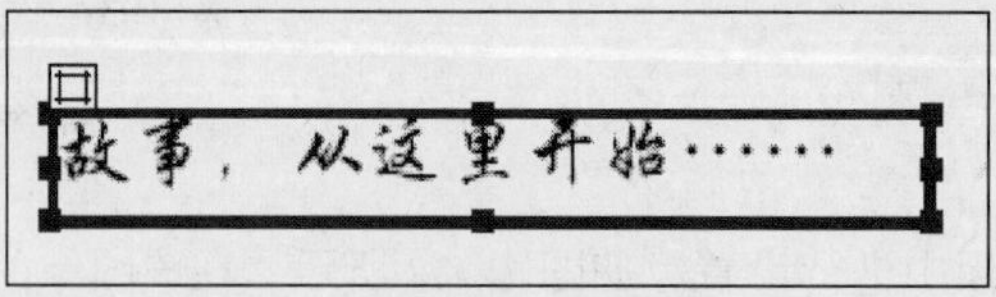

图 14-46

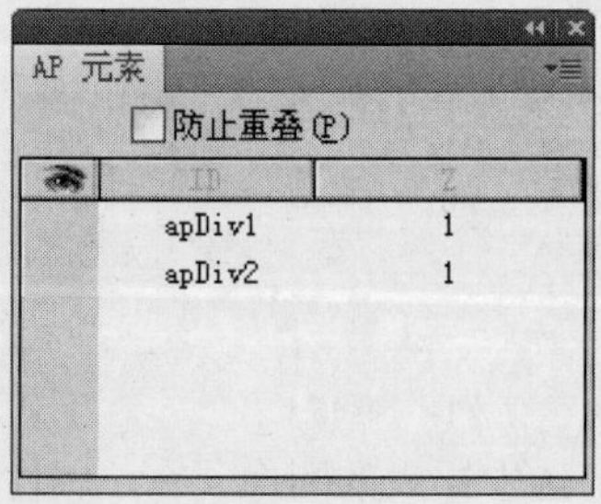

图 14-47

Step 03 在面板中选择“apDiv1”，分别按键盘上方向键中的向左键、向下键，向左、向下移动各 6 次，取消对层的选取状态，效果如图 14-48 所示。

Step 04 创建 CSS 样式“.text7”，选中第 1 个层中的文字应用样式，在“属性”面板中将“文本颜色”选项设为灰色（#999999），效果如图 14-49 所示。

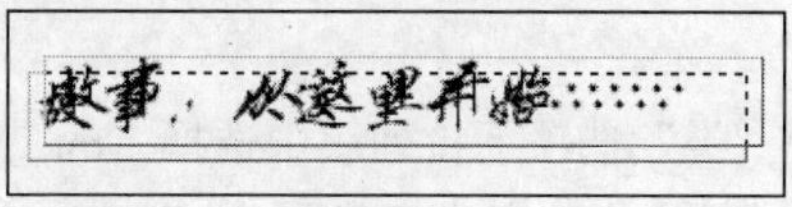

图 14-48

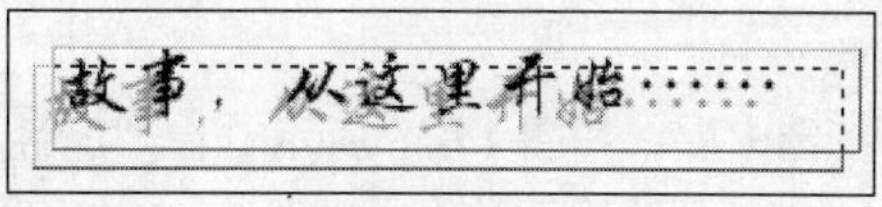

图 14-49

Step 05 单击“插入”面板“布局”选项卡中的“绘制 AP Div”按钮，在页面中拖曳鼠标绘制出一个矩形层，如图 14-50 所示。在层中输入文字，效果如图 14-51 所示。

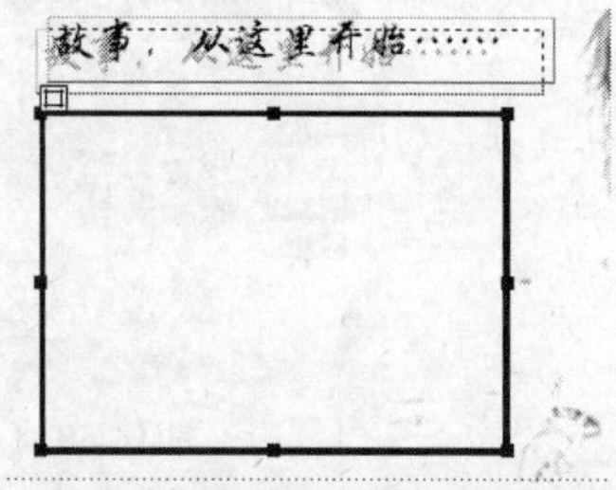

图 14-50

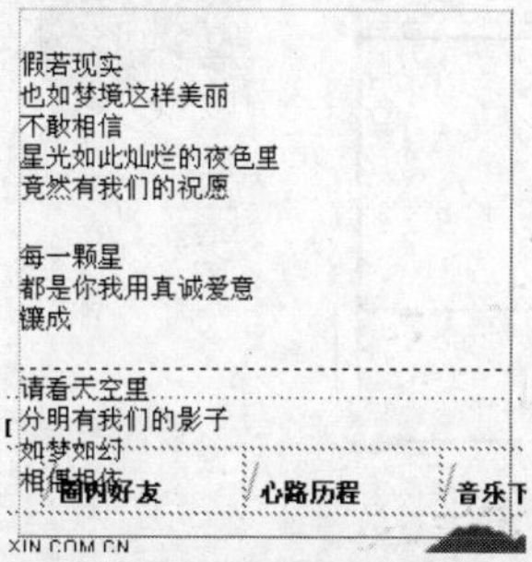

图 14-51

Step 06 选择“窗口 > CSS 样式”命令，弹出“CSS 样式”面板，单击面板下方的“新建 CSS 规则”按钮，在弹出的“新建 CSS 规则”对话框中进行设置，如图 14-52 所示，单击“确定”按钮，在弹出的“.tnt 的 CSS 规则定义”对话框中进行设置，如图 14-53 所示。

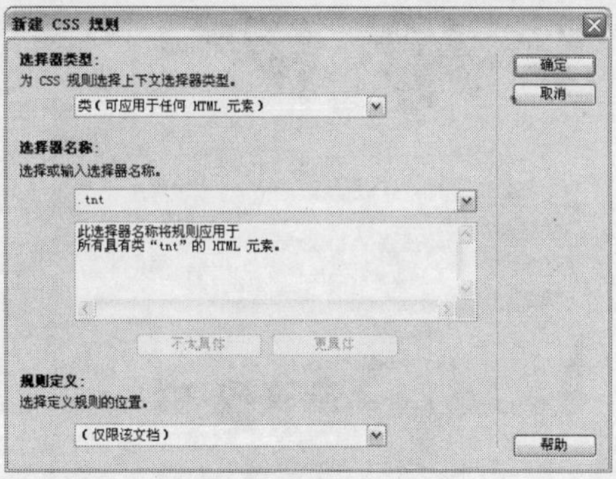

图 14-52

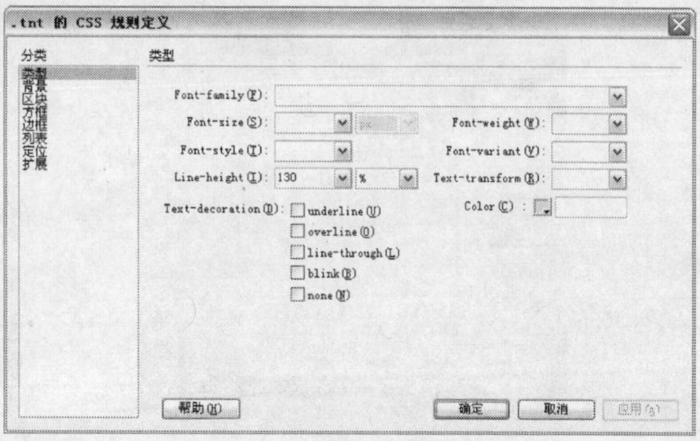

图 14-53

Step 07 在左侧的“分类”列表中选择“区块”选项，在对话框中进行设置，如图 14-54 所示，单击“确定”按钮。在“CSS 样式”面板选中“.tnt”选项，单击面板左下方的“显示类别视图”按钮，选择“扩展”选项下拉列表中的“writing-mode”选项，在右侧的文本框中输入“tb-rl”，如图 14-55 所示。

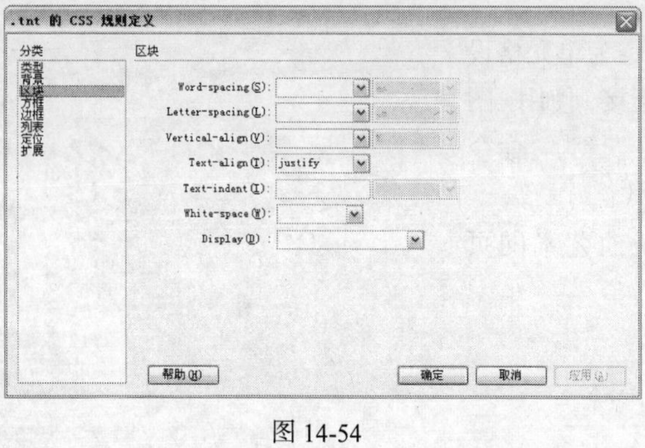

图 14-54

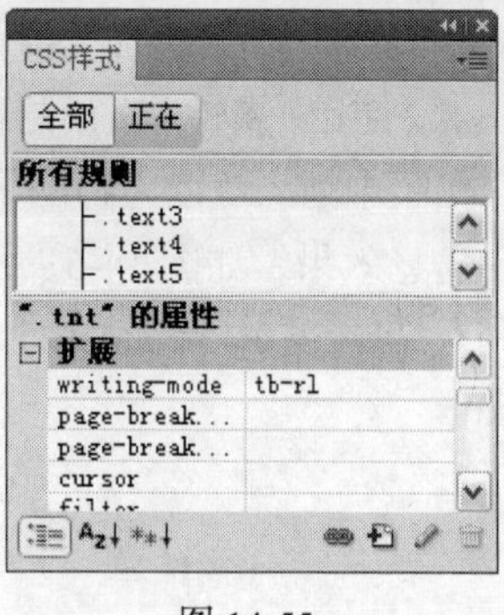

图 14-55

Step 08 选中层，如图 14-56 所示。在“属性”面板“类”选项下拉列表中选择“tnt”，保存文档，按 F12 键，预览网页效果，如图 14-57 所示。单击链接文字“音乐下载”时，弹出“文件下载”对话框，提示打开或保存文件，如图 14-58 所示。

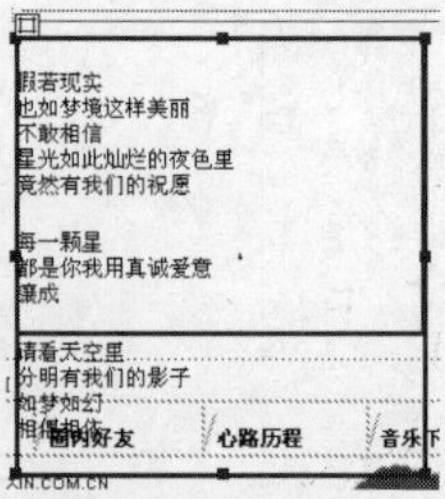

图 14-56

图 14-57

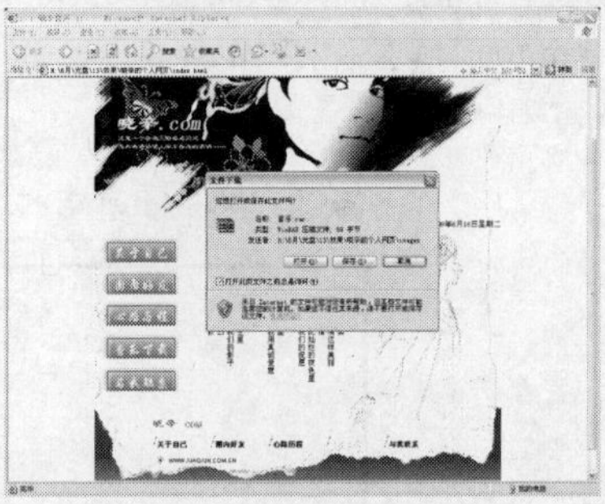

图 14-58

Step 09 单击链接文字“与我联系”，系统会自动启动默认的电子邮件编辑软件，如图 14-59 所示。

Step 10 单击链接文件“关闭窗口”，弹出提示对话框，如图 14-60 所示，询问是否关闭窗口，单击“是”按钮，即可关闭窗口。

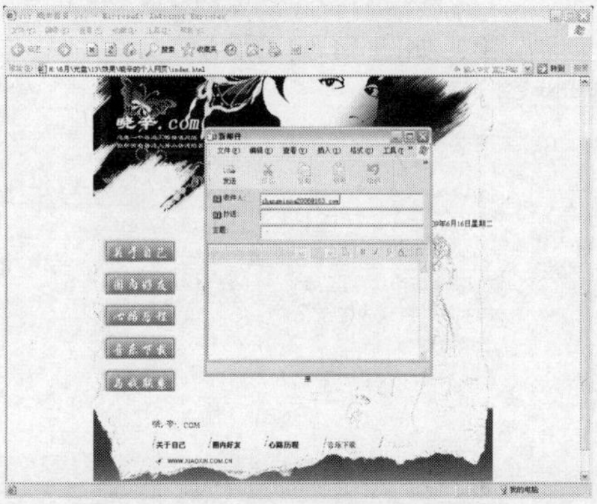

图 14-59

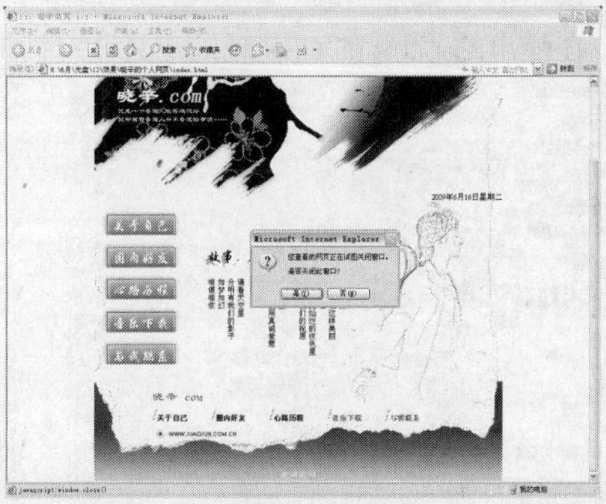

图 14-60

14.2 戏曲艺术网页

练习知识要点：使用“CSS 样式”命令为单元格设置背景图像，使用“属性”面板制作下载链接，使用“图像”按钮在层中插入戏曲人物图像，使用“行为”命令制作弹出信息效果，如图 14-61 所示。

效果所在位置：光盘/Ch12/效果/戏曲艺术网页/index.html。

图 14-61

14.2.1　制作导航部分

Step 01 选择“文件 > 新建”命令，新建空白文档。选择“文件 > 保存”命令，弹出“另存为”对话框。在“保存在”选项的下拉列表中选择当前站点目录保存路径，在“文件名”选项的文本框中输入“index”，单击“保存”按钮，返回网页编辑窗口。

Step 02 选择“修改 > 页面属性”命令，弹出“页面属性”对话框，在对话框中进行设置，如图 14-62 所示，单击“确定”按钮，在“插入”面板“常用”选项卡中单击“表格”按钮，在弹出的“表格”对话框中进行设置，如图 14-63 所示，单击“确定”按钮，保持表格的选取状态，在“属性”面板“对齐”选项的下拉列表中选择“居中对齐”选项，效果如图 14-64 所示。

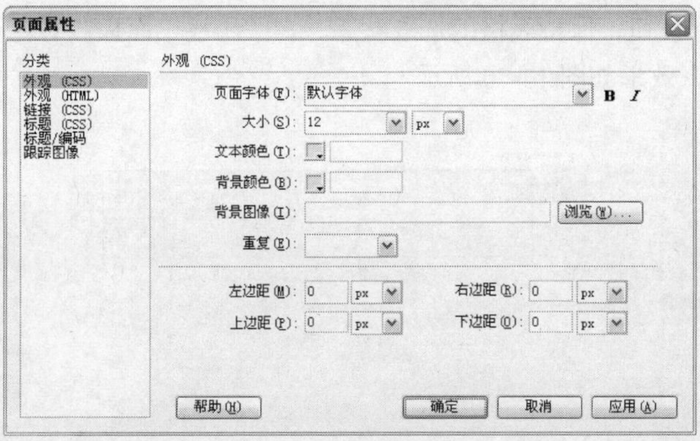

图 14-62

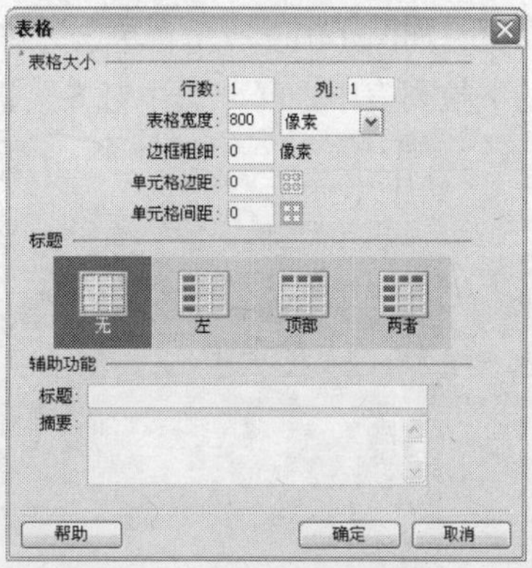

图 14-63

图 14-64

Step 03 选择“窗口 > CSS 样式”命令，弹出“CSS 样式”控制面板，单击面板下方的“新建 CSS 规则”按钮，弹出“新建 CSS 规则”对话框，在对话框中进行设置，如图 14-65 所示。

Step 04 单击“确定”按钮，弹出“.t1 的 CSS 规则定义”对话框，在“分类”列表框中选择“背景”选项，单击“浏览”按钮，在弹出的“选择图像源文件”对话框中选择光盘目录下“Ch14 > 素材 > 戏曲艺术网页 > images”文件夹中的“01.png”文件，单击“确定”按钮，效果如图 14-66 所示。

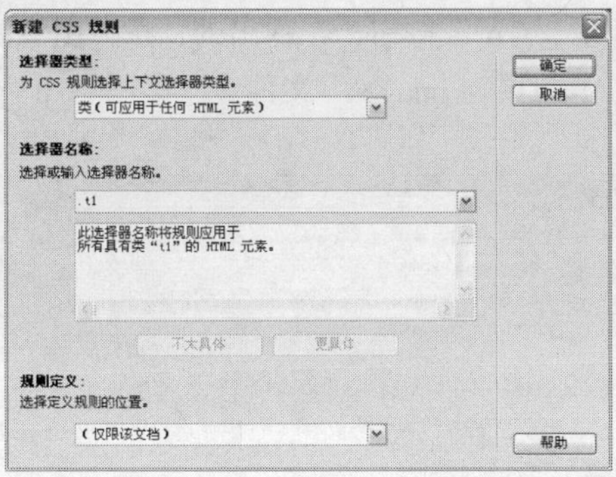

图 14-65

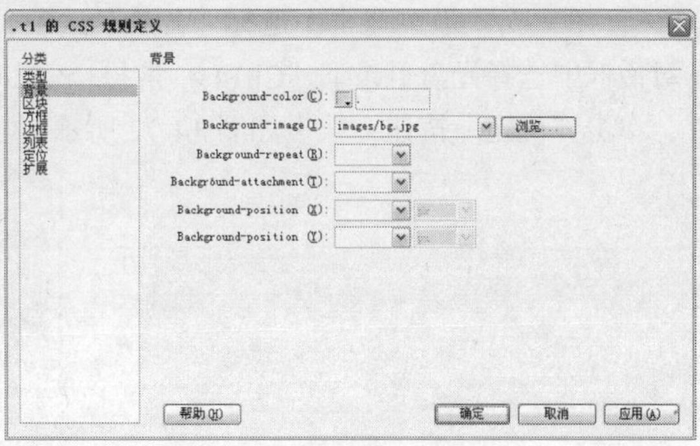

图 14-66

Step 05 将光标置入到表格中，在“属性”面板“目标规则”下拉列表中选择“.t1”，“垂直”选项的下拉列表中选择“顶端”选项，将“高”选项设为“600”，如图 14-67 所示。表格效果如图 14-68 所示。

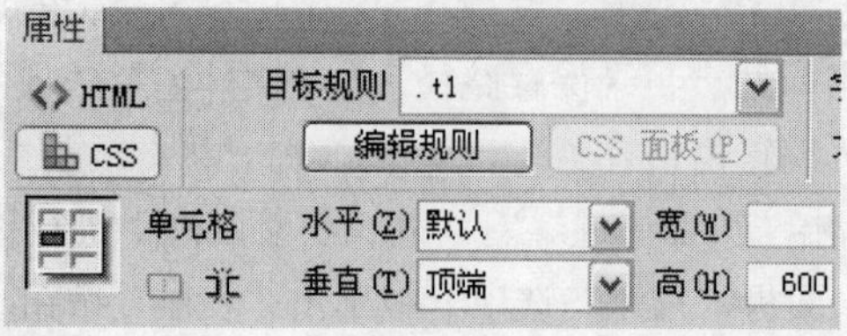

图 14-67

图 14-68

Step 06 在“插入”面板“常用”选项卡中单击“表格”按钮，在弹出的“表格”对话框中进行设置，如图 14-69 所示，单击“确定”按钮，保持表格的选取状态，在“属性”面板“对齐”选项的下拉列表中选择“居中对齐”选项，效果如图 14-70 所示。

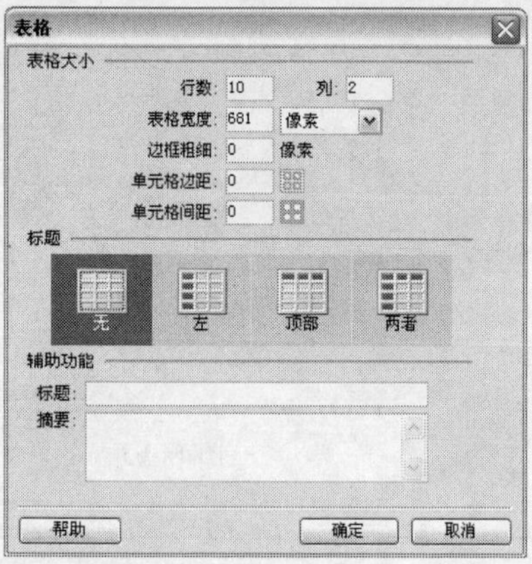

图 14-69

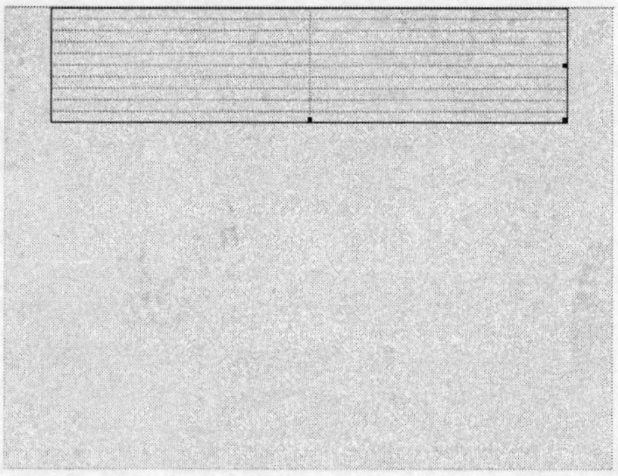

图 14-70

Step 07 将光标置入到第 1 行第 1 列单元格中，在“属性”面板中将“高”选项设为“24”。将第 2 行第 1 列和第 2 列单元格全部选中，如图 14-71 所示，单击“属性”面板中的“合并所选单元格，使用跨度”按钮，将所选单元格合并。

Step 08 单击“CSS 样式”面板底部的“新建 CSS 规则”按钮，弹出“新建 CSS 规则”对话框，在“选择器类型”选项下拉列表中选择“类（可应用于任何 HTML 元素）”，在“选择器名称”文本框中输入“.t2”，单击“确定”按钮。

Step 09 在“分类”列表框中选择“背景”选项，单击“浏览”按钮，在弹出的“选择图像源文件”对话框中选择光盘目录下“Ch14 > 素材 > 戏曲艺术网页 > images”文件夹中的“01_03.jpg”文件，单击“确定”按钮，效果如图 14-72 所示。

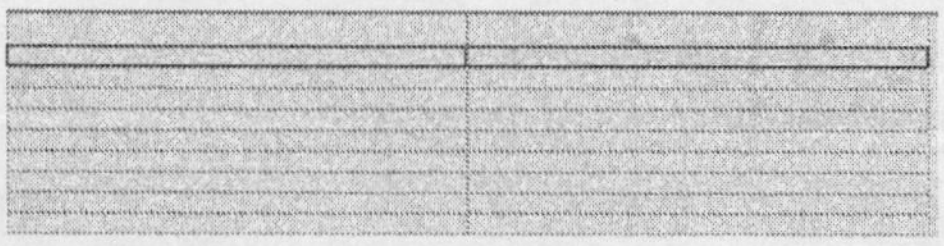

图 14-71

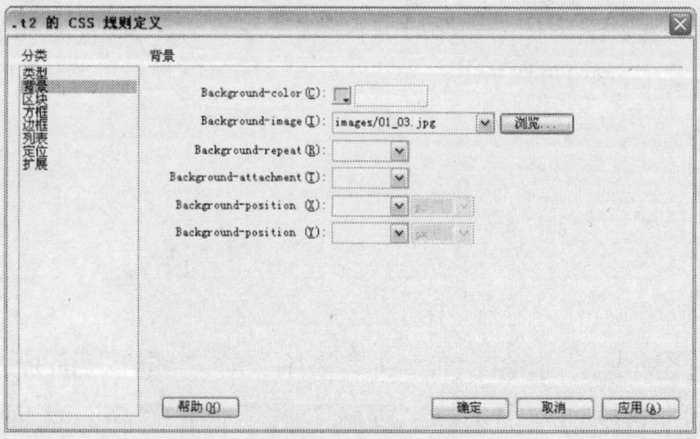

图 14-72

Step 10 在“属性”面板中进行设置，如图 14-73 所示。单元格中效果如图 14-74 所示。创建 CSS 样式“.text1”，在单元格中输入文字，应用样式，单击“属性”面板中的“粗体”按钮 **B**，效果如图 14-75 所示。

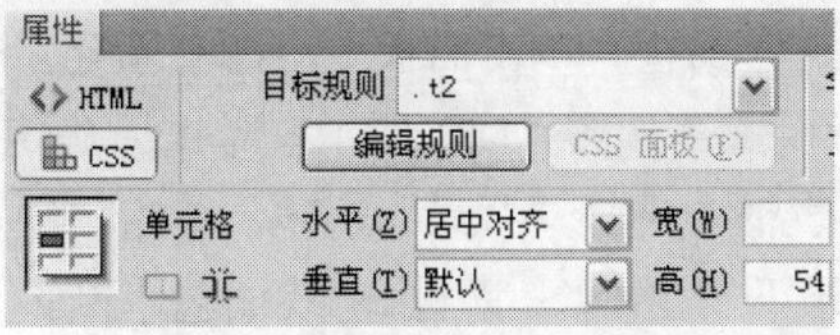

图 14-73

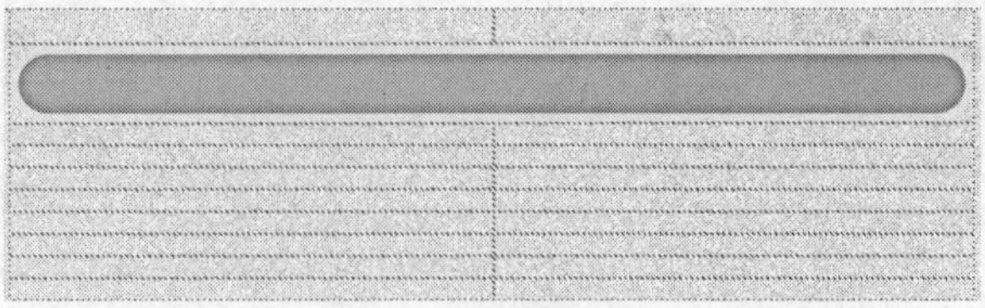

图 14-74

图 14-75

14.2.2 在层中插入图像

Step 01 将光标置入到第 3 行中，在“属性”面板中将“高”选项设为“51”，效果如图 14-76 所示。选中如图 14-77 所示的单元格，单击“属性”面板中的“合并所选单元格，使用跨度”按钮，将所选单元格合并，在“属性”面板中将“宽”选项设为“400”。将光标置入到合并的单元格中，在“插入”面板“常用”选项卡中单击“图像”按钮，在弹出的“选择图像源文件”对话框中选择光盘目录下“Ch14 > 素材 > 戏曲艺术网页 > images”文件夹中的“03_06.jpg”文件，单击“确定”按钮，效果如图 14-78 所示。

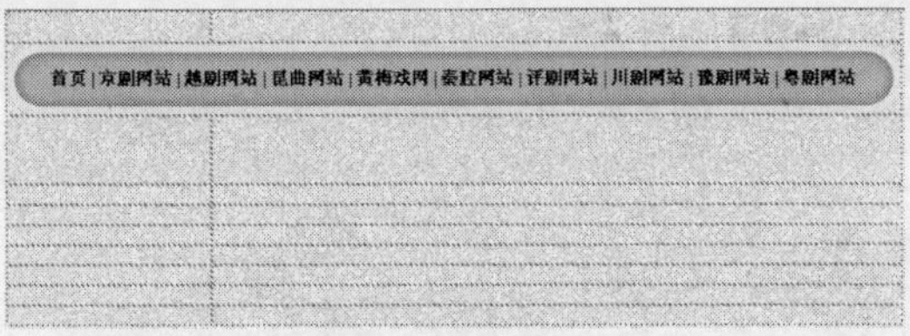

图 14-76

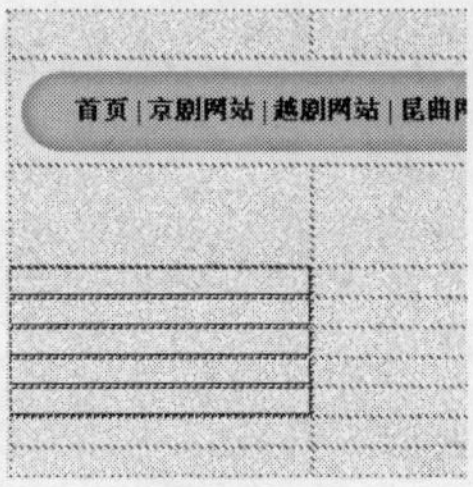

图 14-77

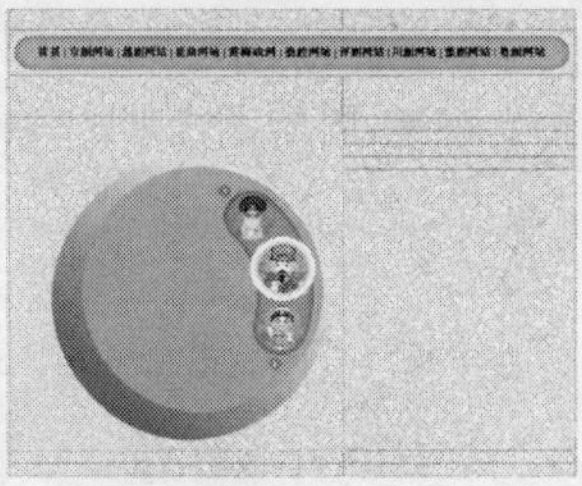

图 14-78

Step 02 单击“插入”面板“布局”选项卡中的“绘制 AP Div”按钮，在文档窗口中绘制一个矩形层，如图 14-79 所示。将光标置入到层中，在“插入”面板“常用”选项卡中单击“图像”按钮，在弹出的“选择图像源文件”对话框中选择光盘目录下“Ch14 > 素材 > 戏曲艺术网页 > images”文件夹中的“01. png”文件，单击“确定”按钮，效果如图 14-80 所示。

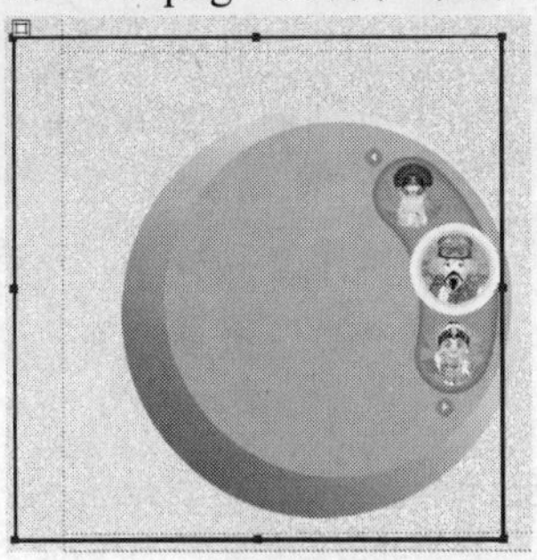

图 14-79

图 14-80

Step 03 将光标置入到第 4 行第 2 列单元格中，在“属性”面板中将“宽”选项设为“281”，“高”选项设为“187”，在“属性”面板“水平”选项的下拉列表中选择“右对齐”选项，“垂直”选项的下拉列表中选择“底部”选项。

Step 04 选择“窗口 > CSS 样式”命令，弹出“CSS 样式”面板，单击面板下方的“新建 CSS 规则”按钮，在弹出的“新建 CSS 规则”对话框中进行设置，如图 14-81 所示。单击“确定”按钮，弹出“.bj 的 CSS 规则定义”对话框，在“分类”列表框中选择“背景”选项。单击“浏览”按钮，在弹出的“选择图像源文件”对话框中选择光盘目录下“Ch14 > 素材 > 戏曲艺术网页 > images”文件夹中的“zi.png”文件，单击“确定”按钮，其他选项的设置如图 14-82 所示，单击“确定”按钮。

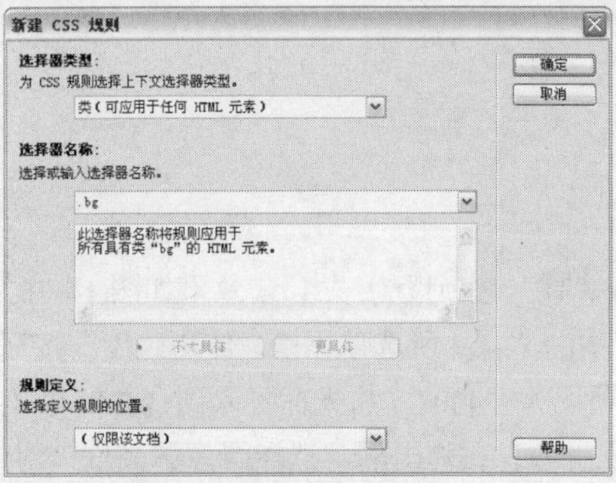

图 14-81

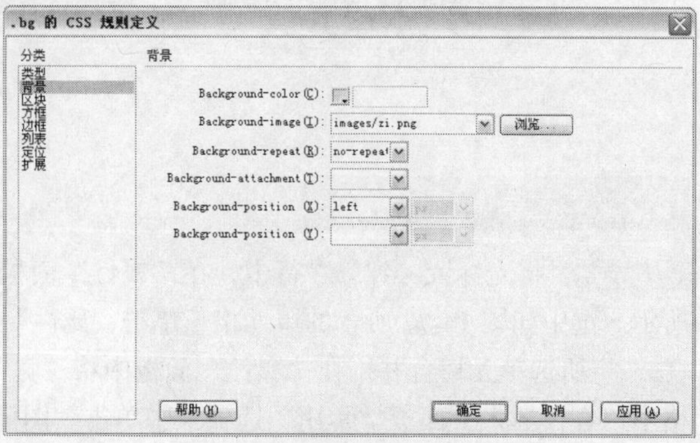

图 14-82

Step 05 将光标置入到第 4 行第 2 列单元格中，用鼠标右键单击文档窗口下方“标签选择器”中的“td”标签，在弹出的列表中选择“设置类 > bj”选项，如图 14-83 所示，为单元格设置样式，效果如图 14-84 所示。

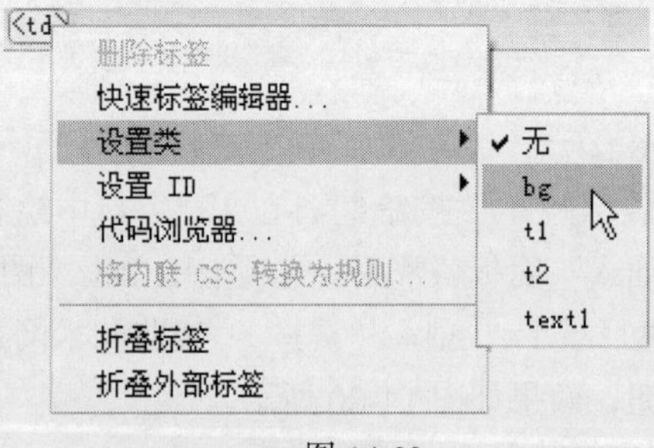

图 14-83

图 14-84

Step 06 创建 CSS 样式“.text2”和“.text3”，在单元格中分别输入文字应用样式，并在“属性”面板中选择适当的字体和大小，单击“粗体”按钮 **B**，效果如图 14-85 所示。

Step 07 在第 5 行第 2 列输入需要的空格和文字，并单击“粗体”按钮 **B**，效果如图 14-86 所示。将光标置入到第 6 行第 2 列单元格中，在“属性”面板中将“高”选项设为“67”，在“水平”选项的下拉列表中选择“居中对齐”选项。

Step 08 创建 CSS 样式“.t3”，在弹出的“.t3 的 CSS 规则定义”对话框中选择“背景”选项，单击“浏览”按钮，弹出“选择图像源文件”对话框，在光盘目录下“Ch14 > 素材 > 戏曲艺术

网页 > images”文件夹中选择图片“01_14.jpg”，单击“确定”按钮，效果如图 14-87 所示。为单元格应用样式，效果如图 14-88 所示。

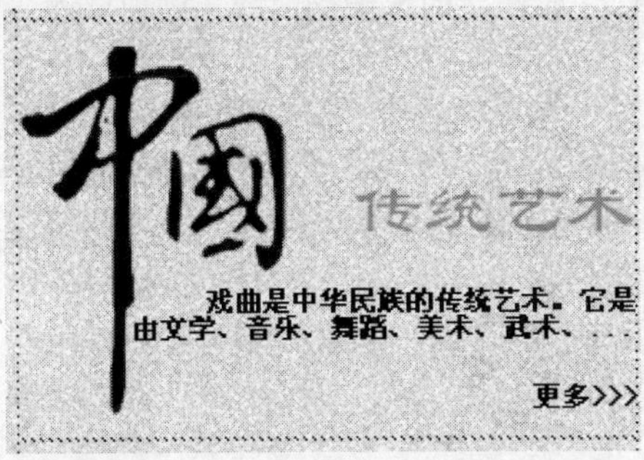

图 14-85

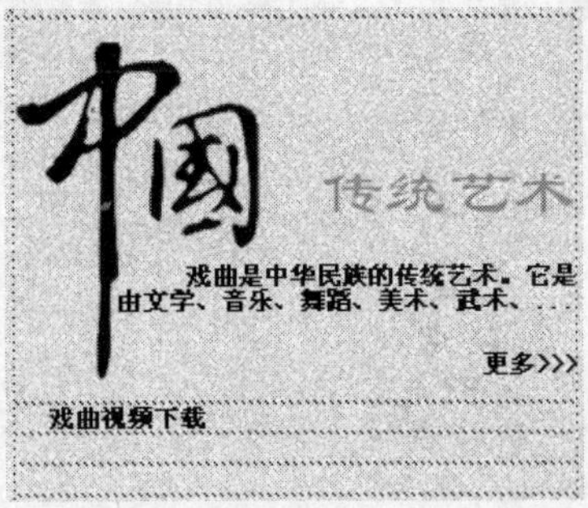

图 14-86

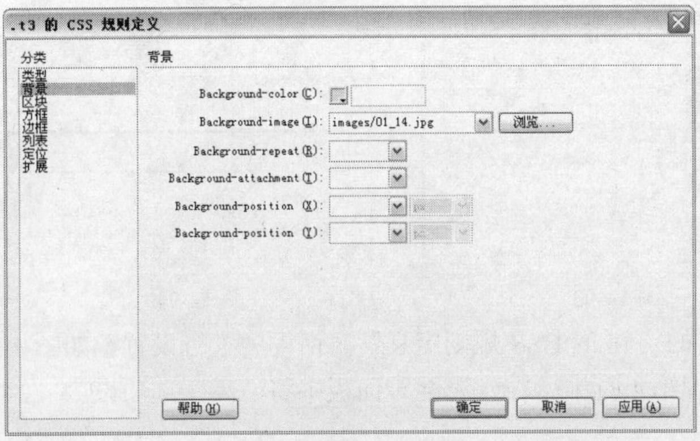

图 14-87

图 14-88

Step 09 将光盘目录下“Ch14 > 素材 > 戏曲艺术网页 > images”文件夹中的“n-1.jpg”、“n-2.jpg”、“n-3.jpg”、“n-4.jpg”文件分别插入到第 6 行第 2 列单元格中，在“属性”面板“水平边距”选项均设为“3”，效果如图 14-89 所示。

Step 10 选中第 1 幅图像，如图 14-90 所示。在“属性”面板中单击“链接”选项右侧的“浏览文件”按钮，弹出“选择文件”对话框，在光盘目录下“Ch14 > 素材 > 戏曲艺术网页 > images”文件夹中选择文件“生死恨.rar”，单击“确定”按钮，将“边框”选项设为“0”，如图 14-91 所示。

Step 11 用相同的方法，为其他 3 幅图像设置链接，并在“属性”面板中设置相同的属性。

图 14-89

图 14-90

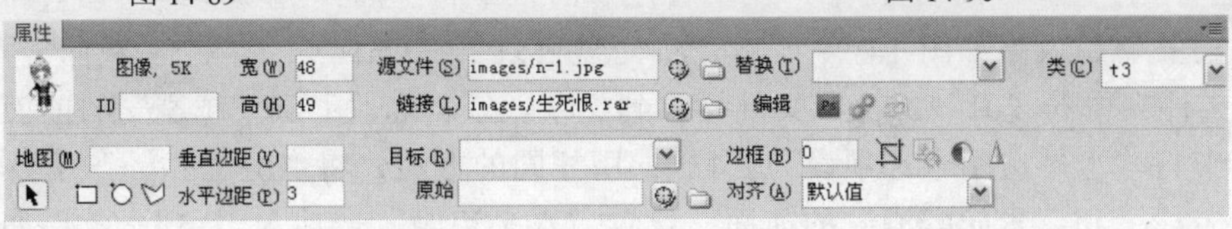

图 14-91

14.2.3 添加标题并制作底部文字

Step 01 将光标置入到第 7 行第 2 列单元格中，在“属性”面板中将“高”选项设为“31”，效果如图 14-92 所示。

Step 02 将光标置入到第 8 行第 2 列单元格中，在“属性”面板“垂直”选项的下拉列表中选择“顶端”选项，在“插入”面板“常用”选项卡中单击“表格”按钮，在弹出的“表格”对话框中进行设置，如图 14-93 所示，单击“确定”按钮，保持表格的选取状态，在“属性”面板“对齐”选项的下拉列表中选择“居中对齐”选项，效果如图 14-94 所示。

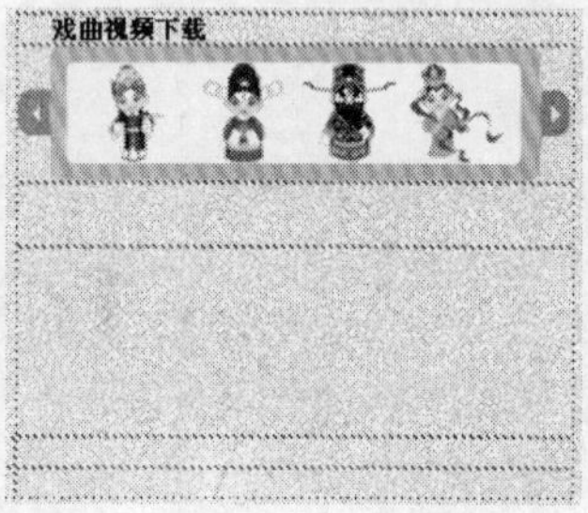

图 14-92

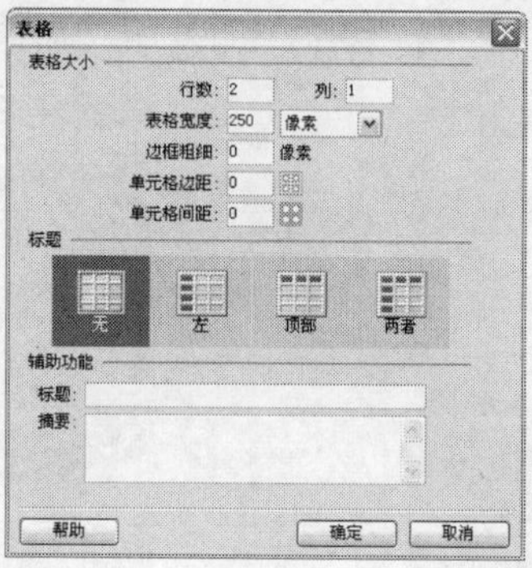

图 14-93

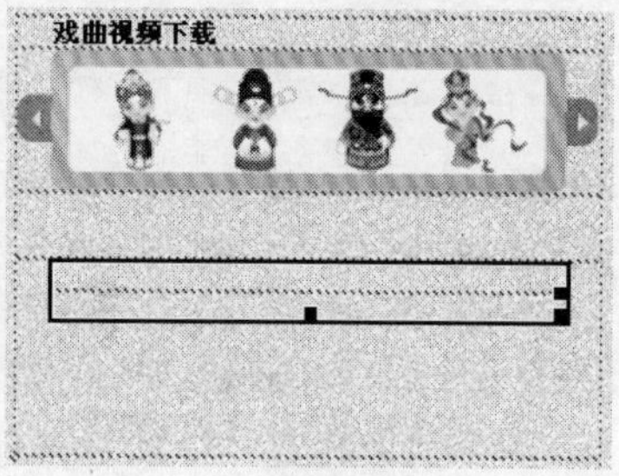

图 14-94

Step 03 创建 CSS 样式“.t4”，在弹出的“.t4 的 CSS 规则定义”对话框中进行设置，如图 14-95 所示，单击“确定”按钮，将光标置入到第 1 行中，在“属性”面板中将“高”选项设为“24”，应用样式，单元格中如图 14-96 所示。

Step 04 分别创建 CSS 样式，在该单元格中输入符号和文字并应用样式，并在“属性”面板中进行设置，效果如图 14-97 所示。

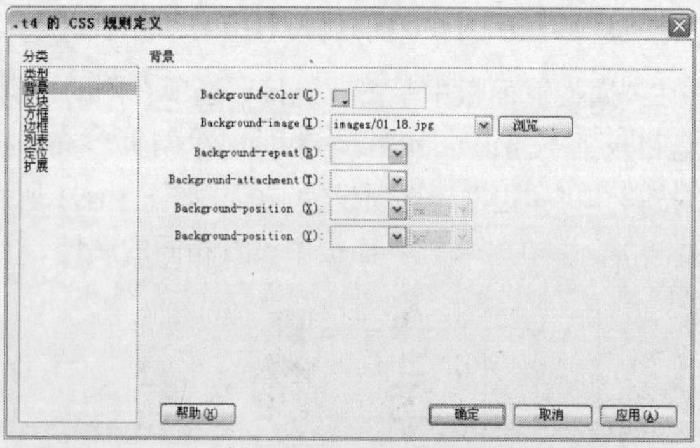

图 14-95

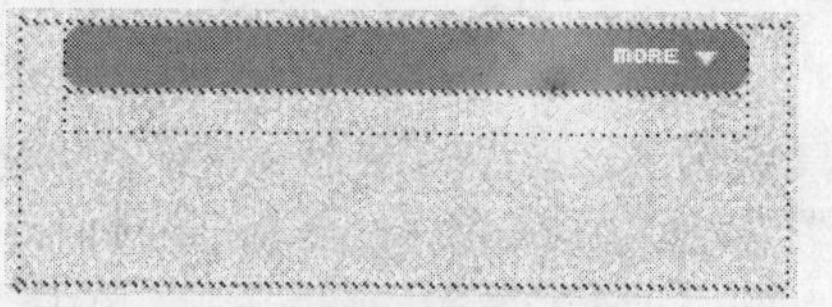

图 14-96

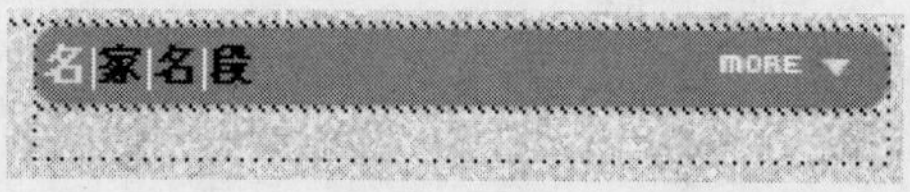

图 14-97

Step 05 将光标置入到第 2 行中，在“属性”面板中将“高”选项设为“75”，在该行中输入需要的文字，效果如图 14-98 所示，将光盘目录下“Ch14 > 素材 > 戏曲艺术网页 > images”文件夹中的“01_22.jpg”文件插入到文字“京剧名段”和“越剧”的前面，在“属性”面板中将“水平边距”选项设为“15”；用相同的方法，将“01_25.jpg”文件插入到文字“越剧名段”和“贵妃醉酒”的前面，设置“水平边距”选项为“15”，效果如图 14-99 所示。

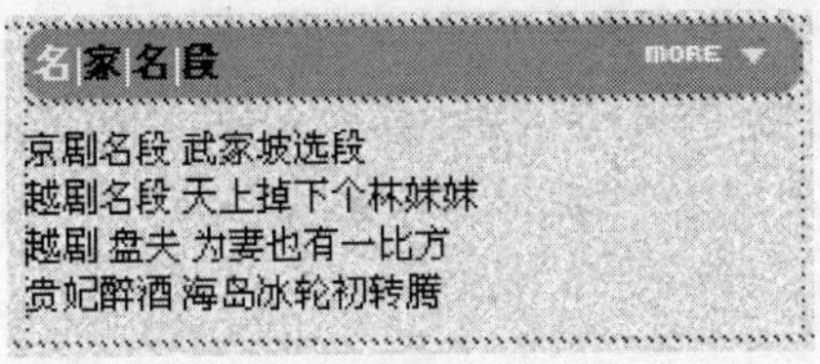

图 14-98

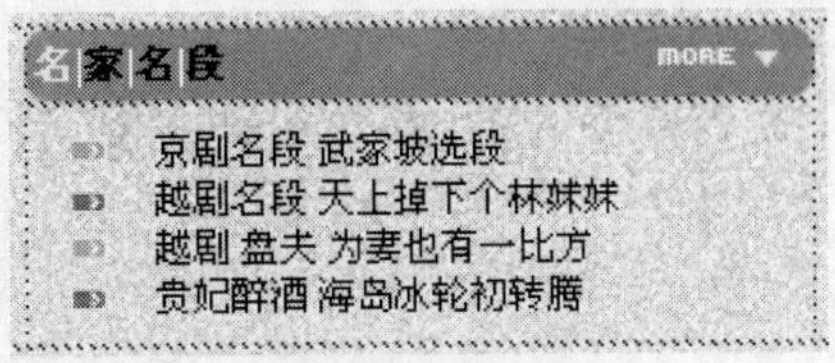

图 14-99

Step 06 将第 10 行的第 1 列和第 2 列单元格全部选中，如图 14-100 所示，单击“属性”面板中的“合并所选单元格，使用跨度”按钮，将所选单元格合并。

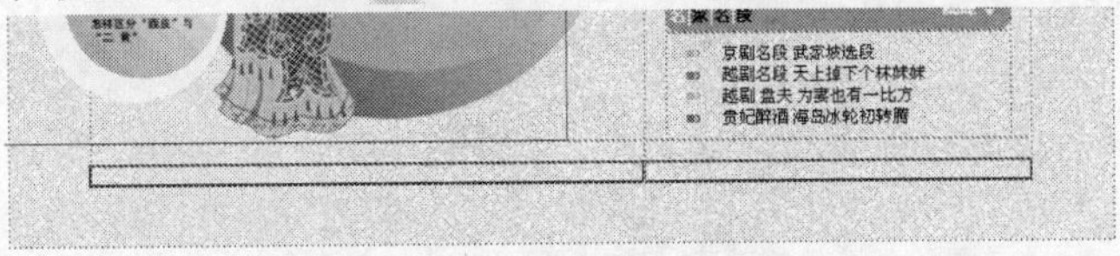

图 14-100

Step 07 将光标置入到合并的单元格中，在“插入”面板“常用”选项卡中单击“表格”按钮，在弹出的“表格”对话框中进行设置，如图 14-101 所示，单击“确定”按钮，保持表格的选取状态，在“属性”面板“对齐”选项的下拉列表中选择“居中对齐”选项，效果如图 14-102 所示。

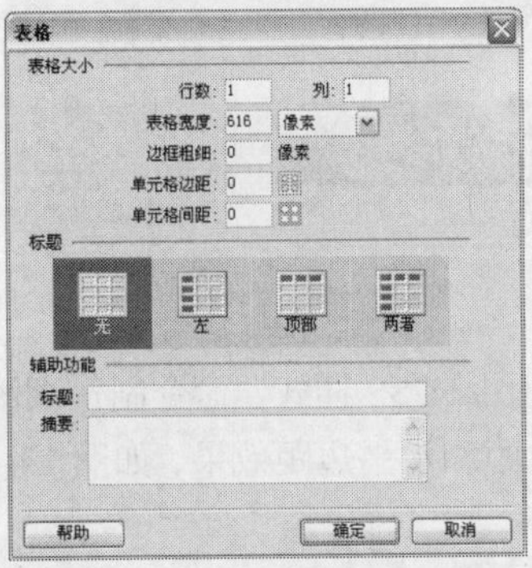

图 14-101

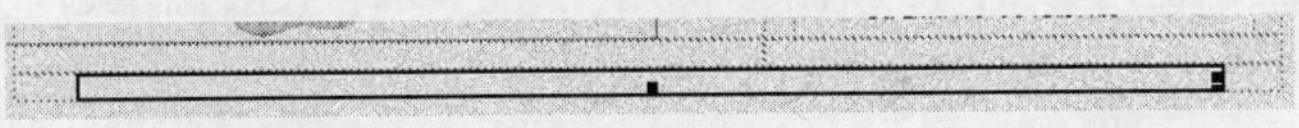

图 14-102

Step 08 将光标置入到表格中，在“属性”面板的“水平”选项的下拉列表中选择“居中对齐”选项，将“高”选项设为“41”，创建 CSS 样式“.t5”，在弹出的对话框中进行设置，如图 14-103 所示。为单元格应用样式，如图 14-104 所示。在该表格中输入需要的文字，效果如图 14-39 所示。

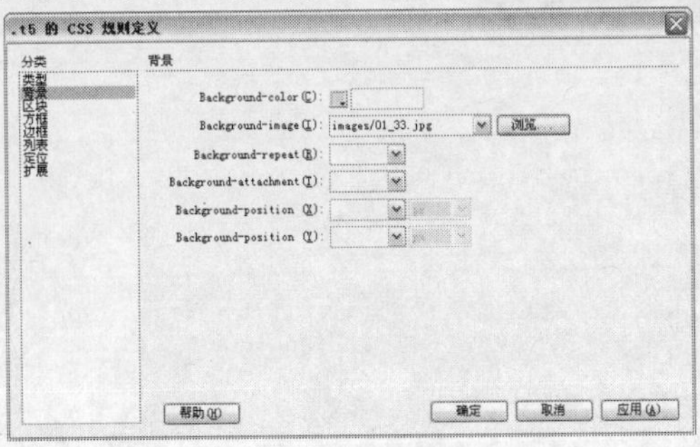

图 14-103

14-104

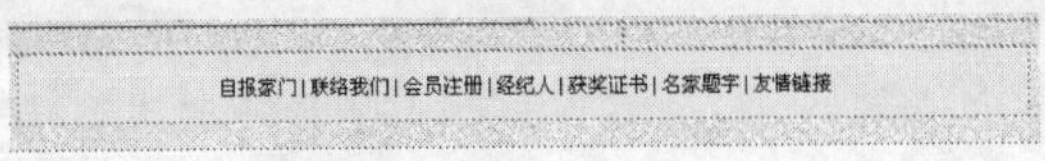

14-105

Step 09 选择“窗口 > 行为”命令，弹出“行为”面板，单击“添加行为”按钮，并从弹出的菜单中选择“弹出信息”命令，弹出“弹出信息”对话框，在“消息”文本框中输入文字，如图 14-106 所示，单击“确定”按钮，面板中如图 14-107 所示。

图 14-106

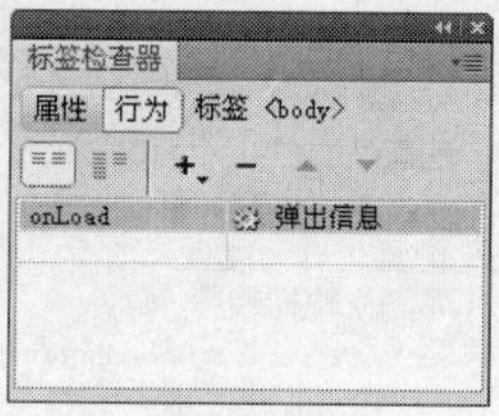

图 14-107

Step 10 戏曲艺术网页效果制作完成，保存文档，按 F12 键，预览网页效果，如图 14-108 所示。

图 14-108

14.3 课堂练习——数码相机网页

练习知识要点：使用“页面属性”命令设置网页的页边距。使用“CSS 样式”命令制作翻滚菜单效果和水平线的样式效果。使用“属性”面板设置图像的垂直边距和水平边距效果，如图 14-109 所示。

效果所在位置：光盘/Ch14/效果/数码相机网页/index.html。

图 14-109

14.4 课后习题——食品网页

习题知识要点：使用“页面属性”命令制作背景图像。在代码视图窗口输入代码制作设为首页并加入收藏夹效果。使用“增大/收缩”命令制作图像收缩效果，如图 14-110 所示。

效果所在位置：光盘/Ch14/效果/食品网页/index.html。

图 14-110